普通高等学校电子信息类一流本科专业建设系列教材

基于 STM32 的嵌入式系统原理及应用

何乐生　周永录　葛孚华　杨艳华　胡耀航　编著

科 学 出 版 社

北　京

内 容 简 介

本书从电子信息类专业学生的基础知识出发，由浅入深地讲解 ARM Cortex-M3 内核和 STM32 的基本原理和硬件设计，以及 STM32 标准外设库的软件开发方法，并以工程实例的方式展示了 STM32 嵌入式系统的开发过程和设计思路。

本书共 6 章，主要介绍了嵌入式系统的概念、组成、分类及其发展，ARM Cortex-M3 架构和指令集，STM32 嵌入式处理器体系结构，嵌入式开发环境的搭建，以及 STM32 系列嵌入式处理器的片上外设的基本原理和开发方法。最后一章通过实例来展示 STM32 嵌入式系统在工业控制领域和信号处理领域的应用。

本书可以作为电子信息类专业专科生、本科生和研究生的教材或参考书，也可以作为嵌入式工程师学习 STM32 的参考书。

图书在版编目(CIP)数据

基于 STM32 的嵌入式系统原理及应用/何乐生等编著. —北京：科学出版社，2021.11

(普通高等学校电子信息类—流本科专业建设系列教材)

ISBN 978-7-03-069797-4

Ⅰ. ①基⋯ Ⅱ. ①何⋯ Ⅲ. ①微型计算机-系统设计-高等学校-教材 Ⅳ. ①TP360.21

中国版本图书馆 CIP 数据核字(2021)第 186262 号

责任编辑：潘斯斯 张丽花 / 责任校对：王 瑞
责任印制：赵 博 / 封面设计：迷底书装

科 学 出 版 社 出版

北京东黄城根北街 16 号
邮政编码：100717
http://www.sciencep.com

固安县铭成印刷有限公司印刷
科学出版社发行 各地新华书店经销
*

2021 年 11 月第 一 版 开本：787×1092 1/16
2025 年 1 月第七次印刷 印张：19
字数：462 000

定价：79.00 元
(如有印装质量问题，我社负责调换)

前　　言

以计算机技术为代表的信息技术革命，近半个世纪以来深刻地改变了人类的生产和生活方式。与我们朝夕相处的计算机形态也从传统意义上的 PC，转变成手机、导航系统、数字电视、无人机、工控设备等，这些与对象功能深度结合的专用计算机，也就是"嵌入式系统"。"嵌入式系统"以应用为中心，软件、硬件可定制和裁剪，是对功能、可靠性、成本、体积、功耗等严格要求的专用计算机。

党的二十大报告指出："实施产业基础再造工程和重大技术装备攻关工程，支持专精特新企业发展，推动制造业高端化、智能化、绿色化发展。"而嵌入式系统则是"推动制造业高端化、智能化、绿色化发展"的信息化载体，也就注定了嵌入式系统课程具有很强的实践性和综合性，是新工科的"试验田"。新工科教育要求全面落实"学生中心、成果导向、持续改进"的教育理念。我们在这一理念指导下，结合教学现状与需求，编写了本书，希望为我国工科教育略尽绵薄之力。我们编写本书的初衷和主旨如下。

（1）注重知识的延续性，不做数据手册的"翻译版本"。

尽管近年来工科教育改革得到不断深化，但仍然有一个不可否认的事实：大学低年级的"模拟电路"、"数字电路"和"微机原理"等课程，与现代实用电子技术之间存在一定的差距。学生往往惯性地死记硬背教师讲授的理论知识，当接触到实际应用问题时，感觉无从下手。作者认为造成这种现象的重要原因是教材编写的指导思想还未实现"从教师为中心向学生为中心"的转变，不以学生为学习主体，学生也很难理解基础课程和专业课程的内容如何构成体系以及其中的关系。表现在嵌入式系统教材上，就是照搬英文原版的数据手册，不假思索地将其翻译后直接放入教材中。数据手册虽然是较权威的学习参考资料，但不适于直接作为教材使用。原因有二：其一，数据手册往往省略知识和思想的来龙去脉，重点放在使用该芯片的技术数据上；其二，数据手册为了描述芯片的性能等细节，往往强调某些在实践中不容易遇到的特殊情况，可能会使初学者"一叶蔽目"，难以把握整体脉络。为了解决这一问题，本书根据知识点的前后关系，重新组织了讲解的顺序。从电子信息类专业大学基础课程的知识点出发，尽量使用基础课程中用过的分析方法，帮助读者在理解的基础之上，灵活应用 STM32 以解决实际问题。

（2）不局限于嵌入式处理器本身，而是着眼于系统的构建。

新工科建设的中心是培养学生解决实际问题的能力。本书从讲授嵌入式处理器的具体知识入手，进一步扩展到怎样构建一个解决工程实际问题的系统。本书在编写中尝试实践"从学科导向向目标导向"的转变，不拘泥于 STM32 寄存器级别的技术细节，而是着眼于应用，直接从标准外设库的使用入手，简化学生上手编程时不必要的复杂过程。另外，为强化应用的目标导向，根据作者团队在科研和教学中积累的开发经验，为读者提供了多个非常有价值的嵌入式开发实例，相信对于立志成为嵌入式工程师的青年读者会有所帮助。

本书按照普通高等院校一个学期的教学内容编写，本课程可以根据实际情况在大学二年级或三年级，讲授完"电路分析"、"电子技术基础"和"微机原理"等课程之后开设。
建议学时数为：讲授 36 学时，实验 36～54 学时。对于有其他嵌入式处理器开发经验，并
希望学习 STM32 的读者，可以跳过第 1 章，直接阅读本书的第 2～4 章。第 5 章中的各节
分别介绍了 STM32 上最有代表性的片上外设，读者可以根据需要阅读，而不一定按顺序
学习。

　　为了方便读者理解重点知识内容及其应用，本书配有微课视频。视频内容可作为纸质
内容的拓展与补充。

　　本书编写分工如下：第 1、4 章由周永录编写，第 2 章由葛孚华编写，5.10 节和 6.1 节
由胡耀航编写，其他章节由何乐生编写，杨艳华参与了全书的策划和编写工作。全书由何
乐生统稿，书中大部分插图由孔庆阳绘制。

　　在本书的编写过程中，得到了科学出版社潘斯斯编辑的大力支持，另外，书中的部分
案例来自作者承担研究的国家自然科学基金项目"谱线捷变观测分析终端及定标方法的研
究"（U1631121），在此一并表示感谢。

　　由于作者水平有限，书中不足之处在所难免，恳请读者批评指正。

作　者
2023 年 8 月

目　　录

第1章 嵌入式系统概述

当今信息时代下，我们的生活中信息设备无处不在，其中应用最为广泛的就是嵌入式系统(Embedded System)。它们数量庞大、品类繁多、形态各异，从个人的衣食住行到社会的各行各业，为人类的生产、生活提供了方方面面的便捷服务。嵌入式系统的应用领域不计其数，这里列出了一部分常见的嵌入式系统应用。

(1)消费类电子：智能高清电视、数码相机、游戏机、智能手环、体重秤、智能音箱、空调。

(2)汽车电子：发动机控制系统、车身控制系统、底盘控制系统、车载信息系统。

(3)卫生健康：起搏器、血压计、血糖仪、心电监护仪、呼吸机、治疗仪、康复仪。

(4)军事国防：雷达、飞机、导弹、坦克、火炮、单兵作战装备、无人机、潜航器。

(5)工业应用：自动售货机、机器人、仪器仪表、数控机床、通信基站、环境监测。

本章分为 4 节，分别介绍嵌入式系统的概念与特点、嵌入式系统的组成、嵌入式系统的分类，以及嵌入式系统的发展。

1.1 嵌入式系统的概念与特点

嵌入式系统可以追溯到 20 世纪 60 年代，1961 年，美国麻省理工学院教授查尔斯·斯塔克·德雷珀为阿波罗指挥舱和登月舱上的制导计算机开发了一种集成电路，以减小计算机的尺寸和重量。1965 年，现在隶属于波音公司的一家自动驾驶技术公司开发了用于民兵Ⅰ导弹制导系统的计算机 D-17B，它被广泛认为是第一个大规模生产的嵌入式系统。当民兵Ⅱ导弹在 1966 年投入生产时，D-17B 被 NS-17 导弹制导系统所取代，该系统以大量使用集成电路而闻名。1968 年，第一个用于汽车的嵌入式系统出现，在大众 1600 汽车中使用了集成电路来控制其电子燃油喷射系统。

20 世纪 60 年代末和 70 年代初，集成电路的价格下降，使用量激增。第一个微处理器是美国德州仪器(TI)公司在 1971 年开发的。1974 年包含了 4 位处理器、只读存储器和随机存取存储器的 TMS 1000 系列微处理器上市。1971 年英特尔公司成功把算术运算器和控制器电路集成在一个集成电路上，发布了专门为计算器和小型电子设备设计的第一款商用 4 位微处理器 Intel 4004。1972 年英特尔公司又发布了有 16KB 内存的 8 位微处理器 Intel 8008。1974 年 Intel(英特尔)公司推出具有 64KB 内存的 Intel 8080，它是延续至今的 x86 处理器的鼻祖。1976 年英特尔公司推出的 Intel 8048(MCS-48 系列)8 位微控制器，被认为是现代单片机的雏形。1980 年英特尔公司对 MCS-48 的结构进行了全面完善，推出了 MCS-51 系列微控制器，获得了巨大的成功，开启了单片机时代，也标志着嵌入式系统产业的诞生。自微处理器和微控制器问世之后，以其为核心构成的系统被广泛地应用于仪器仪表、医疗设备、机器人、家用电器等领域，形成了一个广阔的嵌入式应用市场。

在嵌入式操作系统方面，1987 年美国 Wind River（风河）公司发布了第一个嵌入式实时操作系统 VxWorks。1996 年微软公司发布了 Windows Embedded CE。20 世纪 90 年代后期，第一个嵌入式 Linux 产品开始出现。

以上这些都是嵌入式系统的里程碑事件。

微课1

1.1.1　嵌入式系统的概念

简单来说，嵌入式系统是一种嵌入其他系统中的计算机系统。"嵌入"一词所反映的含义是：嵌入对象是作为被嵌入对象（宿主对象）一个必要部分而存在的。既然嵌入式系统是一种特别的计算机系统，那么它究竟是一种什么样的计算机系统呢？

1. 嵌入式系统的定义

"嵌入式系统"这个词已经出现几十年了，但到目前为止，依然没有一个统一的标准定义。人们从不同的角度对嵌入式系统给出了多种多样的定义。

维基百科给出的嵌入式系统定义是：嵌入式系统是一种嵌入机械或电气系统内部，具有专一功能和实时计算性能的计算机系统（An embedded system is a computer system with a dedicated function within a larger mechanical or electrical system, often with real-time computing constraints）。从这一定义可以看出，除了嵌入、专用和计算机系统三个属性外，嵌入式系统还有另外一个属性：实时性。

英国电气工程师学会（the Institute of Electrical Engineers, IEE）给出的嵌入式系统定义是：嵌入式系统是"用于控制、监视或者辅助操作机器和设备的装置"（Devices used to control, monitor, or assist the operation of equipment, machinery or plants）。这个定义从应用的视角来看，嵌入式系统不仅仅是软、硬件的综合体，还可以涵盖机械装置和电气设备，含义更为宽泛。

国内普遍认同的嵌入式系统定义是：嵌入式系统是以应用为中心，以计算机技术为基础，软、硬件可定制和裁剪，适应于应用系统，并对功能、可靠性、成本、体积、功耗等严格要求的专用计算机系统。"专用"这个词，是相对于通用计算机系统的"通用"来说的。但现在的智能手机是嵌入式系统吗？这个问题很难给出准确的回答。站在使用者的角度看，智能手机已经覆盖了个人计算机大部分的功能，甚至有些功能是个人计算机所没有的，所以智能手机已经具有了通用性，可以认为是一种通用计算机设备。因此智能手机也会被认为不是嵌入式系统。如果站在开发者的角度来看，由于智能手机本身不具备自开发的环境，通常需要在通用计算机上利用各种开发工具来进行交叉开发，具备嵌入式系统开发的形式与特征，所以智能手机被认为是一种嵌入式系统。当然，还可以认为智能手机是多个嵌入式系统的集合，因为其内部可能包含了多个嵌入式系统。

实际上，由于近年来嵌入式系统已经具备了非常多的新功能，嵌入式系统这个名词的外延得到了广泛的扩展，嵌入式系统与非嵌入式系统的边界变得越来越模糊。

2. 嵌入式系统与通用计算机系统的区别

嵌入式系统和通用计算机系统都是计算机系统，都具有计算机系统的基本特征，它们的共同点在于从组成上看都具有处理器，都包含了硬件和软件两个主要部分。但是嵌入式系统与通用计算机系统有着完全不同的技术要求和技术发展方向。表 1.1.1 展示了嵌入式系统与通用计算机系统的一些主要区别。

表 1.1.1　嵌入式系统与通用计算机系统的区别

指标	嵌入式系统	通用计算机系统
构成	由专用硬件(嵌入式处理器、总线、存储器和外设通常集成在处理器内部)和嵌入式操作系统组合而成,可以无操作系统,执行特定的应用程序	由通用硬件(通用处理器、总线、存储器和外设等)和通用操作系统组合而成,软、硬件相对独立,执行不同的应用程序,并具有多任务处理能力
形态	通常隐藏在不同的宿主对象系统中,伴随具体应用而形态各异	具有相同或相似的实体外形,独立存在
功能/性能	根据宿主对象系统的需求决定,以满足特定应用需求的能力作为衡量其功能/性能的关键指标	通用功能主要由软件决定,以速度快慢、存储大小和接口的丰富程度等作为衡量其功/性能的关键指标
资源	主频、存储等资源有限,够用就行	主频、存储、软件等资源丰富
开发方式	依赖通用计算机平台,通过交叉开发方式进行应用开发	自身既可以作为应用开发平台,也可以作为应用运行平台
二次开发	最终用户一般不能对应用程序进行重新编程	最终用户可以对应用程序进行重新编程
响应时间	要求严格,主要考虑系统在最坏情况下的响应能力	要求不严格,主要考虑系统平均响应时间和用户方便
功耗	功耗较低,为几毫瓦(mW)到几瓦	通常功耗相对较高,为几十瓦(W)至几百瓦
生命周期	通常为 8~10 年	通常是 18 个月左右
竞争态势	百家争鸣	巨头垄断

1.1.2　嵌入式系统的特点

从嵌入式系统的定义,以及它与通用计算机系统的区别,不难看出嵌入式系统所具有的特点。

1. 专用性强

嵌入式系统通常是针对某种特定的应用场景,与具体应用密切相关,其硬件和软件都是面向特定产品或任务而设计的。不但一种产品中的嵌入式系统不能应用到另一种产品中,甚至都不能嵌入同一种产品的不同系列。例如,洗衣机的控制系统不能应用到洗碗机中,甚至不同型号洗衣机中的控制系统也不能相互替换,因此嵌入式系统具有很强的专用性。

2. 实时性好

许多嵌入式系统应用于宿主系统的数据采集、传输与控制过程时,普遍要求嵌入式系统具有较好的实时性。例如,像现代汽车中的制动器、安全气囊控制系统、武器装备中的控制系统、某些工业装置中的控制系统等。这些应用对实时性有着极高的要求,一旦达不到应有的实时性,就有可能造成极其严重的后果。另外,虽然有些系统本身的运行对实时性要求不是很高,但实时性也会对用户体验感产生影响,例如,需要避免人机交互的卡顿、遥控反应迟钝等情况。

3. 可靠性高

嵌入式系统的应用场景多种多样,面对复杂的应用环境,嵌入式系统应能够长时间稳定可靠地运行。在某些应用中,嵌入式系统硬件或软件中存在的一个小"bug",都有可能导致灾难性后果的发生。例如,波音 737MAX 客机在 2018～2019 年相继发生的两起重大空难,都是因为"迎角传感器"(Angle of Attack,AOA)的数据错误,触发了"防失速"控制系统自动操作,机头不断下压。飞行员多次手动拉伸未果,最终导致飞机坠毁的灾难性事故。由此可见,高可靠性要求是特殊应用中嵌入式系统的显著特征。

4. 体积小、功耗低

由于嵌入式系统要嵌入具体的应用对象体中,其体积大小受限于宿主对象,因此往往对体积有着严格的要求,例如,心脏起搏器的大小就像一粒胶囊。2020 年 8 月,埃隆·马斯克发布的拥有 1024 个信道的 Neuralink 脑机接口只有一枚硬币大小。同时,由于嵌入式系统在移动设备、可穿戴设备以及无人机、人造卫星等这样的应用设备中,不可能配置交流电源或大容量的电池,因此低功耗也往往是嵌入式系统所追求的一个重要指标。

5. 注重制造成本

与其他商品一样,制造成本会对嵌入式系统设备或产品在市场上的竞争力有很大的影响。同时嵌入式系统产品通常会进行大量生产,例如,现在的消费类嵌入式系统产品,通常的年产量会在百万数量级、千万数量级甚至亿数量级。节约单个产品的制造成本,意味着总制造成本的海量节约,会产生可观的经济效益。因此注重嵌入式系统的硬件和软件的高效设计,量体裁衣、去除冗余,在满足应用需求的前提下有效地降低单个产品的制造成本,也成为嵌入式系统所追求的重要目标之一。

6. 生命周期长

随着计算机技术的飞速发展,像桌面计算机、笔记本电脑以及智能手机这样的通用计算机系统的更新换代速度大大加快,更新周期通常为 18 个月左右。然而嵌入式系统和实际具体应用装置或系统紧密结合,一般会伴随具体嵌入的产品维持 8～10 年相对较长的使用时间,其升级换代往往是和宿主对象系统同步进行的。因此,相较于通用计算机系统而言,嵌入式系统产品一旦进入市场后,不会像通用计算机系统那样频繁换代,通常具有较长的生命周期。

7. 不可垄断性

代表传统计算机行业的 Wintel(Windows-Intel)联盟统治桌面计算机市场长达 30 多年,形成了事实上的市场垄断。而嵌入式系统是将先进的计算机技术、半导体电子技术和网络通信技术与各个行业的具体应用相结合后的产物,其拥有更为广阔和多样化的应用市场,行业细分市场极其宽泛,这一点就决定了嵌入式系统必然是一个技术密集、资金密集、高度分散、不断创新的知识集成系统。特别是 5G 技术、物联网技术以及人工智能技术与嵌入式系统的快速融合,催生了嵌入式系统创新产品的不断涌现,没有一家企业能够形成对嵌入式系统市场的垄断,给嵌入式系统产品的设计研发提供了广阔的市场空间。

1.2　嵌入式系统的组成

嵌入式系统是一个在功能、可靠性、成本、体积和功耗等方面有严格要求的专用计算机系统，那么无一例外，具有一般计算机组成结构的共性。从总体上看，嵌入式系统的核心部分由嵌入式硬件和嵌入式软件组成，而从层次结构上看，嵌入式系统可划分为硬件层、驱动层、操作系统层以及应用层四个层次，如图 1.2.1 所示。

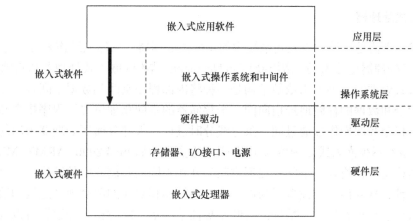

图 1.2.1　嵌入式系统的组成结构

　　嵌入式硬件(硬件层)是嵌入式系统的物理基础，主要包括嵌入式处理器、存储器、输入/输出(I/O)接口及电源等。其中，嵌入式处理器是嵌入式系统的硬件核心，通常可分为嵌入式微处理器、嵌入式微控制器、嵌入式数字信号处理器以及嵌入式片上系统等主要类型。

　　存储器是嵌入式系统硬件的基本组成部分，包括 RAM、Flash、EEPROM 等主要类型，承担着存储嵌入式系统程序和数据的任务。目前的嵌入式处理器中已经集成了较为丰富的存储器资源，同时也可通过 I/O 接口在嵌入式处理器外部扩展存储器。

　　I/O 接口及设备是嵌入式系统对外联系的纽带，负责与外部世界进行信息交换。I/O 接口主要包括数字接口和模拟接口两大类，其中，数字接口又可分为并行接口和串行接口，模拟接口包括模数转换器(ADC)和数模转换器(DAC)。并行接口可以实现数据的所有位同时并行传送，传输速度快，但通信线路复杂，传输距离短。串行接口则采用数据位一位位顺序传送的方式，通信线路少，传输距离远，但传输速度相对较慢。常用的串行接口有通用同步/异步收发器(USART)接口、串行外设接口(SPI)、芯片间总线(I²C)接口以及控制器局域网络(CAN)接口等，实际应用时可根据需要选择不同的接口类型。I/O 设备主要包括人机交互设备(按键、显示器件等)和机机交互设备(传感器、执行器等)，可根据实际应用需求来选择所需的设备类型。第 5 章将对常见的几种嵌入式系统的 I/O 接口进行详细介绍。

　　嵌入式软件运行在嵌入式硬件平台之上，指挥嵌入式硬件完成嵌入式系统的特定功能。嵌入式软件可包括硬件驱动(驱动层)、嵌入式操作系统(操作系统层)以及嵌入式应用软件(应用层)三个层次。另外，有些系统包含中间层，中间层也称为硬件抽象层(Hardware Abstract Layer，HAL)或板级支持包(Board Support Package，BSP)，对于底层硬件，它主要负责相关硬件设备的驱动；而对上层的嵌入式操作系统或应用软件，它提供了操作和控制硬件的规则与方法。嵌入式操作系统(操作系统层)是可选的，简单的嵌入式系统无须嵌入式操作系统的支持，由应用层软件通过驱动层直接控制硬件层完成所需功能，也称为"裸金属"(Bare-Metal)运行。对于复杂的嵌入式系统而言，应用层软件通常需要在嵌入式操作系统内核以及文件系统、图形用户界面、通信协议栈等系统组件的支持下，完成复杂的数据管理、人机交互以及网络通信等功能。

下面对嵌入式系统组成中的嵌入式处理器和嵌入式操作系统进行进一步的介绍。

微课2

1.2.1　嵌入式处理器

嵌入式处理器是一种在嵌入式系统中使用的微处理器。从体系结构来看，与通用 CPU 一样，嵌入式处理器也分为冯·诺依曼(Von Neumann)结构的嵌入式处理器和哈佛(Harvard)结构的嵌入式处理器。冯·诺依曼结构是一种将内部程序空间和数据空间合并在一起的结构，程序指令和数据的存储地址指向同一个存储器的不同物理位置，程序指令和数据的宽度相同，取指令和取操作数通过同一条总线分时进行。大部分通用处理器采用的是冯·诺依曼结构，也有不少嵌入式处理器采用冯·诺依曼结构，如 Intel 8096、ARM7、MIPS、PIC16 等。哈佛结构是一种将程序空间和数据空间分开在不同的存储器中的结构，每个空间的存储器独立编址，独立访问，设置了与两个空间存储器相对应的两套地址总线和数据总线，取指令和执行能够重叠进行，数据的吞吐率提高了一倍，同时指令和数据可以有不同的数据宽度。大多数嵌入式处理器采用了哈佛结构或改进的哈佛结构，如 Intel 8051、Atmel AVR、ARM9、ARM10、ARM11、ARM Cortex-M3 等系列嵌入式处理器。

从指令集的角度看，嵌入式处理器也有复杂指令集(Complex Instruction Set Computer, CISC)和精简指令集(Reduced Instruction Set Computer, RISC)两种指令集架构。早期的处理器全部采用的是 CISC 架构，它的设计动机是要用最少的机器语言指令来完成所需的计算任务。为了提高程序的运行速度和软件编程的方便性，CISC 处理器不断增加可实现复杂功能的指令和多种灵活的寻址方式，使处理器所含的指令数目越来越多。然而指令数量越多，完成微操作所需的逻辑电路就越多，芯片的结构就越复杂，器件成本也相应越高。相比之下，RISC 指令集是一套优化过的指令集架构，可以从根本上快速提高处理器的执行效率。在 RISC 处理器中，每一个机器周期都在执行指令，无论简单还是复杂的操作，均由简单指令的程序块完成。由于指令高度简约，RISC 处理器的晶体管规模普遍都很小而且性能强大。因此继 IBM 公司推出 RISC 指令集架构和处理器产品后，众多厂商纷纷开发出自己的 RISC 指令系统，并推出自己的 RISC 架构处理器，如 DEC 公司的 Alpha、SUN 公司的 SPARC、HP 公司的 PA-RISC、MIPS 技术公司的 MIPS、ARM 公司的 ARM 等。RISC 处理器被广泛应用于消费电子产品、工业控制计算机和各类嵌入式设备中。RISC 处理器的热潮出现在 RISC-V 开源指令集架构推出后，涌现出了各种基于 RISC-V 架构的嵌入式处理器，如 SiFive 公司的 U54-MC Coreplex、GreenWaves Technologies 公司的 GAP8、Western Digital 公司的 SweRV EH1，国内厂商有睿思芯科(深圳)技术有限公司的 Pygmy、芯来科技(武汉有限公司) 的 Hammingbird(蜂鸟)E203、晶心科技(武汉有限公司)的 AndeStar V5 和 AndesCore N22 以及平头哥半导体有限公司的玄铁 910 等。

嵌入式处理器应用广泛，品类繁多，以下对常见的几类嵌入式处理器类型进行概要介绍。

1. 嵌入式微处理器

嵌入式微处理器(Micro Processor Unit, MPU)由通用计算机中的 CPU 演变而来，字长一般在 32 位以上，Intel、AMD、Motorola、ARM 等公司都提供了很多这样的处理器系列产品。与通用计算机的微处理器不同，在嵌入式微处理器中，通常对通用微处理器的硬件功能进行了裁减，去除冗余的功能部分，只保留了和嵌入式应用紧密相关的硬件功能部件。同时在温度适应性、功耗控制以及电磁兼容性等方面进行了改进，从而能够以最少的资源和最低的功耗实现嵌入式应用的特定要求。MPU 处理能力强、可扩展性好、寻址范围大、支持各种灵活的设计，也满足了嵌入式系统的体积小、重量轻、成本低、可靠性高等要求。但是在具有较高的性能的同时，价格也相应较高。典型的嵌入式微处理器有 Power PC、MIPS、XScale、Geode、ARM 系列等。

采用嵌入式微处理器来设计嵌入式应用系统的硬件时，要使系统能够工作，还需要在嵌入式微处理器芯片外部配置 RAM 和 ROM 芯片，并根据具体应用要求扩展总线及所需的外部接口与设备。以嵌入式微处理器为核心的嵌入式系统的基本结构如图 1.2.2 所示。

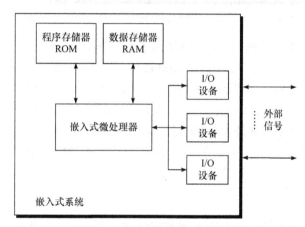

图 1.2.2　基于嵌入式微处理器的嵌入式系统的基本结构

2. 嵌入式微控制器

嵌入式微控制器（Micro Controller Unit，MCU）的典型代表是单片机（Single-Chip Microcomputer，SCM）。嵌入式微控制器是以某种微处理器内核为核心，在芯片内部集成 RAM、ROM/EPROM/Flash、总线、定时/计数器、看门狗、数字 I/O、串行口、PWM、A/D、D/A、EEPROM 等各种必要功能部件和外设。因其外设资源较为丰富，适合应用于控制领域，故被称为微控制器。相较于嵌入式微处理器，嵌入式微控制器的最大特点就是单片化，内部资源丰富但体积大大减小，从而降低了功耗和成本，并且提高了可靠性。基于嵌入式微控制器的嵌入式系统的基本结构如图 1.2.3 所示。

消费需求的扩大和工业领域技术的进步持续推动着微控制器市场的快速增长，特别是消费电子、汽车电子、物联网以及人工智能等应用的爆发性增长，强有力地推动了嵌入式微控制器市场的持续扩大，使嵌入式微控制器成为目前嵌入式系统应用中使用最多、最广泛的嵌入式处理器。较为典型的嵌入式微控制器包括 Intel 公司的 8051 系列及其衍生系列、TI 公司的 MSP430 系列、Atmel 公司的 AVR 系列、NXP 公司的 LPC/K/K32/KL/KV/KE 系列以及 ST（意法半导体）公司的 STM32 系列等。国内的芯片厂商也推出了一些嵌入式微控制器系列产品，例如，宏晶科技（北京）有限公司的 STC 51 系列单片机、北京兆易创新科

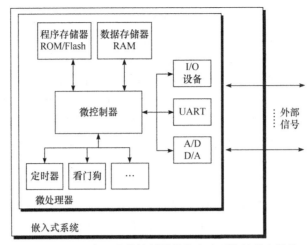

图 1.2.3　基于嵌入式微控制器的嵌入式系统的基本结构

技股份有限公司的 GD32 系列、上海灵动微电子股份有限公司的 MM32 系列、华大半导体有限公司的 HC32 系列等。其中，GD32、MM32 以及 HC32 均能够与 STM32 系列的相同型号全兼容，可以直接替换。随着基于 ARM Cortex-M 系列微控制器架构的问世，32 位微控制器已经成为嵌入式微控制器的主流。从总体上看，由于国产 MCU 产品线不完整，产品性能以及稳定性还不能完全与国外大品牌匹敌，其在国内 MCU 市场的占有率还比较低。ARM Cortex-M 嵌入式处理器将会在第 2 章详细介绍，而基于 ARM Cortex-M3 的 STM32 微控制器的相关内容将会在第 3 章及后续章节中详细介绍。

3. 嵌入式数字信号处理器

嵌入式数字信号处理器(Digital Signal Processor，DSP)是专门用于高速数字信号处理的处理器，具有很高的编译效率和指令执行速度，其基本结构如图 1.2.4 所示。DSP 采用了改进的哈佛架构，具有数据总线和程序总线两条内部总线，程序与数据存储空间分开，各有独立的地址总线和数据总线，取指和读数据可以同时进行。DSP 广泛采用流水线操作方式，每条指令的执行划分为取指令、译码、取数、执行等若干步骤，由片内多个功能单元分别完成，相当于多条指令并行执行，从而大大提高了运算速度。DSP 具有专门的硬件乘法器，乘法指令在单周期内完成，非常适合进行优化卷积、数字滤波、FFT、相关、矩阵运算等算法应用。同时还提供特殊的 DSP 指令，使 FFT、卷积等运算中的寻址、排序及计算的速度大大提高。此外，DSP 提供了独立的 DMA 总线和控制器，还拥有多处理器接口，使其具有很高的 DMA 速度，并且还可以很方便地对多个处理器并行或串行工作，进一步提高处理速度。DSP 的这些优良特性，使其在数字滤波、FFT、频谱分析、语音合成、图像处理以及音视频编解码等嵌入式领域中得到了广泛应用。

目前典型的嵌入式 DSP 有 TI 公司的 TMS320C2000/C5000/C6000 系列、AD 公司的 ADSP21xx 系列、Motorola 公司的 DSP56xx 和 DSP96xx 系列、AT&T 公司的 DSP16 和 DSP32 系列等。经过多年的努力，国产 DSP 芯片也取得了一定突破，如中国电子科技集团公司第十四研究所的"华睿"、中国电子科技集团公司第三十八研究所的"魂芯"、湖南进芯电子科技有限公司的 ADP32Fxx 系列等。

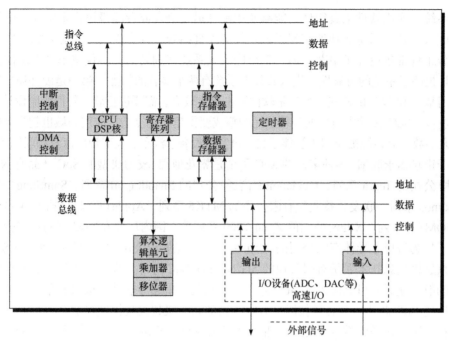

图 1.2.4 嵌入式 DSP 基本结构

4. 嵌入式片上系统

嵌入式片上系统(System on Chip,SoC)将某个特定应用的嵌入式系统几乎完整地集成到了单个集成电路芯片上,其基本结构如图 1.2.5 所示。在这个系统中,包含了模拟、数字、混合信号或射频等功能。片上硬件组件通常包括多核的微处理器或微控制器(MPU/MCU)、图形处理器(GPU)、数字信号处理器(DSP)甚至其他专用处理器(如 NPU),还包含了系统内存、闪存、上电复位和时钟电路、计数器/定时器、实时时钟、电压调节器、电源管理电路、I/O 接口、USB、有线/无线以太网、蓝牙、通用异步收发器、数模转换器和模数转换器、仪表运算放大器、高精度电阻阵列、磁性器件以及可编程器件等。软件可以包含嵌入

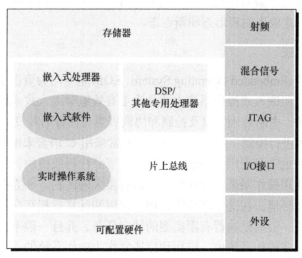

图 1.2.5 嵌入式片上系统基本结构

式操作系统、实用软件工具组件，能够使用硬件描述语言或者高级语言来实现一个复杂的系统。嵌入式片上系统成功地实现了软硬件的无缝结合，具有极高的性能和综合性。由于绝大部分组件都集成在了单芯片内，整个嵌入式系统特别简洁，不仅减小了系统体积和功耗，而且提高了系统的可靠性。嵌入式片上系统有两个显著的特点，第一是硬件规模庞大，通常采用基于IP设计的模式；第二是软件所占比重较大，需要进行软、硬件协同设计。随着技术的进步，SoC设计中包含的各种单元的集成变得越来越复杂，应用领域也越来越广泛。如今，大多数片上系统被应用于智能手机、可穿戴设备、汽车、人工智能以及物联网等领域。

由于市场需求旺盛，多种多样的SoC可谓是繁花似锦。较为典型的SoC产品有NVIDIA（英伟达）公司的Tegra系列、Qualcomm（高通）公司的Snapdragon系列、SamSung（三星）公司的Exynos系列、联发科技股份有限公司的MTK6系列、Apple（苹果）公司的A系列、TI公司的OMAP系列、Xilinx公司的Zynq-7000系列等。国内厂商在SoC方面也有较大的进步，除了华为海思半导体有限公司的Kirin系列、紫光展锐公司的虎贲7系列手机SoC外，还有北京旋极信息技术股份有限公司的5G NB-IoT SoC芯片、珠海欧比特宇航科技股份有限公司的航空航天高可靠嵌入式SoC芯片、北京北斗星通导航技术股份有限公司的多频多系统高性能SoC芯片、全志科技股份有限公司的系统级超大规模数模混合SoC、晶晨半导体（上海）有限公司的终端SoC芯片、北京华胜天成科技股份有限公司的物联网SoC芯片以及上海富瀚微电子股份有限公司的安防视频监控多媒体SoC芯片等。

随着物联网、人工智能、深度学习等应用的不断拓展，除以上介绍的几类嵌入式处理器之外，各种各样新的嵌入式处理器品类不断涌现，如张量处理器（Tensor Processing Unit, TPU）、神经网络处理器（Neural Network Processing Unit, NPU）、大脑处理器（Brain Processing Unit, BPU）、深度学习处理器（Deep Learning Processing Unit, DPU）、人工智能处理器（Intelligence Processing Unit, IPU）、可穿戴处理器（Wearable Processing Unit, WPU）等。这些类型的处理器通常不是单独使用，而是与MPU、MCU结合，嵌入具体的应用系统中。这类新型处理器往往会作为SoC的一个组件，加速、提升SoC在某一方面的性能，如手机上语音识别和图像识别的速度和准确性等。如今的智能手机几乎都在SoC中集成了AI处理器单元。伴随着新品类处理器的出现，嵌入式系统与人工智能、物联网等应用的融合大大加快，不断催生出嵌入式应用的新形态和新业态。

1.2.2 嵌入式操作系统

嵌入式操作系统（Embedded Operating System, EOS）是专门为资源受限的嵌入式系统所设计的操作系统。使用嵌入式操作系统主要是为了有效地对嵌入式系统的软硬件资源进行分配、任务调度切换、中断处理，以及控制和协调资源与任务的并发活动。由于C语言可以更好地对硬件资源进行控制，嵌入式操作系统通常采用C语言来编写。当然为了获得更快的响应速度，有时也需要采用汇编语言来编写一部分代码或模块，以达到优化的目的。嵌入式操作系统与通用操作系统相比在两个方面有很大的区别。一方面，通用操作系统为用户创建了一个操作环境，在这个环境中，用户可以和计算机相互交互，执行各种各样的任务；而嵌入式系统一般只是执行有限类型的特定任务，并且一般不需要用户干预。另一方面，在大多数嵌入式操作系统中，应用程序通常作为操作系统的一部分内置于操作系统中，随同操作系统启动时自动在ROM或Flash中运行；而在通用操作系统中，应用程序一般是由用户来选择加载到 RAM 中运行的。

随着嵌入式技术的快速发展,国内外先后问世了 150 多种嵌入式操作系统,较为常见的国外嵌入式操作系统有 μC/OS、FreeRTOS、Embedded Linux、VxWorks、QNX、RTX、Windows IoT Core、Android Things 等。虽然国产嵌入式操作系统发展相对滞后,但在物联网技术与应用的强劲推动下,国内厂商也纷纷推出了多种嵌入式操作系统,并得到了日益广泛的应用。目前较为常见的国产嵌入式操作系统有华为 Lite OS、华为 HarmonyOS、阿里 AliOS Things、翼辉 SylixOS、赛睿德 RT-Thread 等。

1. 华为 Lite OS

Lite OS 是华为技术有限公司(简称华为)于 2015 年 5 月发布的轻量级开源物联网嵌入式操作系统,遵循 BSD-3 开源许可协议,最新版本是 1.1.0。其内核包括任务管理、内存管理、时间管理、通信机制、中断管理、队列管理、事件管理、定时器、异常管理等操作系统的基础组件。组件均可以单独运行。另外还提供了软件开发工具包 Lite OS SDK。目前 Lite OS 支持 ARM Cortex-M0/M3/M4/M7 等芯片架构,适配了包括 ST、NXP、GD、MindMotion、Silicon、Atmel 等主流开发商的开发板,具备"零配置"、"自发现"和"自组网"的能力。Lite OS 的特点主要包括:①高实时性、高稳定性;②超小内核,基础内核体积可以裁剪至不到 10KB;③低功耗,最低功耗可在 μW 级;④支持动态加载和分散加载;⑤支持功能静态裁剪;⑥开发门槛低,设备布置以及维护成本低,开发周期短,可广泛应用于智能家居、个人穿戴、车联网、城市公共服务、制造业等领域。

2. 华为 Harmony OS(Hongmeng OS,鸿蒙 OS)

Harmony OS 是华为推出的基于微内核的全场景分布式嵌入式操作系统,2017 年推出鸿蒙内核 1.0 版本,2020 年 9 月迭代到 2.0 版本。Harmony OS 采用了微内核设计,通过简化内核功能,使内核只提供多进程调度和多进程通信等最基础的服务,而让内核之外的用户态尽可能多地实现系统服务,同时添加了相互之间的安全保护,拥有更强的安全特性和更低的时延。Harmony OS 使用确定时延引擎和高性能进程间通信(IPC)两大技术来解决现有系统性能不足的问题。其确定时延引擎可在任务执行前分配系统中任务执行优先级及时限,优先级高的任务资源将优先保障调度,同时微内核结构小巧的特性使 IPC 性能大大提高。Harmony OS 的"分布式 OS 架构"和"分布式软总线技术"具备公共通信平台、分布式数据管理、分布式能力调度和虚拟外设四大能力,能够将分布式应用底层技术的实现难度对应用开发者进行屏蔽,使开发者能够聚焦于自身业务逻辑,像开发同一终端应用那样开发跨终端分布式应用,实现跨终端的无缝协同。Harmony OS 2.0 已在智慧屏、PC、手表/手环和手机上获得应用,并将覆盖到音箱、耳机以及 VR 眼镜等应用产品中。

3. 阿里 AliOS Things

AliOS Things 是阿里巴巴集团控股有限公司(简称阿里巴巴)面向物联网领域推出的轻量级开源物联网嵌入式操作系统,2017 年 11 月发布 1.1.0 版本,2020 年 4 月迭代到 3.1.0 版本。除操作系统内核外,AliOS Things 包含了硬件抽象层、板级支持包、协议栈、中间件、AOS API 以及应用示例等组件,支持各种主流的 CPU 架构,包括 ARM Cortex-M0+/M3/M4/M7/A7/A53/A72、RISC-V、C-SKY、MIPS-I 和 Renesas 等。AliOS Things

采用了阿里巴巴自主研发的高效实时嵌入式操作系统内核，该内核与应用在内存及硬件的使用上进行严格隔离，在保证系统安全性的同时，具备极致性能，如极简开发、云端一体、丰富组件、安全防护等关键能力。AliOS Things 支持终端设备到阿里云 Link 的连接，可广泛应用在智能家居、智慧城市、新出行等领域，正在成长为国产自主可控、云端一体化的新型物联网嵌入式操作系统。截止到 2020 年，AliOS Things 已应用于互联网汽车、智能电视、智能手机、智能手表等不同终端，搭载设备的数量累计已超过一亿部，正在逐步形成强大的阿里云 IoT 生态。

4. 翼辉 SylixOS

SylixOS 是由北京翼辉信息技术有限公司推出的开源嵌入式实时操作系统。从 2006 年开始研发，经过多年的持续开发与改进，已成为一个功能全面、稳定可靠、易于开发的大型嵌入式实时操作系统平台。翼辉 SylixOS 采用小而巧的硬实时内核，支持 256 个优先级抢占式调度和优先级继承，支持虚拟进程和无限多任务数，调度算法先进、高效、性能强劲。目前已支持 ARM、MIPS、PowerPC、x86、SPARC、DSP、RISC-V、C-SKY 等架构的处理器，包括主流国产的飞腾全系列、龙芯全系列、中天微 CK810、兆芯全系列等处理器，同时支持对称多处理器(SMP)平台，并针对不同的处理器提供优化的驱动程序，提高了系统的整体性能。SylixOS 支持 TPSFS(掉电安全)、FAT、YAFFS、ROOTFS、PROCFS、NFS、ROMFS 等多种常用文件系统，以及 Qt、MicroWindows、μC/GUI 等第三方图形库。SylixOS 还提供了完善的网络功能以及丰富的网络工具。此外，SylixOS 的应用编程接口符合 GJB 7714—2012《军用嵌入式实时操作系统应用编程接口》和 IEEE、ISO、IEC 相关操作系统的编程接口规范，用户现有应用程序可以很方便地进行迁移。目前，SylixOS 的应用已覆盖网络设备、国防安全、工业自动化、轨道交通、电力、医疗、航空航天、汽车电子等诸多领域。

5. 睿赛德 RT-Thread

RT-Thread 的全称是 Real Time-Thread，是由上海睿赛德电子科技有限公司推出的一个开源嵌入式实时多线程操作系统，目前最新版本是 4.0。3.1.0 及以前的版本遵循 GPL V2 + 开源许可协议，从 3.1.0 以后的版本遵循 Apache License 2.0 开源许可协议。RT-Thread 主要由内核层、组件与服务层、软件包三个部分组成。其中，内核层包括 RT-Thread 内核和 libcpu/BSP(芯片移植相关文件/板级支持包)。RT-Thread 内核是整个操作系统的核心部分，包括多线程及其调度、信号量、邮箱、消息队列、内存管理、定时器等内核系统对象的实现，而 Libcpu/BSP 与硬件密切相关，由外设驱动和 CPU 移植构成。组件与服务层是 RT-Thread 内核之上的上层软件，包括虚拟文件系统、FinSH 命令行界面、网络框架、设备框架等，采用模块化设计，做到组件内部高内聚、组件之间低耦合。软件包是运行在操作系统平台上且面向不同应用领域的通用软件组件，包括物联网相关的软件包、脚本语言相关的软件包、多媒体相关的软件包、工具类软件包、系统相关的软件包以及外设库与驱动类软件包等。RT-Thread 支持所有主流的 MCU 架构，如 ARM Cortex-M/R/A、MIPS、x86、Xtensa、C-SKY、RISC-V，即支持市场上几乎所有主流的 MCU 和 Wi-Fi 芯片。相较于 Linux 操作系统，RT-Thread 具有实时性高、占用资源少、体积小、功耗低、启动快速等特点，非常适用于各种资源受限的场合。经过 11 年的发展，RT-Thread 已经拥有一个国内较大的嵌入式开源社区，同时被广泛应用于能源、车载、医疗、消费电子等多个行业，累计装机量超过 2000 万台，成为我国自主开发、国内最成熟稳定和装机量最大的开源嵌入式实时操作系统之一。

6. μC/OS

μC/OS（Micro-Controller Operating System）是由美国嵌入式系统专家 Jean J. Labrosse 开发的一个可应用于微控制器的实时多任务操作系统内核，其主体代码用标准的 ANSI C 语言编写，具有结构小巧、性能稳定、移植简单、硬实时性等优点。μC/OS 的源代码完全开源，只对商业应用收取少量费用。经过 20 多年的发展，从 μC/OS 迭代到 μC/OS-Ⅱ，再迭代到第 3 代系统内核 μC/OS-Ⅲ，每一代内核都经历了多个版本的改进，已经成为得到广泛认可的高可靠性和具有商业价值的嵌入式实时操作系统。μC/OS-Ⅲ 是 2009 年推出的第 3 代 μC/OS 系统内核，是一个可裁剪、可升级、可固化、基于优先级调度的实时内核。μC/OS-Ⅲ 继承了前面版本的优点，例如，系统内核可以根据应用需要裁剪；基于优先级的任务调度机制；采用可剥夺型内核保证系统实时性等。同时，μC/OS-Ⅲ 也增加了一些新的功能，例如，任务个数没有限制，可以由用户自己定义任务个数；任务的优先级可以相同，优先级相同的任务支持时间片轮转调度；有极短的关中断事件等。此外，还支持实时内核所期待的大部分功能，如资源管理、任务间同步、任务间通信等。μC/OS-Ⅲ 还提供了在其他实时内核中找不到的特色功能，例如，完备的运行时间测量功能、直接发送信号或者消息到任务、任务可同时等待多个内核对象等。不同于通用计算机系统中操作系统与应用程序的相互独立性，μC/OS-Ⅲ 移植应用于嵌入式系统时，操作系统与应用程序源码在同一个工程内，作为一个整体进行编译后固化到嵌入式系统中运行。自推出以来，μC/OS 被广泛应用于各种嵌入式系统中，如照相机、医疗器械、音响设备、发动机控制器、航天器、自动提款机等。

7. FreeRTOS

FreeRTOS 是一个超小型且完全免费的嵌入式实时操作系统内核，最新版本是 10.4.1。FreeRTOS 作为一个轻量级的嵌入式操作系统，典型的内核大小为 6~12KB，但包括了任务管理、时间管理、信号量、消息队列、内存管理、记录、软件定时器、协程等功能，可基本满足较小型嵌入式系统的需要。FreeRTOS 内核支持优先级调度算法，每个任务可根据不同的重要程度被赋予一定的优先级，CPU 总是让处于就绪态的、优先级最高的任务先运行。FreeRTOS 内核同时支持轮转调度算法，系统允许不同的任务使用相同的优先级，在没有更高优先级任务就绪的情况下，同一优先级的任务共享 CPU 的使用时间。FreeRTOS 的内核可根据用户需要设置为可剥夺型内核或不可剥夺型内核。当 FreeRTOS 被设置为可剥夺型内核时，处于就绪态的高优先级任务能剥夺低优先级任务的 CPU 使用权，这样可保证系统满足实时性的要求。而当 FreeRTOS 被设置为不可剥夺型内核时，处于就绪态的高优先级任务只有等待当前运行任务主动释放 CPU 的使用权后，才能获得运行，这样可提高 CPU 的运行效率。目前，FreeRTOS 支持 ARM7、ARM9、Cortex-M0/M0+/M3/M4/M7/M33/A5/A53、RISC-V、Zynq、IA32、AtmelAVR/AVR32、MSP430 等 40 余种架构的处理器。FreeRTOS 小巧、简单、易用、实时性好和全免费，从而获得了广泛应用，特别适合于资源较为有限的可穿戴设备、智能插座、智能语音遥控器、智能家电等嵌入式系统应用。

8. Embedded Linux（嵌入式 Linux）

Embedded Linux 是将 Linux 操作系统进行裁剪、修改，使之能够在嵌入式系统上运行的一种免费操作系统，遵从 GPL 许可协议。嵌入式 Linux 内核精悍，运行所需资源少，十分适合嵌入式应用。它继承了 Internet 上丰富的开放源代码资源，又具有嵌入式操作系统的特性。由于其源代码公开，使用者可以任意修改以满足自己的应用需求。同时因为拥有大量遵从 GPL 的免费、优秀开发工具，应用开发更为容易，无须专门的人才，只要懂 UNIX/Linux 和 C 语言就可以进行应用开发，开发和维护成本都相对较低。嵌入式 Linux 支持的硬件数量庞大，和普通 Linux 并无本质区别。PC 上 Linux 中用到的硬件在嵌入式 Linux 中几乎都能支持，而且各种硬件的驱动程序源代码都可以得到，为用户编写自己专有硬件的驱动程序带来了很大方便。在嵌入式系统上运行 Linux 的一个缺点是 Linux 体系提供的实时性能需要添加实时软件模块，而这些模块运行的内核空间正好也是操作系统实现调度策略、硬件中断异常和执行程序的部分。由于这些实时软件模块是在内核空间运行的，因此代码错误可能会破坏操作系统，从而影响整个系统的可靠性，这对于实时应用是一个非常严重的弱点。嵌入式 Linux 的应用领域也非常广泛，主要的应用领域有信息家电、导航仪、网络交换机、路由器、集线器、远程访问服务器、ATM、远程通信设备、医疗电子设备、计算机外部设备、工业控制设备、航空航天设备等。

9. VxWorks

VxWorks 是美国风河系统（Wind River Systems，WRS）公司于 1983 年设计开发的一种商用嵌入式实时操作系统，是 Tornado 嵌入式开发环境的关键组成部分，目前最新版本是 VxWorks 7。VxWorks 由内核、I/O 系统、文件系统和网络支持等组件构成。其内核的多任务调度采用基于优先级的抢占方式，同时支持同等优先级任务间的分时间片调度，具有完善的任务间同步、进程间通信、中断处理、定时器以及内存管理机制。VxWorks 提供了一个与 ANSI C 兼容的快速灵活的 I/O 系统，包括 UNIX 标准的 Basic I/O 以及 POSIX 标准的异步 I/O，也支持 POSIX 1003.1b 实时扩展标准，还支持多种物理介质及标准的、完整的 TCP/IP 网络协议。由于 VxWorks 具有高性能的可裁剪的微内核结构、高效的任务管理、灵活的任务间通信以及微秒级的中断处理能力，被广泛应用在通信、军事、航空航天等高精尖技术及实时性要求极高的领域中，如卫星通信、军事演习、弹道制导、飞机导航等。在美国的 F-16 战斗机、FA-18 战斗机、B-2 隐形轰炸机和爱国者导弹上，甚至凤凰号、好奇号等火星探测器上都使用了 VxWorks。但由于 VxWorks 是专用的商业操作系统，价格昂贵，并且需要专门的技术人员开发和维护，而且支持的硬件数量有限，所以其应用面受到了一定的制约。

1.3　嵌入式系统的分类

嵌入式系统应用非常广泛，其分类也可以有多种多样的方式。可以按嵌入式系统的应用对象进行分类，也可以按嵌入式系统的功能和性能进行分类，还可以按嵌入式系统的结构复杂度进行分类。

1. 按应用对象的分类

按应用对象来分类，嵌入式系统主要分为军用嵌入式系统和民用嵌入式系统两大类。

军用嵌入式系统又可分为车载、舰载、机载、弹载、星载等，通常以机箱、插件甚至芯片形式嵌入相应设备和武器系统之中。军用嵌入式系统除了在体积小、重量轻、性能好等方面的要求之外，往往也对苛刻工作环境的适应性和可靠性提出了严格的要求。

民用嵌入式系统又可按其应用的商业、工业和汽车等领域来进行分类，主要考虑的是温度适应能力、抗干扰能力以及价格等因素。

2. 按功能和性能的分类

按功能和性能来分类，嵌入式系统主要分为独立嵌入式系统、实时嵌入式系统、网络嵌入式系统和移动嵌入式系统等类别。

独立嵌入式系统是指能够独立工作的嵌入式系统，它们从模拟或数字端口采集信号，经信号转换和计算处理后，通过所连接的驱动、显示或控制设备输出结果数据。常见的计算器、音视频播放机、数码相机、视频游戏机、微波炉等就是独立嵌入式系统的典型实例。

实时嵌入式系统是指在一定的时间约束（截止时间）条件下完成任务执行过程的嵌入式系统。根据截止时间的不同，实时嵌入式系统又可分为"硬实时嵌入式系统"和"软实时嵌入式系统"。硬实时嵌入式系统是指必须在给定的时间期限内完成指定任务，否则就会造成灾难性后果的嵌入式系统，例如，在军事、航空航天、核工业等一些关键领域中的嵌入式系统。软实时嵌入式系统是指偶尔不能在给定时间范围内完成指定的操作，或在给定时间范围外执行的操作仍然是有效和可接受的嵌入式系统，例如，人们日常生活中所使用的消费类电子产品、数据采集系统、监控系统等。

网络嵌入式系统是指连接着局域网、广域网或互联网的嵌入式系统。网络连接方式可以是有线的，也可以是无线的。嵌入式网络服务器就是一种典型的网络嵌入式系统，其中所有的嵌入式设备都连接到网络服务器，并通过 Web 浏览器进行访问和控制，如家庭安防系统、ATM、物联网设备等。这些系统中所有的传感器和执行器节点均通过某种协议来进行连接、通信与控制。网络嵌入式系统是目前嵌入式系统中发展最快的分类。

移动嵌入式系统是指具有便携性和移动性的嵌入式系统，如手机、手表、智能手环、数码相机、便携式播放器以及智能可穿戴设备等。移动嵌入式系统是目前嵌入式系统中最受欢迎的分类。

3. 按结构复杂度的分类

按结构复杂度来分类，嵌入式系统主要分为小型嵌入式系统、中型嵌入式系统和复杂嵌入式系统三大类。

小型嵌入式系统通常是指以 8 位或 16 位处理器为核心设计的嵌入式系统。其处理器的内存（RAM）、程序存储器（ROM）和处理速度等资源都相对有限，应用程序一般用汇编语言或者嵌入式 C 语言来编写，通过汇编器或/和编译器进行汇编或/和编译后生成可执行的机器码，并采用编程器将机器码烧写到处理器的程序存储器中。例如，电饭锅、洗衣机、微波炉、键盘等就是小型嵌入式系统的一些常见实例。

中型嵌入式系统通常是指以 16 位、32 位处理器或数字信号处理器为核心设计的嵌入式系统。这类嵌入式系统相较于小型嵌入式系统具有更高的硬件和软件复杂性，嵌入式应用软件主要采用 C、C++、Java、实时操作系统、调试器、模拟器和集成开发环境等工具进行开发，如 POS 机、不间断电源(UPS)、扫描仪、机顶盒等。

复杂嵌入式系统与小型和中型嵌入式系统相比具有极高的硬件和软件复杂性，执行更为复杂的功能，需要采用性能更高的 32 位或 64 位处理器、专用集成电路(ASIC)或现场可编程逻辑阵列(FPGA)器件来进行设计。这类嵌入式系统有着很高的性能要求，需要通过软、硬件协同设计的方式将图形用户界面、多种通信接口、网络协议、文件系统甚至数据库等软、硬件组件进行有效封装。例如，网络交换机、无线路由器、IP 摄像头、嵌入式 Web 服务器等系统就属于复杂嵌入式系统。

1.4　嵌入式系统的发展

1.4.1　嵌入式系统的发展历程

从 20 世纪 70 年代单片机出现到今天，嵌入式系统已经历了 40 余年的发展。一般认为，嵌入式系统的发展主要经历了以下四个阶段。

1. 以单板机为核心的嵌入式系统阶段

早期的嵌入式系统起源于 20 世纪 70 年代的微型计算机，然而微型计算机的体积、价格、可靠性都难以满足特定的嵌入式应用要求。到了 80 年代后，集成电路技术的出现，极大地缩小了计算机的体积，使其向微型化方向发展。整个微型计算机系统中的 CPU、内存、存储器和串行/并行端口等芯片可以放在单个电路板上，用印制电路将各个功能芯片连接起来，构成一台单板计算机，简称"单板机"(Single Board Computer, SBC)。这一阶段的嵌入式系统虽然较微型计算机体积有所缩小，但依然难以嵌入普通家用电器产品中，同时价格相对较高，主要还是应用于工业控制领域。

2. 以单片机为核心的嵌入式系统阶段

到了 20 世纪 80 年代，随着微电子工艺水平的提高，Intel 和 Philips 等集成电路制造商开始寻求单片形态嵌入式系统的最佳体系结构。把嵌入式应用中所需的微处理器、I/O 接口、A/D 转换、D/A 转换、串行接口以及 RAM、ROM 等部件统统集成到一个大规模集成电路(VLSI)中，制造出了面向 I/O 设计的微控制器，也就是单片计算机，简称"单片机"。单片机成为当时嵌入式计算机系统一支异军突起的新秀，奠定了单片机与通用计算机完全不同的发展道路，并伴随后来 DSP 的出现进一步提升了嵌入式计算机系统的技术水平。在单片机出现后的一段时期，嵌入式应用软件通常采用汇编语言编写，对系统进行直接控制，之后开始出现了一些简单的"嵌入式操作系统"。这些嵌入式操作系统虽然比较简单，但已经初步具有了一定的兼容性和扩展性。这一阶段的嵌入式系统已从工业控制领域开始迅速渗透到仪器仪表、通信电子、医用电子、交通运输、家用电器等诸多领域。

3. 以多类嵌入式处理器和嵌入式操作系统为核心的嵌入式系统阶段

到了 20 世纪 90 年代，在分布式控制、柔性制造、数字化通信和消费电子等巨大需求的牵引下，嵌入式系统进一步加速发展，以 PowerPC、ARM、MIPS 等为代表的 8 位、16 位、32 位各种不同类型的高性能、低功耗的嵌入式处理器不断涌现。随着嵌入式应用对实时性要求的提高，嵌入式系统的软件也伴随硬件实时性的提高不断扩大其规模，逐渐形成了多任务的实时操作系统(RTOS)。这些操作系统不但能够运行在各种不同类型的嵌入式微处理器上，而且具备了文件管理、设备管理、多任务、网络、图形用户界面(GUI)等功能，还提供了大量的应用程序接口(API)，具有实时性好、模块化程度高、可裁剪和可扩展等特点，从而使应用软件的开发变得更加简单和高效。在应用方面，除工业领域的应用外，掌上电脑、便携式计算机、机顶盒等民用产品也相继出现并快速发展，推动了嵌入式系统应用在广度和深度上的极大进步。

4. 面向互联网的嵌入式系统阶段

21 世纪以来，人类真正进入了互联网时代。在硬件上，随着微电子技术、通信技术、IC 设计技术、EDA 技术的迅猛发展，相继出现了品类繁多的 32 位、64 位嵌入式处理器，特别是在 ARM Cortex 系列内核架构发布以后，各种各样以 ARM Cortex 内核设计生产的 MPU、MCU、SoC 如雨后春笋般不断涌现。这些嵌入式处理器内存容量足够大，I/O 功能足够丰富。其扩展方式从并行总线接口发展出了各种串行总线接口，形成了一系列的工业标准，如 I^2C 总线接口、SPI 总线接口、USB 接口、以太网接口、CAN 接口等。甚至将网络协议的低两层或低三层都集成到了嵌入式处理器中，促使各种各样的嵌入式设备具备了接入互联网的能力，不但具有 Ethernet/CAN/USB 有线网络和 ZigBee/NFC/RFID/Wi-Fi/Bluetooth /Lora 等近场无线通信功能，而且具有 GPRS/3G/4G/NB-IoT 的公共网络无线通信功能。软件上，嵌入式实时操作系统也纷纷添加了支持各种网络通信的协议栈，提供了支持各种通信功能的 API，转型为物联网实时操作系统。

目前越来越多的嵌入式系统产品和设备接入了互联网，在云计算技术的支持下，嵌入式系统通过云平台不但可以实现与人的交互，也可实现与其他嵌入式系统的交互，开启了嵌入式系统的万物互联时代。随着 Internet 技术与信息家电、工业控制、航空航天等技术的结合日益密切，嵌入式设备与 Internet 的融合也更加深入。

1.4.2　嵌入式系统的发展趋势

嵌入式系统自诞生以来已经走过了漫长的道路，如今世界上 99% 的计算机系统都被认为是嵌入式系统。随着物联网技术、人工智能技术以及 5G 通信等新技术的快速发展以及各种创新应用形态的不断出现，嵌入式系统技术已成为智能和互联物联网生态快速发展的推动者。那么，接下来的几年嵌入式系统会朝着哪些方向发展呢？以下是对嵌入式系统今后一段时期发展趋势的一些思考。

1. 更智能——嵌入式人工智能

目前，我们周围已经能够见到多种多样的嵌入式智能设备，如智能手机、智能音箱、机器人、城市天眼系统、智能家居产品等。这些智能设备一般都可以通过语音识别、图像识别、生物特征识别、自然语言合成等技术实现与人的交互。但从现实体验看，目前的智能水平还不够高，还有巨大的发展空间。例如，自动驾驶汽车，高等级（L4、L5）自动驾驶的本质是车辆能够完全实现自主驾驶，驾驶员能够在任何行驶环境下得到完全解放。但现阶段大多数量产智能汽车还处于L2级别，只有极少数可以达到L3级别。目前无论L2还是L3级别的智能汽车，都还处于人机共驾的阶段，驾驶员和系统共享对车辆的控制权，所以不能算是高等级的自动驾驶。因此在自动驾驶技术方面，嵌入式系统还有漫长的路要走。另外嵌入式人工智能是一种让AI算法可以在嵌入式终端设备上运行的技术概念，目前AI的算力主要集中在大数据中心和云端平台，但在诸多应用场景中，嵌入式系统可能无法可靠地采用云端算力进行AI计算，因此在边缘嵌入式设备上部署人工智能（边缘人工智能）成为嵌入式系统发展的一个趋势，也推动了边缘计算的兴起。

2. 更实时的连接——嵌入式系统与5G技术的融合

4G通信的时延无法满足严苛的物联网应用中的实时性、安全性要求，成为物联网应用的技术瓶颈。5G的诞生带来了低时延、高可靠和低功耗的信息传输技术，能够有效突破上述技术瓶颈。例如，在工业生产中，利用5G网络建立前端嵌入式系统设备与后端监控系统之间的低时延、高可靠通信连接，这对于有效监控生产流程和提高生产效率具有重大意义。又如，日常生活中的智能穿戴产品、智能家居、智能医疗、智能安防以及智能汽车等，通过5G连接，可以使每个嵌入式终端设备都能够自由连通，数据实时共享，孕育出更加丰富和更加灵活的应用模式。同时，5G也将有助于产生一个由嵌入式SoC架构支持的全新生态系统，推动嵌入式处理器和嵌入式操作系统的技术升级。对于嵌入式系统而言，在5G时代，无论设备大小、功能强弱，都需要带有联网功能，因此现在正在使用的产品可能需要大批量进行更新换代，这样便会触发嵌入式产品的新一波巨大需求。因此，嵌入式系统与5G技术的融合正在成为嵌入式系统发展的一个趋势。

3. 更安全——嵌入式系统安全

随着嵌入式系统应用的日益广泛，连接互联网的嵌入式设备越来越多，嵌入式系统的安全性和隐私保护问题也变得越发重要。2010年7月发生了"震网"（Stuxnet）蠕虫攻击西门子公司SIMATIC WinCC监控与数据采集系统的事件，引发了国际工业界和主流安全厂商的全面关注。嵌入式系统设备旨在执行一个或一组指定的任务，这些设备通常设计为最小化处理周期并减少存储器的使用，由于资源有限，为通用计算机开发的安全解决方案无法在嵌入式设备中使用。因此在嵌入式系统的设计过程中如何考虑设备安全性、数据安全性和通信安全性，成为一个新的挑战，需要思考诸多问题。开发阶段，如何确保代码的真实性和不可更改性；在设备部署阶段，如何建立一种信任机制，既要防止不受信任的二进制文件运行，又要确保正确的软件在正确的硬件上运行；在设备运行期间，如何防止未授权的控制访问，以及保证数据在网络传输时不被窃取；当设备处于停机状态时，如何防止设备上的数据不被非法访问等，这些都是保证嵌入式系统安全性必须解决的关键问题。目前，包括区块链技术的多种安全新技术融入嵌入式系统应用中，将促使嵌入式系统在其整个生命周期中更加安全。

4. 更丰富的形态——嵌入式系统虚拟化

虚拟化起源于大型计算机，随后在服务器中得到了极大的发展和应用。如今，虚拟化也正在进入嵌入式系统设备中。嵌入式应用需求推动着嵌入式系统变得更大、更复杂，这本身与嵌入式系统的设计初衷相矛盾，因此人们越来越希望对系统进行高度整合，以期减少系统的体积、重量、功耗以及系统的整体成本，将虚拟化技术引入嵌入式系统也就成为一种新的选择。许多嵌入式应用期待能够在单个硬件上运行多个应用程序的操作环境，这就需要一个像虚拟机管理程序这样的支持层。它可以虚拟化出多个嵌入式操作系统，并依靠使用公共的嵌入式硬件资源高效地运行这些操作系统，同时还要确保各个操作系统之间不会相互干扰。与传统的虚拟机管理程序不同，嵌入式虚拟机管理程序实现了一种不同的抽象。它需要具有极高的内存使用效率、更灵活的通信方法，还需要针对不同嵌入式软件既共存又相互隔离的环境，同时还需要具备实时调度的能力。嵌入式系统虚拟化增加了系统的灵活性，提供了更多和更高级别的功能，使嵌入式设备变成了一种新的嵌入式系统类别。目前，已经出现了一些用于嵌入式系统虚拟化的工具，如 VMware Mobile Virtualization Platform、PikeOS、OKL4、NOVA、Codezero 等。2020 年 9 月，华为公司发布了全球首个基于 ARM 芯片的"云手机"，成为"华为云+5G 网+显示屏"三位一体的全新嵌入式设备，也预示着嵌入式系统与虚拟化的融合将向更深层次发展。

第2章 ARM 嵌入式处理器

ARM 是近年来科技新闻里如雷贯耳的一个名词,常常和"芯片""嵌入式""半导体"一同出现。这个 ARM 是"手臂"的意思吗?它和 Intel、IBM、三星、德州仪器以及意法半导体这些半导体巨头之间又有何联系?为什么说掌握了 ARM 一种架构就相当于掌握上述这些半导体巨头大部分嵌入式处理器的体系结构呢?这些问题读者都可以在本章找到答案。

2.1 ARM 嵌入式处理器简介

ARM(Advanced RISC Machine)既是一个公司的名字,也是对一类微处理器的通称,还可以认为是一种技术的名字。ARM 系列处理器是由英国 ARM 公司设计的,是全球最成功的 RISC(Reduced Instruction Set Computer,精简指令集)计算机。1990 年,ARM 公司从剑桥的 Acorn 独立出来并上市;1991 年,ARM 公司设计出全球第一款 RISC 处理器。从此以后,ARM 处理器被授权给众多半导体制造厂,成为了低功耗和低成本的嵌入式应用的市场领导者。

ARM 公司是全球领先的半导体知识产权(Intellectual PropertyIP)提供商,与一般的公司不同,ARM 公司既不生产芯片,也不销售芯片,而是设计出高性能、低功耗、低成本和高可靠性的 IP 内核,如 ARM7TDMI、ARM9TDMI、ARM10TDMI 等,授权给各半导体公司使用。半导体公司在授权付费使用 ARM 内核的基础上,根据自己公司的定位和各自不同的应用领域,添加适当的外围电路,从而形成自己的嵌入式微处理器或微控制器芯片产品。目前,几乎绝大多数的半导体公司都使用 ARM 公司的授权,如 Intel、IBM、三星、德州仪器、飞思卡尔(Freescale)、恩智浦(NXP)、意法半导体等。这样既使 ARM 技术获得更多的第三方工具、硬件、软件的支持,又使整个系统成本降低,使产品更容易进入市场被消费者所接受,更具有竞争力。ARM 公司利用这种双赢的伙伴关系迅速成为全球性 RISC 微处理器标准的缔造者。

ARM 嵌入式处理器有着非常广泛的嵌入式系统支持,如 Windows CE、μC/OS-Ⅱ、μCLinux、VxWorks、μTenux 等。

2.1.1 ARM 处理器的特点

因为 ARM 处理器采用 RISC 结构,所以它具有 RISC 架构的一些经典特点。

(1)体积小、功耗低、成本低、性能高。

(2)支持 Thumb(16 位)/ARM(32 位)双指令集,能很好地兼容 8 位/16 位器件。

(3)大量使用寄存器,指令执行速度更快。

(4)大多数数据操作都在寄存器中完成。

(5)寻址方式灵活简单,执行效率高。

(6)内含嵌入式在线仿真器。

基于 ARM 处理器具有上述特点,它被广泛应用于以下领域。

(1)为通信、消费电子、成像设备等产品,提供可运行复杂操作系统的开放应用平台。

(2)在海量存储、汽车电子、工业控制和网络应用等领域,提供实时嵌入式应用。

(3)在军事、航天等领域,提供宽温、抗电磁干扰、耐腐蚀的复杂嵌入式应用。

2.1.2　ARM 体系结构的版本和系列

1. ARM 处理器的体系结构

ARM 体系结构是 CPU 产品所使用的一种体系结构,ARM 公司开发了一套拥有知识产权的 RISC 体系结构的指令集。每个 ARM 处理器都有一个特定的指令集架构,而一个特定的指令集架构又可以由多种处理器实现。

自从第 1 个 ARM 处理器芯片诞生至今,ARM 公司先后定义了 8 个 ARM 体系结构版本,分别命名为 V1~V8;此外还有基于这些体系结构的变种版本。版本 V1~V3 已经被淘汰,目前常用的是 V4~V8 版本,每一个版本均集成了前一个版本的基本设计,但性能有所提高或功能有所扩充,并且指令集向下兼容。表 2.1.1 和表 2.1.2 给出了各体系结构版本的基本特点及发展历史。

表 2.1.1　ARM 体系结构版本的基本特点

体系结构版本	基本特点
V1 版	V1 版本架构只在原型机 ARM1 出现过,未用于商用版本。其基本性能包括基本数据处理指令(不包括乘法);字节、字以及半字加载/存储指令;分支指令(包括用于子程序调用的分支与链接指令);软件中断指令(用于进行操作系统调用);26 位地址总线(64MB 寻址空间)
V2 版	V2 版本架构在 V1 版本的基础上增加了乘法和乘加指令、支持协处理器操作指令;快中断模式;原子性(Atomic)加载/存储指令 SWP 和 SWPB
V3 版	V3 版本较以前的版本发生了大的变化,推出 32 位寻址能力(4GB 寻址空间);增加当前程序状态寄存器(Current Program Status Register, CPSR)和备份的程序状态寄存器(Saved Program Status Register, SPSR);增加了两种异常模式,使操作系统代码可方便地使用数据访问中止异常、指令预取中止异常和未定义指令异常;增加了 MRS 指令和 MSR 指令,用于完成对 CPSR 和 SPSR 的读/写;修改了原来的从异常中返回的指令
V4 版	V4 版架构在 V3 版本上做了进一步扩充,V4 架构是目前应用最广的 ARM 体系结构,ARM7、ARM8、ARM9 和 Strong ARM 都采用该架构。V4 不再强制要求与 26 位地址空间兼容,而且明确了哪些指令会引起未定义指令异常。指令集中增加了以下功能:符号化和非符号化半字及符号化字节的存/取指令;增加了 T 变种,处理器可工作在 Thumb 状态,增加了 16 位 Thumb 指令集;完善了软件中断 SWI 指令的功能;处理器系统模式引进特权方式时使用用户寄存器操作;把一些未使用的指令空间捕获为未定义指令
V5 版	V5 版本架构在 V4 版本的基础上增加了一些新的指令,ARM10 和 Xscale 都采用该版架构。这些新增命令有:带有链接和交换的转移 BLX 指令;计数前导零 CLZ 指令;BRK 中断指令;增加了数字信号处理指令(V5TE 版);为协处理器增加更多可选择的指令;改进了 ARM/Thumb 状态之间的切换效率

体系结构版本	基本特点
V6 版	V6 版本架构是 2001 年发布的。在降低耗电量的同时，还强化了图形处理性能。通过追加有效进行多媒体处理的单指令多数据 (Single Instruction Multiple Data, SIMD) 功能，将语音及图像的处理功能提高到了原型机的 4 倍。此架构在 V5 版基础上增加了以下功能：THUMBTM，即 35%代码压缩；DSP 扩充，即高性能定点 DSP 功能；JazelleTM，即 Java 性能优化，可提高 8 倍；Media 扩充，即音/视频性能优化，可提高 4 倍
V7 版	V7 版本架构是在 ARM V6 架构的基础上诞生的。该架构采用了 Thumb-2 技术，它是在 ARM 的 Thumb 代码压缩技术的基础上发展起来的，并且保持对现存 ARM 解决方案的完整的代码兼容性。Thumb-2 技术比纯 32 位代码少使用 31%的内存，减小了系统开销。同时能够提供比已有的基于 Thumb 技术的解决方案高出 38%的性能。ARM V7 架构还采用了 NEON 技术，将 DSP 和媒体处理能力提高了近 4 倍，并支持改良的浮点运算，满足下一代 3D 图形、游戏物理应用以及传统嵌入式控制应用的需求。此外，ARM V7 还支持改良的运行环境，以迎合不断增加的 JIT (Just In Time) 和 DAC (Dynamic Adaptive Compilation) 技术的使用
V8 版	V8 版本架构是在 32 位 ARM 架构上进行开发的，将首先用于对扩展虚拟地址和 64 位数据处理技术有更高要求的产品领域，如企业应用、高档消费电子产品。ARM V8 架构包含两个执行状态：AArch64 和 AArch32。AArch64 执行状态针对 64 位处理技术，引入了一个全新指令集 A64；而 AArch32 执行状态将支持现有的 ARM 指令集。目前的 ARM V7 架构的主要特性都将在 ARM V8 架构中得以保留或进一步拓展，如 TrustZone 技术、虚拟化技术及 NEON Advanced SIMD 技术等

表 2.1.2　ARM 处理器核心以及体系结构的发展历史

ARM 核心	体系结构
ARM1	V1
ARM2	V2
ARM2As, ARM3	V2a
ARM6, ARM600, ARM610, ARM7, ARM700, ARM710	V3
Strong ARM, ARM8, ARM810	V4
ARM7TDMI, ARM710T, ARM720T, ARM740T, ARM9TDMI, ARM920T, ARM940T	V5T
ARM9E-S, ARM10TDMI, ARM1020E	V5TE
ARM1136J(F)-S, ARM1176JZ(F)-S, ARM11, MPCore	V6
ARM1156T2(F)-S	V6T2
ARM Cortex-M, ARM Cortex-R, ARM Cortex-A	V7
ARM Cortex-A32，ARM Cortex-A35, ARM Cortex-R52	V8

ARM 的下一代 CPU 指令集架构 ARM V9 于 2019 年下半年开始推出，其最重要的关键点是增强安全性。

另外，ARM 架构在不断演进的同时在各个实现之间保持了很高的兼容性，如图 2.1.1 所示。

2. ARM 体系结构版本的变种

ARM 处理器在制造过程中的具体功能要求往往会与某一个标准的 ARM 体系结构不完全一致，有可能根据实际需求增加或减少一些功能。因此，ARM 公司制定了标准，采用一些字

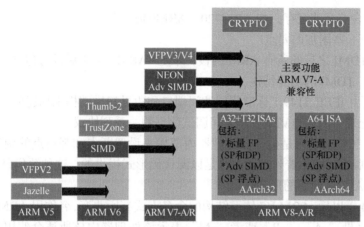

图 2.1.1 ARM 架构进化示意图

母后缀来表明基于某个标准 ARM 体系结构版本的不同之处，这些字母称为 ARM 体系结构版本变量或变量后缀。带有变量后缀的 ARM 体系结构版本称为 ARM 体系结构版本变种。表 2.1.3 给出了 ARM 体系结构版本的变量后缀。

表 2.1.3 ARM 体系结构版本的变量后缀

变量后缀	功能描述
T	Thumb 指令集，Thumb 指令长度为 16 位，目前有两个版本：Thumb1 用于 ARM V4 的 T 变种，Thumb2 用于 ARM V5 以上的版本
D	含有 JTAG 调试，支持片上调试
M	内嵌硬件乘法器(Multiplier)，提供用于进行长乘法操作的 ARM 指令，产生全 64 位结果
I	嵌入式 ICE，用于实现片上断点和调试点支持
E	增强型 DSP 指令，增加了新的 16 位数据乘法与乘加操作指令，加减法指令可以实现饱和的带符号数的加减法操作
J	Java 加速器 Jazelle，与一般的 Java 虚拟机相比，它将 Java 代码运行速度提高了 8 倍，而功耗降低了 80%
F	向量浮点单元
S	可综合版本

3. ARM 处理器的命名规则

一般 ARM 处理器内核都有一个规范的名称，该名称概括地表明了内核的体系结构和功能特性。

ARM 产品通常以 ARM[x][y][z][T][D][M][I][E][J][F][-S]形式出现。

所有命名以"ARM"字符开头，后面是若干个描述参数，每个参数并不是必需的。后缀的含义已在表 2.1.3 列出，前三个参数的含义如下：

（1）[x]表示系列号，是共享相同硬件特性的一组处理器的具体实现，如 ARM7TDMI、ARM740T 和 ARM720T 都属于 ARM7 系列。

（2）[y]表示内存存储管理和保护单元，如 ARM72、ARM92。

（3）[z]表示含有高速缓存，如 ARM720、ARM940。

另外，还有一些附加的要点。

（1）ARM7TDMI 之后的所有 ARM 内核，即使"ARM"标志后没有包含"TDMI"字符，也都默认包含了 TDMI 的功能特性。

（2）TAG 是由 IEEE 1149.1 标准测试访问端口和边界扫描结构来描述的，它是 ARM 用来发送和接收处理器内核与测试仪器之间调试信息的一系列协议。

（3）嵌入式 ICE 宏单元是建立在处理器内部用来设置断点和观察点的调试硬件。

（4）可综合版本，意味着处理器内核是以源代码形式提供的。这种源代码形式可被编译成一种易于 EDA 工具使用的形式。

（5）自 2004 年以后，ARM V7 体系结构的命名方式有所改变，名称用 ARM Cortex 开头，随后使用附加字母"-A"、"-R"或者"-M"表示该处理器内核所适合使用的领域，再加上一个数字表示处理器在该领域的产品序号，如本书主要介绍的 ARM Cortex-M3 系列处理器。

2.1.3　ARM 处理器系列

ARM 十几年如一日地开发新的处理器内核和系统功能块，其功能不断进化，处理水平持续提高。根据功能/性能指标和应用方向，开发出多个内核，实现了处理器内核的系列化。

下面按照内核体系分别介绍 ARM 处理器的产品。ARM 处理器的体系列表如图 2.1.2 所示，图中详细地列出了 ARM 各系列处理器的定位和主要参数。

1. ARM7 系列

ARM7 内核采用冯·诺伊曼体系结构，数据和指令使用同一条总线。内核有一条 3 级流水线，执行 ARM V4 指令集。

ARM7 系列处理器主要用于对功耗和成本要求比较苛刻的消费类产品。其最高主频可以到达 130MIPS（MIPS 指每秒执行的百万条指令数）。ARM7 系列包括 ARM7TDMI、ARM7TDMI-S、ARM7EJ-S 和 ARM720T 4 种类型，主要用于适应不同的市场需求。

ARM7 系列处理器主要具有以下特点。

（1）具有 32 位 RISC 处理器。

（2）最高主频达 130MIPS。

（3）功耗低。

（4）代码密度高，兼容 16 位微处理器。

（5）开发工具多、EDA 仿真模型多。

（6）调试机制完善。

（7）提供 0.25μm、0.18μm 及 0.13μm 的生产工艺。

（8）代码与 ARM9 系列、ARM9E 系列以及 ARM10E 系列兼容。

ARM7 系列包含 ARM7EJ-S、ARM7TDMI、ARM7TDMI-S、ARM720T。它们属于低端的 ARM 微处理器核，在工业控制器、MP3 播放器、喷墨打印机、调制解调器以及早期的移动通信设备等产品中使用。典型的 ARM7 系列微处理器芯片有三星公司的 S3C44B0、恩智浦公司的 LPC2131 和 Atmel 公司的 AT91SAM7S/256 等。

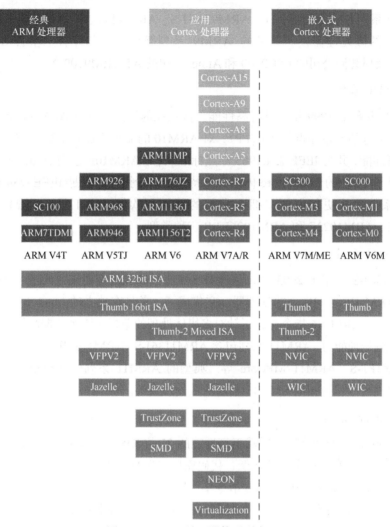

图 2.1.2　ARM 处理器体系列表

2. ARM9/9E 系列

ARM9 系列发布于 1997 年，由于采用了 5 级指令流水线，ARM9 处理器能够运行在比 ARM7 更高的时钟频率上，改善了处理器的整体性能；存储器系统根据哈佛体系结构(程序和数据空间独立的体系结构)重新设计，区分了数据总线和指令总线。ARM9 系列的第一个处理器是 ARM920T，包含独立的数据指令 Cache 和 MMU。此处理器能够用在要求有虚拟存储器支持的操作系统上。此系列的 ARM922T 是 ARM920T 的变种，只有一半大小的数据指令 Cache。ARM940T 包含一个更小的数据指令 Cache 和一个 MPU。它是针对不要求运行操作系统的应用而设计的。ARM920T、ARM940T 都执行 V4T 架构指令。ARM9 系列的下一个处理器是基于 ARM9E-S 内核的。这个内核是 ARM9 内核带有 E 扩展的一个可综合版本，它有 ARM946E-S 和 ARM966E-S 两个变种。两者都执行 V5TE 架构指令。它们也支持可选的嵌入式跟踪宏单元，支持开发者实时跟踪处理器上指令和数据的执行。当调试对时间敏感的程序段时，这种方法非常重要。

ARM9 系列包含 ARM922T、ARM926EJ-S、ARM940T、ARM946E-S、ARM966E-S 等多种类型的微处理器核。典型的 ARM9 系列微处理器芯片有三星公司的 S3C2410、S3C2440 以及恩智浦公司的 LPC2900 和 Atmel 公司的 AT91RM9200 等。

3. ARM10 系列

ARM10 发布于 1999 年，具有高性能、低功耗的特点。它将 ARM9 的流水线扩展到 6 级，也支持可选的向量浮点单元(VFP)，对 ARM10 的流水线加入了第 7 段。VFP 明显增强了浮点运算性能，并与 IEEE 754.1985 浮点标准兼容。ARM10E 系列处理器采用了新的节能模式，提供了 64 位的 Load/Store 体系，支持包括向量操作的满足 IEEE 754 的浮点运算协处理器，系统集成更加方便，拥有完整的硬件和软件开发工具。ARM10E 系列包括 ARM1020E、ARM1022E 和 ARM1026EJ-S 三种类型。

4. ARM11 系列

ARM1136J-S 发布于 2003 年，是针对高性能和高能效应而设计的。ARM1136J-S 是第一个执行 ARM V6 架构指令的处理器。它集成了一条具有独立的 Load/Stroe 和算术流水线的 8 级流水线。ARM V6 指令包含了针对多媒体处理的单指令流多数据流扩展，采用特殊的设计改善视频处理能力。ARM11 系列包含 ARM1136J-S、ARM1136JF-S、ARM1156T2(F)-S、ARM1176JZ(F)-S、ARM11 MPCore 等。典型的 ARM11 系列微处理器芯片有三星公司的 S3C6410 和飞思卡尔公司的 i.MX35 系列的微处理器等。

5. SecurCore 系列

SecurCore 系列处理器提供了基于高性能的 32 位 RISC 技术的安全解决方案。SecurCore 系列处理器除了具有体积小、功耗低、代码密度高等特点外，还具有它自己特有的特点。

(1)支持 ARM 指令集和 Thumb 指令集，以提高代码密度和系统性能。

(2)采用软内核技术以提供最大限度的灵活性，可以防止外部对其进行扫描探测。

(3)提供了安全特性，可以抵制攻击。

(4)提供面向智能卡和低成本的存储保护单元 MPU。

(5)可以集成用户自己的安全特性和其他的协处理器。

SecurCore 系列包含 SC100、SC110、SC200 和 SC210 四种类型。

表 2.1.4 显示了 ARM7、ARM9、ARM10 及 ARM11 内核之间属性的比较。

表 2.1.4　几种内核之间属性的比较

项目	ARM7	ARM9	ARM10	ARM11
流水线深度	3 级	5 级	6 级	8 级
典型频率/MHz	80	150	260	335
功耗/(mW/MHz)	0.06	0.19(+Cache)	0.5(+Cache)	0.4(+Cache)
MIPS/MHz	0.97	1.1	1.3	1.2
架构	冯·诺伊曼	哈佛	哈佛	哈佛
乘法器	8×32	8×32	16×32	16×32

6. Cortex 系列

2004 年 ARM 公司推出了基于 ARM V7 架构的 Cortex 系列的标准体系架构，从而满足了各种技术的不同性能要求。Cortex 系列明确地分为 A、R、M 三个系列，如图 2.1.3 所示。

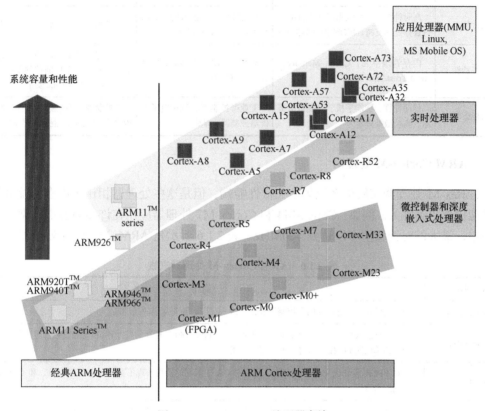

图 2.1.3　ARM Cortex 处理器家族

ARM Cortex-A 系列处理器主要用于具有高计算要求、运行丰富的操作系统及提供交互媒体和图形体验的应用领域，如智能手机、平板电脑、汽车娱乐系统、数字电视等。这类应用所需处理器都运行在很高的时钟频率（超过 1GHz）上，支持像 Linux、Android、MS Windows 和移动操作系统等完整操作系统，具有满足操作系统需要的内存管理单元。

ARM Cortex-R 系列处理器属于面向实时应用的高性能处理器系列，主要用于硬盘控制器、汽车传动系统、无线通信的基带控制、大容量存储控制器等深层嵌入式实时应用。多数实时处理器不支持 MMU，不过通常具有 MPU、Cache 和其他针对工业应用设计的存储器功能。实时处理器运行在比较高的时钟频率（如 200MHz～1GHz），响应延迟非常低。虽然实时处理器不能运行完整版本的 Linux 和 Windows 操作系统，但是支持大量的实时操作系统（RTOS）。

ARM Cortex-M 系列处理器主要针对低成本和功耗敏感的应用，如智能测量、人机接口设备、汽车和工业控制系统、家用电器、消费性产品和医疗器械。其巨大的性价比优势已经对传统的 8 位和 16 位单片机市场构成实质性的威胁和冲击。以本书将着重介绍的 STM32F10x 系列为例，其低配置型号的价格只有人民币 10 元左右，却同样具有 32 位处理器的强大性能，无论在性能上还是在功耗上相对于传统的单片机都具有极大的优势。

表 2.1.5 总结了三个处理器系列的主要特征。

表 2.1.5　处理器特性总结

特征	应用处理器	实时处理器	微控制处理器
设计特点	高时钟频率，长流水线，高性能，对媒体处理支持(NEON 指令集扩展)	高时钟频率，较长的流水线，高确定性(中断延迟低)	通常为较短的流水线，超低功耗
系统特性	内存管理单元，Cache Memory，ARM TrustZone 安全扩展	MPU，Cache Memory，紧耦合内存(TCM)	内存保护单元，嵌套向量中断控制器(NVIC)，唤醒中断控制器(WIC)，最新 ARM TrustZone 安全扩展
目标市场	移动计算、智能手机、高能效服务器、高端微处理器	工业微控制器、汽车电子、硬盘控制器、基带	微控制器、深度嵌入式系统(例如，传感器、MEMS、混合信号 IC、IoT)

2.1.4　ARM Cortex-M 处理器

Cortex-M 处理器家族更多地集中在低性能端，但是这些处理器相比于许多传统微控制器性能仍然更为强大。例如，Cortex-M4 和 Cortex-M7 处理器应用在许多高性能的微控制器产品中，最大的时钟频率可以达到 400MHz。表 2.1.6 所示是 ARM Cortex-M 处理器家族。

表 2.1.6　ARM Cortex-M 处理器家族

处理器	描述
Cortex-M0	面向低成本、超低功耗的微控制器和深度嵌入式应用的非常小的处理器
Cortex-M0+	针对小型嵌入式系统的最高能效的处理器，与 Cortex-M0 处理器的尺寸和编程模式接近，但是具有扩展功能，如单周期 I/O 接口和向量表重定位功能
Cortex-M1	针对 FPGA 设计优化的小处理器，利用 FPGA 上的存储器块实现了紧耦合内存(TCM)，和 Cortex-M0 有相同的指令集
Cortex-M3	针对低功耗微控制器设计的处理器，面积小但是性能强劲，支持可快速处理复杂任务的丰富指令集。具有硬件除法器和乘加指令(MAC)，并且 M3 支持全面的调试和跟踪功能，使软件开发者可以快速地开发他们的应用
Cortex-M4	不但具备 Cortex-M3 的所有功能，并且扩展了面向数字信号处理的指令集，如单指令多数据指令和更快的单周期 MAC 操作。此外，它还有一个可选的支持 IEEE 754 浮点标准的单精度浮点运算单元
Cortex-M7	针对高端微控制器和数据处理密集的应用开发的高性能处理器。具备 Cortex-M4 支持的所有指令功能，扩展支持双精度浮点运算，并且具备扩展的存储器功能，如 Cache 和紧耦合存储器
Cortex-M23	面向超低功耗、低成本应用设计的小尺寸处理器，和 Cortex-M0 相似，但是支持各种增强的指令集和系统层面的功能特性。M23 还支持 TrustZone 安全扩展
Cortex-M33	主流的处理器设计，与之前的 Cortex-M3 和 Cortex-M4 处理器类似，但系统设计更灵活，能耗比更高效，性能更高。M33 还支持 TrustZone 安全扩展

相比于老的 ARM 处理器(例如，ARM7TDMI、ARM9)，Cortex-M 处理器有一个非常不同的架构。例如：

(1)仅支持 ARM Thumb 指令，已扩展到同时支持 16 位和 32 位指令 Thumb-2 版本。

(2)内置的嵌套向量中断控制负责中断处理，自动处理中断优先级、中断屏蔽、中断嵌套和系统异常。

(3)中断处理函数可以使用标准的 C 语言编程,嵌套中断处理机制不需要使用软件判断哪一个中断需要响应处理。同时,中断响应速度是确定性的、低延迟的。

(4)向量表从跳转指令变为中断和系统异常处理函数的起始地址。

(5)寄存器组和某些编程模式也做了改变。

这些变化意味着许多为经典 ARM 处理器编写的汇编代码需要修改,老的项目需要经过修改和重新编译才能迁移到 Cortex-M 的产品上。

典型的 Cortex-M 系列微处理器芯片有德州仪器公司的 LM3S101(Cortex-M3 内核)、恩智浦公司的 LPC1800(Cortex-M3 内核)、飞思卡尔公司的 Kinetis(Cortex- M4 内核)、Atmel公司的 SAM4SD32(Cortex-M4 内核)等。

2.2   ARM Cortex-M3 架构

2.2.1   概述

Cortex-M3 是首款基于 ARM V7-M 架构的 32 位处理器,具有功耗低、逻辑门数较少、中断延迟短、调试成本低等诸多优点。与 8 位/16 位设备相比,ARM Cortex-M3 32 位 RISC 处理器提供了更高的代码效率。它整合了多种技术,减少了使用内存,并在极小的 RISC 内核上提供低功耗和高性能。ARM Cortex-M3 内核降低了编程难度,集高性能、低功耗、低成本于一体。图 2.2.1 所示为 ARM Cortex-M3 的简化视图。

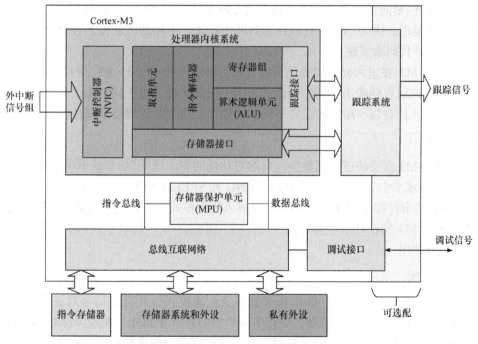

图 2.2.1   ARM Cortex-M3 的简化视图

ARM Cortex-M3 处理器不仅使用了先进的哈佛结构,执行 32 位的 Thumb-2 指令集,同时包含高效的系统外设 NVIC(Nested Vectored Interrupt Controller)和 Arbiter 总线,还实现

了 Tail-Chaining 中断技术，可在实际应用中减少 70% 的中断处理时间。

ARM Cortex-M3 内部还具有多个调试组件，用于在硬件水平上支持调试操作，如指令断点、数据观察点等。另外，为了支持更高级的调试，还有其他可选组件，包括指令跟踪和多种类型的调试接口。下面对 ARM Cortex-M3 处理器的性能进行详细介绍。

1. 高性能

(1) 许多指令都是单周期的，包括乘法相关指令，并且从整体性能上，Cortex-M3 优于绝大多数其他的架构。

(2) 采用哈佛结构，指令总线和数据总线被分开，取指和访问可以并行操作。

(3) Thumb-2 指令集无须进行 32 位 ARM 状态和 16 位 Thumb 状态的切换，极大地简化了软件开发和代码维护，也缩短了产品开发周期。

(4) Thumb-2 指令集为编程带来了更多的灵活性，提高了 Cortex-M3 的代码密度，进而减少了存储器的需求。

(5) 取指都按 32 位处理，同一周期最多可以取出两条指令，留下了更多的带宽给数据传输。

(6) Cortex-M3 的设计允许单片机高频运行；即使在相同的速度下运行，Cortex-M3 的每指令周期数 (CPI) 也更低，于是同样的频率下可以做更多的工作；另外，也使同一个应用在 Cortex-M3 上需要更低的主频。

2. 先进的中断处理功能

(1) 内置的嵌套向量中断控制器支持多达 240 条外部中断输入。向量化的中断功能极大地缩短了中断延迟，因为不再需要软件去判断中断源。中断的嵌套也是在硬件水平上实现的，不需要软件代码来实现。

(2) Cortex-M3 在进入异常服务例程时，因为自动压栈了 R0～R3、R12、LR、PSR 和 PC，同时在返回时自动弹出它们，因此加速了中断的响应，也无须汇编语言代码。

(3) NVIC 支持对每一路中断设置不同的优先级，使中断管理极富弹性。

3. 低功耗

(1) Cortex-M3 需要的逻辑门数少，自然对功耗的要求就低（功率低于 0.19mW/MHz）。

(2) 在内核水平上支持节能模式（SLEEPING 和 SLEEPDEEP 位）。通过使用等待中断指令 (WFI) 和等待事件指令 (WFE)，内核可以进入睡眠模式，并且以不同的方式唤醒。

(3) Cortex-M3 的设计是全静态的、同步的、可综合的。任何低功耗的或标准的半导体工艺均可放心使用。

4. 系统特性

(1) 系统支持"位寻址带"操作和字节不变大端模式，并且支持非对齐的数据访问。

(2) 拥有先进的 fault 处理机制，支持多种类型的异常和 fault，使故障诊断更容易。

(3) 通过引入 banked 堆栈指针机制，将系统程序使用的堆栈和用户程序使用的堆栈划清界限。如果再配上可选的 MPU，处理器就能彻底满足对软件健壮性和可靠性有严格要求的应用。

5. 调试支持

(1)在支持传统的 JTAG 的基础上，还支持串行线调试接口。

(2)基于 CoreSight 调试解决方案，使处理器运行期间也能访问处理器状态和存储器内容。

(3)内建了对多达 6 个断点和 4 个数据观察点的支持。

(4)可以选配一个 ETM，用于指令跟踪。

(5)在调试方面还加入了 fault 状态寄存器、新的 fault 异常，以及闪存修补(patch)操作等新特性，使调试大幅简化。

(6)可选 ITM 模块，测试代码可以通过它输出调试信息，而且使用方便。

2.2.2　寄存器组

CPU 寄存器是处理器内部主要用于暂存运算数据、运算中间结果的存储单元，这种用途的寄存器称为通用寄存器；也有一些寄存器用于暂存处理器的状态、控制信息、一些特殊的指针等工作信息，这样的寄存器也称为特别功能寄存器。对于嵌入式开发来说，常见的寄存器又分为针对内核的寄存器和针对硬件外设的寄存器。

对于嵌入式开发者而言，不必关心处理器内部电路的具体实现方式，只需关注这个处理器的应用特性，即如何编程使用 ARM 处理器进行运算处理，以及该处理器芯片管脚的信号特性(如管脚属性、时序、交流特性、直流特性等)。对于应用编程设计用户，处理器就可抽象为这些物理寄存器，用户通过这些物理寄存器的设置来完成程序设计，进而进行数据处理。

当前很多设计开发和学习过程中，寄存器并不是完全可见的。在 PC 程序开发中，程序功能的实现更多依赖于系统提供的 API 和其他一些封装控件，开发者无须接触寄存器。在本书介绍的 STM32 开发中，将采用基于标准外设库的开发模式，可以使开发者不用深入了解底层硬件细节(包括寄存器)就可以灵活规范地使用每一个外设。但是对于嵌入式的开发和学习者来说，寄存器的学习还是必要的，因为它是深入开发和研究的基础，只有掌握这些底层的相关知识才能提升嵌入式学习的水平。

本节将对 ARM Cortex-M3 内核的寄存器进行简要的介绍，涉及众多外设的寄存器将会在后面各个章节中分别加以详细介绍。

如图 2.2.2 所示，ARM Cortex-M3 有通用寄存器 R0～R15 以及一些特殊功能寄存器。R0～R12 是"通用的"，但是绝大多数 16 位的指令只能使用 R0～R7(低位寄存器组)，而 32 位的 Thumb-2 指令则可以访问所有通用寄存器(包括低位寄存器组和高位寄存器组)。特殊功能寄存器必须通过专门的指令来访问。

1. 通用寄存器 R0～R12

R0～R12 都是 32 位通用寄存器，用于数据操作。R0～R7 称为低位寄存器组，所有的指令都能够访问，R8～R12 称为高位寄存器组，只有少数 16 位 Thumb 指令能够访问它们，但 32 位的 Thumb-2 指令可以访问所有通用寄存器。复位后的初始值是不可预料的。

2. 堆栈指针 R13

堆栈是一种存储器的使用模型，它由一块连续的内存和一个栈顶指针(SP)组成，用于实现"后进先出"的缓冲区。其最典型的应用，就是在数据处理前先保存寄存器的值，再在任务处理完成后从堆栈中恢复先前保护的这些值。在 Cortex-M3 中，备份和恢复的操作分别为 PUSH 和 POP，形象地理解为数据的压入和取出。

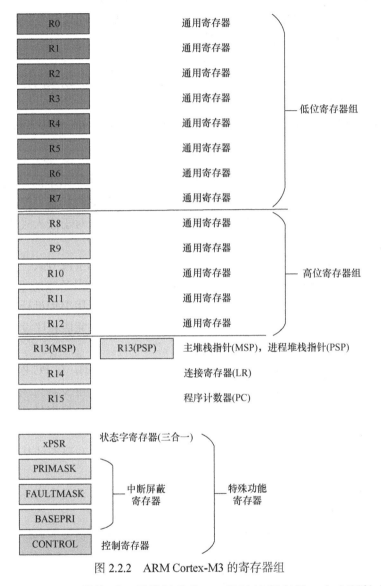

图 2.2.2　ARM Cortex-M3 的寄存器组

在执行 PUSH 和 POP 操作时，通常被称为 SP 的地址寄存器，会由硬件自动调整它的值，以避免后续操作破坏先前的数据。

寄存器 R13 用作堆栈指针，在 Cortex-M3 处理器内核中共有两个堆栈指针，也就是支持两个堆栈。当引用 R13（或写作 SP）时，引用的是当前正在使用的那一个，另一个必须用特殊的指令来访问（MRS 和 MSR 指令）。这两个堆栈指针分别是：

(1) 主堆栈指针（MSP）或写作 SP_main，这是默认（或称缺省）堆栈指针，它由 OS 内核、异常服务例程以及所有需要特权访问的应用程序代码来使用。

(2) 进程堆栈指针（PSP）或写作 SP_process，用于常规的应用程序代码。

在程序中为了突出重点，可以一直把 R13 写作 SP。在程序代码中，MSP 和 PSP 都被称为 R13/SP，可以通过 MRS/MSR 指令来指名道姓地访问具体的堆栈指针。

3. 连接寄存器 R14

R14 是连接寄存器，R14 也被称为子程序链接寄存器(Link Register, LR)，用于在调用子程序时存储返回地址。当执行子程序调用指令(BL)时,R14 可得到 R15(程序计数器(PC))的备份。

在每一种运行模式下，都可用 R14 保存子程序的返回地址。当用 BL 或 BLX 指令调用子程序时，将 PC 的当前值复制给 R14，执行完子程序后，又将 R14 的值复制回 PC，即可完成子程序的调用返回。

4. 程序计数器 R15

R15 是程序计数器，在汇编代码中也写为 PC。因为 Cortex-M3 内部使用了指令流水线，读 PC 时返回的值是当前指令的地址+4。

如果向 PC 中写数据，就会引起一次程序的分支(但是不更新 LR)。

2.2.3 特殊功能寄存器组

Cortex-M3 中的特殊功能寄存器包括以下几个。

(1)程序状态寄存器组(PSRs 或 xPSR)。

(2)中断屏蔽寄存器组(PRIMASK、FAULTMASK 以及 BASEPRI)。

(3)控制寄存器(CONTROL)。

它们只能被专用的 MSR/MRS 指令访问，而且它们也没有与之相关联的访问地址。

1. 程序状态寄存器组(PSRs 或 xPSR)

程序状态寄存器在其内部又被分为三个子状态寄存器，如图 2.2.3 所示。

(1)应用程序 PSR(APSR)。

(2)中断号 PSR(IPSR)。

(3)执行 PSR(EPSR)。

通过 MRS/MSR 指令，这三个 PSR 既可以单独访问，也可以组合访问(2 个组合，3 个组合都可以)。

	31	30	29	28	27	26:25	24	23:20	19:16	15:10	24	8	7	6	5	4:0
APSR	N	Z	C	V	Q											
IPSR												无法访问				
EPSR						ICI/IT	T			ICI/IT						

图 2.2.3　Cortex-M3 中的程序状态寄存器(xPSR)

当使用三合一的方式访问时，应使用名字 xPSR 或者 PSR，如图 2.2.4 所示。

	31	30	29	28	27	26:25	24	23:20	19:16	15:10	9	8	7	6	5	4:0
xPSR	N	Z	C	V	Q	ICI/IT	T			ICI/IT		无法访问				

图 2.2.4　合体后的程序状态寄存器(xPSR)

APSR 状态寄存器中各位功能如下。

（1）N：负条件码标志位，运算结果小于 0 时，N=1；大于等于 0 时，N=0。

（2）Z：零条件码标志位，运算结果为 0 时，Z=1。

（3）C：进位条件码标志位，运算指令产生进位(无符号加法溢出)时，C=1。

（4）V：溢出条件码标志位，运算溢出(有符号加法溢出)时，V=1。

（5）Q：饱和条件码标志位。

IPSR 状态寄存器：处于线程模式时，该位域为 0；在手柄模式下时，该位域为当前异常的异常号。

EPSR 状态寄存器：Thumb 状态时，T=1；ARM 状态时，T=0。

2. PRIMASK、FAULTMASK 和 BASEPRI

这三个寄存器用于控制异常的使能和除能。表 2.2.1 所示是 Cortex-M3 的屏蔽寄存器组。

表 2.2.1　Cortex-M3 的屏蔽寄存器组

名字	功能描述
PRIMASK	这是个只有单一比特的寄存器，在它置 1 后，就关掉所有可屏蔽的异常，只剩下 NMI 和硬 fault 可以响应。它的默认值是 0，表示没有关中断
FAULTMASK	这是个只有 1 位的寄存器。当它置 1 时，只有 NMI 才能响应，所有其他的异常，甚至是硬 fault，都不再响应。它的默认值也是 0，表示没有关异常
BASEPRI	这个寄存器最多有 9 位(由表达优先级的位数决定)。它定义了被屏蔽优先级的阈值。当它被设成某个值后，所有优先级号大于等于此值的中断都被关闭(优先级号越大，优先级越低)。但若被设成 0，则不关闭任何中断，默认值也是 0

某些时候，对于关键任务而言，PRIMASK 和 BASEPRI 寄存器可用来暂时关闭一些中断。而 FAULTMASK 则可以被 OS 用于暂时关闭 fault 处理机能，这种处理在某个任务崩溃时可能需要。因为在任务崩溃时，常常伴随着很多 fault。在系统处理善后时，通常不再需要响应这些 fault。简单地说，FAULTMASK 就是专门留给 OS 用的。

要访问 PRIMASK、FAULTMASK 以及 BASEPRI，同样要使用 MRS/MSR 指令。

3. 控制寄存器(CONTROL)

控制寄存器有两个用途，其一用于定义特权级别，其二用于选择当前使用哪个堆栈指针，由两比特来行使这两个职能。表 2.2.2 所示是 Cortex-M3 的 CONTROL 寄存器。

表 2.2.2　Cortex-M3 的 CONTROL 寄存器

位	功能
CONTROL[1]	堆栈指针选择 0-选择主堆栈指针 MSP(复位后的默认值) 1-选择进程堆栈指针 PSP 在线程或基础级，可以使用 PSP，在 Handler 模式下，只允许使用 MSP，所以此时不得往该位写 1
CONTROL[0]	0-特权级的线程模式 1-用户级的线程模式 Handler 模式永远都是特权级的

CONTROL 寄存器也是通过 MRS 和 MSR 指令来操作的。

2.2.4　操作模式和特权级别

Cortex-M3 支持两个模式和两个特权等级，如表 2.2.3 所示。

表 2.2.3　操作模式和特权等级

代码	特权级	用户级
异常 Handler 的代码	Handler 模式	错误的用法
主应用程序的代码	线程模式	线程模式

当处理器处在线程状态下时，既可以使用特权级，也可以使用用户级；另外，Handler 模式总是特权级的。在复位后，处理器进入线程模式+特权级。

在线程模式+用户级下，对系统控制空间（SCS）的访问将被阻止，该空间包含了配置寄存器组以及调试组件的寄存器组。除此之外，还禁止使用 MRS/MSR 访问刚才提到的特殊功能寄存器，除了 APSR。

在特权级下的代码可以通过置位 CONTROL[0]来进入用户级。无论任何原因产生了任何异常，处理器都将以特权级来运行其服务例程，异常返回后，系统将回到产生异常时所处的级别。用户级下的代码不能再试图修改 CONTROL[0]来回到特权级。它必须通过一个异常 Handler，由这个异常 Handler 来修改 CONTROL[0]，才能在返回到线程模式后拿到特权级。

把代码按特权级和用户级分开对待，有利于使架构更加安全和强大。例如，当某个用户程序代码出问题时，不会让它成为害群之马，因为用户级的代码是禁止写特殊功能寄存器和 NVIC 寄存器的。另外，如果还配有 MPU，保护力度就更大，甚至可以阻止用户代码访问不属于它的内存区域。

为了避免系统堆栈因应用程序的错误使用而毁坏，可以给应用程序专门配一个堆栈，不让它共享操作系统内核的堆栈。在这个管理制度下，运行在线程模式的用户代码使用 PSP，而异常服务例程则使用 MSP。这两个堆栈指针的切换是智能全自动的，就在异常服务的始末由 Cortex-M3 硬件处理。如前所述，特权等级和堆栈指针的选择均由 CONTROL 负责。当 CONTROL[0]=0 时，在异常处理的始末，只发生了处理器模式的转换，如图 2.2.5 所示。

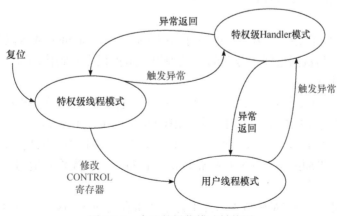

图 2.2.5　合法的操作模式转换图

通过引入特权级和用户级，能够在硬件水平上限制某些不受信任的或者还没有调试好的程序, 不让这些程序随便地配置涉及要害的寄存器, 因而系统的可靠性得到了提高。进一步地, 如果配置了 MPU, 它还可以作为特权机制的补充, 即保护关键的存储区域不被破坏, 这些区域通常是操作系统的区域。

例如, 操作系统的内核通常都处在特权级下执行, 所有没被 MPU 禁止的存储器都可以访问。在操作系统开启了一个用户程序后, 通常都会让它在用户级下执行, 从而使系统不会因某个程序的崩溃或恶意破坏而受损。

2.2.5 存储器系统

1. 存储器系统的功能概览

Cortex-M3 存储器系统的功能与传统的 ARM 架构相比, 有了明显的改变。

(1) 存储器映射是预定义的, 并且还规定好了哪个位置使用哪条总线。

(2) Cortex-M3 存储器系统支持 "位带"(bit-band) 操作。通过它, 实现了对单一比特的操作。

(3) Cortex-M3 存储器系统支持非对齐访问和互斥访问。

(4) Cortex-M3 存储器系统支持大端配置和小端配置。

2. 存储器映射

Cortex-M3 只有一个单一固定的存储器映射, 极大地方便了软件在各种 Cortex-M3 单片机间的移植。举个简单的例子, 各款 Cortex-M3 单片机的 NVIC 和 MPU 都在相同的位置布设寄存器, 使它们变得与具体器件无关。图 2.2.6 所示是 Cortex-M3 预定义的存储器映射。

存储空间的一些位置用于调试组件等私有外设, 这个地址段被称为私有外设区。私有外设区的组件包括以下几种。

(1) 闪存地址重载及断点单元 (FPB)。

(2) 数据观察点单元 (DWT)。

(3) 仪器化跟踪宏单元 (ITM)。

(4) 嵌入式跟踪宏单元 (ETM)。

(5) 跟踪端口接口单元 (TPIU)。

(6) ROM 表。

Cortex-M3 的地址空间是 4GB, 程序可以在代码区、内部 SRAM 区以及 RAM 区执行。但是因为指令总线与数据总线是分开的, 最理想的是把程序放到代码区, 从而使取指和数据访问各自独立进行。

内部 SRAM 区的大小是 512MB, 用于让芯片制造商连接片上的 SRAM, 这个区通过系统总线来访问。在这个区的下部, 有一个 1MB 的区间, 称为位带区。该位带区还有一个对应的 32MB 的位带别名区, 容纳了 8M 个 "位变量"。位带区对应的是最低的 1MB 地址范围, 而位带别名区里面的每个字对应位带区的一比特。位带操作只适用于数据访问, 不适用于取指。

地址空间的另一个 512MB 范围由片上外设的寄存器使用, 这个区中也有一条 32MB 的位带别名区, 以便于快捷地访问外设寄存器, 用法与内部 SRAM 区中的位带相同。例如, 可以方便地访问各种控制位和状态位。要注意的是, 外设区内不允许执行指令。

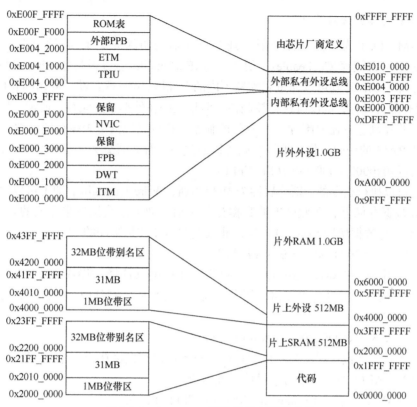

图 2.2.6　Cortex-M3 预定义的存储器映射

还有两个 1GB 的范围，分别用于连接外部 RAM 和外部设备，它们之中没有位带。两者的区别在于外部 RAM 区允许执行指令，而外部设备区则不允许。

最后还剩下 0.5GB 的隐秘地带，Cortex-M3 内核的核心就在这里面，包括系统级组件、内部私有外设总线、外部私有外设总线，以及由提供者定义的系统外设。

其中私有外设总线有以下两条。

(1)AHB 私有外设总线，只用于 Cortex-M3 内部的 AHB 外设，它们是 NVIC、FPB、DWT 和 ITM。

(2)APB 私有外设总线，既用于 Cortex-M3 内部的 APB 设备，也用于外部设备(这里的"外部"是相对内核而言)。Cortex-M3 允许器件制造商再添加一些片上 APB 外设到 APB 私有总线上，它们通过 APB 接口来访问。

NVIC 所处的区域叫作系统控制空间(SCS)，在 SCS 中的除了 NVIC 外，还有 SysTick、MPU 以及代码调试控制所用的寄存器，如图 2.2.7 所示。

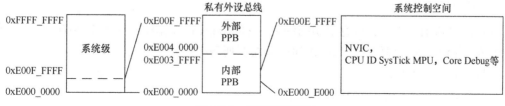

图 2.2.7　系统控制空间

3. 存储器的各种访问属性

Cortex-M3 除了为存储器做映射，还为存储器的访问规定了 4 种属性：可否缓冲
（Bufferable）、可否缓存（Cacheable）、可否执行（Executable）、可否共享（Shareable）。

如果配备了 MPU，则可以通过它配置不同的存储区，并且覆盖默认的访问属性。Cortex-
M3 片内没有配备缓存，也没有缓存控制器，但是允许在外部添加缓存。通常，如果提供了
外部内存，芯片制造商还要附加一个内存控制器，它可以根据可否缓存的设置，来管理对
片内和片外 RAM 的访问操作。地址空间可以通过另一种方式分为 8 个 512MB 等份。

1）代码区（0x0000_0000～0x1FFF_FFFF）

该区是可以执行指令的，缓存属性为 WT（写通，Write Through），即不可以缓存。此区
也允许布设数据存储器，在此区上的数据操作是通过数据总线接口来完成的（估计读数据
使用 D-Code，写数据使用 System），且在此区上的写操作是缓冲的。

2）SRAM 区（0x2000_0000～0x3FFF_FFFF）

该区用于片内 SRAM，写操作是缓冲的，并且可以选择 WB-WA（Write Back-Write
Allocated）缓存属性。此区也可以执行指令，以允许把代码复制到内存中执行，常用于固件
升级等维护工作。

3）片上外设区（0x4000_0000～0x5FFF_FFFF）

该区用于片上外设，因此是不可缓存的，也不可以在此区执行指令（这也称为 eXecute
Never，即 XN。ARM 的参考手册大量使用此术语）。

4）外部 RAM 区的前半段（0x6000_0000～0x7FFF_FFFF）

该区可用于布设片上 RAM 或片外 RAM，可缓存（缓存属性为 WB-WA），并且可以执
行指令。

5）外部 RAM 区的后半段（0x8000_0000～0x9FFF_FFFF）

除了不可缓存（WT）外，与前半段相同。

6）外部外设区的前半段（0xA000_0000～0xBFFF_FFFF）

该区用于片外外设的寄存器，也用于多核系统中的共享内存（需要严格按顺序操作，即
不可缓冲）。该区也是个不可执行区。

7）外部外设区的后半段（0xC000_0000～0xDFFF_FFFF）

目前与前半段的功能完全一致。

8）系统区（0xE000_0000～0xFFFF_FFFF）

该区是私有外设和供应商指定功能区，此区不可执行代码。系统区涉及很多关键部位，
因此访问都是严格序列化的（不可缓存、不可缓冲）。而供应商指定功能区则是可以缓存和
缓冲的。

4. 存储器的默认访问许可

Cortex-M3 有一个默认的存储访问许可，它能防止用户代码访问系统控制存储空间，保
护 NVIC、MPU 等关键部件。默认访问许可在下列条件时生效。

（1）没有配备 MPU。

（2）配备了 MPU，但是 MPU 被禁止。

如果启用了 MPU，则 MPU 可以在地址空间中划出若干个区，并为不同的区规定不同

的访问许可权限。

存储器的默认访问许可权限如表 2.2.4 所示。

表 2.2.4　存储器的默认访问许可权限

存储器区域	地址范围	用户级许可权限
代码区	0000_0000~1FFF_FFFF	无限制
片内 SRAM	2000_0000~3FFF_FFFF	无限制
片上外设	4000_0000~5FFF_FFFF	无限制
外部 RAM	6000_0000~9FFF_FFFF	无限制
外部外设	A000_0000~DFFF_FFFF	无限制
ITM	E000_0000~E000_0FFF	可以读。对于写操作，除了用户级下允许时的 stimulus 端口外，全部忽略
DWT	E000_1000~E000_1FFF	阻止访问，访问会引发一个总线 fault
FPB	E000_2000~E000_3FFF	阻止访问，访问会引发一个总线 fault
NVIC	E000_E000~E000_EFFF	阻止访问，访问会引发一个总线 fault。但有个例外：软件触发中断寄存器可以被编程为允许用户级访问
内部 PPB	E000_F000~E003_FFFF	阻止访问，访问会引发一个总线 fault
TPIU	E004_0000~E004_0FFF	阻止访问，访问会引发一个总线 fault
ETM	E004_1000~E004_1FFF	阻止访问，访问会引发一个总线 fault
外部 PPB	E004_2000~E004_2FFF	阻止访问，访问会引发一个总线 fault
ROM 表	E00F_F000~E00F_FFFF	阻止访问，访问会引发一个总线 fault
供应商指定	E010_0000~FFFF_FFFF	无限制

5. 位带操作

支持了位带操作后，可以使用普通的加载/存储指令来对单一的比特进行读写。在 Cortex-M3 中，有两个区中实现了位带。其中一个是 SRAM 区的最低 1MB 范围，第二个则是片内外设区的最低 1MB 范围。这两个位带中的地址除了可以像普通的 RAM 一样使用外，它们还都有自己的位带别名区，位带别名区把每比特膨胀成一个 32 位的字，如图 2.2.8 和图 2.2.9 所示。当通过位带别名区访问这些字时，就可以达到访问原始比特的目的。

例如，欲设置地址 0x2000_0000 中的比特 2，则使用位带操作的设置过程如图 2.2.10 所示。

在位带区中每比特都映射到别名地址区的一个字，这是只有 LSB 有效的字。当一个别名地址被访问时，会先把该地址变换成位带地址。

(1)对于读操作，读取位带地址中的一个字，再把需要的位右移到 LSB，并将 LSB 返回。

(2)对于写操作，把需要写的位左移到对应的位序号处，然后执行一个原子(不可分割)的"读-改-写"过程。

支持位带操作的两个内存区的范围是：0x2000_0000~0x200F_FFFF(SRAM 区中的最低 1MB)和 0x4000_0000~0x400F_FFFF(片上外设区中的最低 1MB)。

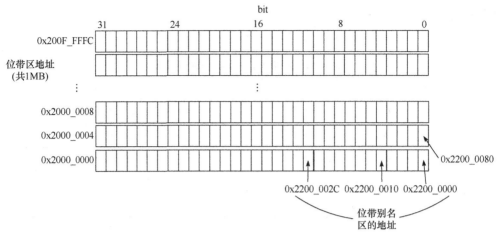

图 2.2.8　位带区与位带别名区的膨胀关系图

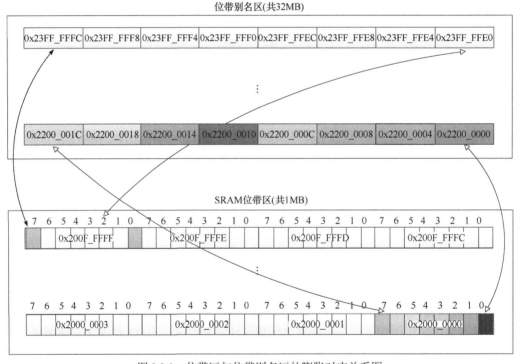

图 2.2.9　位带区与位带别名区的膨胀对应关系图

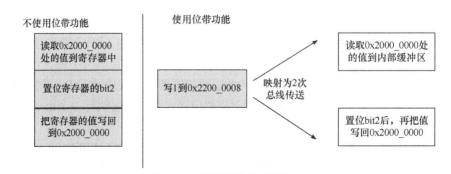

图 2.2.10　写数据到位带别名区

对于 SRAM 位带区的某比特，记它所在字节地址为 A，位序号为 n，则该比特在别名区的地址是

$$AliasAddr = 0\times22000000+((A-0\times20000000)\times8+n)\times4$$
$$= 0\times22000000+(A-0\times20000000)\times32+n\times4$$

对于片上外设位带区的某比特，记它所在字节地址为 A，位序号为 n，则该比特在别名区的地址是

$$AliasAddr = 0\times42000000+((A-0\times40000000)\times8+n)\times4$$
$$= 0\times42000000+(A-0\times40000000)\times32+n\times4$$

对于 SRAM 内存区，位带别名的重映射如表 2.2.5 所示。

对于片上外设，映射关系如表 2.2.6 所示。

表 2.2.5　SRAM 区中的位带地址映射

位带区	等效的别名地址
0x20000000.0	0x22000000.0
0x20000000.1	0x22000004.0
0x20000000.2	0x22000008.0
⋮	⋮
0x20000000.31	0x2200007C.0
0x20000004.0	0x22000080.0
0x20000004.1	0x22000084.0
0x20000004.2	0x22000088.0
⋮	⋮
0x200FFFFC.31	0x23FFFFFC.0

表 2.2.6　片上外设区中的位带地址映射

位带区	等效的别名地址
0x40000000.0	0x42000000.0
0x40000000.1	0x42000004.0
0x04000000.2	0x42000008.0
⋮	⋮
0x40000000.31	0x4200007C.0
0x40000004.0	0x42000080.0
0x40000004.1	0x22000084.0
0x40000004.2	0x42000088.0
⋮	⋮
0x400FFFFC.31	0x43FFFFFC.0

通过使用位带操作，可为硬件 I/O 密集型的底层程序提供很大的方便，化简跳转的判断，使代码更整洁，还可在多任务中用于实现共享资源在任务间的"互锁"访问。

6. 非对齐数据传送

Cortex-M3 支持在单一的访问中使用非（地址）对齐的传送，数据存储器的访问无须对齐。在此之前，ARM 处理器只允许对齐的数据传送。这种对齐是说：以字为单位的传送，其地址的最低两位必须是 0；以半字为单位的传送，其地址的 LSB 必须是 0；以字节为单位的传送则无所谓对不对齐。以前如果使用 0x1001、0x1002 或 0x1003 这样的地址做字传送，在早期的 ARM 处理器中会触发一个数据流产（Data Abort）异常。

非对齐访问看起来是什么样子呢？图 2.2.11～图 2.2.15 给出了 5 个例子。对于字的传送来说，任何一个不能被 4 整除的地址都是非对齐的。而对于半字，任何不能被 2 整除的地址（也就是奇数地址）都是非对齐的。

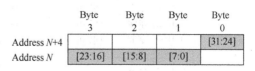

图 2.2.11　非对齐传送示例 1

	Byte 3	Byte 2	Byte 1	Byte 0
Address N+4			[31:24]	[23:16]
Address N	[15:8]	[7:0]		

图 2.2.12　非对齐传送示例 2

	Byte 3	Byte 2	Byte 1	Byte 0
Address N+4		[31:24]	[23:16]	[15:8]
Address N	[7:0]			

图 2.2.13　非对齐传送示例 3

	Byte 3	Byte 2	Byte 1	Byte 0
Address N+4				
Address N		[15:8]	[7:0]	

图 2.2.14　非对齐传送示例 4

	Byte 3	Byte 2	Byte 1	Byte 0
Address N+4				[15:8]
Address N	[7:0]			

图 2.2.15　非对齐传送示例 5

在 Cortex-M3 中，非对齐的数据传送只发生在常规的数据传送指令中，如 LDR/LDRH/LDRSH，其他指令则不支持，包括以下几种。

(1)多个数据的加载/存储(LDM/STM)。

(2)堆栈操作 PUSH/POP。

(3)互斥访问(LDREX/STREX)。

(4)位带操作，因为只有 LSB 有效，非对齐的访问会导致不可预料的结果。

总之，应该养成良好的习惯，始终保持地址对齐。因此可以编程 NVIC，监督地址对齐。

7. 互斥访问

在 Cortex-M3 中，用互斥访问取代 ARM 处理器中的 SWP 指令。互斥访问的理念与 SWP 非常相似，不同点在于：在互斥访问操作下，允许互斥体所在的总线被其他主控单元访问，也允许被其他运行在本机上的任务访问，但是 Cortex-M3 能驳回有可能导致总线竞争的互斥访问。

互斥访问分为加载/存储，相应的指令为 LDREX/STREX、LDREXH/STREXH、LDREXB/STREXB，分别对应于字、半字、字节。

8. 端模式

Cortex-M3 支持小端模式和大端模式，在绝大多数情况下，Cortex-M3 都是用小端模式，为了避免不必要的麻烦，推荐使用小端模式。

Cortex-M3 中对大端模式的定义与 ARM7 不同(小端定义都相同)。在 ARM7 中大端模式称为"字不变大端"，如图 2.2.16 所示。而在 Cortex-M3 中，使用的是"字节不变大端"，如图 2.2.17 和图 2.2.18 所示。

地址，长度	bit 31~24	bit 23~16	bit 15~8	bit 7~0
0x1000，字	D[7:0]	D[15:8]	D[23:16]	D[31:24]
0x1000，半字	D[7:0]	D[15:8]	—	—
0x1002，半字	D[7:0]	D[15:8]		
0x1000，字节	D[7:0]			
0x1001，字节		D[7:0]		
0x1002，字节			D[7:0]	
0x1003，字节				D[7:0]

图 2.2.16　ARM7 的字不变大端：在 AHB 上的数据

地址，长度	bit 31~24	bit 23~16	bit 15~8	bit 7~0
0x1000，字	D[7:0]	D[15:8]	D[23:16]	D[31:24]
0x1000，半字	D[7:0]	D[15:8]	—	—
0x1002，半字	D[7:0]	D[15:8]		
0x1002，字节	D[7:0]			
0x1001，字节		D[7:0]		
0x1002，字节			D[7:0]	
0x1003，字节				D[7:0]

图 2.2.17　Cortex-M3 的字节不变大端：存储器视图

地址，长度	bit 31~24	bit 23~16	bit 15~8	bit 7~0
0x1000，字	D[7:0]	D[15:8]	D[23:16]	D[31:24]
0x1000，半字			D[7:0]	D[15:8]
0x1002，半字	D[7:0]	D[15:8]		
0x1000，字节				D[7:0]
0x1001，字节			D[7:0]	
0x1002，字节		D[7:0]		
0x1003，字节	D[7:0]			

图 2.2.18　Cortex-M3 的字节不变大端：在 AHB 上的数据

Cortex-M3 是在复位时确定使用哪种端模式的，且运行时不得更改。指令预取永远使用小端模式，在配置控制存储空间的访问也永远使用小端模式（包括 NVIC、FPB 等）。另外，外部私有总线地址区 0xE000_0000～0xE00F_FFFF 也永远使用小端模式。

2.2.6　中断和异常

Cortex-M3 支持大量异常，包括 16-4-1=11 个系统异常（保留了 4+1 个挡位）和最多 240 个外部中断，外部中断简称 IRQ。具体使用了这 240 个中断源中的多少个由芯片制造商决定。

Cortex-M3 的所有中断机制都由 NVIC 实现。除了支持 240 条中断之外，NVIC 还支持 16-4-1=11 个内部异常源，可以实现 fault 管理机制。因此，Cortex-M3 就具备了 256 个预定义的异常类型，如表 2.2.7 所示。

表 2.2.7　Cortex-M3 异常类型

编号	类型	优先级	简介
0	N/A	N/A	没有异常在运行
1	复位	-3（最高）	复位
2	NMI	-2	不可屏蔽中断（来自外部 NMI 输入脚）
3	硬（Hard）fault	-1	所有被除能的 fault，都将"上访"成硬 fault
4	MemManage fault	可编程	存储器管理 fault，MPU 访问犯规以及访问非法位置
5	总线 fault	可编程	总线系统收到错误响应，原因可以是预取流产（Abort）或数据流产，或者企图访问协处理器
6	用法（Usage）fault	可编程	由于程序错误导致的异常。通常是使用了一条无效指令，或者是非法的状态转换，如尝试切换到 ARM 状态

编号	类型	优先级	简介
7~10	保留	N/A	N/A
11	SVCall	可编程	执行系统服务调用指令(SVC)引发的异常
12	调试监视器	可编程	调试监视器(断点、数据观察点或者是外部调试请求)
13	保留	N/A	N/A
14	PendSV	可编程	为系统设备而设的"可悬挂请求"(Pendable Request)
15	SysTick	可编程	系统滴答定时器
16	IRQ #0	可编程	外中断#0
17	IRQ #1	可编程	外中断#1
⋮	⋮	⋮	⋮
255	IRQ #239	可编程	外中断#239

Cortex-M3 还有一个 NMI(不可屏蔽中断)输入脚。当它被置为有效时,NMI 服务程序会被无条件执行。在多数情况下,NMI 会被连接到一个看门狗定时器,有时也会是电压监视功能块,以便在电压掉至危险级别时警告处理器。NMI 可以在任何时间被激活,甚至是在处理器刚刚复位之后。

2.2.7　ARM Cortex-M3 的调试

Cortex-M3 在内核水平上搭载了若干种调试相关的特性,最主要的就是程序执行控制,包括停机(Halting)、单步执行(Stepping)、指令断点、数据观测点、寄存器和存储器访问、性能速写(Profiling),以及各种跟踪机制。

Cortex-M3 的调试系统基于 ARM 最新的 CoreSight 架构,不同于以往的 ARM 处理器,内核本身不再含有 JTAG 接口。取而代之的是 CPU 提供了称为调试访问接口(DAP)的总线接口。通过这个总线接口,可以访问芯片的寄存器,也可以访问系统存储器,甚至是在内核运行的时候访问。对该总线接口的使用,是由一个调试端口(DP)设备完成的。DP 不属于 Cortex-M3 内核,但它们是在芯片内部实现的。目前可用的 DP 包括 SWJ-DP,它既支持传统的 JTAG 调试,也支持新的串行线调试协议。DP 还包括 SW-DP,去掉了对 JTAG 的支持。另外,也可以使用 ARM CoreSight 产品家族的 JTAG-DP 模块。这样就有 3 个 DP 可以选了,芯片制造商可以从中选择一个,以提供具体的调试接口。通常芯片制造商偏向于选用 SWJ-DP。

此外,Cortex-M3 还能挂载一个所谓的嵌入式跟踪宏单元(ETM)。ETM 可以不断地发出跟踪信息,这些信息通过一个称为跟踪端口接口单元(TPIU)的模块,被送到内核的外部,再在芯片外面使用一个跟踪信息分析仪,就可以把 TIPU 输出的"已执行指令信息"捕捉到,并且传送给调试主机 PC。

在 Cortex-M3 中,调试动作能由一系列事件触发,包括断点、数据观察点、fault 条件,以及外部调试请求输入的信号。当调试事件发生时，Cortex-M3 可能会停机，也可能进入调试监视器异常 Handler 状态。具体如何反应，取决于与调试相关寄存器的配置。

另外，要介绍仪器化跟踪宏单元(ITM)，它也有自己的办法把数据送往调试器。通过把数据写到 ITM 的寄存器中，调试器能够通过跟踪接口来收集这些数据，并且显示或者处理它。此法不但容易使用，而且比 JTAG 的输出速度更快。

所有这些调试组件都可以由 DAP 总线接口来控制。此外，运行中的程序也能控制它们，所有的跟踪信息都能通过 TPIU 来访问。

2.2.8　低功耗和系统控制特性

为了使产品功耗更低，能源利用效率更高，并且拥有更好的系统控制特性，Cortex-M3 在设计时加入了很多针对性的功能。

首先，在节能模式上，它提供了睡眠模式和深度睡眠模式。芯片以及整个系统在设计时通过与内核的节能模式相呼应，就可以根据应用的要求，在空闲时降低功耗。其次，它精练的设计使逻辑门数很低，在工作状态下电路的活动更少。再者，由于 Cortex-M3 的程序代码密度高，程序容量也可以变得更少。另外，它强大的性能缩短了程序执行时间，使系统能以最快的速度回到睡眠中，以降低对能源的使用量。因此，Cortex-M3 的能效要优于大多数的 8 位或 16 位单片机。

在系统控制特性方面，Cortex-M3 支持"位寻址带"操作，也支持非对齐的数据访问；拥有先进的 fault 处理机制，可以使故障诊断更容易；通过引入 banked 堆栈指针机制，将系统程序使用的堆栈和用户程序使用的堆栈划清界限；如果再配上可选的 MPU，处理器就能完美地满足对软件健壮性和可靠性有严格要求的应用。

2.3　ARM Cortex-M3 指令集

2.3.1　汇编语言基础

1. 基于语法

汇编指令最典型的书写模式如下：

```
标号
操作码 操作数 1, 操作数 2, ... ; 注释
```

其中，标号是可选的；如果有，它必须顶格写。标号的作用是让汇编器来计算程序转移的地址。操作码是指令的助记符，它的前面必须有至少一个空白符，通常使用一个 Tab 键来产生；操作码后面往往跟若干个操作数，而第一个操作数，通常都给出本指令执行结果的存储地。不同指令需要不同数目的操作数，并且对操作数的语法要求也可以不同。例如，立即数必须以"#"开头，如：

```
MOV R0, #0x12                    ; R0    0x12
MOV R1, #'A'                     ; R1    字母 A 的 ASCII 码
```

注释均以"；"开头，它的有无不影响汇编操作，只是方便程序员，让程序容易理解。

也可以使用 EQU 指示字来定义常数，然后在代码中使用它们，例如：

```
NVIC_IRQ_SETEN0 EQU 0xE000E100
NVIC_IRQ0_ENABLE EQU 0x1
…
LDR    R0, =NVIC_IRQ_SETEN0        ; 在这里的 LDR 是个伪指令
MOV    R1, #NVIC_IRQ0_ENABLE       ; 把立即数传送到指令中
STR    R1, [R0]                    ; *R0=R1, 执行完此指令后 IRQ #0 被使能
```

如果汇编器不能识别某些特殊指令的助记符，就要采用"手工汇编"方法，查出该指令的确切二进制机器码，然后使用 DCI 编译器指示字。例如，BKPT 指令的机器码是 0xBE00，即可以按如下格式书写：

```
DCI    0xBE00                      ; 断点(BKPT), 这是一个 16 位指令
```

类似地，还可以使用 DCB 来定义一串字节常数，也允许以字符串的形式表达，还可以使用 DCD 来定义一串 32 位整数。它们最常被用来在代码中书写表格。例如：

```
LDR    R3, =MY_NUMBER              ; R3= MY_NUMBER
LDR    R4, [R3]                    ; R4= *R3
…
LDR    R0, =HELLO_TEXT             ; R0= HELLO_TEXT
BL     PrintText                   ; 呼叫 PrintText 以显示字符串, R0 传递参数
…
MY_NUMBER
DCD    0x12345678
HELLO_TEXT
DCB    "Hello\n", 0
```

注意：不同汇编器的指示字和语法都可以不同。上述示例代码都是按 ARM 汇编器的语法格式写的。如果使用其他汇编器，建议阅读它附带的示例代码。

2. 后缀的使用

在 ARM 处理器中，指令可以带有后缀来表示特殊的含义，如表 2.3.1 所示。

表 2.3.1　后缀的含义

后缀名	含义
S	要求更新 APSR 中的标志，例如： ADDS　　R0, R1　　; 根据加法的结果更新 APSR 中的标志
EQ、NE、LT、GT 等	有条件地执行指令。EQ=Equal, NE=Not Equal, LT=Less Than, GT=Greater Than, 还有若干个其他的条件。例如： BEQ　　<Label>　　; 仅当 EQ 满足时转移

在 Cortex-M3 中，对条件后缀的使用有限制，只有转移指令(B 指令)才可随意使用。而对于其他指令，Cortex-M3 引入 If-Then 模块，在这个块中才可以加后缀，且必须加后缀。

3. 汇编语言书写语法

为了有力地支持 Thumb-2，引入了"统一汇编语言（UAL）"语法机制。对于 16 位指令和 32 位指令均能实现的一些操作（常见于数据处理操作），有时虽然指令的实际操作数不同，或者对立即数的长度有不同的限制，但是汇编器允许开发者以相同的语法格式书写，并且由汇编器来决定是使用 16 位指令，还是使用 32 位指令。以前，Thumb 的语法和 ARM 的语法不同，在有了 UAL 之后，两者的书写格式就统一了。

```
ADD    R0, R1          ; 使用传统的 Thumb 语法
ADD    R0, R0, R1       ; UAL 语法允许的等值写法（R0 = R0+R1）
```

虽然引入了 UAL，但是仍然允许使用传统的 Thumb 语法。不过有一项必须注意：如果使用传统的 Thumb 语法，有些指令会默认地更新 APSR，即使没有加上 S 后缀。如果使用 UAL 语法，则必须指定 S 后缀才会更新。例如：

```
AND    R0, R1          ; 传统的 Thumb 语法
ANDS   R0, R0, R1       ; 等值的 UAL 语法（必须有 S 后缀）
```

在 Thumb-2 指令集中，有些操作既可以由 16 位指令完成，也可以由 32 位指令完成。例如，R0 = R0+1 这样的操作，16 位的与 32 位的指令都提供了助记符为 ADD 的指令。在 UAL 下，用户可以让汇编器决定用哪个，也可以手工指定是用 16 位的还是 32 位的。

```
ADDS    R0, #1          ; 汇编器将为了节省空间而使用 16 位指令
ADDS.N  R0, #1          ; 指定使用 16 位指令（N=Narrow）
ADDS.W  R0, #1          ; 指定使用 32 位指令（W=Wide）
```

.W（Wide）后缀指定 32 位指令。如果没有给出后缀，汇编器会先试着用 16 位指令以缩小代码体积，如果不行再使用 32 位指令。因此，使用".N"其实是多此一举，不过汇编器可能仍然允许这样的语法。

需要说明的是，这是 ARM 公司汇编器的语法，其他汇编器可能略有区别，如果没有给出后缀，汇编器就会尽量选择更短的指令。

其实在绝大多数情况下，程序是用 C 语言写的，C 编译器也会尽可能地使用短指令。然而，当立即数超出一定范围时或者 32 位指令能更好地适合某个操作时，将使用 32 位指令。

32 位 Thumb-2 指令也可以按半字对齐，需要注意的是老版本的 ARM 32 位指令都必须按字对齐。对新版本的 32 位 Thumb-2，下例是允许的：

```
0x1000:    LDR   r0, [r1]  ; 一个 16 位的指令
0x1002:    RBIT.W r0       ; 一个 32 位的指令，跨越了字的边界
```

绝大多数 16 位指令只能访问 R0～R7；32 位 Thumb-2 指令则无任何限制。但是，把 R15（PC）作为目的寄存器却很容易出现错误。但是如果用对了，会有意想不到的妙处，出错时则会使程序跑飞。通常只有系统软件才会不惜冒险地做此高危行为。如果感兴趣，读者可以参考《ARM V7-M 应用程序级架构参考手册》。

2.3.2 ARM Cortex-M3 指令集详解

Cortex-M3 支持的指令在表 2.3.2～表 2.3.9 列出。

表 2.3.2　16 位数据操作指令

名字	功能
ADC	带进位加法
ADD	加法
AND	按位与，这里的按位与和 C 语言的 "&" 功能相同
ASR	算术右移
BIC	按位清零(把一个数跟另一个无符号数的反码按位与)
CMN	负向比较(把一个数跟另一个数据的二进制补码相比较)
CMP	比较(比较两个数并且更新标志)
CPY	把一个寄存器的值复制到另一个寄存器中
EOR	按位异或
LSL	逻辑左移(如无其他说明，所有移位操作都可以一次移动多格)
LSR	逻辑右移
MOV	寄存器加载数据，既能用于寄存器间的传输，也能用于加载立即数
MUL	乘法
MVN	加载一个数的 NOT 值(取到逻辑反的值)
NEG	取二进制补码
ORR	按位或
ROR	循环右移
SBC	带借位的减法
SUB	减法
TST	测试(执行按位与操作，并且根据结果更新标志位)
REV	在一个 32 位寄存器中反转字节序
REVH	把一个 32 位寄存器分成两个 16 位数，在每个 16 位数中反转字节序
REVSH	把一个 32 位寄存器的低 16 位半字进行字节反转，然后带符号扩展到 32 位
SXTB	带符号扩展一个字节到 32 位
SXTH	带符号扩展一个半字到 32 位
UXTB	无符号扩展一个字节到 32 位
UXTH	无符号扩展一个半字到 32 位

表 2.3.3　16 位转移指令

名字	功能
B	无条件转移
B<cond>	条件转移
BL	转移并连接，用于呼叫一个子程序，返回地址被存储在 LR 中
BLX#im	使用立即数的 BLX 不要在 Cortex-M3 中使用
CBZ	比较，如果结果为 0 就转移
CBNZ	比较，如果结果非 0 就转移
IT	If-Then

表 2.3.4　16 位存储器数据传送指令

名字	功能
LDR	从存储器中加载字到一个寄存器中
LDRH	从存储器中加载半字到一个寄存器中
LDRB	从存储器中加载字节到一个寄存器中
LDRSH	从存储器中加载半字，再经过带符号扩展后存储到一个寄存器中
LDRSB	从存储器中加载字节，再经过带符号扩展后存储到一个寄存器中
STR	把一个寄存器按字存储到存储器中
STRH	把一个寄存器的低半字存储到存储器中
STRB	把一个寄存器的低字节存储到存储器中
LDMIA	加载多个字，并且在加载后自增基址寄存器
STMIA	存储多个字，并且在存储后自增基址寄存器
PUSH	压入多个寄存器到栈中
POP	从栈中弹出多个值到寄存器中

表 2.3.5　其他 16 位指令

名字	功能
SVC	系统服务调用
BKPT	断点指令。如果调试被使能，则进入调试状态(停机)，否则产生调试监视器异常。在调试监视器异常被使能时，调用其服务例程，否则调用一个 fault 异常
NOP	无操作
CPSIE	使能 PRIMASK (CPSIE i) / FAULTMASK (CPSIE f)清零相应的位
CPSID	除能 PRIMASK (CPSID i) / FAULTMASK (CPSID f)置位相应的位

表 2.3.6　32 位数据操作指令

名字	功能
ADC	带进位加法
ADD	加法
ADDW	宽加法(可以加 12 位立即数)
AND	按位与
ASR	算术右移
BIC	位清零(把一个数按位取反后，与另一个数逻辑与)
BFC	位段清零
BFI	位段插入
CMN	负向比较(把一个数和另一个数的二进制补码比较，并更新标志位)

名字	功能
CMP	比较两个数并更新标志位
CLZ	计算前导零的数目
EOR	按位异或
LSL	逻辑左移
LSR	逻辑右移
MLA	乘加
MLS	乘减
MOVW	把 16 位立即数放到寄存器的低 16 位，高 16 位清零
MOV	加载 16 位立即数到寄存器
MOVT	把 16 位立即数放到寄存器的高 16 位，低 16 位不影响
MVN	移动一个数的补码
MUL	乘法
ORR	按位或
ORN	把源操作数按位取反后，再执行按位或
RBIT	位反转(把一个 32 位整数用二进制表达后，再旋转 180°)
REV	对一个 32 位整数按字节反转
REVH/ REV16	对一个 32 位整数的高低半字都执行字节反转
REVSH	对一个 32 位整数的低半字执行字节反转，再带符号扩展成 32 位数
ROR	循环右移
RRX	带进位的逻辑右移一格(最高位用 C 填充，执行后不影响 C 的值)
SFBX	从一个 32 位整数中提取任意长度和位置的位段，并且带符号扩展成 32 位整数
SDIV	带符号除法
SMLAL	带符号长乘加(两个带符号的 32 位整数相乘得到 64 位的带符号积，再把积加到另一个带符号的 64 位整数中)
SMULL	带符号长乘法(两个带符号的 32 位整数相乘得到 64 位的带符号积)
SSAT	带符号的饱和运算
SBC	带借位的减法
SUB	减法
SUBW	宽减法，可以减 12 位立即数
SXTB	字节带符号扩展到 32 位数
TEQ	测试是否相等(对两个数执行异或，更新标志位但不存储结果)

续表

名字	功能
TST	测试(对两个数执行按位与,更新标志位但不存储结果)
UBFX	无符号位段提取
UDIV	无符号除法
UMLAL	无符号长乘加(两个无符号的 32 位整数相乘得到 64 位的无符号积,再把积加到另一个无符号的 64 位整数中)
UMULL	无符号长乘法(两个无符号的 32 位整数相乘得到 64 位的无符号积)
USAT	无符号饱和操作
UXTB	字节被无符号扩展到 32 位(高 24 位清零)
UXTH	半字被无符号扩展到 32 位(高 16 位清零)

表 2.3.7　32 位存储器数据传送指令

名字	功能
LDR	加载字到寄存器
LDRB	加载字节到寄存器
LDRH	加载半字到寄存器
LDRSH	加载半字到寄存器,再带符号扩展到 32 位
LDM	从一片连续的地址空间中加载若干个字,并选中相同数目的寄存器放进去
LDRD	从连续的地址空间加载双字(64 位整数)到两个寄存器
STR	存储寄存器中的字
STRB	存储寄存器中的低字节
STRH	存储寄存器中的低半字
STM	存储若干寄存器中的字到一片连续的地址空间中
STRD	存储两个寄存器组成的双字到连续的地址空间中
PUSH	把若干寄存器的值压入堆栈中
POP	从堆栈中弹出若干寄存器的值

表 2.3.8　32 位转移指令

名字	功能
B	无条件转移
BL	转移并连接(呼叫子程序)
TBB	以字节为单位的查表转移。从一个字节数组中选一个 8 位前向跳转地址并转移
TBH	以半字为单位的查表转移。从一个半字数组中选一个 16 位前向跳转的地址并转移

表 2.3.9　其他 32 位指令

名字	功能
LDREX	加载字到寄存器，并且在内核中标明一段地址进入了互斥访问状态
LDREXH	加载半字到寄存器，并且在内核中标明一段地址进入了互斥访问状态
LDREXB	加载字节到寄存器，并且在内核中标明一段地址进入了互斥访问状态
STREX	检查将要写入的地址是否已进入了互斥访问状态，如果是则存储寄存器的字
STREXH	检查将要写入的地址是否已进入了互斥访问状态，如果是则存储寄存器的半字
STREXB	检查将要写入的地址是否已进入了互斥访问状态，如果是则存储寄存器的字节
CLREX	在本地处理器上清除互斥访问状态的标记(先前由 LDREX/LDREXH/LDREXB 做的标记)
MRS	加载特殊功能寄存器的值到通用寄存器
MSR	存储通用寄存器的值到特殊功能寄存器
NOP	无操作
SEV	发送事件
WFE	休眠并且在发生事件时被唤醒
WFI	休眠并且在发生中断时被唤醒
ISB	指令同步隔离(与流水线和 MPU 等有关)
DSB	数据同步隔离(与流水线、MPU 和 Cache 等有关)
DMB	数据存储隔离(与流水线、MPU 和 Cache 等有关)

2.3.3　汇编语言初步应用

本节介绍一些在 ARM 汇编代码中基本的语法知识，由于篇幅限制无法讲得面面俱到。但是通过本节内容的学习，读者可初步了解汇编语言的开发，在部分底层操作中能够读懂并编写部分汇编程序。

1. 数据传送

处理器的基本功能之一就是数据传送：
(1)在两个寄存器间传输数据。
(2)在寄存器与存储器间传输数据。
(3)在寄存器与特殊功能寄存器间传输数据。
(4)把一个立即数加载到寄存器。

用于传输数据的指令是 MOV，它的另一个衍生物是 MVN，把寄存器的内容取反后再传送。例如，如果要把 R1 的数据传送给 R0，则写作：

```
MOV    R0, R1
```

用于访问存储器的基础指令是加载(Load)和存储(Store)。加载指令 LDR 把存储器中的内容加载到寄存器中，存储指令 STR 把寄存器的内容存储到存储器中。传送过程中数据类型也可以变通，最常见的格式如表 2.3.10 所示。

表 2.3.10　常用的存储器访问指令

示例	功能描述
LDRB Rd, [Rn, #offset]	从地址 Rn+offset 处读取一个字节送到 Rd
LDRH Rd, [Rn, #offset]	从地址 Rn+offset 处读取一个半字送到 Rd
LDR　Rd, [Rn, #offset]	从地址 Rn+offset 处读取一个字送到 Rd
LDRD Rd1, Rd2, [Rn, #offset]	从地址 Rn+offset 处读取一个双字(64 位整数)送到 Rd1(低 32 位)和 Rd2(高 32 位)中
STRB Rd, [Rn, #offset]	把 Rd 中的低字节存储到地址 Rn+offset 处
STRH Rd, [Rn, #offset]	把 Rd 中的低半字存储到地址 Rn+offset 处
STR　Rd, [Rn, #offset]	把 Rd 中的低字存储到地址 Rn+offset 处
STRD Rd1, Rd2, [Rn, #offset]	把 Rd1(低 32 位)和 Rd2(高 32 位)表达的双字存储到地址 Rn+offset 处

如果需要批量进行数据传送，则可以使用 LDM/STM 指令。它们相当于把若干个 LDR/STR 指令合并起来了，有利于减少代码量，如表 2.3.11 所示。

表 2.3.11　常用的多重存储器访问方式

示例	功能描述
LDMIA Rd!, {寄存器列表}	从 Rd 处读取多个字，并依次送到寄存器列表中的寄存器。每读一个字后 Rd 自增一次，16 位宽度
STMIA Rd!, {寄存器列表}	依次存储寄存器列表中各寄存器的值到 Rd 给出的地址。每存一个字后 Rd 自增一次，16 位宽度
LDMIA.W Rd!, {寄存器列表}	从 Rd 处读取多个字，并依次送到寄存器列表中的寄存器。每读一个字后 Rd 自增一次，32 位宽度
LDMDB.W Rd!, {寄存器列表}	从 Rd 处读取多个字，并依次送到寄存器列表中的寄存器。每读一个字前 Rd 自减一次，32 位宽度
STMIA.W Rd!, {寄存器列表}	依次存储寄存器列表中各寄存器的值到 Rd 给出的地址。每存一个字后 Rd 自增一次，32 位宽度
STMDB.W Rd!, {寄存器列表}	存储多个字到 Rd 处。每存一个字前 Rd 自减一次，32 位宽度

表 2.3.11 中，有下划线的三行是符合 Cortex-M3 堆栈操作的 LDM/STM 使用方式。并且，如果 Rd 是 R13(即 SP)，则与 POP/PUSH 指令等效(LDMIA->POP, STMDB -> PUSH)。

STMDB	SP!, {R0-R3, LR}	等效于	PUSH	{R0-R3, LR}
LDMIA	SP!, {R0-R3, PC}	等效于	POP	{R0-R3, PC}

Rd 后面的"！"表示要自增(Increment)或自减(Decrement)基址寄存器 Rd 的值，时机是在每次访问前(Before)或访问后(After)。增/减单位：字(4 字节)。例如，记 R8=0x8000，则下面两条指令：

STMIA.W	R8!, {R0-R3}	; R8 值变为 0x8010, 每存一次增一次, 先存储后自增
STMDB.W	R8, {R0-R3}	; R8 值的 "一个内部复本" 先自减后再存储, 但 R8 的值不变

感叹号还可以用于单一加载与存储指令 LDR/STR。这也就是所谓的"带预索引"（Pre-indexing）的 LDR 和 STR。例如：

> LDR.W   R0, [R1, #20]!   ; 预索引

该指令先把地址 R1+offset 处的值加载到 R0，然后，R1←R1+20（offset 也可以是负数）。这里的"!"就是指在传送后更新基址寄存器 R1 的值。"!"是可选的，如果没有"!"，则该指令就是普通的带偏移量加载指令，不会自动调整 R1 的值。带预索引的数据传送可以用在多种数据类型上，并且既可用于加载，又可用于存储，如表 2.3.12 所示。

表 2.3.12   预索引数据传送的常见用法

示例	功能描述
LDR.W Rd, [Rn, #offset] ! LDRB.W Rd, [Rn, #offset] ! LDRH.W Rd, [Rn, #offset] ! LDRD.W Rd1,Rd2,[Rn, #offset] !	字/字节/半字/双字的带预索引加载（不做带符号扩展，没有用到的高位全清零）
LDRSB.W Rd, [Rn, #offset] ! LDRSH.W Rd, [Rn, #offset] !	字节/半字的带预索引加载，并且在加载后执行带符号扩展成 32 位整数
STR.W Rd, [Rn, #offset] ! STRB.W Rd, [Rn, #offset] ! STRH.W Rd, [Rn, #offset] ! STRD.W Rd1,Rd2,[Rn,#offset] !	字/字节/半字/双字的带预索引存储

Cortex-M3 除了支持预索引外，还支持后索引（Post-indexing）。后索引也要使用一个立即数 offset，但与预索引不同的是，后索引忠实地使用基址寄存器 Rd 的值，把它作为传送的目的地址。待到数据传送后，再执行 Rd←Rd+offset（offset 可以是负数）。例如：

> STR.W   R0, [R1], #−12   ; 后索引

该指令是把 R0 的值存储到地址 R1 处。在存储完毕后，R1←R1+（−12）。

注意，[R1]后面是没有"!"的。可见，在后索引中，基址寄存器是无条件被更新的，也可以理解为有一个"隐藏"的"!"，如表 2.3.13 所示。

表 2.3.13   后索引的常见用法

示例	功能描述
LDR.W Rd, [Rn], #offset LDRB.W Rd, [Rn], #offset LDRH.W Rd, [Rn], #offset LDRD.W Rd1,Rd2,[Rn], #offset	字/字节/半字/双字的带后索引加载（不做带符号扩展，没有用到的高位全清零）
LDRSB.W Rd, [Rn], #offset LDRSH.W Rd, [Rn], #offset	字节/半字的带后索引加载，并且在加载后执行带符号扩展成 32 位整数
STR.W Rd, [Rn], #offset STRB.W Rd, [Rn], #offset STRH.W Rd, [Rn], #offset STRD.W Rd1,Rd2,[Rn],#offset	字/字节/半字/双字的后索引存储

通常 PUSH/POP 对于寄存器列表是严格一致的，但是 PC 与 LR 的使用方式更为灵活，例如：

```
; 子程序入口
PUSH     {R0-R3, LR}
...
; 子程序出口
POP      {R0-R3, PC}
```

在这个例子中，旁路 LR，直接返回。

数据传送指令还包括专门用于访问特殊功能寄存器的 MRS/MSR。不过，这些寄存器都是维持系统正常工作的关键，除了 APSR 在某些场合下可以使用之外，其他的必须在特权级下才允许访问，以免系统因误操作或恶意破坏而功能紊乱。通常只有系统软件(如 OS)才会操作这类寄存器。应用程序，尤其是用 C 语言编写的应用程序，是不用关心该寄存器的。

下面介绍一下立即数，程序中会经常使用立即数。最典型的就是：当要访问某个地址时，必须先把该地址加载到一个寄存器中，这就包含了一个 32 位立即数加载操作。Cortex-M3 中的 MOV/MVN 指令负责加载立即数，各个成员支持的立即数位数不同。例如，16 位指令 MOV 支持 8 位立即数加载：

```
MOV   R0,   #0x12
```

32 位指令 MOVW 和 MOVT 可以支持 16 位立即数加载。

如果需要加载 32 位立即数，则需要用两条指令来完成。通过组合使用 MOVW 和 MOVT 就能产生 32 位立即数，但是需要注意的是，必须先使用 MOVW，再使用 MOVT。由于 MOVW 会清零高 16 位，这种顺序不能颠倒。

不过，为了书写方便，汇编器通常支持提供的"LDR　Rd，= imm32"伪指令。例如：

```
LDR,   r0, = 0x12345678
```

指令的名称也是 LDR，但它是伪指令，而且有若干种原型，所以不要因为名字相同就混淆。

大多数情况下，当汇编器遇到 LDR 伪指令时，都会把它转换成一条相对于 PC 的加载指令来产生需要的数据。通过组合使用 MOVW/MOVT 也能产生 32 位立即数，不过这样有点麻烦，大可以依赖汇编器，它会明智地使用最合适的形式来实现该伪指令。

2. LDR 和 ADR 伪指令

LDR 和 ADR 都有能力产生一个地址，语法和行为都有相似之处。对于 LDR，如果汇编器发现要产生立即数，则是一个程序地址，它会自动地把 LSB 置位，例如：

```
LDR   r0,   = address1              ; R0= 0x4000 | 1
...
address1
0x4000:     MOV   R0,   R1
```

在这个例子中，汇编器会认出 address1 是一个程序地址，所以自动置位 LSB。另外，如果汇编器发现要加载的是数据地址，则不自动置位：

```
LDR     R0,     = address1        ; R0 = 0x4000
...
address1
0x4000:     DCD 0x0                ; 0x4000 处记录的是一个数据
```

ADR 指令则不会擅自修改 LSB。例如：

```
ADR   r0,  address1               ; R0 = 0x4000。注意: 没有等号 "="
...
address1
0x4000:       MOV    R0, R1
```

ADR 将如实地加载 0x4000。注意，语法略有不同，没有等号 "="。

前面已经提到，LDR 通常是把要加载的数值预先定义，再使用一条 PC 相对加载指令来取出。而 ADR 则尝试对 PC 做算术加法或减法来取得立即数。因此 ADR 未必总能求出需要的立即数。其实顾名思义，ADR 是为了取出附近某条指令或者变量的地址，而 LDR 则是取出一个通用的 32 位整数。因为 ADR 更专一，所以得到优化后，产生的代码效率常常比 LDR 的要高。

3. 数据处理

数据处理是处理器的看家本领，Cortex-M3 提供了丰富多彩的相关指令，每种指令的用法也有多种。限于篇幅，这里只列出常用的使用方式。以加法为例，常见的有：

```
ADD     R0, R1          ; R0 += R1
ADD     R0, #0x12       ; R0 += 12
ADD.W   R0, R1, R2      ; R0 = R1+R2
```

虽然助记符都是 ADD，但是二进制机器码是不同的。

当使用 16 位加法时，会自动更新 APSR 中的标志位。然而，在使用了 ".W" 显式指定 32 位指令后，就可以通过 "S" 后缀手工控制对 APSR 的更新，如：

```
ADD.W   R0, R1, R2      ; 不更新标志位
ADDS.W  R0, R1, R2      ; 更新标志位
```

除了 ADD 指令之外，Cortex-M3 中还包含 SUB、MUL、UDIV/SDIV 等可用于算术四则运算，如表 2.3.14 所示。

表 2.3.14　常见的算术四则运算指令

示例	功能描述

ADD Rd, Rn, Rm ; Rd = Rn+Rm
ADD Rd, Rm ; Rd += Rm
ADD Rd, #imm ; Rd += imm
	常规加法
	imm 的范围是 im8(16 位指令)或 im12(32 位指令)

ADC Rd, Rn, Rm ; Rd = Rn+Rm+C ADC Rd, Rm ; Rd += Rm+C ADC Rd, #imm ; Rd += imm+C	带进位的加法 imm 的范围是 im8(16 位指令)或 im12(32 位指令)
ADDW Rd, #imm12 ; Rd += imm12	带 12 位立即数的常规加法

SUB Rd, Rn ; Rd -= Rn
SUB Rd, Rn, #imm3 ; Rd = Rn-imm3
SUB Rd, #imm8 ; Rd -= imm8
SUB Rd, Rn, Rm ; Rd = Rm-Rm
	常规减法

续表

示例	功能描述
SBC Rd, Rm ; Rd −= Rm+C SBC.W Rd, Rn, #imm12 ; Rd = Rn−imm12−C SBC.W Rd, Rn, Rm ; Rd = Rn−Rm−C	带借位的减法
RSB.W Rd, Rn, #imm12 ; Rd = imm12−Rn RSB.W Rd, Rn, Rm ; Rd = Rm−Rn	反向减法
MUL Rd, Rm ; Rd *= Rm MUL.W Rd, Rn, Rm ; Rd = Rn*Rm	常规乘法
MLA Rd, Rm, Rn, Ra ; Rd = Ra+Rm*Rn MLS Rd, Rm, Rn, Ra ; Rd = Ra−Rm*Rn	乘加与乘减
UDIV Rd, Rn, Rm ; Rd = Rn/Rm（无符号除法） SDIV Rd, Rn, Rm ; Rd = Rn/Rm（带符号除法）	硬件支持的除法

Cortex-M3 还具有硬件乘法器，支持乘加/乘减指令，并且能产生 64 位的积，如表 2.3.15 所示。

表 2.3.15　64 位乘法指令

示例	功能描述
SMULL RL, RH, Rm, Rn ;[RH:RL]= Rm*Rn SMLAL RL, RH, Rm, Rn ;[RH:RL]+= Rm*Rn	带符号的 64 位乘法
UMULL RL, RH, Rm, Rn ;[RH:RL]= Rm*Rn SMLAL RL, RH, Rm, Rn ;[RH:RL]+= Rm*Rn	无符号的 64 位乘法

逻辑运算以及移位运算也是基本的数据操作。表 2.3.16 列出了 Cortex-M3 在这方面的常用指令。

表 2.3.16　常用逻辑操作指令

示例		功能描述
AND Rd, Rn AND.W Rd, Rn, #imm12 AND.W Rd, Rm, Rn	; Rd &= Rn ; Rd = Rn & imm12 ; Rd = Rm & Rn	按位与
ORR Rd, Rn ORR.W Rd, Rn, #imm12 ORR.W Rd, Rm, Rn	; Rd |= Rn ; Rd = Rn | imm12 ; Rd = Rm | Rn	按位或
BIC Rd, Rn BIC.W Rd, Rn, #imm12 BIC.W Rd, Rm, Rn	; Rd &= ～Rn ; Rd = Rn & ～imm12 ; Rd = Rm & ～Rn	位段清零
ORN.W Rd, Rn, #imm12 ORN.W Rd, Rm, Rn	; Rd = Rn | ～imm12 ; Rd = Rm | ～Rn	按位或反码
EOR Rd, Rn EOR.W Rd, Rn, #imm12 EOR.W Rd, Rm, Rn	; Rd ^= Rn ; Rd = Rn ^ imm12 ; Rd = Rm ^ Rn	（按位）异或，异或总是按位的

Cortex-M3 还支持为数众多的移位运算。移位运算既可以与其他指令组合使用（传送指令和数据操作指令中的一些，参见表 2.3.17 中的说明），也可以独立使用。

表 2.3.17 移位和循环指令

示例		功能描述
LSL Rd, Rn, #imm5 LSL Rd, Rn LSL.W Rd, Rm, Rn	; Rd = Rn<<imm5 ; Rd <<= Rn ; Rd = Rm<<Rn	逻辑左移
LSR Rd, Rn, #imm5 LSR Rd, Rn LSR.W Rd, Rm, Rn	; Rd = Rn>>imm5 ; Rd >>= Rn ; Rd = Rm>>Rn	逻辑右移
ASR Rd, Rn, #imm5 ASR Rd, Rn ASR.W Rd, Rm, Rn	; Rd = Rn>>imm5 ; Rd = Rd>>Rn ; Rd = RmRn	算术右移
ROR Rd, Rn ROR.W Rd, Rm, Rn	; Rd >> = Rn ; Rd = Rm >> Rn	循环右移
RRX.W Rd, Rn	; Rd = (Rn>>1)+(C<<31)	带进位的右移

如果在移位和循环指令上加上 S 后缀，这些指令会更新进位位 C。如果是 16 位 Thumb 指令，则总是更新 C。图 2.3.1 给出了一个直观的印象。

介绍完移位指令，下面介绍带符号扩展指令。

在二进制补码表示法中，最高位是符号位，且所有负数的符号位都是 1。负数还有另一个性质，就是不管在符号位的前面再添加多少个 1，值都不变，只不过表达带符号整数的位数增多了。于是，在把一个 8 位或 16 位负数扩展成 32 位时，欲使其数值不变，就必须把所有新增的高位全填 1。至于正数或无符号数，则只需简单地把新增的高位清零。于是带符号数就有了整数扩展指令，如表 2.3.18 所示。

表 2.3.18 带符号扩展指令

示例		功能描述
SXTB Rd, Rm	; Rd = Rm 的带符号扩展	把带符号字节整数扩展到 32 位
SXTH Rd, Rm	; Rd = Rm 的带符号扩展	把带符号半字整数扩展到 32 位

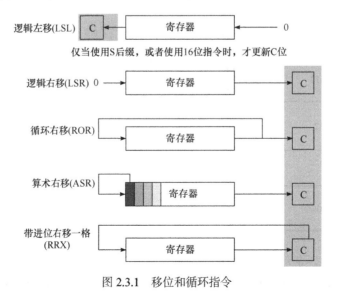

图 2.3.1 移位和循环指令

32 位整数可以认为是由 4 字节拼接成的，也可以认为是 2 个半字拼接成的。有时，需要把这些子元素进行一定的反序，如表 2.3.19 所示。

表 2.3.19 数据反序指令

示例	功能描述
REV.W Rd, Rn	在字中反转字节序
REV16.W Rd, Rn	在高低半字中反转字节序
REVSH.W	在低半字中反转字节序，并做带符号扩展

图 2.3.2 非常直观地体现了表 2.3.19 中反序指令的功能特点。

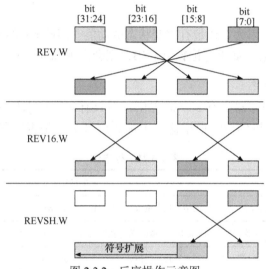

图 2.3.2 反序操作示意图

数据操作指令的最后一批，是位操作指令。位操作在单片机程序中以及在系统软件中应用得比较多，而且这里面有大量的使用技巧。表 2.3.20 的位操作指令中给出了相应指令介绍。

表 2.3.20 位操作指令

示例	功能描述
BFC.W Rd, Rn, #<width>	清除位段
BFI.W Rd, Rn, #<lsb>, #<width>	插入位段
CLZ.W Rd, Rn	计算前导 0 的数目
RBIT.W Rd, Rn	位反转，按位旋转 180°
SBFX.W Rd, Rn, #<lsb>, #<width>	复制位段，并带符号扩展到 32 位
SBFX.W Rd, Rn, #<lsb>, #<width>	复制位段，并无符号扩展到 32 位

4. 子程序调用与无条件跳转

最基本的无条件跳转指令有两条：

B	Label	；跳转到 Label 处对应的地址
BX	reg	；跳转到由寄存器 reg 给出的地址

在 BX 中，reg 的最低位指示出在转移后，将进入的状态是 ARM(LSB=0)还是 Thumb(LSB=1)。既然 Cortex-M3 只在 Thumb 中运行，就必须保证 reg 的 LSB=1，否则会出现 fault。

调用子程序时，需要保存返回地址，正确的指令是：

BL	Label	；跳转到 Label 对应的地址，并且把跳转前的下条指令地址保存到 LR
BLX	reg	；跳转到由寄存器 reg 给出的地址，根据 REG 的 LSB 切换处理器状态， ；还要把转移前的下条指令地址保存到 LR

执行这些指令后，就把返回地址存储到 LR(R14)中了，从而才能使用 BX LR 等形式返回。

使用 BLX 要小心，因为它还带有改变状态的功能。因此 reg 的 LSB 必须为 1，以确保不会试图进入 ARM 状态。如果忘记置位 LSB，则会出现 fault。

5. 标志位与条件转移

在应用程序状态寄存器中有 5 个标志位，但只有 4 个标志位用于条件转移的判据。绝大多数 ARM 的条件转移指令根据这 4 个标志位来决定是否转移，如表 2.3.21 所示。

表 2.3.21　标志位

标志位	PSR 位序号	功能描述
N	31	负数(上一次操作的结果是个负数)，N=操作结果的 MSB
Z	30	零(上次操作的结果是 0)。当数据操作指令的结果为 0 或者比较/测试的结果为 0 时，Z 置位
C	29	进位 / 借位(上次操作导致了进位或者借位)。C 用于无符号数据处理，最常见的就是当加法进位及减法借位时 C 被置位。此外，C 还充当移位指令的中介(详见 V7M 参考手册的指令介绍节)
V	28	溢出(上次操作结果导致了数据的溢出)。该标志用于带符号的数据处理。例如，在两个正数上执行 ADD 运算后，和的 MSB 为 1(视作负数)，则 V 置位

在 ARM 中，数据操作指令可以更新这 4 个标志位。这些标志位除了可以当作条件转移的判据之外，还能在一些场合下作为指令是否执行的依据(详见 If-Then 指令块)，或者在移位操作中充当各种中介角色(仅进位 C)。

担任条件跳转及条件执行的判据时，这 4 个标志位既可单独使用，又可组合使用，以产生共 15 种跳转判据，如表 2.3.22 所示。

表 2.3.22　跳转及条件执行判据

符号	条件	关系到的标志位
EQ	相等(EQual)	Z==1
NE	不等(NotEqual)	Z==0
CS/HS	进位(CarrySet) 第一个无符号数大于或等于第二个无符号数	C==1

续表

符号	条件	关系到的标志位
CC/LO	未进位(CarryClear) 第一个无符号数小于第二个无符号数	C==0
MI	负数(MInus)	N==1
PL	非负数	N==0
VS	溢出	V==1
VC	未溢出	V==0
HI	无符号数大于	C==1 && Z==0
LS	无符号数小于等于	C==0 || Z==1
GE	带符号数大于等于	N==V
LT	带符号数小于	N!=V
GT	带符号数大于	Z==0 && N==V
LE	带符号数小于等于	Z==1 || N!=V
AL	总是	—

　　表 2.3.22 中共有 15 个条件组合(AL 相当于无条件)，通过把它们点缀在无条件转移指令(B)的后面，即可做成各式各样的条件转移指令，例如：

| BEQ | label | ; 当 Z=1 时转移 |

　　也可以在指令后面加上 ".W"，来强制使用 Thumb-2 的 32 位指令来做更远的转移。例如：

| BEQ.W　label |

　　这些条件组合还可以用在 If-Then 语句块中，例如：

CMP	R0, R1	; 比较 R0,R1
IITTTET	GT	; If R0>R1 Then(T 代表 Then，E 代表 Else)
MOVGT	R2, R0	
MOVGT	R3, R1	
MOVLE	R2, R0	

　　在 Cortex-M3 中，下列指令可以更新 PSR 中的标志。

　　(1) 16 位算术逻辑指令。

　　(2) 32 位带 S 后缀的算术逻辑指令。

　　(3) 比较指令(如 CMP/CMN)和测试指令(如 TST/TEQ)。

　　(4) 直接写 PSR/APSR (MSR 指令)。

　　大多数 16 位算术逻辑指令不由分说地更新标志位,但需注意,16 位指令,如 ADD.N Rd, Rn, Rm 是 16 位指令,不更新标志位。32 位的算术逻辑指令都可以使用 S 后缀来控制更新。例如：

| ADDS.W | R0, R1, R2 | ; 使用 32 位 Thumb-2 指令，并更新标志位 |

ADD.W	R0, R1, R2	; 使用 32 位 Thumb-2 指令, 但不更新标志位
ADD	R0, R1	; 使用 16 位 Thumb 指令, 但不更新标志位
ADDS	R0, #0xcd	; 使用 16 位 Thumb 指令, 无条件更新标志位

使用 S 后缀要注意, 16 位 Thumb 指令可能会无条件更新标志位, 但也可能不更新标志位。为了让代码能在不同汇编器下有相同的行为, 当需要更新标志位, 以作为条件指令的执行判据时, 一定不要忘记加上 S 后缀。

Cortex-M3 中还有比较和测试指令, 它们存在的目的就是更新标志位, 因此是会无条件影响标志位的, 如下所述。

CMP 指令: CMP 指令在内部做两个数的减法, 并根据差来设置标志位, 但是不把差写回。CMP 可有如下的形式:

| CMP | R0, R1 | ; 计算 R0–R1, 并且根据结果更新标志位 |
| CMP | R0, 0x12 | ; 计算 R0–0x12, 并且根据结果更新标志位 |

CMN 指令: CMN 与 CMP 类似, 只是它在内部做两个数的加法(相当于减去减数的72相反数)。如下所示:

| CMN | R0, R1 | ; 计算 R0+R1, 并根据结果更新标志位 |
| CMN | R0, 0x12 | ; 计算 R0+0x12, 并根据结果更新标志位 |

TST 指令: TST 指令的内部其实就是 AND 指令, 只是不写回运算结果, 它也无条件更新标志位。它的用法与 CMP 的用法相同:

| TST | R0, R1 | ; 计算 R0 & R1, 并根据结果更新标志位 |
| TST | R0, 0x12 | ; 计算 R0 & 0x12, 并根据结果更新标志位 |

TEQ 指令: TEQ 指令的内部其实就是 EOR 指令, 只是不写回运算结果, 它也无条件更新标志位。它的用法与 CMP 的用法相同:

| TEQ | R0, R1 | ; 计算 R0 ^ R1, 并根据结果更新标志位 |
| TEQ | R0, 0x12 | ; 计算 R0 ^ 0x12, 并根据结果更新标志位 |

第3章 STM32 嵌入式处理器体系结构

第 2 章讲解了 ARM 嵌入式微控制器内核，特别是 ARM Cortex-M3 的通用知识。本章在此基础上介绍意法半导体公司的 ARM Cortex-M 内核嵌入式处理器家族——STM32。意法半导体在 ARM 内核的基础上，为 STM32 添加了用于访问外设和存储器的总线系统、SRAM 和 Flash 存储器，以及各种功能强大的外设。借助强大的芯片制造、技术支持以及营销能力，STM32 已经成为当今市场上最流行的嵌入式微控制器。本章首先介绍 STM32 的特性及命名规则，随后讲解 STM32 处理器内核之外的各个总线单元和它们的连接关系。

3.1 STM32 概述

3.1.1 STM32 系列嵌入式处理器及其命名规则

在 STM32 诞生之前，意法半导体已经设计和制造了很多 8 位和 32 位嵌入式产品。但真正让意法半导体成为 32 位嵌入式微控制器"王者"的，还是 2007 年 6 月在北京发布的基于 ARM V7 架构 Cortex-M3 内核的 STM32。依靠 STM32 系列每年超过 10 亿片的销量，意法半导体成为全球第二大通用 MCU 厂商。STM32 的销量达到 ARM 公司所有 Cortex-M 系列微控制器的 45%以上。STM32 的成功，除了意法半导体具备强大的芯片制造、技术支持以及营销能力等因素之外，主要得益于 ARM 内核强大产业生态链与意法半导体在微控制器领域丰富经验的结合。

一方面，ARM Cortex-M 作为一种通用的高性能嵌入式处理器内核，全球有 TI、NXP 和 Renesas Electronics 等众多半导体巨头在设计和生产基于 ARM Cortex-M 的嵌入式处理器。由于服务对象众多，产业链下游的众多编译器、开发工具、固件包厂家也会纷纷为该内核提供支持。大量参与者带来的充分商业竞争，在提高生产和服务质量的同时也降低了芯片本身和技术支持的成本，反过来促进了 ARM Cortex-M 内核的销量。另一方面，STM32 结合了意法半导体长期设计和制造嵌入式微控制器的经验，提供了最具竞争力的片上外设和 Flash。以上两个方面相互促进，使 STM32 成为最流行的 ARM Cortex-M 内核产品。

为巩固在 32 位嵌入式领域的优势，意法半导体除了高性价比的 Cortex-M3 内核之外，还大量搭载 ARM Cortex-M0、Cortex-M4 和 Cortex-M7 的产品，总产品数量达到千种以上。要搞清不同 STM32 的区别，首先要理解其命名规则。此类芯片名称以 STM32 开头，代表它是由意法半导体生产的微控制器，且内核是 32 位的。跟在 STM32 后面的字母如果是 F，表示主流行（Mainstream）和高性能型（High-performance），L 表示低功耗型（Ultra-low-power），W 表示无线型（Wireless）嵌入式处理器。随后的数字代表该 STM32 所使用的内核,1 代表 Cortex-M3,0 代表 Cortex-M0,3 和 4 代表 Cortex-M4,7 代表 Cortex-M7。

选用 STM32 处理器时，命名规则可以帮助开发者初步选定其系列。在物联网节点和电池供电的便携式应用中，选用 ARM 的指导原则就是降低功耗和成本，Cortex-M0 内核最小，推荐选择 Cortex-M0 内核 STM32。而 Cortex-M4 内核计算能力较强，拥有独立的单精度浮点处理单元和单指令多数据处理能力，使其相对适用于并行数据处理器和浮点运算的数字信号处理的任务，建议在手持式分析仪、电机控制和嵌入式音频信号处理等应用中选用 Cortex-M4 内核的 STM32。与之相比，Cortex-M7 内核除具有双精度浮点单元外，还有片上指令和数据 Cache，能够将运行速度提升到 400MHz，建议需要复杂运算的嵌入式系统，如人工智能推理和非对称加密运算的嵌入式设备，选用 Cortex-M7 内核的 STM32。

作为一部面向广大工程师和大学生的嵌入式系统教材，本书选择最具代表性且使用最广泛的 STM32F1 系列作为介绍对象。对于其他系列的 STM32，读者在完成本书的学习后，可以触类旁通，参阅相关资料。因此后续章节若不做特殊说明，STM32 均指代 STM32F1 系列。下面以该系列中的一种常见型号为对象介绍其他部分的命名规则。

从图 3.1.1 可以看出，STM32 的命名规则不像常见芯片那样简单地用数字对不同功能的芯片进行编码。例如，意法半导体公司的常用电机驱动芯片 L6205 和 L6207 的名称，只是其系列直流电机驱动芯片的编号，用户无法直接从其名称判断它的具体参数。而对于 STM32，除了前面的 STM32F103 几个字符之外，用户还能够根据后续的字符解读出这种微控制器的配置参数。如果读者能够记住图 3.1.1 所示的命名规则，就能从 STM32 的名称直接判断出这种芯片是否能够满足设计需要。当然，也可以根据具体型号，通过图 3.1.2 查询该型号的 Flash 容量(纵轴的对应值)和封装形式(横轴的对应值)。

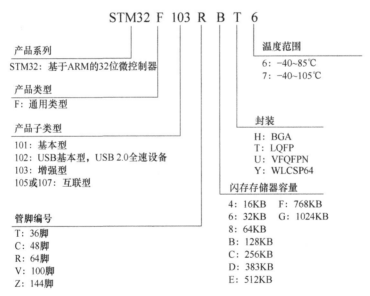

图 3.1.1　STM32F1 命名规则

3.1.2　STM32 的片上资源

意法半导体官方手册根据 Flash 的容量大小将 STM32 产品分为小容量(Low-density devices，16～32KB)、中容量(Medium-density devices，64～128KB)、大容量(High-density devices，256～512KB)和扩展容量(XL-density devices，768KB～1MB)等几个类型。这样划分不仅是因为不同容量的 Flash 的 STM32 程序编译时空间分配和下载算法不同，还因为

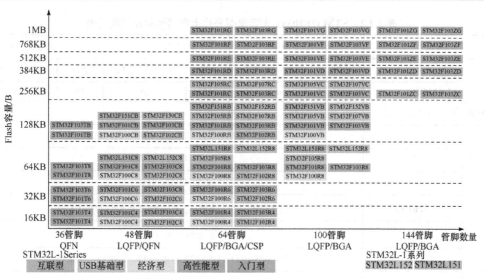

图 3.1.2　STM32 参数查询图

STM32 也根据这几种不同类型对片上外设进行了大致的分类。例如，通用异步串行口（USART）的数量会根据 Flash 的容量不同而有所不同，小容量产品一般拥有 2 个 USART，中容量一般拥有 3 个 USART，而大容量产品会拥有 5 个 USART。

下面是性价比最高的 STM32F103 系列芯片中，中小容量型号（表 3.1.1）和大容量型号（表 3.1.2）的片上存储器和外设配置对照表。

表 3.1.1　STM32F103xx 中小容量型号片上存储器和外设配置表

外设		STM32F103Tx	STM32F103Cx		STM32F103Rx		STM32F103Vx	
闪存/KB		64	64	128	64	128	64	128
SRAM/KB		20	20	20	20		20	
定时器	通用	3 个(TIM2、TIM3、TIM4)						
	高级控制	1 个(TIM1)						
通信接口	SPI	1 个(SPI1)	2 个(SPI1、SPI2)					
	I²C	1个(I²C1)	2个(I²C1、I²C2)					
	USART	2 个(USART1、USART2)	3 个(USART1、USART2、USART3)					
	USB	1 个(USB 2.0 全速)						
	CAN	1 个(2.0B 主动)						
GPIO 配置		26	37		51		80	
12 位 ADC 模块(通道数)		2(10)	2(10)		2(16)		2(16)	
CPU 频率		72MHz						
工作电压		2.0～3.6V						
工作温度		环境温度：−40～+85℃/−40～+105℃ 结温度：−40～+125℃						
封装形式		VFQFPN36	LQFP48		LQFP64 TFBGA64		LQFP100 LFBGA100	

表 3.1.2　STM32F103xx 大容量型号片上存储器和外设配置表

外设		STM32F103Rx			STM32F103Vx			STM32F103Zx		
闪存/KB		256	384	512	256	384	512	256	384	512
SRAM/KB		48	64		48	64		48	64	
FSMC(静态存储器控制器)		无			有			有		
定时器	通用	4 个(TIM2、TIM3、TIM4、TIM5)								
	高级控制	2 个(TIM1、TIM8)								
	基本	2 个(TIM6、TIM7)								
通信接口	SPI(I^{2}S)	3 个(SPI1、SPI2、SPI3),其中 SPI2 和 SPI3 可做 I^{2}S 通信								
	I^{2}C	2个(I^{2}C1、I^{2}C2)								
	USART/UART	5 个(USART1、USART2、USART3、UART4、UART5)								
通信接口	USB	1 个(USB 2.0 全速)								
	CAN	1 个(2.0B 主动)								
	SDIO	1 个								
GPIO 端口		51			80			112		
12 位 ADC 模块(通道数)		3(16)			3(16)			3(21)		
12 位 DAC 模块(通道数)		2(2)								
CPU 频率		72MHz								
工作电压		2.0~3.6V								
工作温度		环境温度:−40~+85℃/−40~+105℃ 结温度:−40~+125℃								
封装形式		LQFP64,WLCSP64			LQFP100,BGA100			LQFP144,BGA144		

　　另外,STM32 配备的片上 SRAM 数量有 20KB(中小容量)、48KB、64KB(大容量)等几个档次。由于 SRAM 是嵌入式系统重要的资源之一,在选型时应该根据算法的实际情况,考虑 SRAM 能否满足应用需求。若 SRAM 容量不够,可以考虑 SRAM 更充足的 STM32F4 系列或通过 FSMC 口外扩存储器芯片。

3.1.3　STM32 的优势

　　作为最早出现的一类基于 ARM Cortex-M 系列内核的嵌入式微控制器,STM32 集合了 ARM 先进的内核架构与意法半导体设计制造嵌入式微控制器的丰富经验。相较于传统的 8 位或 16 位嵌入式微控制器(如 8051、AVR、PIC 和 MSP430 等),具有很多不可比拟的优势。下面介绍 STM32 的显著优点。

　　(1)等效整数计算能力为 1.25DMIPS/MHz,即内核工作频率每增加 1MHz,每秒可多增加 1.25×10^6 条整数运算指令。相同主频下,可以比 ARM7TDMI 内核的处理器多处理 35% 的整数运算指令。

（2）支持单周期乘法指令和硬件除法指令，可完成常见的数字信号处理任务。

（3）使用 16 位的 Thumb-2 指令集。在基本不降低处理性能的前提下，程序空间利用率提升约 45%。

（4）在 0.19mW/MHz 的功耗条件下（内核工作频率每提高 1MHz，功耗仅增加 0.19mW），提供 32 位处理能力，且提供睡眠停机、停机和待机等低功耗工作模式。其性能/功耗比远高于传统嵌入式微控制器。

（5）提供了高性能的向量中断控制器，极大地提高了嵌入式系统的实时性。该向量中断控制器实现了与内核的紧耦合，中断延迟时间降低到 6 个时钟周期，拥有抢占优先级和子优先级两种优先级机制，可以实现中断嵌套。

（6）内置了两个 DMA 控制器，在软件直接控制的数据传输之外，还提供了另一种灵活的数据传输方式。高效的 DMA 控制数据传输，除了能够降低内核时间占用率之外，还能够提高外设之间数据传输的实时性。

（7）具备完备的外设功能，包括 GPIO、定时器、CAN、I²C、SPI、USART 和 ADC 等，能够满足大部分嵌入式系统的应用需要。

（8）拥有完备的开发工具链，包括标准的 ARM 内核 C 语言编译器、通用的 MDK 和 IAR 集成开发环境（IDE）、意法半导体官方提供的标准外设库、全面的开发资料等。

3.2　总线结构和存储空间组织

微课4

STM32F1 系列是由意法半导体公司制造的一种 Cortex-M3（ARM 公司设计）内核的嵌入式处理器。意法半导体在 Cortex-M3 内核的基础上，添加了各种外设和存储器，以及用于访问外设和存储器的总线系统。本节将在第 2 章介绍的 Cortex-M3 内核的基础上，进一步介绍 STM32 中 CPU 之外的各个总线单元和它们的连接关系。读者在理解了总线结构之后，就能够理解 STM32 的存储空间组织及其访问方式了。

3.2.1　总线结构

STM32 的系统结构如图 3.2.1 所示，图中方块代表了 STM32 内部的各个功能部件，而箭头代表了连接功能部件的总线。总线是部件间发送指令和数据通信的桥梁和通路。对于调用标准外设库进行嵌入式应用开发的工程师而言，总线是不可见的但又确实存在的实体。只有充分理解了总线和功能部件各自的用途和相互关系，才能设计出高效的数据传输机制，实现有效的控制功能。例如，当理解了 STM32 拥有独立且能同时工作的指令数据总线 ICode 和系统总线后，就能够利用在程序空间的滤波器系数、在数据空间的信号进行乘加指令（MAC），来构建高效能的 FIR 滤波器，实现性能优异的数字信号处理算法。

由图 3.2.1 可知，STM32 包括四种可以发起和驱动总线通信的功能单元，统称为"驱动单元"，包括与 Cortex-M3 内核相连的指令数据 DCode 总线（D-bus）、系统总线（System-bus）以及两个通用功能 DMA 控制器（DMA1、DMA2）。STM32 还包括四种被驱动单元访问的"被动单元"，包括片上静态存储器（SRAM）、片上非易失性闪存（Flash Memory）、灵活的外部静态存储器接口（FSMC）以及 AHB（Advanced High-performance Bus）到 APB（Advanced Peripheral Bus）桥。

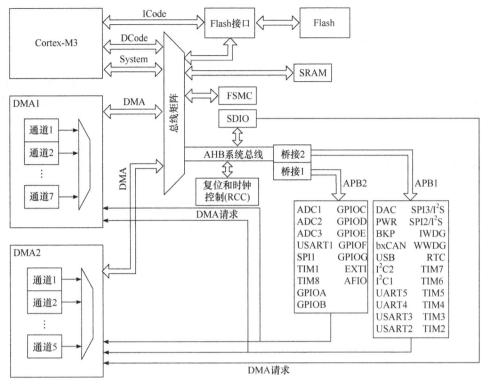

图 3.2.1　STM32 的系统结构

STM32 总线系统的核心是总线矩阵，它负责协调各个驱动单元对被动单元的访问。当多个驱动单元同时要求访问某个被动单元时，总线矩阵能够根据轮换算法决定访问的顺序。

DCode 总线与 Cortex-M3 内核的 DCode（指令存储区数据总线）总线相连，当它被连接到总线矩阵后，负责读取指令中的数据，访问程序存储器中包含的常量并进行调试访问。

ICode 总线与 Cortex-M3 内核的 ICode（指令存储区指令总线）总线相连，负责直接从 Flash 中读取二进制指令码。

系统总线 System-bus 连接到 Cortex-M3 内核的系统总线上，当它被连接到总线矩阵后，负责对数据存储器的访问。

DMA 是直接存储器访问的缩写，是指在无须 CPU 参与的情况下，实现存储器之间的数据交换。因此 STM32 中的 DMA 总线被看作一种主动单元。具体来说，DMA 控制器的 AHB 主控接口通过控制总线矩阵，实现了 SRAM、闪存、FSMC 和各种外设之间的数据传输。

STM32 系统结构中还包含两个 AHB 到外设总线 APB 的桥。它们负责将外设总线数据转换为 AHB 上的数据，进而连接到总线矩阵中，以供四个主动单元调用和访问。其中 APB1 是低速外设总线，最高工作频率为 36MHz；APB2 为高速外设总线，最高工作频率为 72MHz。

3.2.2　存储空间组织

1. STM32 的存储空间分配

STM32 的内核是哈佛结构的 Cortex-M3，拥有分离的程序总线（D-bus 和 I-bus）和数据总线(System-bus)。但为了兼容之前采用冯·诺依曼结构的 ARM V4 结构，Cortex-M3 仍然采用统一的编码方式：程序存储器、数据存储器，以及外设的控制寄存器都被组织在同一个 4GB(2^{32}B) 的线性地址空间中。这意味着软件可以采用同一套地址体系和基本相同的指令访问程序空间、数据空间，或者控制外设的工作。和标准 Cortex-M3 一样，STM32 也将自己的存储空间划分为 8 个主要的块(Block)，每个块为 512MB。图 3.2.2 所示是 STM32 的存储空间分配图。

图 3.2.2　STM32 的存储空间分配图

整个存储空间的第一块的地址为 0x0000_0000～0x1FFF_FFFF(注意其中有 7 个 F)，共有 512MB 地址空间，是代码区。STM32 通过指令存储空间的程序总线——ICode 总线(I-bus)和指令存储空间的数据总线——DCode 总线(D-bus)读取。STM32 地址空间中，最初的 128MB 存储空间是空置的，其作用是在不同的启动模式中映射为被选中的不同类型的存储器(关于启动模式和程序空间映射之间的关系，请参见 3.2.3 节的详细介绍)。而真正的片上闪存存储器(Flash ROM)占据的是从 0x0800_0000(注意 8 后面共有 6 个 0)开始的后一半 128MB 地址空间。该主闪存用于存放用户程序，其长度根据具体芯片型号的不同而有所不同。0x1FFF_F000～0x1FFF_FFFF 的最后 4KB 被称为系统存储区(System Memory)，其中放置了内容无法修改的只读存储器(ROM)。这段内容固定的只读存储器中存放了两个内容：①意法半导体官方提供的自举程序(Bootloader)，它的功能是通过异步串行接口(UART)对闪存中的用户程序区重新写入程序，实现在系统编程(ISP)功能；②STM32 的唯一识别码等识别信息。

存储空间的第二块，地址为 0x2000_0000～0x3FFF_FFFF，也是 512MB 地址空间，是数据存储区，STM32 通过系统总线(System-bus)进行读写或者通过指令空间数据总线——DCode 总线(D-bus)读取。其中放置了 STM32 片上的静态存储器，长度根据具体芯片型号有所不同。

存储空间的第三块，地址为 0x4000_0000～0x5FFF_FFFF，也是 512MB 地址空间，是片上外设的存储器映像寄存器区域。这个区域中并不放置真实的存储器，而是放置外设的控制寄存器和数据接口寄存器。这样 Cortex-M3 内核和 DMA 就可以使用访问普通存储器的指令和寻址方式，方便地访问和控制各类外设。表 3.2.1 所示为 STM32 中部分外设的存储器映像寄存器地址。

表 3.2.1　STM32 片上外设寄存器地址

边界地址	外设	总线
0x4002_3400~0x5FFF_FFFF	保留	AHB
0x4002_3000~0x4002_33FF	CRC	
0x4002_2400~0x4002_2FFF	保留	
0x4002_2000~0x4002_23FF	闪存存储器接口	
0x4002_1400~0x4002_1FFF	保留	
0x4002_1000~0x4002_13FF	复位和时钟控制(RCC)	
0x4002_0400~0x4002_0FFF	保留	
0x4002_0000~0x4002_03FF	DMA	
0x4001_3C00~0x4001_FFFF	保留	APB2
0x4001_3800~0x4001_3BFF	USART1	
0x4001_3400~0x4001_37FF	保留	
0x4001_3000~0x4001_33FF	SPI1	
0x4001_2C00~0x4001_2FFF	TIM1 定时器	
0x4001_2800~0x4001_2BFF	ADC2	
0x4001_2400~0x4001_27FF	ADC1	
0x4001_1C00~0x4001_23FF	保留	
0x4001_1800~0x4001_1BFF	GPIO 端口 E	
0x4001_1400~0x4001_17FF	GPIO 端口 D	
0x4001_1000~0x4001_13FF	GPIO 端口 C	
0x4001_0C00~0x4001_0FFF	GPIO 端口 B	APB2
0x4001_0800~0x4001_0BFF	GPIO 端口 A	
0x4001_0400~0x4001_07FF	EXTI	
0x4001_0000~0x4001_03FF	AFIO	
0x4000_7400~0x4000_FFFF	保留	APB1
0x4000_7000~0x4000_73FF	电源控制(PWR)	
0x4000_6C00~0x4000_6FFF	备份寄存器(BKP)	
0x4000_6800~0x4000_6BFF	保留	
0x4000_6400~0x4000_67FF	bxCAN	APB1
0x4000_6000~0x4000_63FF	共享的 USB/CAN SRAM 512B	
0x4000_5C00~0x4000_5FFF	USB 寄存器	
0x4000_5800~0x4000_5BFF	I²C2	
0x4000_5400~0x4000_57FF	I²C1	
0x4000_4C00~0x4000_53FF	保留	
0x4000_4800~0x4000_4BFF	USART3	

续表

边界地址	外设	总线
0x4000_4400~0x4000_47FF	USART2	
0x4000_3C00~0x4000_3FFF	保留	
0x4000_3800~0x4000_3BFF	SPI2	
0x4000_3400~0x4000_37FF	保留	
0x4000_3000~0x4000_33FF	独立的看门狗(IWDG)	
0x4000_2C00~0x4000_2FFF	窗口看门狗(WWDG)	
0x4000_2800~0x4000_2BFF	RTC	
0x4000_0C00~0x4000_27FF	保留	
0x4000_0800~0x4000_0BFF	TIM4 定时器	
0x4000_0400~0x4000_07FF	TIM3 定时器	
0x4000_0000~0x4000_03FF	TIM2 定时器	

存储空间的第四、五块，地址为 0x6000_0000~0x9FFF_FFFF，共 1GB 地址空间，是 STM32 特有的 FSMC 管理的地址空间。这段地址空间被 FSMC 分割为 4 个体(Bank)，每个体共 256MB 地址空间，分别用于访问 SRAM、NAND Flash、PC Card 等外部存储器，关于 FSMC 的详细内容本书将在后续章节中详细介绍。

存储空间的第四、五块，地址为 0xA000_0000~0xDFFF_FFFF，共 1GB 地址空间，是 STM32 保留或未使用的地址空间。

存储空间的第八块，地址为 0xE000_0000~0xFFFF_FFFF，最后的 512MB 地址空间，是 Cortex-M3 的私有外设区。这段存储空间中存在的是 Cortex-M3 内核中固有的外设的存储器映射寄存区，这些外设包括终端控制器(NVIC)和存储器保护单元(MPU，STM32 中没有实现)。

另外，ARM Cortex-M3 内核本身既可以支持小端格式存放数据，也可以支持大端格式存放，但 STM32 只支持小端格式存放数据。也就是一个字里的最低地址字节被认为是该字的最低有效字节，而最高地址字节是最高有效字节。

2. STM32 的位带操作

作为一种典型的微控制器内核，Cortex-M3 常常需要根据具体应用的需要读写不同数量的开关状态。另外，计算机系统通过数据总线操作存储器映像寄存器的最小单位却是字节(8bit)或字(32bit)。这使 Cortex-M3 对非 8 的倍数开关量的读取或控制效率通常很低。尤其是在需要对一系列开关量中的某一个或多个进行修改时，软件往往需要首先读取 8 个甚至 32 个开关量，再对其中的某个位进行置位或清零操作后，然后将整个字节或字回写到控制寄存器中(注释：这种过程往往被称为"读—修改—写"操作)。

2.2.5 节介绍过，Cortex-M3 引入了称为"位带"的操作，将"位带区"中的一个位映射到"位带别名区"中的一个字。这样做将本来需要通过"读—修改—写"的复杂操作才能进行的位操作，变为"位带别名区"一个字的简单写入操作，大大提高了位带区中位操作的效率。下面左侧的代码是不采用位带操作修改一个位的汇编代码，右侧的代码则是用位带操作简化的代码。

不使用位带操作			使用位带操作		
LDR	R0,=0x2000_0000	;设置地址	LDR	R0,=0x2200_0008	;设置地址
LDR	R1, [R0]	;读取	MOV	R1, #1	;设置数据
ORR.W	R1, #0x4	;修改位	STR	R1, [R0]	;写入
STR	R1, [R0]	;回写			

如图 3.2.3 所示，Cortex-M3 实现了两个地址区域的位带操作：第一段将 SRAM 区最低的 1MB 空间的位带区映射到了 SRAM 区 32～64MB 的位带别名区。第二段将片上外设映像寄存器区最低的 1MB 空间的位带区映射到了片上外设区 32～64MB 的位带别名区。显然 Cortex-M3 的设计初衷，是想方便使用者对 SRAM 和外设的位操作。尤其是在对外设控制寄存器的操作中，位带操作显得非常有用。

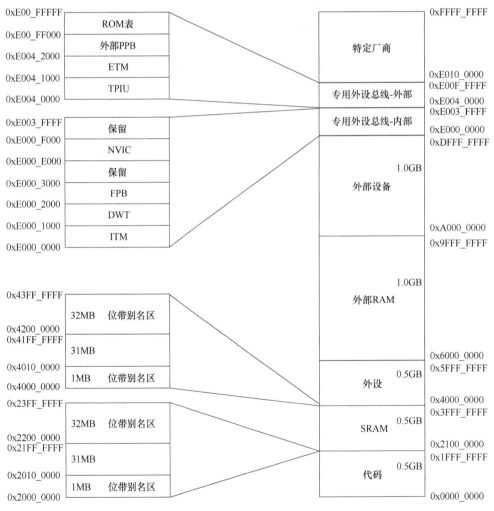

图 3.2.3　Cortex-M3 的位带操作区

读者应该已经注意到了，由于一个位被映射为一个 32 位的字，位带别名区的大小是位带区的 32 倍。当然 STM32 中不论 SRAM 区，还是片上外设映像寄存器区的 32～64MB 空间都是没有内容的。

STM32 中位带区和位带别名区的地址映射关系与 ARM 公司在 Cortex-M3 内核中的定义完全兼容，根据 2.2.5 节给出的映射关系，可以得到下列公式计算：

$$位带别名区地址 = 位带别名区基地址 + (位带区地址 \times 32) + (字内的位数 \times 4) \quad (3.2.1)$$

SRAM 位带区和位带别名区的对应关系可以形象地描述为图 2.2.9 所示。

3.2.3　启动配置

STM32 的片上存储空间中包含了 Flash、SRAM 和掩模 ROM 等多种类型存储器，它们都可以作为 STM32 复位后首先进行取指和运行程序的存储器。STM32 通过两个管脚 BOOT[1:0]来选择上述三种存储器及其中包含的代码，作为复位后取指令的对象，即启动模式。具体来讲，STM32 会在系统复位后，SYSCLK 的第 4 个上升沿，根据两个 BOOT 管脚的电平，来决定启动模式。BOOT[1:0]管脚和启动模式之间的关系如表 3.2.2 所示。

表 3.2.2　BOOT 管脚和启动模式之间的关系

启动模式选择管脚		启动模式	说明
BOOT1	BOOT0		
X(任意电平)	0	主闪存存储器	主闪存存储器被选为启动区域
0	1	系统存储器	系统存储器被选为启动区域
1	1	内置 SRAM	内置 SRAM 被选为启动区域

表 3.2.2 中的主闪存存储器是指 STM32 片内的闪存存储器(Flash ROM)，其所在的存储空间位置是图 3.2.1 中地址最低的 512MB。由于 Flash ROM 具有掉电非易失性和可编程性，适合存放嵌入式开发者编写的用户程序，因此主闪存启动模式是最常用的一种启动模式。这种启动模式占用了 BOOT1 和 BOOT0 四种组合中的两种，BOOT0=0，BOOT1=0 和 BOOT0 = 0，BOOT1 = 1。不论 BOOT1 等于何值，只要 BOOT0 等于 0，STM32 都将从主闪存启动。因此在大多数情况下，启动选择只要占用 BOOT0 管脚，并将其连接到低电平即可，而 BOOT1 管脚(复用为 PB2)可以用作 GPIO 功能，最大限度地节约了管脚。

如本书在"STM32 的存储空间组织"小节中介绍的，系统存储器是指 0x1FFF_F000～0x1FFF_FFFF 的存储区，其中用 ROM 存放了意法半导体官方提供的自举程序。它的功能是通过 UART 对主闪存中的用户程序进行重新写入，实现在系统编程功能。这种启动方式通常用于 STM32 的用户程序升级，以及主闪存加密后的擦除等。

表 3.2.2 所示的第三种启动模式是指复位后 STM32 从存储空间 0x2000_0000 开始的片上 SRAM 中取指和执行程序。但由于 SRAM 是易失性存储器，掉电后程序无法保存，因此 SRAM 启动模式只能应用于程序调试过程中。由于 SRAM 的写入速度大于 Flash ROM，采用第三种启动模式能够提高程序调试时的程序下载速度。

细心的读者可能会有这样的疑惑，根据图 3.2.1，复位后 Cortex-M3 中负责取指令的 I-bus 总线只能从 0x0000_0000 开始的地址空间读取指令。而主闪存(从地址 0x0800_0000 开始放置)、系统存储器(从地址 0x1FFF_F000 开始放置)和内部 SRAM(从地址 0x2000_0000 开始放置)都不是从地址 0x0000_0000 开始放置的, 那么 STM32 究竟是通过什么方法实现从这些存储器启动, 并取指执行程序的呢?

答案在于 STM32 的一种特殊的地址"折叠"机制, 被称为地址映射。通过这种机制, STM32 将原先在 0x0800_0000 的主闪存、0x1FFF_F000 的系统存储器以及 0x2000_0000 的 SRAM 都映射到了首地址 0x0000_0000, 这样用户程序既能在原先的 0x0800_0000、0x1FFF_F000、0x2000_0000 地址访问这些存储器, 又能在 0x0000_0000 这个首地址通过 I-bus 读取其中存储的指令。而从本质上讲, BOOT[1:0]两个配置管脚所起到的作用, 无非是选择映射到 0x0000_0000 的具体地址罢了。而也正是因为在不同的启动模式下, 会使不同类型的存储器被映射到 0x0000_0000 开始的程序存储空间, STM32 并未在 0x0000_0000~0x07FF_FFFF 的 128MB 空间中放置任何具体的存储器或寄存器。图 3.2.4 所示是 STM32 的不同启动模式下, 程序存储器的地址映射关系。

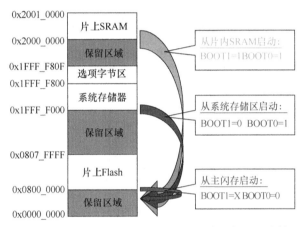

图 3.2.4　STM32 各种启动模式下的程序空间地址映射

3.2.4　在 Flash 中运行程序

如表 3.2.2 所示, STM32 可以通过 BOOT[1:0]管脚的连接方式, 来配置复位后 Cortex-M3 内核取指运行程序的存储器。由于 Flash 属于可编程非易失性存储器, 可以在系统断电后仍然保存程序。若选择直接从 Flash 中运行程序, 可以实现系统的"上电即行"的特性, 降低启动过程的复杂程度, 减少从上电到开始运行程序的时间。因此, 绝大部分 STM32 的嵌入式系统会选择在 Flash 中运行程序。

但在 Flash 中运行 Cortex-M3 程序存在一个必须解决的矛盾: Flash ROM 的读出时间远大于 STM32 的指令周期, 若每从 Flash 中取一次指令时只取一条指令, 则 STM32 的最短指令执行周期只能达到 Flash 读取的最快速度。以 STM32F1 系列为例, 其最高运行频率为 72MHz, 对应每条指令的执行周期为 $1/72MHz \approx 13.89ns$; 而在目前的生产工艺下, Flash 的读取时间一般为 40ns 左右, 显然无法满足 STM32F1 系列直接取指的要求。STM32 的解决之道是, 一方面在每次取指时加入等待 Flash 读出的时间; 另一方面通过预取指缓冲区, 一次从 Flash 中读取多条指令, 以减少内核取指的频率和次数。下面分别予以论述。

1. 插入 Flash 读取等待时间

可以通过 STM32 的控制寄存器 FLASH_ACR 实现对 Flash 读取的控制。FLASH_ACR 中的字段 LATENCY[2:0]实现对读取等待周期的配置。可供选择的等待时间有 0 个系统时钟 (SYSCLK)周期、1 个系统时钟周期和 2 个系统时钟周期(注：关于系统时钟 SYSCLK 的概念,请读者参阅 3.3 节的内容)。当系统时钟为 0～24MHz 时,单个系统时钟周期大于 1/24MHz ≈41.67ns,可以插入 0 个系统时钟周期的等待时间;当系统时钟为 24～48MHz 时, 单个系统时钟周期大于 1/48MHz≈20.83ns,应插入 1 个以上系统时钟周期的等待时间,以使 Flash 读取时间长于 20.83×2=41.66(ns); 当系统时钟为 48～72MHz 时, 单个系统时钟周期大于 1/72MHz≈13.89ns,应插入 2 个以上系统时钟周期的等待时间,以使 Flash 读取时间长于 13.89×2=27.78(ns)。

若使用标准外设库开发 STM32 嵌入式系统,标准外设库文件 system_stm32f 103x.C 会根据上述原则以及实际的系统时钟频率, 自动对 FLASH_ACR 中的等待时间进行配置。

2. 通过预取指缓冲区从 Flash 中读取多条指令

为防止从 Flash 中取指速度太慢成为限制 STM32 程序执行速度的瓶颈,STM32 有两个 64 位的预取指缓冲区。它们一次从 Flash 中读取 64 位的指令,其中包含多条指令,以满足 Cortex-M3 内核全速运行的需求。假设 STM32 运行在 72MHz 系统时钟,插入了 2 个系统时钟周期的等待时间,Flash 的读取速度为系统时钟的 1/3 即 24MHz。Cortex-M3 的指令有 16 位和 32 位两种,图 3.2.5 所示的是不同长度的指令读取和执行的时序。

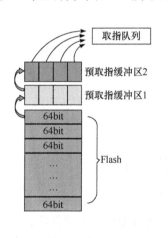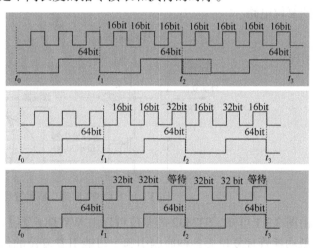

图 3.2.5　Flash 取指时序

图 3.2.5 右侧上方的时序图假设所有指令都是 16 位的, 复位或执行跳转后预取指缓冲区 1 和 2 为空, 取指操作执行如下步骤。

(1)在时刻 t_0 时预取指缓冲区 1 和预取指缓冲区 2 都为空,此时内核等待 3 个系统时钟周期后, 到时刻 t_1 时读到 64 位指令包。

(2)在时刻 t_1 时预取指缓冲区 1 被填满,预取指缓冲区 2 仍为空,Flash 控制器继续读取后续指令。

(3)在时刻 t_2 时因为两个缓冲区都有数据(一个有 32 位指令,另一个还有 16 位指令),

读取 Flash 的操作暂停虚线框长度的时间。

（4）当预取指缓冲区 2 被取走变空时，预取指缓冲区 1 中的内容被复制到预取指缓冲区 2，同时恢复读取 Flash。

（5）在时刻 t_3 时缓冲区的状态又变为上述第（3）步的状态。

右侧中间的时序图假设一组指令中有两条 16 位的指令和一条 32 位的指令，Flash 控制器采用和上述操作类似的方式，仍能够保证 Cortex-M3 内核不间断地运行。

右侧下方的时序图假设所有指令都是 32 位的，Flash 控制器只能在 3 个系统时钟周期读一次指令（64 位），而与此同时 Cortex-M3 内核却可以在这 3 个系统时钟下执行 3×32=96 位的指令。由于读取速度跟不上执行速度，Cortex-M3 内核只能每执行 2 条指令，就等待一个指令周期，以等待 Flash 控制器读取更多的后续指令。当然，若程序是存储在 SRAM 中的，由于 SRAM 可以在 1 个系统时钟周期内实现指令的读取，则内核无须插入等待周期，同等条件下程序的执行速度将比在 Flash 中快三分之一。

3.3　复位和时钟

3.3.1　STM32 系列嵌入式处理器的复位电路

合理的复位能够有效地保证嵌入式系统的可靠性。STM32 上集成了完整的复位功能，经过简单的软、硬件配置后，能够管理各种原因引发的复位动作。图 3.3.1 是 STM32 内部集成的复位电路。

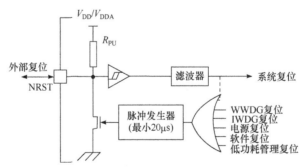

图 3.3.1　STM32 内部集成的复位电路

由图 3.3.1 可知，STM32 的复位可以由 WWDG 复位、IWDG 复位、电源复位、软件复位、低功耗管理复位等各种原因引起，可能引发复位的信号经过"或"运算后统一成一个信号。STM32 集成了一个定时长度为 20μs 的脉冲发生器（单稳态触发器），脉冲发生器将不同时长的复位信号调整为可靠的 20μs 复位信号。该复位信号被用于控制一个片上集成的复位 N 沟道 MOS 管，外部复位信号则可以通过复位管脚 NRST 输入该 MOS 管的漏极。这样外部输入的低电平复位信号和 N 沟道 MOS 管产生的复位信号，就通过上拉电阻 R_{PU} 在复位脚上进行了"线或"操作，从而使内部输入产生的复位信号和外部输入的复位信号都能够引发复位动作。其后的施密特触发器能够滤除电压幅度不足的复位信号，滤波器能够滤除时长太短（频率太高）的不合格复位信号，保证系统的可靠性。

嵌入式硬件设计者一般会在 STM32 片外添加图 3.3.2 所示的上电复位电路。

在 V_{DD} 上电后的瞬间，根据电容电压不能瞬变的特性，C 两端的电势差为零。这将在图 3.3.1 所示的外部复位管脚 NRST 上产生时长为 τ 的低电平（τ 由阻值和容值共同决定），并在上电后的这段时间内通过图 3.3.1 所示的电路对 STM32 复位。随着上电时间增长，C 两端的电势差增大，当其达到施密特触发器的上门限时将使 STM32 脱离上电复位状态。

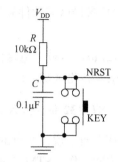

图 3.3.2　外部上电/手动复位电路

当复位按键 KEY 被按下后，将迅速对电容 C 放电，NRST 管脚被迅速拉低，从而实现手动复位。在不需要手动复位功能的情况下，也有很多的嵌入式硬件设计者不使用电容 C，而让 STM32 内部的电源复位电路自动产生上电复位信号。

STM32 内部的复位源可以分为系统复位、电源复位和备份域复位三大类，下面分别进行介绍。

1. 系统复位

根据嵌入式系统整体功能需求进行的复位，统称为系统复位。可能引起系统复位的事件包括以下几种。

（1）NRST 管脚上输入的低电平引起的外部复位。

（2）STM32 片上的看门狗电路引起的复位。STM32F1 系列嵌入式处理器的看门狗又分为窗口看门狗和独立看门狗，它们的计数溢出都将导致看门狗复位（注：看门狗是监视内核是否正常工作的外设，当内核停止工作后自动复位系统）。

（3）软件复位（SW）。软件复位是指 STM32 可以由软件操作（中断应用和复位控制寄存器中的 SYSRESETREQ 位被指令置位）引起系统复位。

（4）低功耗管理复位。STM32 在进入待机模式或停机模式时，如果用户选择字节中的 nRST_STDB（待机模式）或 nRST_STOP（停机模式）被置位，则系统不但不会进入待机或停机模式，反而会被复位。这类由进入低功耗模式引发的复位，称为低功耗管理复位。

2. 电源复位

电源复位是指由电源系统引发的复位，可能引发电源复位的原因包括以下两点。

（1）上电/掉电（POR/PDR）复位。嵌入式系统要能在较恶劣的环境中持续工作，嵌入式系统的电源可能出现波动，尤其是在上电过程中电源尤其不稳定。为防止电源波动导致系统工作不可靠，STM32 会在电源波动时产生掉电复位 PDR；并在上电过程中也产生上电复位 POR，其中上电复位功能等同于图 3.3.1 所示的外部电路所实现的功能。

（2）从待机模式中返回复位。STM32 在待机模式下会丢失所有运行状态，因此从待机模式下复位时必须对系统复位，从头开始运行代码。

3. 备份域复位

备份域是 STM32 中不采用主电源供电的区域，它采用备份电池（通过 V_{BAT}）供电，用于在主电源掉电情况下保存下次运行所需的配置信息。其复位信号也独立于系统的其他部分，采用单独的事件引发复位。

（1）备份区域软件复位。可由软件置位备份域控制寄存器（RCC_BDCR）中的 BDRST 位引发。

（2）备份区域上电复位。在 V_{DD} 和 V_{BAT} 两者都掉电的前提下，V_{DD} 或 V_{BAT} 任意电源上电都将引发备份区域复位。

微课5-1

3.3.2　STM32 系列嵌入式处理器的时钟系统

从本质上说，所有的处理器都是一个复杂的时序逻辑数字电路系统，必须在时钟的驱动下才能工作。STM32 系列嵌入式处理器中集成了一套性能完备且可靠性高的时钟产生和分配系统，能够产生高至数十 MHz，低至 32kHz 的时钟，以满足绝大多数嵌入式应用的需求。STM32 的时钟系统由以下几种电路构成。

振荡电路：与片内 *RC* 电路、片外的高速石英晶体（8MHz）以及片外低速石英晶体（32.768kHz）协同工作，产生所需的时钟源。

倍频电路（锁相环 PLL）：由于石英晶体无法直接产生 STM32 运行所需的 50MHz 以上的高频时钟，STM32 内部集成了能对振荡电路产生的频率倍频的锁相环电路。

时钟分频电路：时钟分频电路能够对振荡电路和倍频电路产生的时钟进行分频，以适应各种外设和总线对时钟频率的需求，是由触发器构成的时序逻辑电路。

时钟分配电路：时钟分配电路由组合逻辑的数据选择器构成，可以实现时钟源的选择和开关等功能。

图 3.3.3 所示的是 STM32 内部集成的时钟电路，由于存在复杂的时钟产生、分配和使用，通路形似一棵树，又被形象地称为"时钟树"。读者要想从时钟树纷繁复杂的连接关系中理出头绪，关键是抓住这棵"树"的核心——也就是系统时钟（SYSCLK）的产生和使用，由此入手，可以完全掌握 STM32 中所有时钟的配置方法。

1. STM32 的系统时钟（SYSCLK）的产生和使用

图 3.3.3 中系统时钟（SYSCLK）左侧的梯形是组合逻辑数据选择器（图中标号①所示的虚线框内），它能够在 SW 信号的控制下选择不同的时钟源作为系统时钟。可供选择的时钟源包括：高速内部时钟源 HSI、锁相环输出的倍频信号 PLLCLK 和高速外部时钟源 HSE。

HSI 是由 STM32 内部集成的 *RC* 振荡器产生的。*RC* 振荡器与石英晶体振荡器相比的缺点在于初始精度较低，且容易受到温度、电源电压等外部因素的影响，从而产生较大的波动；优势在于起振容易、可靠性高。STM32 在出厂前进行过校准，在 25℃条件下，可将 8MHz 的输出频率的初始精度控制在 1%以上，能够满足大多数应用的基本需求。一般来说，片内 *RC* 振荡器起振快、可靠性高，STM32 在复位后会首选 HSI 作为系统时钟的提供者，当锁相环工作稳定后再切换到高频的锁相环时钟源 PLLCLK。锁相环或外部石英振荡器失效时，也会将时钟源自动切换回 HSI。但读者在使用时应注意，对于异步通信、定时采样等需要精确定时的应用，HSI 的频率精度是不够的。

HSE 是由 STM32 内部的反相器和外部电路板连接的石英晶体构成的振荡电路产生的，如图 3.3.4 所示，其中 XTAL 是外接的石英晶体，C_1、C_2 为负载电容（20～30pF）。石英晶体构成外部高速时钟源的优点在于精度高、频率稳定度高；缺点是起振较慢、容易受干扰。另外，和 *RC* 振荡器一样，石英晶体振荡器能够直接产生的频率范围只有 4～16MHz，无法满足 STM32 全速工作的需要。解决这个问题的办法有两个：其一，由外部有源振荡器或 FPGA 等高频产生电路直接产生时钟（小于 20MHz），并从 OSC_IN 管脚输入；其二，通过内部 PLL 对 HSE 时钟倍频后再作为系统时钟 SYSCLK。

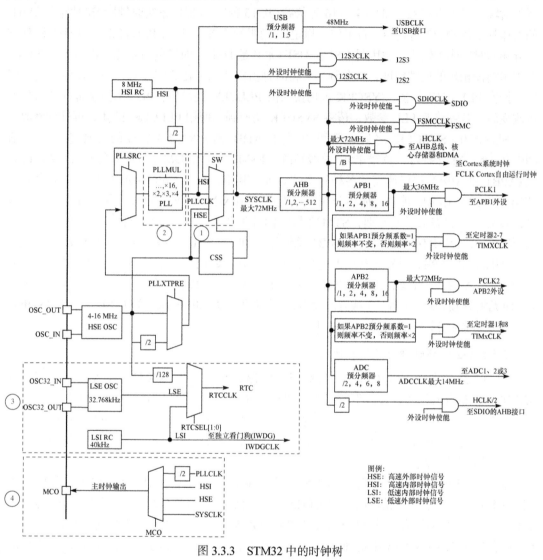

图 3.3.3　STM32 中的时钟树

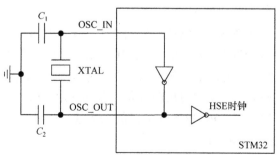

图 3.3.4　外部石英晶体振荡电路

锁相环在图 3.3.3 的虚线框②内(被标注为 PLLMUL),其实质是相位负反馈原理构成的模拟电路。可在锁相环时钟选择信号 PLLSRC 的控制下选择 HSI 或 HSE 作为被倍频的时钟信号,使 STM32 在无论有没有外部石英晶体的条件下,都能达到最高性能。PLL 可在软件控制下对输入时钟进行×2、×3、×4、×16 等倍频(共 15 种),以提供系统时钟所需的最高 72MHz 的工作频率(STM32 超频会导致工作不稳定)。聪明的读者会发现,PLL 经常采用 HSI 和 HSE 二分频的时钟作为输入,原因是 HSI 和 HSE(尤其是 HSI),时钟的占空比经常不等于 50%,严重影响锁相环的反馈精度,二分频后可将时钟占空比固定在 50%左右,基本避免了这个问题。操作 PLL 时应注意,SYSCLK 被切换为由 PLLCLK 提供后,PLL 的控制寄存器将是不可改变的。若需修改 PLL 参数,请将 SYSCLK 切换到不使用 PLLCLK 的状态再进行修改。

配置产生 SYSCLK 之后,就可以通过 AHB 预分频器为后续的各种外设,包括 CPU(Cortex-M3 内核)、总线单元(总线矩阵、FSMC 接口、DMA 控制器等)、高级外设总线(APB1 和 APB2)提供所需的各种频率的时钟。其中,对于 Cortex-M3 内核,一般会直接使用 SYSCLK 作为时钟频率而不分频,以发挥 Cortex-M3 内核的最佳性能。片上集成的各种外设对时钟的需求千差万别,STM32 将它们分为两组,分别提供时钟源。频率较低的外设(如 I^2C、CAN、RTC 等)被归为 APB1 总线类,其时钟 PCLK1 最高为 36MHz,若 SYSCLK 为 72MHz,需 APB1 预分频器至少进行二分频后方能使用。频率较高的外设(ADC、GPIO 等)被归为 APB2 总线类,其中 PCLK2 最高为 72MHz,可以直接使用 SYSCLK 频率作为时钟,而无须分频处理。另外,一些吞吐率要求更高的外设,如 FSMC 接口、SD 卡接口(SDIO)等会被直接连接到 AHB 时钟 HCLK 上。

2. STM32 低频时钟的产生和使用

微课5-2

图 3.3.3 的虚线框③中所示的低频时钟电路,负责产生 STM32 嵌入式系统所需的 32.768kHz 左右的低频时钟。低频时钟主要用于驱动实时时钟(RTC,其功能类似于手表,可以产生绝对时间的外设)和独立看门狗。RTC 要产生绝对时间,由于低频时钟电路产生频率的中心值是 32.765kHz,只要通过简单的 15 次二分频(15 个 D 触发器构成),即可得到周期为 1s 的计时脉冲信号。

低频脉冲可以由片外的石英晶体和低速外部时钟振荡器(LSE)共同构成,其电路和图 3.3.4 类似,用于产生精确的 32.765kHz 时钟。低频脉冲也可以由片内的低速 *RC* 振荡器 (LSI)产生,其频率没有经过出厂校准,在 30~60kHz 内变化。其中 RTC 时钟源可以在 LSE、LSI 或者 HSE 128 分频结果中选择,独立看门狗则只能用高度可靠的片内低速 *RC* 振荡器 LSI。

3. 输出时钟 MCO 的产生和配置

如图 3.3.3 的虚线框④所示,STM32 还可以向外输出内部时钟信号,供嵌入式系统中的其他器件(如 FPGA、数据采集系统等)使用。输出时钟信号只能通过 MCO 管脚(一般位于 PA8)完成。可供选择的内部时钟信号包括:系统时钟信号(SYSCLK)、高速内部时钟信号(HSI)、高速外部时钟信号(HSE)和倍频信号 PLLCLK 的二分之一。但应注意,MCO 上输出的时钟必须小于 50MHz(I/O 端口的最大速度)。

4. STM32 系统时钟的配置和使用

读者可以通过意法半导体官方提供的标准外设库操作 STM32 的时钟系统,与时钟相关的配置都在 system_stm32f10x.c 文件中。

```
RCC_DeInit(void);                                      //将外设 RCC 寄存器重设为默认值
RCC_HSEConfig(u32 RCC_HSE);                             //设置外部高速晶振(HSE)
RCC_WaitForHSEStartUp(void);                            //等待 HSE 起振
RCC_HSICmd(FunctionalState NewState);                   //使能或者失能内部高速晶振(HSI)
RCC_PLLConfig(u32 RCC_PLLSource, u32 RCC_PLLMul);       //设置 PLL 时钟源及倍频系数
RCC_PLLCmd(FunctionalState NewState);                   //使能或者失能 PLL
RCC_SYSCLKConfig(u32 RCC_SYSCLKSource);                 //设置系统时钟(SYSCLK)
RCC_HCLKConfig(u32 RCC_HCLK);                           //设置 AHB 时钟(HCLK)
RCC_PCLK1Config(u32 RCC_PCLK1);                         //设置低速 AHB 时钟(PCLK1)
RCC_PCLK2Config(u32 RCC_PCLK2);                         //设置高速 AHB 时钟(PCLK2)
RCC_ITConfig(u8 RCC_IT, FunctionalState NewState);      //使能或者失能指定的 RCC 中断
RCC_LSEConfig(u32 RCC_HSE);                             //设置外部低速晶振(LSE)
RCC_LSICmd(FunctionalState NewState);                   //使能或者失能内部低速晶振(LSI)
RCC_RTCCLKConfig(u32 RCC_RTCCLKSource);                 //设置 RTC 时钟(RTCCLK)
RCC_RTCCLKCmd(FunctionalState NewState);                //使能或者失能 RTC 时钟
RCC_AHBPeriphClockCmd(u32 RCC_AHBPeriph,FunctionalState NewState);
//使能或者失能 AHB 外设时钟
RCC_APB2PeriphClockCmd(u32 RCC_APB2Periph,FunctionalState NewState);
//使能或者失能 APB2 外设时钟
RCC_APB1PeriphClockCmd(u32 RCC_APB1Periph, FunctionalState NewState);
//使能或者失能 APB1 外设时钟
RCC_MCOConfig(u8 RCC_MCO);                              //选择在 MCO 管脚上输出的时钟源
RCC_ClearFlag(void);                                   //清除 RCC 的复位标志位
RCC_GetITStatus(u8 RCC_IT);                            //检查指定的 RCC 中断发生与否
RCC_ClearITPendingBit(u8 RCC_IT);                      //清除 RCC 的中断待处理位
```

　　限于篇幅,这里不对这些函数及其参数的含义进行详细讨论,在编程实践中,读者可以参考官方提供的《32 位基于 ARM 微控制器 STM32F101xx 与 STM32F103 xx 固件函数库》。仔细阅读 system_stm32f10x.c 文件后可以发现,固件库采用如图 3.3.5 所示流程配置 STM32 的时钟树。

　　其中最常用到且经常引起读者迷惑的地方是修改 STM32 时钟频率 SYSCLK 的代码。标准外设库通过在 system_stm32f10x.c 中定义的宏来实现系统时钟频率的选择。代码如下所示:

```
/*!< Uncomment the line corresponding to the desired system clock
(SYSCLK) frequency (after reset the HSI is used as SYSCLK source) */
//#define SYSCLK_FREQ_HSE       HSE_Value
//#define SYSCLK_FREQ_20MHz   20000000
//#define SYSCLK_FREQ_36MHz   36000000
//#define SYSCLK_FREQ_48MHz   48000000
//#define SYSCLK_FREQ_56MHz   56000000
```

图 3.3.5 STM32 时钟树配置流程

```
#define SYSCLK_FREQ_72MHz    72000000
```

上面的代码通过注释保留了宏定义 SYSCLK_FREQ_72MHz, 在后续代码中可以看到针对 SYSCLK_FREQ_72MHz 的预编译代码会选择将 72MHz 作为系统时钟配置目标。当然, 如果读者想选择其他频率的 SYSCLK, 可以将 SYSCLK_FREQ_72MHz 注释掉, 选择其他频率对应的宏。

3.3.3 STM32 的看门狗功能

在介绍 STM32 看门狗的工作方式之前, 必须先讲解一下看门狗的概念以及它的作用。嵌入式系统通常工作在恶劣的环境中, 且现场通常是无人值守的。若编程逻辑存在漏洞或受到外界的强烈干扰, 嵌入式程序可能脱离程序员构想的流程, 跳转到程序空间的随机地址或陷入无法脱离的死循环之中。此时嵌入式处理器的运行状态是完全混乱且不受控制的。在工控领域或汽车领域的应用中, 不受控制地执行错误的动作就有可能造成无法挽回的损失。这种现象在嵌入式应用中被称为"程序跑飞"。程序跑飞的最佳处理方法只有复位——将嵌入式系统从混乱状态拉回受控的初始状态。但在无人值守的条件下, 是无法通过图 3.3.2 所示的复位电路实现手动复位的。

一般嵌入式系统的解决办法是设计一条"电子狗"代替人工监视系统的工作, 其运作方式是: 要求嵌入式软件定时给电子狗发出信号, 以表明其仍在正常运行(俗称"喂狗"); 如果在预设的时间内, 软件没有发出"喂狗"信号, 则预示着嵌入式软件可能已经"跑飞", 此时电子狗就会执行复位操作。电子狗的本质就是一个计数器, 这个计数器必须独立于嵌入式软件进行增计数操作, 每次计数值达到溢出水平时就需要产生复位信号。如果在看门狗定时器溢出之前执行了"喂狗"操作, 计数器就对其计数值清零, 以保证其不会溢出。在上述机制中, 电子狗代替人对嵌入式软件的运行进行了监督, 就像一条忠实于主人的狗在看家护院, 因此人们通常将电子狗称为"看门狗"。

从上述过程中可以推知看门狗必须具有以下特征。

(1)完全独立于嵌入式软件工作, 否则在程序失效后, 看门狗也有可能失效, 就失去了其存在的意义。

(2)只能被软件清零, 而不能被软件关闭, 否则在程序运行完全失控的情况下, 有可能执行关闭看门狗的误操作。

(3)对看门狗进行"喂狗"操作的最大时间间隔是看门狗计数器从初始状态到溢出状态的时间。

由于看门狗功能非常实用, 能够显著增强系统的可靠性, 看门狗几乎成为现代嵌入式系统必备的硬件模块。STM32 中集成了独立看门狗和窗口看门狗两种看门狗。下面分别予以介绍。

1. 独立看门狗

独立看门狗是由图 3.3.3 的虚线框③中的片上专用的低速时钟(LSI RC)驱动的, 完全独立于 Cortex-M3 内核所需的主要时钟。因此, 独立看门狗具有很高的可靠性, 即使主时钟 SYSCLK 发生故障它也仍然有效, 能够有效地"看护"内核的运行。能够独立于系统的其他时钟运行,这也是 IWDG 被称为"独立看门狗"的原因。但由于片上低速时钟(LSI RC)的精度不如时钟树中由石英晶体驱动的其他时钟,独立看门狗定时精度不高,这一点在编程时应尤其注意。

从电路原理上说,独立看门狗是一个独立运行的递减计数器,开启和使用独立看门狗有两种方法。

1) 软件开启

先向控制寄存器 IWDG_KR 中写入 0x5555 取消对预分配寄存器 IWDG_KR 和初值寄存器 IWDG_RLR 的保护。随后就可以向预分频寄存器和初值寄存器配置预分频值和计数器初值。最后向控制寄存器写入 0xCCCC,独立看门狗开始从初始值 0xFFF 递减计数。在计数器递减到 0x000,发生溢出之前,只要软件向控制寄存器 IWDG_KR 中写入 0xAAAA,即执行了"喂狗"操作,事先已经写入初值寄存器中的值就会重新加载到计数器,从而避免溢出。如果软件没有在溢出之前完成向 IWDG_KR 的正确写入,独立看门狗将产生图 3.3.1 所示的 IWDG 复位。

2) 硬件开启

烧写程序时,如果用户在选择字节中开启了"硬件看门狗"功能,在系统上电复位后,独立看门狗会自动开始运行。后续"喂狗"操作的流程与软件开启的方法完全相同。

另外,独立看门狗还有一个 8 位的预分频器,该预分频器能够对输入的 40kHz 左右的低速时钟(LSI RC)分频,从而调整独立看门狗溢出的频率。表 3.3.1 所示为不同预分频系数与独立看门狗溢出时间之间的关系。

表 3.3.1　预分频系数与独立看门狗溢出时间之间的关系

预分频系数	PR[2:0]位	最短时间/ms RL[11:0]=0x000	最长时间/ms RL[11:0]=0xFFF
4	0	0.1	409.6
8	1	0.2	819.2
16	2	0.4	1638.4
32	3	0.8	3276.8
64	4	1.6	6553.6
128	5	3.2	13107.2
256	(6 或 7)	6.4	26214.4

使用意法半导体提供的标准外设库,可以实现对独立看门狗的配置和操作:

```
IWDG_WriteAccessCmd(IWDG_WriteAccess_ENABLE);    //取消对寄存器的写保护
IWDG_SetPrescaler(prer);                         //配置预分频寄存器为数值 prer
IWDG_SetReload(rlr);                             //配置初值寄存器为数值 rlr
IWDG_ReloadCounter();                            //重新装载计数器初值, 即"喂狗"
IWDG_Enable();                                   //使能 IWDG
```

完成上述配置后,在指定时间内"喂狗"操作的代码如下:

```
IWDG_ReloadCounter();                            //重新装载计数器初值, 即"喂狗"
```

2. 窗口看门狗

窗口看门狗的计数时钟由 APB1 时钟分频后得到,定时精度比独立看门狗要高得多。窗口看门狗要求软件在事先设置的时间范围内进行"喂狗"操作,非正常地过迟或过早"喂狗"都将引发图 3.3.1 所示的 WWDG 复位。窗口看门狗被用来监测由于外部干扰或不可预见的逻辑条件错误造成的软件运行时间长度变化故障。从窗口看门狗的内部逻辑关系(图 3.3.6),可以理解窗口看门狗的工作机制。

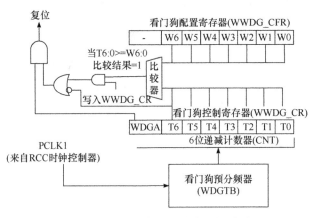

图 3.3.6　窗口看门狗的内部逻辑关系

从图 3.3.6 左上角的"复位"信号出发,可以反过来分析和理解窗口看门狗复位产生的条件:要产生复位信号,则左侧"与门"的两个输入都必须为高电平。显然下方看门狗控制寄存器 WWDG_CR 的最高位 WDGA 是作为窗口看门狗的使能开关来使用的,只有当WDGA 为高电平时才有可能产生看门狗复位信号。若要产生复位信号,除使能开关 WDGA为高电平外,还需要中间的"或门"输出高电平。"或"的逻辑功能是只要有一个输入为高电平,则输出为高电平,而该"或门"的两个输入分别对应了"喂狗"间隔时间过长和过短两种情况。

"或门"下侧的输入是七位的看门狗递减计数器(CNT)的最高位 T6 取反的结果,这意味着一旦看门狗计数器的数值从 0x40 减少到 0x3F 以下,将使"或门"的下侧输入变为高电平,从而触发看门狗复位。显然 T6 从高电平到低电平的转换引发的看门狗复位,针对的是"喂狗"间隔过长的情况。

每次"喂狗"操作是向看门狗控制寄存器(WWDG_CR)中写入计数初值(T[6:0]),写入的初值应大于看门狗配置寄存器(WWDG_CFR)中预置的门限值(W[6:0])。在 T[6:0]中的递减计数器数值递减到 W[6:0]中保存的门限之前,若再次发生写入 WWDG_CR 的"喂狗"操作,则比较器输出的高电平将通过图 3.3.6 右侧的与门进入或门的输入,并可能进一步引发看门狗复位。显然上述由于过早"喂狗"导致的复位,针对的是"喂狗"间隔过短的情况。

最后,图 3.3.6 中看门狗控制寄存器计数的计数脉冲,来自下方的看门狗预分频器(WDGTB)对高级外设总线 APB1 的时钟 PCLK1 分频的结果。而看门狗预分频器中的前 12位是固定的,即确定会对 PCLK1 进行 4096 倍分频;后 3 位是可配置的,即可以选择性地对 4096 分频后的结果进行 1、2、4 或 8 倍的分频后再作为递减计数器的计数时钟。

为了进一步说明窗口看门狗的工作原理，图 3.3.7 给出了递减计数器在时钟驱动下不断递减的条件下，进行窗口刷新（喂狗）的时机。图中不允许"喂狗"的时间段的起始时刻是上一次"喂狗"的时刻，此时 T[6:0] 得到大于预设的门限值 W[6:0] 的初值。在 T[6:0] 的数值顺序递减到低于 W[6:0] 之前，是不允许"喂狗"的，否则将会由于"喂狗"间隔太短引发复位。"喂狗"的时机只能选择在 T[6:0] 递减到 W[6:0]

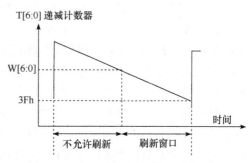

图 3.3.7　窗口看门狗的刷新（喂狗）时机

以下，而没有减到 0x40 以下的 0x3F 之前，否则将会由于"喂狗"间隔太长引发复位。而所谓的"窗口"，就是指从 T[6:0] 递减到 W[6:0]，至 T[6:0] 递减到 0x40 之前。

窗口看门狗还可以通过中断提示软件"喂狗"时刻快要到了：对 WWDG_CFR 寄存器中的 WEI 置位，启动该窗口看门狗早期唤醒中断（EWI）。当递减计数器到达 0x40 时，则产生此中断，软件可在相应的中断服务程序（ISR）中"喂狗"来防止 WWDG 复位。最后还需要在 WWDG_SR 寄存器中写"0"清除该中断。由于在中断中"喂狗"，有可能使软件在运行时间间隔不正常的情况下仍然正常"喂狗"，所以建议读者谨慎选择。

使用意法半导体提供的标准外设库，可以实现对窗口看门狗的配置和操作。假设 PCLK1 为 36MHz，则初始化代码如下：

```
RCC_APB1PeriphClockCmd (RCC_APB1Periph_WWDG, ENABLE);
//WWDG 连接在 PCLK 1 (36MHz) 的时钟线上
WWDG_SetPrescaler (WWDG_Prescaler_8);
//8 预分频，则 WWDG 时钟频率=(PCK1 (36MHz)/4096)/8=1099Hz (910μs)
WWDG_SetWindowValue (80);
//设置窗口值为 80，则 WWDG 的计数值必须在 64～80 (64 是 0x40) 喂狗
WWDG_Enable (127);//设置 WWDG 计数值为 127
//喂狗时刻不能早于上次喂狗后：910μs* (127–80)=42.77ms
//喂狗时刻不能晚于上次喂狗后：910μs* (127–64)=57.33ms
```

完成上述配置后，在指定时间段内"喂狗"操作的代码如下：

```
WWDG_Enable (127);        //设置 WWDG 计数值为 127
```

3.4　中断和 STM32 的嵌套向量中断控制器

3.4.1　中断机制概述

微课6

中断是计算机系统的一种处理异步事件的重要方法。它的作用是在计算机的 CPU 运行软件的同时，监测系统内外有没有发生需要 CPU 处理的"紧急事件"：当需要处理的事件发生时，中断控制器会打断 CPU 正在处理的常规事务，转而插入一段处理该紧急事件的代码；而该事务处理完成之后，CPU 又能正确地返回刚才被打断的地方，以继续运行原来的代码。中断可以分为"中断响应"、"中断处理"和"中断返回"三个阶段。

中断处理事件的异步性是指紧急事件在什么时候发生与 CPU 正在运行的程序完全没有关系，是无法预测的。既然无法预测，只能随时查看这些"紧急事件"是否发生，而中断机制最重要的作用，是将 CPU 从不断监测紧急事件是否发生这类繁重工作中解放出来，将这项"相对简单"的繁重工作交给"中断控制器"这个硬件来完成。中断机制的第二个重要作用是判断哪个或哪些中断请求更紧急，应该优先被响应和处理，并且寻找不同中断请求所对应的中断处理代码所在的位置。中断机制的第三个作用是帮助 CPU 在运行完处理紧急事务的代码后，正确地返回之前运行被打断的地方。根据上述中断处理的过程及其作用，读者会发现中断机制既提高了 CPU 正常运行常规程序的效率，又提高了响应中断的速度，是几乎所有现代计算机都配备的一种重要机制。

嵌入式系统是嵌入宿主对象中，帮助宿主对象完成特定任务的计算机系统，其主要工作就是和真实世界打交道。能够快速、高效地处理来自真实世界的异步事件成为嵌入式系统的重要标志，因此中断对于嵌入式系统而言显得尤其重要，是学习嵌入式系统的难点和重点。

1. 中断的基本概念

这里通过一个生活实例来解释中断机制中涉及的各种概念：某人在家中读书学习，假设可能有两件打断他学习的事情分别是：有人敲门来访和接听电话。安静地读书学习相当于嵌入式处理器的常规程序，而"有人敲门来访"和"接听电话"两件事就是可能引发中断的"中断源"，中断之前他读书所达到的页码称为断点。如图 3.4.1 所示，中断源提出要求响应中断称为中断请求；而 CPU 打断原来的程序运行，转而处理开门或接电话等事情称为中断响应；为响应事件而运行的程序称为中断服务程序；处理完异步事件，返回的过程称为中断返回。中断响应过程又可以分为自动保存当前寄存器值的"现场保护"和定位并跳转到中断服务程序地址两个小步骤。中断返回也相应地分为恢复寄存器值的"恢复现场"和恢复原来主程序运行的位置的"返回断点"两个小步骤。当然，也可以选择不理睬这些打断读书的事情，例如，将手机设置为静音状态，此时就称为中断屏蔽。

如图 3.4.2 所示，当电话铃声和敲门声同时响起时，只能根据事情的重要性，先响应一件事，而决定孰先孰后的分级机制称为中断优先级。显然图 3.4.2 中开门迎客的优先级高于接听电话。

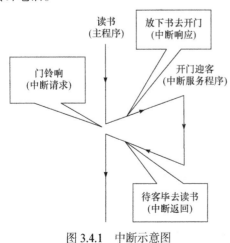

图 3.4.1　中断示意图

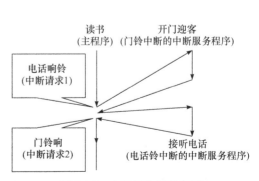

图 3.4.2　中断优先级示意图

优先级高可以有两种体现，一种如图 3.4.2 所示，两个中断同时到来时先响应优先级较高的那个中断请求，再响应优先级低的那个中断请求。优先级高还可以体现为，即使优先级低的中断服务程序在运行中，优先级高的中断也可以打断优先级低的中断服务程序，而优先级低的中断服务程序只有等到优先级高的中断服务程序运行完成后才能继续运行。如图 3.4.3 所示，开门任务能够打断接听电话任务，形成类似"菊花"的嵌套结构，就称为中断嵌套。STM32 中将能够被打断，实现中断嵌套的优先级称为抢占优先级，而不能够被打断，只能优先响应的中断优先级称为子优先级。

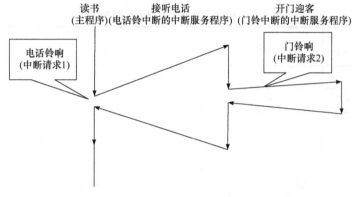

图 3.4.3　中断嵌套示意图

中断机制中还有一个重要概念称为中断向量表，中断向量表是一张由中断服务程序的入口地址构成的表格，一般占据代码空间的起始地址。处理器设计者会将所有可能响应的中断源所对应的中断服务程序入口地址按照固定的顺序排列在该表格中。当某个中断源被响应时，处理器会自动跳转到该中断源的中断服务程序入口所在的表格地址，并由该表格位置进一步跳转到中断服务程序。

2. ARM Cortex-M3 的中断控制器——NVIC

ARM V7 架构将处理器分为应用处理器 A 型、实时处理器 R 型和微控制器 M 型。M 型中最重要的 ARM Cortex-M3 充分考虑了嵌入式应用中对异步事件处理的实时性要求。因而与之前的 ARM 架构不同，直接在 Cortex-M3 内核中集成了功能强劲的中断控制器，并命名为 NVIC。在内核中集成中断控制器不但防止了不同芯片生产厂商间的不兼容，还大大提高了中断控制器和 Cortex-M3 内核的结合紧密度，降低了中断响应时间，提高了实时性。

NVIC（Nested Vectored Interrupt Controller）直译为嵌套向量中断控制器，顾名思义，指ARM Cortex-M3 的中断控制器支持中断嵌套和中断向量表的自动跳转功能。典型的 NVIC 可支持 256 个中断，其中包括 16 个由内核产生的异常中断和 240 个外设中断。其中，内核异常中断指由 Cortex-M3 内核产生的复位、硬件错误、SysTick 定时器中断等中断，而外设中断则是由管脚电平变化、UART 或 DMA 等外设变化引起的中断。NVIC 还能实现Cortex-M3 内核响应中断请求后的自动现场保护（自动保存处理器状态寄存器）和中断返回时的自动现场恢复（自动恢复处理器状态寄存器）。另外还有一种称为中断尾链（末尾连锁）的技术，能够在从高优先级的中断服务程序返回时避免多余的自动现场恢复，即自动进入低优先级的中断服务程序，从而避免了一轮多余的自动现场恢复和自动现场保护操作。

3.4.2 STM32 的 NVIC

STM32 的 NVIC 只是标准 NVIC 的一部分，但主要功能都已经包含在其中：STM32 的 NVIC 可支持 16 个内核异常中断和 68 个外设中断（其中 STM32F103 系列 60 个，STM32F107 系列 68 个）。同时，每个中断源可配置 4 位优先级控制字 PRI_n（ARM Cortex-M3 内核定义了 8 位，STM32 微控制器只使用了其中的 4 位），具有 16 级可编程中断优先级。

表 3.4.1 是 STM32F103 系列的中断向量表，供读者查询。其中灰色部分是内核异常中断。

表 3.4.1 STM32F103 系列的中断向量表

位置	优先级	优先级类型	名称	说明	地址
—	—	—		保留	0x0000_0000
	−3	固定	Reset	复位	0x0000_0004
	−2	固定	NMI	不可屏蔽 RCC 时钟安全系统(CSS)连接到 NMI 向量	0x0000_0008
	−1	固定	HardFault(硬件失效)	所有类型的失效	0x0000_000C
	0	可设置	MemManage(存储管理)	存储器管理	0x0000_0010
	1	可设置	BusFault(总线错误)	预取指失败，存储器访问失败	0x0000_0014
	2	可设置	UsageFault(错误应用)	未定义的指令或非法状态	0x0000_0018
	—	—		保留	0x0000_001C ~0x0000_002B
	3	可设置	SVCall	通过 SWI 指令的系统服务调用	0x0000_002C
	4	可设置	DebugMonitor(调试监控)	调试监控器	0x0000_0030
	—	—		保留	0x0000_0034
	5	可设置	PendSV	可挂起的系统服务	0x0000_0038
	6	可设置	SysTick	系统定时器	0x0000_003C
0	7	可设置	WWDG	窗口定时器中断	0x0000_0040
1	8	可设置	PVD	连接到 EXTI 的电源检测(PVD)中断	0x0000_0044
2	9	可设置	TAMPER	侵入检测中断	0x0000_0048
3	10	可设置	RTC	实时时钟(RTC)全局中断	0x0000_004C
4	11	可设置	FLASH	闪存全局中断	0x0000_0050
5	12	可设置	RCC	复位和时钟控制(RCC)中断	0x0000_0054
6	13	可设置	EXTI0	EXTI 线 0 中断	0x0000_0058
7	14	可设置	EXTI1	EXTI 线 1 中断	0x0000_005C
8	15	可设置	EXTI2	EXTI 线 2 中断	0x0000_0060
9	16	可设置	EXTI3	EXTI 线 3 中断	0x0000_0064
10	17	可设置	EXTI4	EXTI 线 4 中断	0x0000_0068

续表

位置	优先级	优先级类型	名称	说明	地址
11	18	可设置	DMA1 通道 1	DMA1 通道 1 全局中断	0x0000_006C
12	19	可设置	DMA1 通道 2	DMA1 通道 2 全局中断	0x0000_0070
13	20	可设置	DMA1 通道 3	DMA1 通道 3 全局中断	0x0000_0074
14	21	可设置	DMA1 通道 4	DMA1 通道 4 全局中断	0x0000_0078
15	22	可设置	DMA1 通道 5	DMA1 通道 5 全局中断	0x0000_007C
16	23	可设置	DMA1 通道 6	DMA1 通道 6 全局中断	0x0000_0080
17	24	可设置	DMA1 通道 7	DMA1 通道 7 全局中断	0x0000_0084
18	25	可设置	ADC1_2	ADC1 和 ADC2 的全局中断	0x0000_0088
19	26	可设置	USB_HP_CAN_TX	USB 高优先级或 CAN 发送中断	0x0000_008C
20	27	可设置	USB_LP_CAN_RX0	USB 低优先级或 CAN 接收 0 中断	0x0000_0090
21	28	可设置	CAN_RX1	CAN 接收 1 中断	0x0000_0094
22	29	可设置	CAN_SCE	CAN SCE 中断	0x0000_0098
23	30	可设置	EXTI9_5	EXTI 线[9:5]中断	0x0000_009C
24	31	可设置	TIM1_BRK	TIM1 刹车中断	0x0000_00A0
25	32	可设置	TIM1_UP	TIM1 更新中断	0x0000_00A4
26	33	可设置	TIM1_TRG_COM	TIM1 触发和通信中断	0x0000_00A8
27	34	可设置	TIM1_CC	TIM1 捕获比较中断	0x0000_00AC
28	35	可设置	TIM2	TIM2 全局中断	0x0000_00B0
29	36	可设置	TIM3	TIM3 全局中断	0x0000_00B4
30	37	可设置	TIM4	TIM4 全局中断	0x0000_00B8
31	38	可设置	I2C1_EV	I^2C1 事件中断	0x0000_00BC
32	39	可设置	I2C1_ER	I^2C1 错误中断	0x0000_00C0
33	40	可设置	I2C1_EV	I^2C2 事件中断	0x0000_00C4
34	41	可设置	I2C1_ER	I^2C2 错误中断	0x0000_00C8
35	42	可设置	SPI1	SPI1 全局中断	0x0000_00CC
36	43	可设置	SPI2	SPI2 全局中断	0x0000_00D0
37	44	可设置	USART1	USART1 全局中断	0x0000_00D4
38	45	可设置	USART2	USART2 全局中断	0x0000_00D8
39	46	可设置	USART3	USART3 全局中断	0x0000_00DC
40	47	可设置	EXTI15_10	EXTI 线[15:10]中断	0x0000_00E0
41	48	可设置	RTCAlarm	连接到 EXTI 的 RTC 闹钟中断	0x0000_00E4
42	49	可设置	USB 唤醒	连接到 EXTI 的从 USB 待机唤醒中断	0x0000_00E8
43	50	可设置	TIM8_BRK	TIM8 刹车中断	0x0000_00EC

位置	优先级	优先级类型	名称	说明	地址
44	51	可设置	TIM8_UP	TIM8 更新中断	0x0000_00F0
45	52	可设置	TIM8_TRG_COM	TIM8 触发和通信中断	0x0000_00F4
46	53	可设置	TIM8_CC	TIM8 捕获比较中断	0x0000_00F8
47	54	可设置	ADC3	ADC3 全局中断	0x0000_00FC
48	55	可设置	FSMC	FSMC 全局中断	0x0000_0100
49	56	可设置	SDIO	SDIO 全局中断	0x0000_0104
50	57	可设置	TIM5	TIM5 全局中断	0x0000_0108
51	58	可设置	SPI3	SPI3 全局中断	0x0000_010C
52	59	可设置	UART4	UART4 全局中断	0x0000_0110
53	60	可设置	UART5	UART5 全局中断	0x0000_0114
54	61	可设置	TIM6	TIM6 全局中断	0x0000_0118
55	62	可设置	TIM7	TIM7 全局中断	0x0000_011C
56	63	可设置	DMA2 通道 1	DMA2 通道 1 全局中断	0x0000_0120
57	64	可设置	DMA2 通道 2	DMA2 通道 2 全局中断	0x0000_0124
58	65	可设置	DMA2 通道 3	DMA2 通道 3 全局中断	0x0000_0128
59	66	可设置	DMA2 通道 4_5	DMA2 通道 4 和 DMA2 通道 5 全局中断	0x0000_012C

NVIC 通过中断优先级控制字 PRI_n 既支持嵌套中断又支持非嵌套中断,方法如表 3.4.2 所示,将每个中断的优先级控制字 PRI_n(4 位)分为两截: 前半截用于定义本中断的抢占优先级,后半截用于定义子优先级。而分割的具体办法由优先级组别寄存器定义:若优先级组别定义为 4,则前半截的抢占优先级占据全部 4 位(共可定义 $2^4=16$ 中抢占优先级),而后半截的子优先级占据 0 位(无法定义子优先级);若优先级组别定义为 3,则前半截的抢占优先级占据全部 3 位(共可定义 $2^3=8$ 种抢占优先级),而后半截的子优先级占据 1 位(共可定义 $2^1=2$ 种子优先级);其他优先级组别定义以此类推,表 3.4.2 所示是 NVIC 的中断优先级配置。

表 3.4.2　NVIC 的中断优先级配置

优先级组别	抢占优先级	子优先级
4	4 位/16 级	0 位/0 级
3	3 位/8 级	1 位/2 级
2	2 位/4 级	2 位/4 级
1	1 位/2 级	3 位/8 级
0	0 位/0 级	4 位/16 级

值得注意的是,每个中断源都拥有自己的优先级控制字 PRI_n(n 为中断源编号),但优先级组别寄存器只有一个。即一旦对 NVIC 定义了优先级控制字的分割方式,则对所有中断源的所有 PRI_n,分割方式都是相同的,并且意法半导体官方不建议在程序中频繁修改优先级组别寄存器的内容。

与本节关于通用中断嵌套规则的描述相同,STM32 的 NVIC 的优先级嵌套规则如下。

(1)抢占优先级高的中断可以打断抢占优先级低的中断服务,构成中断嵌套。

(2)当两个或多个同级别抢占优先级的中断出现时,它们不能构成中断嵌套,但 STM32

先响应子优先级高的中断请求。

(3)当两个或者多个同级别抢占优先级和同级别子优先级的中断同时出现时，STM32 先响应在中断向量表中靠前的那个中断。

通过实际生活的例子类比上述 NVIC 响应顺序原则：在火车站购票时，先比较抢占优先级，抢占优先级高(军人)的中断优先响应；当抢占优先级相同时，比较子优先级，子优先级高(军衔)的中断优先响应；当上述两者都相同时，比较它们在中断向量表中的位置(年龄)，位置低(年龄大)的中断优先响应。

再通过一个中断配置实例，说明 STM32 的 NVIC 配置和响应顺序：假定设置优先级组为 2，然后进行以下设置。

(1)中断 3(RTC 中断)的抢占优先级为 2，子优先级为 1。

(2)中断 6(外部中断 0)的抢占优先级为 3，子优先级为 0。

(3)中断 7(外部中断 1)的抢占优先级为 2，子优先级为 0。

中断优先级顺序为：中断 7 >中断 3 >中断 6。其中，中断 3 和中断 7 的抢占优先级相同，所以中断 3 不能被中断 7 打断，但中断 6 可以被中断 3 或中断 7 打断。

3.4.3　NVIC 的配置和使用

STM32 的嵌套向量中断控制器需要和中断源配合使用，本书将在后续章节中采用标准外设库提供的库函数，并结合具体中断源外设来详细讲解。这里为了帮助读者理解 NVIC 的工作方式，仅给出基于标准外设库的 NVIC 通用配置流程。

(1)配置中断优先级分组，例如：

```
NVIC_PriorityGroupConfig（NVIC_PriorityGroup_2）；     //将中断优先级组别配置为 2
```

上面代码调用的函数 "void NVIC_PriorityGroupConfig（uint32_t NVIC_Priority Group）；" 是意法半导体官方提供的标准外设库函数，其功能是对中断优先级组别进行配置。而其参数 NVIC_PriorityGroup_2 是由标准外设库事先定义的宏，代表将组别设为 2，也就是 2 位抢占优先级，2 位子优先级。

(2)针对具体需要的中断源，设置对应的抢占优先级和子优先级，初始化 NVIC，例如：

```
NVIC_Init（&NVIC_InitStructure）；     //用结构体 NVIC_InitStructure 中定义的参数初始化 NVIC 寄存器
```

函数 "void NVIC_Init（NVIC_InitTypeDef* NVIC_InitStruct）；" 也是标准外设库中提供的函数。&NVIC_InitStructure 是指向初始化结构体 NVIC_InitStructure 的指针。结构体 NVIC_InitStructure 的定义如下，其成员包含了 NVIC 的主要参数。

```
typedef struct
{
    uint8_t NVIC_IRQChannel;                      //设置中断源是哪一个
    uint8_t NVIC_IRQChannelPreemptionPriority;    //抢占优先级
    uint8_t NVIC_IRQChannelSubPriority;           //子优先级
    FunctionalState NVIC_IRQChannelCmd;           //使能/禁能本中断源
} NVIC_InitTypeDef;
```

(3)编写对应的中断服务程序。官方提供的标准外设库已经在文件 stm32f10x_it.c 中为

STM32 所包含的每一个外设编写了中断服务程序的框架。其命名规则为 "void PPP_IRQHandler(void);",其中 PPP 代表了具体中断源的缩写,例如:

```
void WWDG_IRQHandler(void);          //窗口看门狗中断服务
void RTC_IRQHandler (void);          //实时时钟中断服务
void EXTI0_IRQHandler (void);        //外部中断 0 中断服务
void EXTI1_IRQHandler (void);        //外部中断 1 中断服务
void USART1_IRQHandler(void);        //串口 1 中断服务
void SPI1_IRQHandle(void);           //SPI1 中断服务
```

3.5 电 源 管 理

嵌入式系统常常工作在无法提供交流市电的宿主对象中,与一般的计算系统相比,嵌入式系统的电源设计显得尤其重要,电源管理功能也常常成为一项衡量嵌入式处理器性能的重要指标。STM32 卓越的电源管理功能能够延长嵌入式系统的电池供电寿命并提高系统的可靠性,是 STM32 的核心竞争力之一。本节首先简要介绍 STM32 的供电要求和电源复位功能,以及电源系统设计的注意事项。然后重点介绍 STM32 的低功耗模式及其应用场景,以及低功耗模式的使用方法。

3.5.1 STM32 的供电及电源监测功能

1. STM32 的供电

STM32 的电源电路如图 3.5.1 所示,分为模拟电源供电区(虚线以上部分)和数字电源供电区(虚线以下部分)两个电源域。对供电区域进行划分的主要目的是降低 STM32 片上数字部分工作产生的高频开关噪声对模拟部分的影响。

不同供电区域的电源并不是分割开的,模拟地 V_{SSA} 和数字地 V_{SS} 之间不能存在固定的电势差,区分供电区域的目的是使数字电源和模拟电源形成各自独立的电流回路(其中字母 A 代表英文单词 Analog)。因此在 STM32 的电源 PCB 布线时应注意,模拟电源地和数字电源地应尽量采用星形连接,只在一个点连接模拟电源地和数字电源地。而不同的电源线和地线对(如模拟电源和模拟地,以及数字电源和数字地)之间都应该采用独立的去耦电容。这样才能使数字电源上的高频开关噪声,通过数字电源去耦电容直接回到数字地中,而不会耦合到模拟电源上,以免降低模拟部分的性能。一般而言,STM32 芯片封装上的电源和地管脚都是成对出现的,这样做的目的就是方便在电源和地管脚之间添加去耦电容。而这也正是读者能够在电路原理图中看到很多 $0.1\mu F$ 电源去耦电容的原因,即芯片上每对电源使用一个去耦电容。

如图 3.5.1 所示,数字电源供电区有一个主电源 V_{DD} 和 V_{SS}(分别对应多个管脚)和一个电池备份电源 V_{BAT}。主电源电压范围是 $2.0\sim3.6V$,为芯片的 I/O 和待机电路供电,同时也通过 STM32 片上的线性稳压器(电压调节器)为其核心区域供电(包括 Cortex-M3 内核和存储器等)。主电源的供电范围较宽,可以很好地覆盖锂离子电池的工作电压范围,为电池供电的嵌入式系统提供了很大的设计便利。Cortex-M3 内核和存储器的工作频率很高,较低的工作电压有利于降低整体功耗,所以 STM32 用片上的线性稳压器将主电源降低到 1.8V 使用。由模拟电路知识可知，线性稳压器只能降低电压，所以主电源电压必须适当高于内核电压，主电源电压的下限 2.0V 也确实是被这个线性稳压器所限制的。

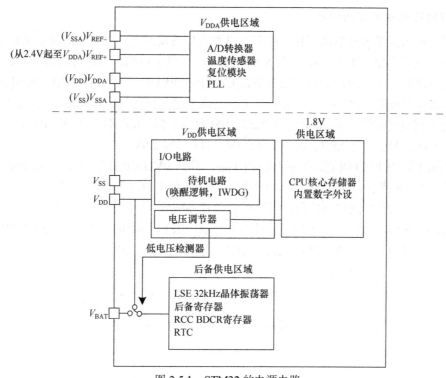

图 3.5.1　STM32 的电源电路

电池备份电源 V_{BAT}，顾名思义是由备份电池供电的，其作用是当 V_{DD} 断电时，通过电池供电保存系统在 V_{DD} 再次上电时有可能用到的信息。因此后备供电区域的电路要能够在消耗很小电流（在数 μA 数量级）的前提条件下，实现基本功能。在实际系统中一般采用纽扣电池，甚至是超级电容为 V_{BAT} 供电。为最大限度地降低 V_{BAT} 电池的耗电，当主电源 V_{DD} 上的电压超过 2.0V 时，STM32 会自动切换到由主电源为后备供电区供电；只有当低电压检测器检测到 V_{DD} 上的电压低于 2.0V 时，STM32 才会消耗 V_{BAT} 电源电流。而后备供电区的功能模块数量和耗电量都被降到最低，其中包含：42 个 16 位备份区域寄存器（BKP）和实时时钟。备份区域寄存器用于保存主电源掉电时不能丢失的信息，实时时钟则是用于产生系统时间的硬件，而备份区域寄存器和实时时钟都是需要在 V_{DD} 再次上电后再次使用的。

图 3.5.1 中上半部分的模拟供电区也需要两类电压源，V_{DDA} 和 V_{SSA} 是为模拟电路模块供电的电源，其功率需求小于数字电源 V_{DD} 和 V_{SS}。V_{DDA} 和 V_{SSA} 可以采用单点星形连接法从 V_{DD} 和 V_{SS} 获取，但如前所述，V_{DDA} 和 V_{SSA} 之间需要有独立的去耦电容为其去耦。V_{REF-} 和 V_{REF+} 是外部参考电压输入管脚，从这两个管脚输入的电压将作为 A/D 转换模块的基准使用，因此 V_{REF-} 和 V_{REF+} 之间电压的精度直接正比于 A/D 转换的精度。为降低转换结果中的随机噪声，V_{REF-} 和 V_{REF+} 之间也应使用独立的去耦电容降低高频干扰的影响。为提高转换的绝对精度，可以使用高精度、低噪声的基准电压芯片产生基准电压提供给 V_{REF-} 和 V_{REF+}，但电路连接时 V_{REF-} 应使用星形连接法接到 V_{SS} 或 V_{SSA}。若对 A/D 转换精度要求不高，则可以直接将 V_{REF+} 连接到 V_{DDA}。值得注意的是，总管脚数为 100 和 144 的 STM32 才拥有独立

的 V_{REF-} 和 V_{REF+} 管脚。管脚数为 64 及以下的 STM32 芯片没有将 V_{REF-} 和 V_{REF+} 引出，而是在芯片内部直接连接到 V_{DDA} 和 V_{SSA}。

2. STM32 的电源监测功能

为保证嵌入式系统可靠地工作，需要在电源发生波动时有一种可靠的机制来提示 CPU 关注电源，从而避免发生无法预料的结果。STM32 提供了可编程电压检测器(PVD)功能，具体使用方法是，用电源控制寄存器(PWR_CR)中的 PVDE 位来使能 PVD，PLS[2:0]位来选择监控电压的阈值，PVDO 位用来标识 V_{DD} 是高于还是低于此电压阈值。其中，PLS[2:0] 和电源电压监测阈值的关系：000 对应 2.2V，100 对应 2.6V，001 对应 2.3V，101 对应 2.7V，010 对应 2.4V，110 对应 2.8V，011 对应 2.5V，111 对应 2.9V。

当 V_{DD} 下降到 PVD 阈值以下和(或)当 V_{DD} 上升到 PVD 阈值之上时，外部中断/事件控制器的输入线 16 就会收到输入信号，并根据该输入线的上升/下降边沿触发配置，产生 PVD 中断(关于外部中断/时间控制器的详细知识请读者参阅 5.1.3 节的介绍)。图 3.5.2 所示的是 PVD 门限和它产生的输出之间的关系。其中上升沿门限和下降沿门限之间 100mV 的迟滞电压，是为了防止电源电压在门限附近的小幅波动造成的频繁中断。

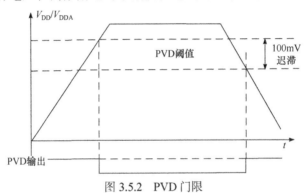

图 3.5.2　PVD 门限

除了 PVD 提供的电压检测功能之外，STM32 还集成了上电复位(POR)和掉电复位(PDR)功能。它们保证了系统在电源电压低于指定的门限电压 V_{POR}/V_{PDR} 时 STM32 处于复位状态，而不会进行错误的动作。对没有上电复位功能的嵌入式处理器而言，必须要外接单独的上电复位芯片才能正常工作，STM32 上集成的 POR 功能有效地简化了嵌入式系统。图 3.5.3 所示的是 STM32 的电源上电/掉电与复位信号之间的关系。

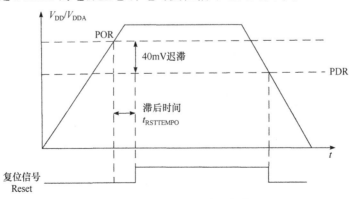

图 3.5.3　上电复位和掉电复位

3.5.2　STM32F1 系列嵌入式处理器的低功耗模式

相比于上一代 8 位和 16 位的嵌入式处理器，Cortex-M3 内核的等效功耗要低很多。STM32 在内核工作电流降低的基础之上，提供了丰富的低功耗电源管理模式。设计者应结合不同的应用场景来灵活使用 STM32 提供的低功耗模式设计绿色节能的嵌入式系统。对于电池供电的嵌入式系统，小型化和便携化是必然的发展趋势。恰当、灵活地使用低功耗模式，一般能够将系统的平均耗电量降低到原来的数十甚至数百分之一，在降低系统整体体积和成本的同时，延长了使用寿命，提高了便携性。

除正常工作的运转模式外，STM32F1 系列嵌入式处理器还提供以下低功耗模式。

（1）睡眠模式：该模式下 STM32 上的 Cortex-M3 内核停止运行，但片上的 Cortex-M3 NVIC、系统时钟（SysTick）等核心的外设，以及其他 STM32 提供的片上外设仍然正常工作。

（2）停机模式：该模式下不但 Cortex-M3 内核停止运行，连外设都已经全部停止运行。但内核和 SRAM 仍然有电，以保持停机之前的运行状态，方便脱离停机模式后从原地继续运行。

（3）待机模式：该模式下，图 3.5.1 中为 Cortex-M3 内核及 SRAM 提供 1.8V 电源的电压调节器也已经关断。待机模式下无法保存之前的运行状态，因此脱离待机模式后，STM32 只能复位并从头开始运行程序。

读者应能够灵活应用以上三种低功耗模式，降低系统平均功耗的先决条件是真正理解 STM32 在三种模式中都是通过禁止了什么功能来降低功耗的，在这些模式中又都还能做什么。区分三种低功耗模式，可以从它们的名称入手。

睡眠模式的关键在于"睡眠"二字，该模式下 Cortex-M3 只是暂时"小憩"停止工作，短暂睡眠之后还将继续工作。所以 Cortex-M3 周围的外设此时都没有休息，这些外设在预设的变化发生时，会通过中断或事件立即唤醒 Cortex-M3 内核。为方便在被唤醒后立即继续工作，睡眠模式下 SRAM 不掉电，以保存之前的工作状态。睡眠模式不关闭系统振荡器，脱离睡眠模式后 HSI 和 HSE 无须重新起振，所以从睡眠模式恢复到运行模式非常迅速。睡眠模式能够将功耗降低，使工作电流由数十 mA 降低到十多 mA，功耗变为原来的几分之一。

停机模式的关键也在于"停机"二字，该模式下 STM32 不再为所有的外设提供时钟，因此所有的工作都将无法继续，脱离停机模式后，外设的工作都要重新开始。但停机模式不会将 Cortex-M3 内核和 SRAM 断电，因此对 Cortex-M3 而言，脱离停机模式仍然能够从停机的位置继续执行程序，停机模式仅仅是让 Cortex-M3 暂时"停止"运行而已。对 STM32 这样 CMOS 工艺的集成电路而言，其主要功耗是由 MOS 管开关引起的寄生电容充放电造成的，而停机模式暂停了所有时钟，所以停机模式将使功耗大大降低。在停机模式下，STM32 消耗的电流降低到数十 μA，功耗相当于运行模式的千分之一。

理解待机模式要抓住"待机"二字，该模式是比停机模式更为低功耗的模式，是在 STM32 不被外部操作关断电源的情况下，主动关闭所有部件的供电。待机模式关断电压调节器，Cortex-M3 内核和 SRAM 完全断电，进入待机模式之前的所有运行状态将完全消失，脱离待机模式必须复位，并从头开始运行程序。待机模式将进一步降低功耗，将 STM32 消耗的电流降低到 10μA 以下。由于一般电池的"自放电"电流也在这个数量级，所以进入待机模式后，可以理解为 STM32 已经不会对电池寿命产生影响了。

在选择低功耗模式时，读者应注意，除睡眠模式不关闭系统振荡器外，停机模式和待机模式都将关闭 HSI 和 HSE 振荡器。而 HSI 和 HSE 重新起振需要消耗毫秒数量级的时间，这段时间内 STM32 不能执行指令，却要消耗电能。综合来看，如果是需要频繁进入低功耗模式的系统，睡眠模式不一定是比停机模式和待机模式差的选择。

现将 STM32 的三种低功耗模式的工作状态对比如表 3.5.1 所示。

表 3.5.1　低功耗模式工作状态对比表

模式	进入	唤醒	对 1.8V 区域时钟的影响	对 V_{DD} 区域时钟的影响	电位调节器
睡眠（SLEEP-NOW 或 SLEEP-ON-EXIT）	WFI	任意中断	CPU 时钟关，对其他时钟和 ADC 时钟无影响	无	开
	WFE	唤醒事件			
停机	PDDS 和 LPDS 位 +SLEEPDEEP 位 +WFI 或 WFE	任意外部中断（在外部中断寄存器中设置）	关闭所有 1.8V 区域的时钟	HSI 和 HSE 的振荡器关闭	开启处于低功耗模式（依据电源控制寄存器（PWR_CR））
待机	PDDS 位 +SLEEPDEEP 位 +WFI 或 WFE	WKUP 管脚的上升沿、RTC 事件、NRST 管脚的外部复位、IWDG 复位			关

另外，STM32 还可以通过降低系统时钟 SYSCLK、HCLK、PCLK1、PCLK2 的运行速度或关闭某些外设时钟的方法来降低功耗。其中关闭外设时钟的方法对于睡眠模式下的功耗降低也是非常有用的手段。

STM32F1 系列嵌入式处理器通过以下操作进入低功耗模式。

1. 睡眠模式的进入和退出

通过执行 WFI（等待中断）或 WFE（等待事件）指令进入睡眠状态。根据 Cortex-M3 系统控制寄存器中的 SLEEPONEXIT 位的值，有两种可选的方式进入睡眠模式。

（1）SLEEP-NOW 模式：如果 SLEEPONEXIT 位被清零，执行 WFI 或 WFE 指令，微控制器立即进入睡眠模式。

（2）SLEEP-ON-EXIT 模式：如果 SLEEPONEXIT 位被置位，执行 WFI 或 WFE 指令，系统从最低优先级的中断处理程序中退出，微控制器就立即进入睡眠模式。

针对两种进入睡眠模式的方式，退出睡眠模式有以下两种方式。

（1）如果执行 WFI 指令进入睡眠模式，任意一个被嵌套向量中断控制器响应的外设中断都能将系统从睡眠模式唤醒。

（2）如果执行 WFE 指令进入睡眠模式，则一旦发生唤醒事件，微处理器都将从睡眠模式退出。唤醒事件可以通过两种方式产生。第一种，在外设控制寄存器中使能一个中断，而不是在 NVIC 中使能，并且在 Cortex-M3 系统控制寄存器中使能 SEVONPEND 位。当 MCU 从 WFE 中唤醒后，外设的中断挂起位和外设的 NVIC 中断通道挂起位（在 NVIC 中断清除挂起寄存器中）必须被清除。第二种，将一根外部中断/事件输入线（EXIT）配置为事件模式，并由该事件输入唤醒微处理器。因为未设置与 EXIT 线对应的挂起位，不必清除外设的中断挂起位或外设的 NVIC 中断通道挂起位。

2. 停机模式的进入和退出

在以下条件下执行 WFI 或 WFE 指令进入停机模式。

（1）设置 Cortex-M3 系统控制寄存器中的 SLEEPDEEP 位。

（2）清除电源控制寄存器（PWR_CR）中的 PDDS 位。

（3）通过设置 PWR_CR 中的 LPDS 位选择电压调节器的模式。

（4）为了进入停机模式，所有的外部中断的请求位（挂起寄存器（EXTI_PR））和 RTC 的闹钟标志都必须被清除，否则停机模式的进入流程将会被跳过，程序继续运行。

退出停机模式的方式有以下两种。

（1）如果执行 WFI 指令进入停机模式：设置任一外部中断线为中断模式（在 NVIC 中必须使能相应的外部中断向量）。

（2）如果执行 WFE 指令进入停机模式：设置任一外部中断线为事件模式。

3. 待机模式的进入和退出

在以下条件下执行 WFI 或 WFE 指令进入待机模式。

（1）设置 Cortex-M3 系统控制寄存器中的 SLEEPDEEP 位。

（2）设置电源控制寄存器（PWR_CR）中的 PDDS 位。

（3）清除电源控制/状态寄存器（PWR_CSR）中的 WUF 位。

退出待机模式的方式包括以下四种。

（1）WKUP 管脚的上升沿引发微控制器退出待机模式。

（2）RTC 闹钟事件的上升沿引发微控制器退出待机模式。

（3）NRST 管脚上外部复位引发微控制器退出待机模式。

（4）IWDG 复位引发微控制器退出待机模式。

4. 低功耗模式下的自动唤醒（AWU）

很多嵌入式系统需要定期完成某些任务，如定时进行温度、湿度数据采集，而其他时间则通过合理的低功耗模式降低平均功耗。STM32 上集成了一种称为 RTC 的外设，该外设可以在很低的功耗条件下实现计时的功能。显然 RTC 尤其适合为这类定期完成的任务提供时间基准，所以 STM32 的 RTC 可以在不需要依赖外部中断的情况下唤醒低功耗模式下的 STM32，这种唤醒方式称为自动唤醒。为了用 RTC 事件将系统从停机模式下唤醒，必须进行如下操作。

（1）配置外部中断线 17 为上升沿触发。

（2）配置 RTC 使其可产生 RTC 事件。如果只是要从待机模式中唤醒，不必配置外部中断输入线 17（关于外部中断/事件控制器的相关内容请参见 5.1.3 节）。

第4章 嵌入式开发环境的搭建

本书前几章从嵌入式系统的概念入手，介绍了通用的嵌入式微控制器内核 ARM Cortex-M，以及最常见的 ARM Cortex-M 内核产品——STM32 的体系结构。本章立足实践和应用，详细讲解 STM32 开发的软、硬件平台的搭建，为读者真正地利用嵌入式系统知识解决实际问题打下坚实的基础。

微课7

4.1 嵌入式开发环境概述

嵌入式系统本质上是对成本、可靠性、功耗以及体积有特定要求的专用计算机系统，主要由嵌入式处理器、外围器件以及操作系统组成，包括硬件和软件两个部分。由于嵌入式系统是按需求定制且硬件和软件资源是受限的，它通常不具备自我开发软件的能力，必须要借助通用计算机系统以及相应的软、硬件工具来为其开发应用软件。根据嵌入式系统的开发模式搭建一套先进、高效的嵌入式开发环境，对缩短开发周期、提高开发效率、保证开发质量具有重要意义。

4.1.1 嵌入式硬件开发环境

嵌入式系统应用程序的编译过程称为交叉编译。交叉编译就是将通用计算机上用高级语言编写的程序编译成运行在嵌入式系统上的二进制程序代码。即在通用计算机上编译生成嵌入式处理器上能够运行的代码。因此，嵌入式系统的软件开发环境称为嵌入式交叉开发环境，其组成如图 4.1.1 所示。

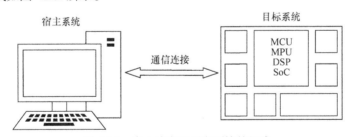

图 4.1.1 嵌入式交叉开发环境的组成

嵌入式交叉开发环境由宿主系统、目标系统以及两者之间的通信连接组成。

1. 宿主系统

宿主系统(Host System)也称为宿主机(Host)，一般采用通用的桌面计算机、笔记本电脑或者工作站。宿主机是用于开发嵌入式系统的计算机系统，具备更高的主频、更大的内存和外存，以及人机交互设备等丰富的硬件资源，也具备图形化操作系统(Windows、Linux、Mac OS)，以及丰富的代码编辑软件、交叉编译器软件、交叉调试器软件，还必须具备仿真器/下载器软件等嵌入式开发工具软件资源。这样宿主机就能够为嵌入式系统软件的编程、编译、链接、定位、调试、仿真以及下载固化等操作开发提供全过程的支持。关于宿主系统上所运行的集代码编辑器、交叉编译器、调试器/下载器、仿真器等功能为一体的嵌入式集成开发环境将在 4.2 节详细介绍。

2．目标系统

目标系统（Target System）也叫作目标机（Target），就是所开发的嵌入式系统。目标机的硬件以嵌入式处理器为核心，软、硬件均为特定应用而定制，也是宿主系统所开发的嵌入式软件最终的运行环境。为了提高开发效率，在目标嵌入式系统硬件设计未完成时，先选择不同厂商针对目标系统所使用的嵌入式处理器推出的开发板（Dev Board）或评估板（Eval Board），作为目标系统来搭建嵌入式硬件开发环境。

对于本书主要讲述的 STM32F1 系列微控制器而言，ST 公司推出了多种开发板和评估板，较为典型的一种开发板是 NUCLEO-F103RB，如图 4.1.2 所示。

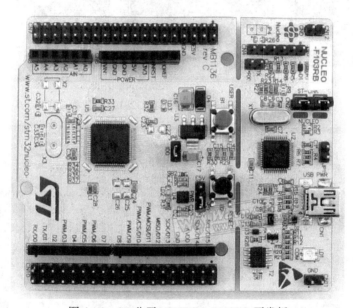

图 4.1.2　ST 公司 NUCLEO-F103RB 开发板

NUCLEO-F103RB 是 ST 公司推出的一款针对高性能 Cortex-M3 内核的 STM32F103RBT6 微控制器设计的开发板。该开发板具有 mbed 功能，支持 Arduino 接口管脚，支持可接入 Arduino 巨大生态系统的各种 Shield 扩展板，同时还提供了 ST Morpho 扩展排针，可方便地连接微控制器的所有外部针脚。开发板还集成了 ST-LINK/V2-1 仿真下载器（对外提供 SWD 接口），无须外接仿真器或下载器。

针对 STM32F1 系列微控制器，国内众多厂商也推出了大量的开发板或评估板，其中一种被学习者广泛使用的开发板是正点原子战舰 STM32F103 开发板，如图 4.1.3 所示。

战舰 STM32F103 开发板基于 STM32F103ZET6 微控制器进行设计，主芯片自带 512KB 的 Flash 容量，并在外部扩展了 1MB SRAM 和 16MB Flash，能够满足大内存和大数据存储的需求。同时，开发板提供了十余种标准接口，可以方便地进行各种外设的开发。

为方便本书的学习和实验，本书设计了一块基于 STM32F103ZET6 微控制器的 STM32

开发板——Innovator STM32，如图 4.1.4 所示。

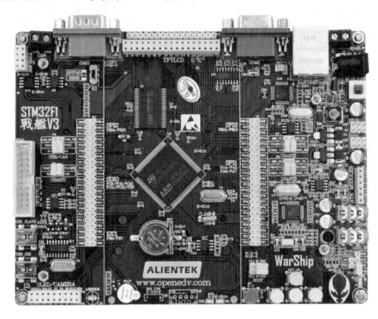

图 4.1.3　正点原子战舰 STM32F103 开发板

图 4.1.4　Innovator STM32 开发板

Innovator STM32 开发板基于 STM32F103ZET6 微控制器。该开发板包括以下部分：片内 Flash 512KB、SRAM 64KB、外扩 1MB SRAM，以及 16MB SPI Flash 和 256B I^2C EEPROM；4 个 LED 指示灯、1 个红外接收头；1 路 CAN 接口、1 路 485 接口、1 路 TTL UART 接口（可外接 ESP8266WIFI 等模块）、1 个无线模块接口（可接 NRF24L01/RFID 等模块）、1 路 RS-232 串口、1 个标准的字符型 LCD 显示屏接口（可外接 1602/1604 等 LCD 显示屏）；1 个 USB 串口（CH340 转换芯片），可用于程序下载；1 个 USB Slave 接口，用于 USB 通信；1 个有源蜂鸣器；1 个标准的 JTAG/SWD 仿真调试接口；1 组 USB 5V 供电接入口；1 个复位按键、4 个功能按键；2 路 ADC 输入（1 路电位器电压输入，1 路外部输入），1 路 DAC 输出；除晶振占用的 I/O 端口外,其他所有 I/O 端口全部通过针脚引出。此外,开发板还设计了 26×6 的通孔区域,可供需要焊接实验器件时使用。本书后续章节中的实例主要以 Innovator STM32 开发板来进行讲述。

3. 通信连接

通信连接是宿主系统与目标系统的数据传输通道。一方面实现代码的下载与固化,负责将宿主系统上开发的嵌入式应用可执行代码传输至目标系统;另一方面,在调试时实现宿主系统与目标系统的调试交互,负责将宿主系统上发出的调试命令与数据传输至目标系统,同时把目标系统的程序运行信息返回给宿主系统。

宿主系统与目标系统之间的通信连接主要包括物理连接和逻辑连接两类。

物理连接是指宿主系统与目标系统通过物理线路连接在一起,连接方式主要有串口连接、USB 连接、以太网连接和 OCD(On-Chip Debugging)连接等方式。其中常用的 OCD 连接有 JTAG(Joint Test Action Group)和 BDM(Background Debugging Mode)等。串口连接通常用于宿主系统向目标系统下达控制指令和回显目标系统运行状态的信息交互;以太网连接和 USB 连接一般在大批量数据信息交互时使用;而 OCD 连接则往往作为在线仿真和下载固化程序代码使用。

逻辑连接指建立在宿主系统与目标系统物理连接基础上,并按照一定通信协议建立起来的数据传输连接。目前已经形成了一些通信协议的标准,如 JTAG 协议、BDM 协议、SWD 协议等。在开发过程中,目标系统需要接收和执行宿主系统发出的各种调试命令,如设置断点、读写寄存器、读写存储器等,并将操作结果返回给宿主系统,配合宿主系统的各项操作。关于 JTAG 协议及接口、JTAG 仿真器,以及典型 JTAG 仿真器 ST-LINK 的配置与使用方法,本书将在 4.3 节进行详细介绍。

4.1.2　嵌入式软件开发环境

嵌入式软件的开发过程不同于通用软件的开发过程。通用软件的开发环境和运行环境基于相同或相似的硬件平台;而嵌入式软件的开发环境和运行环境则有明显区别。在嵌入式软件的开发环境中,开发工作需要采用交叉开发模式。嵌入式应用程序的编辑、编译、链接等过程都是在宿主系统上完成的,程序的调试主要在宿主系统上进行,但往往需要借由目标系统共同完成,而应用程序的运行过程则是在目标系统上独立完成的。

嵌入式应用软件的开发过程包括源程序编辑、编译、链接与定位、调试与下载等几个过程,各过程的相互关系如图 4.1.5 所示。

1. 源程序编辑

源程序建立阶段的工作任务主要是使用适当的程序设计语言编写程序的源代码,如 C 语言、C++语言、汇编语言等。在宿主系统上,可以使用多种多样的代码编辑软件来编写程序源代码,例如,在 Windows 平台上,可以使用 Notepad++、UltraEdit、Source Insight、VS Code、Eclipse 等;在 Linux 平台上,可以使用 Vi、Gedit、Sublime Text、Eclipse 等。

2. 编译

源程序建立后,采用与目标系统嵌入式处理器相对应的交叉编译工具软件来对源程序进行交叉编译。交叉编译这个概念是与嵌入式系统的发展同步出现和流行的。我们常用的计算机软件，都需要通过编译的方式，把使用高级计算机程序设计语言编写的程序（如C/C++）编译成计算机可以识别和执行的二进制代码，这种编译过程称为本机编译（Native Compilation）。但在进行嵌入式系统的软件开发时，运行程序的目标平台处理器、存储资源相对有限，难以胜任本机编译的工作任务。为了解决这个问题，交叉编译（Cross Compilation）模式应运而生。通过交叉编译方式，借助宿主系统强大的 CPU 运算能力和充足的存储空间资源，能够高效地编译出针对其他平台的目标代码。要进行交叉编译，就需要在宿主系统上安装与目标系统嵌入式处理器相对应的交叉编译工具软件，然后用这个交叉编译工具软件编译目标系统的程序源代码，最终生成可在目标系统上运行的代码。针对本书讲述的 STM32 系列微控制器，常用的 C/C++交叉编译软件工具有 armcc、iccarm、arm-none-eabi-gcc 等。

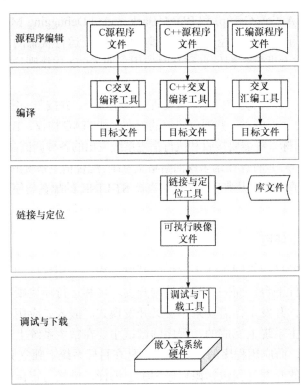

图 4.1.5　嵌入式应用软件的开发过程

3. 链接与定位

交叉编译所生成的目标文件是包括机器码和链接可用信息的程序模块，通过链接器（Linker），能够将一个或多个由交叉编译器或汇编器生成的目标文件与库文件一起链接为一个完整可执行代码文件。简而言之，链接器的工作就是解析未定义的符号引用，将目标文件中的占位符替换为符号的地址。同时，链接器还要完成程序中各目标文件的地址空间的组织，包括重定位工作，来为程序代码和数据指定存储地址。针对本书讲述的 STM32 系列微控制器，常用的链接与定位工具有 armlink、ilinkarm、arm-none-eabi-ld 等。

4. 调试与下载

在经过链接与定位生成可执行代码文件后，一般都需要验证程序的正确性。即对程序代码进行调试，检查程序代码是否存在错误，如果有错误，就需要确定产生错误的代码位置。与通用软件的调试方法相比，嵌入式软件的调试有着较大的差别。在嵌入式系统软件开发中，常用的基本调试方法有模拟调试法、软件调试法、BDM/JTAG 调试法和全仿真调试法等。某些调试方法必须先将被调试的程序代码下载到目标系统中，如软件调试法、BDM/JTAG 调试法等；而有些方法则可以直接在宿主系统上进行调试，无须下载程序代码，如模拟调试法、全仿真调试法等。每种调试方法均有相应的调试与下载软件工具。针对本书讲述的 STM32 系列微控制器，常用的调试工具软件有 ARM Debugger、μVision Debugger、C-SPY、arm-none-eabi-gdb 等。

从上述嵌入式应用软件的几个开发过程来看，每个阶段都需要不同的工具来完成对应的工作任务，那么是否有一个统一的嵌入式软件开发环境呢？答案是肯定的。由各开发阶段应用软件工具整合成嵌入式集成开发环境的相关内容，将会在 4.2 节进行详细介绍。

另外，为了降低开发难度、提高开发效率和开发质量，各嵌入式处理器芯片厂商还为开发者提供了多种多样的开发库和软件包，尽可能对底层硬件进行抽象与封装，为开发者提供更高层级的调用接口。4.4 节将会重点介绍基于 STM32 标准外设库的软件开发方法。

总之，建立了嵌入式系统的硬件与软件开发环境后，开发者就能够在宿主系统上编写所需开发的程序源代码，通过交叉编译软件工具编译成目标代码；然后使用交叉链接软件工具，将目标代码链接生成可供下载调试或固化的可执行目标程序；最后通过目标系统和宿主系统之间的通信连接将目标程序代码下载到目标系统中，进行与宿主系统联机的调试，或者直接脱离与宿主系统的通信连接，由嵌入式系统独立运行。

4.2　嵌入式集成开发环境

本节将重点介绍一种典型的嵌入式集成开发环境——Keil MDK，也会简要介绍其他几种较为常见的嵌入式集成开发环境。

4.2.1　集成开发环境概述

1. 集成开发环境的演进

集成开发环境(Integrated Development Environment, IDE)是一类整合了各阶段软件开发工具的应用程序，提供一个统一的编程环境来简化软件的开发和调试。它将各阶段软件开发所需的所有工具引入一个应用程序和工作区中，组合成一个无缝的系列开发工具软件套件。IDE 通常包括代码编辑工具、编译工具、调试工具、分析工具，以及图形用户界面等工具软件，集代码编写功能、编译功能、调试功能和分析功能等多种功能于一体。如果没有 IDE，开发人员就会耗费更多的时间来决定使用什么样的工具来完成各种任务，还会耗费更多的时间来配置所选工具并学习如何使用工具。

随着图形化操作系统的诞生和多类编程语言的不断涌现，各种在 PC 上使用的新型的 IDE 也应运而生，如 Visual Studio、Xcode、Android Studio、Eclipse 等。Visual Studio 是一个较为完整的开发工具集，包括应用软件整个生命周期中所需要的大部分工具，支持的语言涵盖 C、C++、C#、Basic、Java、F#等，应用程序的目标代码也适用于 Windows、.NET Framework、Windows Mobile、Windows Phone 等微软所支持的系统平台。Eclipse 是著名的跨平台开源集成开发环境，最初主要用来进行 Java 语言的编程开发，但通过插件能够使其作为 C++、Python、PHP 等编程语言的开发工具。Eclipse 本身只是一个框架平台，但是在众多插件的支持下，它拥有很好的灵活性，许多软件开发商都以 Eclipse 为框架构建开发自己的 IDE。在嵌入式开发方面，出现了 Arduino IDE、Keil μVision、IAR Embedded Workbench、Atollic TrueStudio、Eclipse+GNU 工具链等多种多样的嵌入式集成开发环境。

互联网技术和云计算技术的快速发展，正在促使传统的桌面 IDE 向基于云端的 IDE 迁移。基于云端的 IDE 能够在世界上任何地方，通过任何兼容的设备访问软件开发工具，而无须下载和安装，轻松实现地理位置分散的开发人员共同协作。例如，亚马逊的 Cloud9 IDE，它支持包括 C、C++、Python、Ruby、Scala 和 JavaScript 等 40 多种编程语言，提供了高亮显示的代码语法程序编辑、编译、调试以及应用部署等功能。在嵌入式开发方面，也出现了 Mbed、MPLAB Xpress 等多种基于云端的嵌入式集成开发环境。

2. 嵌入式集成开发环境的组成

嵌入式集成开发环境相较于桌面应用软件的集成开发环境，有许多共同之处，两者都具备友好的图形用户界面、良好的工程组织管理方式和功能强大的代码编辑工具。不同之处在于，嵌入式软件开发需要适应多种硬件平台（不同的嵌入式处理器）和操作系统（不同的嵌入式操作系统），特别是在实时性方面比桌面应用有着更苛刻的要求。因此在嵌入式集成开发环境中，除了需要具有相应的交叉编译工具、交叉调试工具外，还需要具有丰富的嵌入式处理器配置资源库、驱动库、操作系统和中间件资源库、示例资源库、性能分析评价工具、软件模拟器工具，以及下载工具等。

从现有情况看，常见的嵌入式集成开发环境总体由基础工具和辅助工具两个主要部分构成，如图 4.2.1 所示。其中，基础工具主要包括项目管理工具、源码编辑工具、交叉编译/汇编工具、交叉链接工具、交叉调试工具等；辅助工具主要包括处理器配置资源库、驱动库、实时操作系统和中间件资源库、示例库以及分析评价工具等。

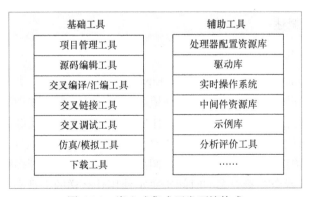

图 4.2.1　嵌入式集成开发环境构成

常见的嵌入式集成开发环境几乎都包含一个项目管理工具，其作用是完成项目的创建与维护，并且组织和管理项目涉及的所有资源，包括源程序文件、配置文件、库文件等，提供了清晰直观的目录和文件结构。为满足大型嵌入式项目的开发，有的嵌入式集成开发环境还具备了多个工作空间（WorkSpace）的管理能力，可以在同一视图中同时管理多个工作空间中的项目，方便划分和协同组织管理大型复杂项目开发。同时项目管理工具还能够检查每个源文件的修改时间，只有在上一次编译之后被修改的源文件，才会在接下来的编译过程被编译和链接，避免了多余的编译工作量，提高了编程和调试的效率。

　　源码编辑工具就是编写程序源代码的文本编辑器，专为编辑源代码而设计，通常内置于集成开发环境中。虽然许多嵌入式集成开发环境集成了功能丰富的编辑器，但大多都支持第三方独立源代码编辑器的替换（如 UltraEdit、Notepad++、Eclipse 等）。源代码编辑器往往都具有专为简化和加速源代码输入而设计的功能，如自动缩进、语法高亮显示、自动代码补全等功能。

　　交叉编译/汇编工具、交叉链接工具、交叉调试工具、下载工具等通常是独立的应用程序，但通过集成开发环境，这些独立的工具集成为一个完整的交叉开发工具链。在集成开发环境中，只需一个简单操作（如 Build、Debug、Download 等），就可以通过交叉开发工具链实现编译/汇编、链接、格式转换、进入调试状态，以及下载固化可执行代码到目标系统等不同的功能。

　　随着嵌入式技术的快速发展，在许多厂商推出的嵌入式集成开发环境中，通常还集成有丰富的软、硬件资源库，包括标准的 C 函数库、嵌入式处理器资源配置库、板级支持包等。有的集成开发环境还内置了多种实时操作系统、文件系统、GUI 库、TCP/IP 协议栈、USB 协议栈等中间件库，给开发者提供了极大的便利。还有的集成开发环境集成了丰富的示例库，使开发者能够根据示例快速掌握相关技术，尽早进入开发状态。为了帮助开发者分析和评价嵌入式软件的性能和质量，在一些嵌入式集成开发环境中还集成了代码分析评价工具，能够在源代码级别进行静态分析来发现潜在的代码问题；也能够监视应用程序的执行，来进行运行时分析，帮助发现程序运行中出现的算术、边界和堆栈问题。

4.2.2　Keil MDK 集成开发环境

　　Keil MDK 的全称是 Keil Microcontroller Development Kit，中文名称为 Keil 微控制器开发套件，经常能看到的 Keil ARM-MDK、Keil ARM、Realview MDK、I-MDK、μVision5（老版本为μVision4 和μVision3），这几个名称都是指同一个产品。Keil MDK 由一家业界领先的微控制器软件开发工具的独立供应商 Keil 公司（2005 年被 ARM 收购）推出。它支持 40 多个厂商超过 5000 种的基于 ARM 的微控制器器件和多种仿真器，集成了行业领先的 ARM C/C++编译工具链，符合 ARM Cortex 微控制器软件接口标准（Cortex Microcontroller Software Interface Standard，CMSIS）。Keil MDK 提供了软件包管理器和多种实时操作系统（RTX、Micrium RTOS、RT-Thread 等）、IPv4/IPv6、USB Device 和 OTG 协议栈、IoT 安全连接以及 GUI 库等中间件组件；还提供了性能分析器，可以评估代码覆盖、运行时间以及函数调用次数等，指导开发者进行代码优化；同时提供了大量的项目例程，帮助开发者快速掌握 Keil MDK 的强大功能。Keil MDK 是一个适用于 ARM7、ARM9、Cortex-M、Cortex-R 等系列微控制器的完整软件开发环境，具有强大的功能和方便易用性，深得广大开发者认可，成为目前常用的嵌入式集成开发环境之一，能够满足大多数苛刻的嵌入式应用开发的需要。因此，本书中的实例也以 Keil MDK 作为集成开发环境进行介绍。

Keil MDK 的发行版本共有四种，分别是精简版(MDK-Lite)、基础版(MDK-Essential)、增强版(MDK-Plus)和专业版(MDK-Professional)。其中，MDK-Lite 版是免费的，用于产品评估、小型项目开发和教学用途，源代码被限制在 32KB 以内。MDK-Essential 版是只支持 ARM Cortex-M 系列微控制器开发的版本。MDK-Plus 版支持 ARM Cortex-M、ARM7 和 ARM9 处理器，并包含了 IPv4 网络协议栈、USB 从设备协议栈、文件系统和 GUI 中间件。MDK-Professional 版在 MDK-Plus 版基础上增加了 IPv6 网络协议栈、USB 主设备协议栈和 Mbed 组件。

1. Keil MDK 的组件

Keil MDK 的组成结构如图 4.2.2 所示。总体上看，Keil MDK 由 MDK 工具集(MDK Tools) 和软件包(Software Packs) 两大部分组成。

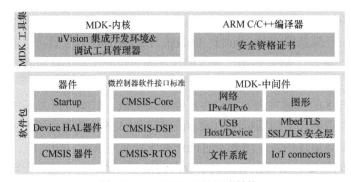

图 4.2.2　Keil MDK 的组成结构

2. Keil MDK 工具集

Keil MDK 工具集由 MDK-内核(MDK-Core) 和 ARM C/C++编译器构成。在 MDK-内核中，配备了包含软件包安装器(Pack Installer)的μVision IDE 和μVision 调试器。

μVision IDE 将项目管理、运行时环境、构建工具、源代码编辑和程序调试结合在一个强大的环境中，支持多个屏幕，允许在视图的任何位置创建单独的窗口布局。内置的软件包安装器可以方便地下载、安装和管理软件包。

借助μVision 项目管理器和运行时环境，可以使用预构建软件组件与来自软件包的组件来创建软件应用程序，软件组件包含了库、源程序模块、配置文件、源代码模板和文档。μVision 项目管理器和运行时环境的界面如图 4.2.3 所示。图中，"项目管理器"对话框显示了应用程序源文件和选定的软件组件，在组件下面可以找到相应的库和配置文件，同时支持多个目标的简化配置管理，并可用于为不同的硬件平台生成调试和发布版本的可执行代码。"运行时环境管理"对话框显示了与选定器件兼容的所有软件组件，软件组件之间的相互依赖性也通过验证消息清楚地进行标识。"配置向导"是一个集成的编辑器实用程序，用于在汇编程序、C/C++或初始化文件中生成类似图形用户界面的配置控制信息。

μVision IDE 中集成的μVision 编辑器包括现代源代码编辑器的所有标准功能，如针对 C/C++进行优化的语法颜色高亮显示、文本缩进、代码补全、函数参数提示以及动态的语法检查等。μVision 编辑器的界面如图 4.2.4 所示，图中，"函数"界面可以快速访问每个 C/C++

源代码模块中的函数。"代码补全"列表和"函数参数提示"有助于快速跟踪符号、函数和参数。动态语法检查在键入语句时能够实时验证程序语法，并在编译前对潜在的代码错误提供实时提醒。

项目管理器　目标应用　运行时环境管理　配置向导

图 4.2.3　μVision 项目管理器和运行时环境界面

函数　代码补全　函数参数提示　动态语法检查

图 4.2.4　μVision 编辑器的界面

μVision 调试器提供了一个测试、验证和优化应用程序代码的单独环境，包括组件查看器（Component Viewer）、事件记录器（Event Recorder）和事件统计（Event Statistics）。它完全支持调试历史序列、执行分析、性能优化和代码覆盖率分析的流程跟踪，可以在其中测试、验证和优化应用程序代码，包括简单和复杂断点的设置跟踪、观察窗口和执行控制。通过

ULINK 等调试适配器，可以进行高级的实时调试、跟踪和分析。µVision 调试器的界面如图 4.2.5 所示。图中，"事件统计"界面显示应用程序有效代码的累计执行时间和当前耗时间（当使用 ULINKplus 时）。"组件查看器"界面显示软件组件的变量和结构。"事件记录器"窗口则列出了软件组件所捕获的事件。

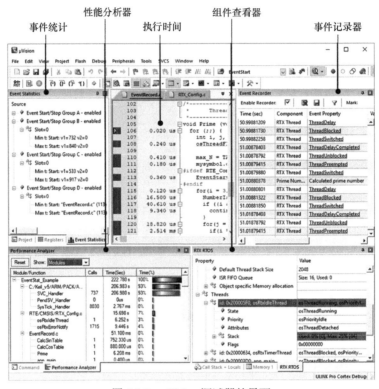

图 4.2.5　µVision 调试器的界面

Keil MDK 中的 ARM C/C++编译器是针对 ARM 体系结构的一套具有功能安全（Functional Safety）保证的编译工具链，汇集了现代 LLVM（Low Level Virtual Machine）编译器基础框架和高度优化的 ARM C 库，具有高效的代码生成和更好的诊断性能。整套编译工具链由 ARM C/C++编译器 armcc（ARM Compiler 5）/armclang（ARM Compiler 6）、ARM 宏汇编器 armasm、ARM 链接器 armlink、ARM 库管理器 armar 以及映像格式转换器 fromelf 组成，其工作过程如图 4.2.6 所示。当然，MDK 也支持使用 GNU ARM 嵌入式工具链。

编译工具链的工作过程主要包括编译、链接和格式转换三个阶段。在编译阶段，C 语言或 C++编写的源程序（.c、.cpp）文件经 armcc 编译器进行编译；用 ARM 汇编语言编写的源程序文件（.s）经 armasm 汇编器进行汇编，均生成扩展名为 ".o" 的目标文件（Object Code File，也称为对象文件），其内容主要是从源文件编译得到的机器码，包含了代码、数据以及调试使用的信息。在链接阶段，链接器 armlink 把由编译器/汇编器生成的目标文件以及库文件链接成一个包含调试信息的可执行映像文件（.axf），如果需要生成用户库文件（.lib），则可利用 armar 管理器进行处理。当然，在 MDK 中有专门的库文件生成的操作选项。如果要进行调试，可将.axf 文件直接加载到微控制器芯片的 SRAM 中或 Flash 中运行调试。在格式转换阶段，通过映像格式转换器 fromelf 将链接器生成的.axf 映像文件转换成二进制.bin

文件或十六进制.hex 文件。所生成的.bin 文件或.hex 文件可利用下载器下载到微控制器芯片的 Flash 或 ROM 中。

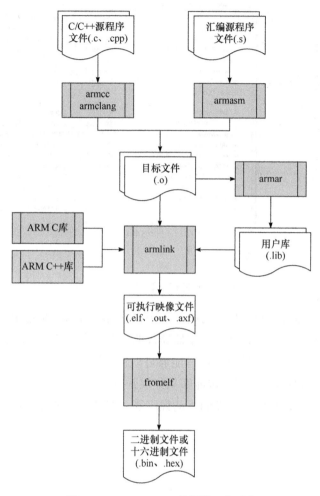

图 4.2.6　ARM C/C++编译器工作过程

Keil MDK 的编译工具链中的各个工具除了能够在 IDE 的调度下一体化地完成编译、链接和格式转换工作，也可以以命令行运行的方式分别完成对应阶段的工作。感兴趣的读者可参阅 Keil MDK 的帮助文档。

3. 软件包

Keil MDK 中的软件包主要包括器件支持（Device Support）、CMSIS 软件包和 MDK 中间件（MDK Middleware）软件包等。这些软件包无须更新工具链就可以随时添加到 MDK 核心中，实现了对新的器件和中间件的支持和更新。此外，软件包还包括板级支持包、代码模板和示例项目等。所有这些软件包都可以通过 MDK 提供的软件包安装器来进行安装和更新，并且能够根据需要选择安装或更新软件包的不同版本。软件包安装器的操作界面如图 4.2.7 所示。

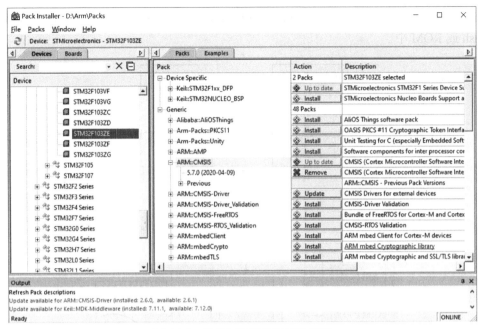

图 4.2.7　软件包安装器的操作界面

通过软件包安装器，可以用在线或离线方式安装器件系列包（Device Family Pack，DFP），实现对不同厂商、不同系列微控制器器件的支持。当在 μVision 项目管理器的器件选项卡中选择了某种器件时，器件支持组件能够自动预配置汇编器、编译器、链接器和调试器的参数以及 Flash 编程算法，同时也能够从集成开发环境中访问所选定器件的文档、系统及启动代码、源代码模板和器件外设的驱动程序等。器件选择的界面如图 4.2.8 所示。

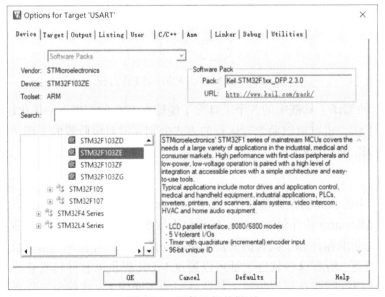

图 4.2.8　器件选择的界面

CMSIS 软件包包含了丰富的符合 CMSIS 标准的软件组件，组成结构如图 4.2.9 所示，各组件所适用的目标处理器及描述如表 4.2.1 所示。

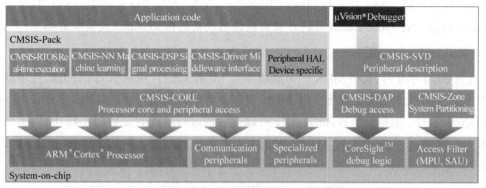

图 4.2.9　CMSIS 软件包结构

表 4.2.1　CMSIS-Pack 的软件组件

CMSIS-...	目标处理器	描述
Core（M）	Cortex-M、SecurCore	Cortex-M 处理器核心和外设的标准化 API,包括 Cortex-M4/M7/M33/M35P 的 SIMD 指令内置函数
Core（A）	Cortex-A5/A7/A9	Cortex-A5/A7/A9 处理器核心和外设的标准化 API 及基本的运行时系统
Driver	Cortex 全系列	针对中间件的通用外设驱动接口,能够通过中间件连接微控制器外设,实现通信协议栈、文件系统或图形用户界面
DSP	Cortex-M	数字信号处理的函数库集合,包含 60 多种不同数据类型的函数以及适用于 Cortex-M4/M7/M33/M35P 的 SIMD 指令集优化实现
NN	Cortex-M	高效的神经网络内核的函数集合,能够最大限度地提高 Cortex-M 处理器内核的性能和减少内存占用
RTOS v1	Cortex-M0/M0+/M3/M4/M7	实时操作系统的通用 API 以及基于 RTX 的参考实现
RTOS v2	Cortex-M, Cortex-A5/A7/A9	扩展了 CMSIS-RTOS V1,支持 ARM V8-M、动态对象创建,提供多核系统二进制兼容接口
Pack	Cortex-M, SecurCore, Cortex-A5/A7/A9	描述软件组件、器件和评估板支持的参数传递机制,简化了软件重用和产品生命周期管理
Build	Cortex-M, SecurCore, Cortex-A5/A7/A9	一套提高生产力的工具、软件框架和工作流程
SVD	Cortex-M, SecurCore	器件外设描述,可用于在调试器或 CMSIS 核心头文件中创建外设感知
DAP	Cortex 全系列	针对 CoreSight 调试访问端口接口的调试单元固件
Zone	Cortex-M	定义描述系统资源并将资源划分到多个项目和执行区域的方法

　　MDK 中间件软件包提供了专门为微控制器通信外设设计的免版税、紧密耦合的软件组件,包含在 MDK 的专业版或增强版中。中间件软件包还包括网络组件、USB 组件、文件系统组件、图形组件和 Mbed IoT 软件组件。其中,网络组件包括用于创建网络应用程序的服务、协议套接字和物理通信接口,支持 IPv4/IPv6 双栈网络,并可与 Mbed TLS 一起使用,通过 SSL/TLS 提供安全的通信。USB 组件支持 USB 设备和 USB 主机之间的通信。文件系统组件允许在内存、闪存、SD/SDHC/MMC 存储卡或 USB 存储设备中创建、保存、读取和

修改文件。图形组件能够为液晶显示器开发灵活的图形用户界面。Mbed IoT 软件组件支持物联网应用，包括 Mbed TLS 和 Mbed Client 两个部件，Mbed TLS 可使用 SSL/TLS 协议提供安全的通信，而 Mbed Client 允许开发者快速将设备连接到 Mbed 设备服务器。

4. Keil MDK 的安装

截至 2020 年 9 月，Keil MDK 的最新版本是 MDK V5.31，可从 ARM 官方渠道下载 Keil MDK 软件不同版本的安装程序。以 MDK V5.31 为例，安装程序的名称是 MDK531.exe。运行该安装程序，根据安装界面的提示，可以方便地进行软件的安装。图 4.2.10 所示是 Keil MDK 的安装欢迎界面，图 4.2.11 所示是安装路径的设置界面，默认的安装路径位于 C 盘，一般按照默认设置即可，当然也可以根据需要自行更改设置。

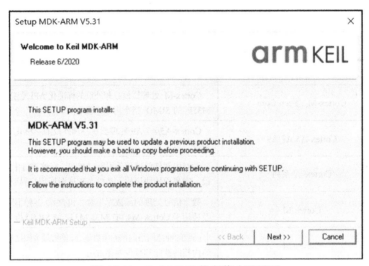

图 4.2.10　Keil MDK 的安装欢迎界面

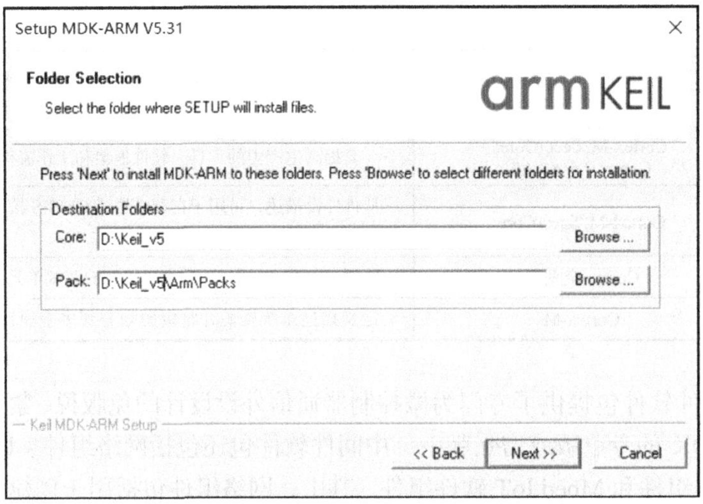

图 4.2.11　Keil MDK 的安装路径设置界面

在 Keil MDK 安装过程中，安装程序会依次安装 MDK 核心和内置的 MDK 软件包，并会提示是否安装 ULINK 仿真器的驱动程序，可根据实际使用仿真器的情况选择安装或不安装。当 MDK 核心和内置软件包安装完成后，显示如图 4.2.12 所示的界面。

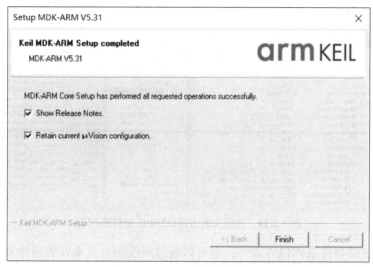

图 4.2.12　Keil MDK 的安装完成界面

随后，安装程序会启动软件包安装器，供用户选择在线或离线安装其他软件包。如图 4.2.13 所示，可选择安装器件系列包、板级支持包、其他软件组件包以及项目实例等。

图 4.2.13　软件包安装器界面

Keil MDK 安装程序并未内置 STM32 系列微控制器的器件系列包，要进行 STM32 微控制器的应用开发，还必须安装 STM32 系列微控制器的器件系列包。针对本书主要讲述的 STM32F1 系列微控制器，其器件支持包可通过软件包安装器来进行在线安装。安装方法是在软件包安装器左侧栏的 Devices 选项卡中，选择并展开 ST 公司的器件系列列表，选中 STM32F103 器件系列。此时右侧栏的 Packs 选项卡中会显示出支持该系列器件的软件包组件列表，选中并展开 Keil::STMF1 xx_DFP 下的某个器件系列包版本，如 2.3.0（2018-11-05）

一项，再单击其后 Action 列中的 Install 按钮，即开始在线安装 STM32F103 的器件系列包 2.3.0 版本，如图 4.2.14 所示。

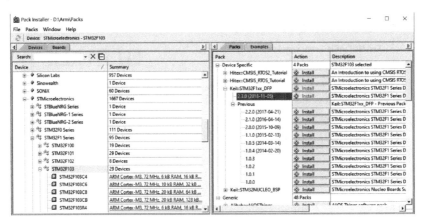

图 4.2.14　在线安装 STM32F103 器件系列包

除了在线安装器件系列包方式外，也可以通过离线的方式来安装器件系列包。首先从 Keil 官网 http://www.keil.com/pack 下载得到 STM32F1 器件系列包文件 Keil.STM32F1xx_ DFP.2.3.0.pack，再在软件包安装器中，通过 Import 功能进行安装，如图 4.2.15 所示。

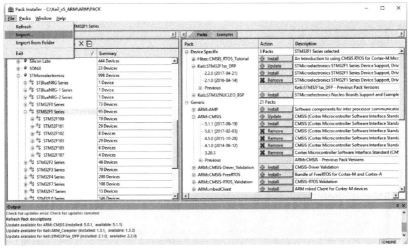

图 4.2.15　离线安装 STM32F103 器件系列包

当 Keil MDK 安装完成后，会在 Windiws 桌面上生成名为 Keil μVision5 的图标，双击该图标，即可运行进入 Keil MDK 集成开发环境，相关操作界面参见图 4.2.4 和图 4.2.5。当然，Keil MDK 的操作功能界面非常丰富，读者可在实践过程中逐步探索和掌握。

4.2.3　其他集成开发环境

除 Keil MDK 外，目前还有许多种适用于 STM32 系列微控制器应用开发的集成开发环境，ST 公司在官网上罗列的集成开发环境就有十几种。较为常见的有 IAR Embedded Workbench for ARM、ARM Development Studio、System Workbench for STM32（AC6）、Atollic TrueStudio for

STM32、RIDE-STM32、STM32CubeIDE、CoIDE、ARM Mbed、RT-Thread Studio、Eclipse+GNU ARM Eclipse 等。下面对较为常见的几种适用于 STM32 系列微控制器应用开发的集成开发环境进行简要介绍。

1. IAR Embedded Workbench for ARM

IAR Embedded Workbench(以下简称 IAR)是由瑞典 IAR Systems 公司推出的一套功能强大的嵌入式系统集成开发环境,是一款商业软件。它支持种类繁多的由不同芯片制造商生产的 8 位、16 位或 32 位芯片,很好地集成了 C/C++编译器、汇编器、链接器以及编辑器、项目管理器、文件生成工具和 C-SPY 调试器,并以高效、紧凑的编码生成与独特的调试功能获得了广泛的认可。IAR 针对不同处理器的 C/C++编译器,不仅包含一般的全局性优化,也包含了针对特定处理器的低级优化,可以充分利用所选芯片的所有特性,确保能够生成尺寸紧凑的代码。它的 C-SPY 是一个非常优秀的调试器,具有多种高级功能,例如,精细度很高的单步调试,通用寄存器、结构体、变量、外设寄存器的智能跟踪,先进的代码和数据断点,通过文件输入/输出访问主机文件系统等。

IAR Embedded Workbench for ARM(IAR EWARM)是专门针对 ARM 系列处理器的集成开发环境,支持 Cortex-M、Cortex-R、Cortex-A 和 ARM7、ARM9、ARM11 以及 SecurCore 等超过 5000 种 ARM 系列处理器。IAR EWARM 包含了一个高度优化的 ARM C/C++ 编译器,并且对 ARM 芯片、硬件调试以及 RTOS 等方面提供了广泛的支持。除了可以产生非常紧凑、有效的代码外,还集成了完备的设备配置文件、Flash Loader 和 1000 多个项目示例。同时,IAR EWARM 还提供了包括源代码的运行时库和类似 ARM 模拟器的 C-SPY 调试器,支持 JTAG 以及多种 RTOS 内核识别调试。此外,IAR EWARM 中包含了一个全软件的模拟程序(Simulator),用户不需要任何硬件支持就可以模拟各种 ARM 内核、外部设备甚至中断的软件运行环境。与 Keil MDK 不同的是,IAR EWARM 的项目管理器支持层叠文件夹,使项目文件的管理层次更为清晰,而且默认创建工程和工作区,方便在一个工作区下管理多个项目。

截至 2020 年 9 月,IAR EWARM 最新的版本是 8.50.5。IAR EWARM 集成开发环境的界面如图 4.2.16 所示。

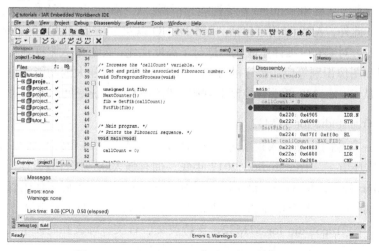

图 4.2.16　IAR EWARM 集成开发环境的界面

2. ARM Development Studio

ARM Development Studio(ADS)是由 ARM 公司推出的端到端嵌入式 C/C++开发解决方案商业软件，历史版本有 ADT、ADS、RVDS 和 DS-5。ADS 将 ARM MDK 和 DS-5 融合并扩展成为一个完整工具。截至 2020 年 9 月，ADS 最新的版本是 2020.0。其组成结构如图 4.2.17 所示。

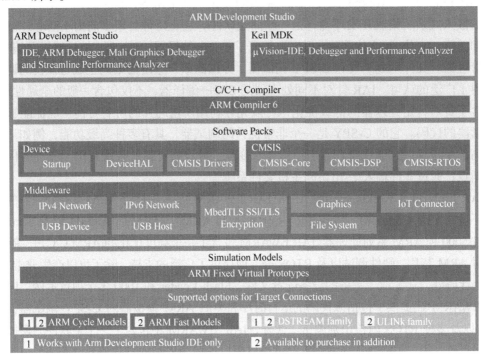

图 4.2.17　ADS 2020.0 的构成

ADS 提供了 Windows 64 位和 Linux 64 位两个版本，能够在 Windows 和 Linux 平台上运行。同时，ADS 包含两种类型的 IDE，第一种是 Keil μVision，适用于微控制器的开发；另一种是基于 Eclipse 的 IDE，适用于多核处理器的开发。ADS 使用了支持 ARM CoreSight Trace 的非侵入式调试器，以及 Streamline 系统性能分析器，无须使用 printf 的调试方式就能够快速定位代码缺陷。此外，ADS 采用了包括 ARM NENO 以及 SVE(Scalable Vector Extension)自动矢量化等技术，对 C/C++编译生成代码进行了高度优化，能够最大限度地提高数字信号处理、机器学习和图像识别等应用程序的性能。由于 ADS 具有强大的功能和良好的可伸缩性能，可以满足从 Cortex-M0 低端微控制器到服务器级的 Neoverse 处理器的应用开发。

3. Atollic TrueStudio for STM32

Atollic 是一家专门开发嵌入式系统软件的公司，开发出了在业内知名的基于 Eclipse 的 C/C++集成开发环境——TrueStudio。2017 年底，拥有强大软、硬件开发生态系统的 ST 公司收购了 Atollic 公司，将 TrueStudio 加入了 ST 的生态系统，扩展了代码管理和高级系统分析专业功能，推出了一个全功能和全免费的基于 Eclipse 和 GNU 工具链开放标准的 STM32 集成开发环境——TrueStudio for STM32，支持英文、日文、韩文和简体中文四种语言，其编辑器界面如图 4.2.18 所示。IDE 提供了包括工程生成向导、工程导入导出、版本控制以及配置工具等功能的项目管理器，还有高度优化的 C/C++编译器、汇编程序、链接器和实用程序。同时提供了内存和堆栈分析器，以及具有先进的跟踪、可视化和分析功能的 RTOS 感知调试器，用于帮助开发人员快速查找和定位代码中的各种缺陷。此外，还支持常用的 J-Link 和 ST-LINK 仿真器。截至目前，TrueStudio for STM32 的最新版本是 9.3.0。

图 4.2.18　TrueStudio for STM32 编辑器界面

4. RT-Thread Studio

RT-Thread Studio 是由国内上海睿赛德（RT-Thread）电子科技有限公司于 2019 年末推出的本土化永久免费的开源嵌入式集成开发环境，目前最新版本是 1.1.3。RT-Thread Studio 整合了 ENV、Scons、Python、Kconfig 等 RT-Thread 操作系统的上一代开发工具，包括工程创建和管理、代码编辑、SDK 管理、RT-Thread 配置、构建配置、调试配置、程序下载和调试等功能，并结合图形化配置系统以及软件包和组件资源，形成了一个一站式的集成开发环境。其代码编辑操作界面如图 4.2.19 所示。

图 4.2.19　RT-Thread Studio 代码编辑操作界面

RT-Thread Studio 基于 Eclipse 平台，在原生 Eclipse 基础上进行了高度定制优化，功能界面更为简洁，操作更为简单、顺畅。它能够支持 STM32 全系列芯片进行无操作系统的裸机开发，提供了直观的项目管理器、智能辅助的代码编辑器和简单易用的独立程序下载功能，支持 J-Link、ST-LINK、DAP-LINK 等多种仿真器。同时，还具有采用 QEMU 模拟器的仿真功能，可非常方便地创建和使用 QEMU 模拟器的工程，或者选择并配置 QEMU 模拟器来进行代码的调试。RT-Thread Studio 目前集成了 200 多个各种类别的高质量可复用代码资源，经过简单的配置即可复用各种组件、驱动等。

通过上面对几种嵌入式集成开发环境的简要介绍，我们可以知道，适用于 STM32 微控制器应用开发的嵌入式集成开发环境有很多种，在进行 STM32 开发时，选择合适的集成开发环境对开发效率和开发成本至关重要。选择集成开发环境时，往往需要从多方面加以考虑，如集成开发环境的功能强弱、成本高低、掌握集成开发环境的难易程度等。另外，还可以从使用习惯、网络上的资源丰富与否这两方面进行考虑。经常使用某一开发环境，进行开发时会有事半功倍的效果。如果网络上资源丰富，可以方便开发者尽快熟悉开发环境，节省开发时间。当然，如果有较好的 Eclipse 和 GNU C/C++编译工具链基础，也可以利用 Eclipse+GNU 工具链自行搭建集成开发环境。

4.3　开发调试工具

程序调试是嵌入式系统软件开发必不可少的一部分。要有效地进行调试，就需要具备必要的调试工具。嵌入式硬件开发环境的通信连接就是宿主系统对目标系统进行调试的一种主要工具。对于以 ARM 处理器为核心的目标系统开发而言，JTAG 仿真器是最常用的一种物理连接方式，而 JTAG 协议就是最常用的一种逻辑连接方式。

4.3.1　ARM 处理器的 JTAG 调试工具

1. JTAG 协议及接口

JTAG 是一个接口标准，由成立于 1985 年的 Joint Test Action Group(联合测试工作组)的组织制定。1990 年电气电子工程师学会(Institute of Electrical and Electronics Engineers，IEEE)发布 IEEE 1149.1 标准，并命名为标准测试存取口及边界扫描体系结构(Standard Test Access Port and Boundary-Scan Architecture)，也称为 JTAG 标准或 JTAG 协议。JTAG 最初是用来对芯片进行测试的，JTAG 的基本原理是在器件内部定义一个测试访问口(Test Access Port，TAP)，通过专用的 JTAG 测试工具对内部节点进行测试。JTAG 测试允许多个器件通过 JTAG 接口串联在一起，形成一个 JTAG 链，能实现对各个器件分别测试。如今，大多数的高级与复杂的器件都支持 JTAG 协议，如 CPU、DSP、FPGA、CPLD 器件等。JTAG 本身没有标准的接口管脚定义，但定义了 5 个标准的 JTAG 接口信号，分别是 TMS(Test Mode Select)、TCK(Test Clock)、TDI(Test Data Input)、TDO(Test Data Output)，TRST(Test Reset)，具体描述如表 4.3.1 所示。

表 4.3.1　JTAG 标准信号定义

信号	方向 (从测试端看)	功能描述
TMS	输入	测试模式选择信号，用于控制 TAP 控制器状态的转换
TCK	输入	测试时钟信号，为 TAP 的操作提供了一个独立的、基本的同步时钟信号
TDI	输入	测试数据输入信号，数据在 TCK 的上升沿被采样，通过 TDI 输入 JTAG 接口
TDO	输出	测试数据输出信号，数据在 TCK 的下降沿被采样，通过 TDO 从 JTAG 接口输出
nTRST	输入	可选的测试复位信号，低电平有效，有效时复位(初始化)TAP 控制器

　　由于 JTAG 没有规定具体的接口管脚定义，各芯片生产厂商自行规定了多种管脚与信号的对应定义，下面给出了三种常见的 JTAG 管脚定义，分别是 ARM 10 针 JTAG 接口、ARM 20 针 JTAG 接口和 ST 14 针 JTAG 接口，如图 4.3.1 所示。

图 4.3.1　典型的 JTAG 接口管脚定义

　　图 4.3.1 中，在 JTAG 接口上有三个管脚具有两个信号名称：TMS/SWDIO、TCK/SWDCLK、TDO/SWO。那么 SWDIO、SWDCLK 和 SWO 又是什么信号呢？这就引出了另外一种调试模式——串行线调试(Serial Wire Debug，SWD)模式。

　　SWD 模式有串行线调试时钟信号(SWDCLK)和串行线调试输入输出信号(SWDIO)，用这两个信号取代包含 4 个或者 5 个信号的 JTAG 接口信号，可以提供所有通用的 JTAG 调试和测试功能。SWD 采用了一种 ARM 标准的双向有线协议，在调试器和目标系统之间高效、标准地互相传送数据。通信时数据在 SWDIO 上发送，与 SWDCLK 同步，SWDCLK 的每个上升沿都有一位数据在 SWDIO 管脚上发送或接收。

　　SWD 接口和所有的 ARM 核兼容，也与所有使用 JTAG 的核兼容，已成为 ARM 处理器的一种标准调试接口，接口信号的具体描述如表 4.3.2 所示。

表 4.3.2　SWD 标准信号定义

信号	方向 (从测试端看)	功能描述
SWDCLK	输入	串行调试时钟信号，用于同步调试数据的传输
SWDIO	输入输出	串行调试数据输入输出信号，用于调试数据的双向传输
SWO	输出	可选的调试跟踪输出信号，用于发送跟踪信息到外部调试器

从接口管脚来看, SWD 简单、可靠地对 JTAG 接口管脚进行移植。SWDIO 和 SWDCLK 覆盖在 TMS 和 TCK 管脚上, 允许 JTAG 和 SWD 使用相同的接口连接器, 构成一种既支持 JTAG 模式, 又支持 SWD 模式的双模接口。与 JTAG 接口的管脚相比, SWD 接口最少要 VCC、GND、SWDCLK、SWDIO 四个管脚, 结构更为简单和可靠。

2. JTAG 仿真器

在 ARM 处理器的软件开发中, 较为常见的调试工具主要有指令集模拟器(Instruction Set Simulators)、驻留监控软件(Resident Monitors)、在线仿真器(In-Circuit Emulators)和 JTAG 仿真器(JTAG Emulators)。

(1)指令集模拟器:通常内置于集成开发环境的调试器中(如 Keil MDK 中的μVision 调试器), 无须真实的目标系统就可在宿主系统上完成部分代码的调试工作。但是, 由于指令集模拟器与真实目标系统的硬件环境存在较大差异, 程序即便通过了指令集模拟器的调试, 也有可能无法在真实的硬件环境下完全正确地运行。因此, 在实际应用中, 通常只能利用指令集模拟器来进行一些硬件依赖度小的调试工作。

(2)驻留监控软件: 是一段运行在目标系统上的程序代码(如 ARM 的 Angel 调试监视器), 集成开发环境中的调试软件通过以太网口、并行端口、串行端口等通信端口与驻留监控软件进行交互, 由调试软件发命令通知驻留监控软件去控制程序的执行、寄存器的读写、存储器的读写以及断点的设置等。驻留监控软件调试方法的缺点是需要在硬件稳定之后才能进行应用软件的开发, 并且需占用一部分系统资源, 不能对程序进行全速仿真运行。

(3)在线仿真器: 使用仿真头完全取代目标系统上的处理器, 能够完全仿真处理器芯片的行为, 提供更全面的调试功能。但因其设计和制造工艺相对复杂, 价格较为昂贵, 因此目前在嵌入式软件开发中较少使用。

(4)JTAG 仿真器: 也称为 JTAG 调试器, 是基于 JTAG 协议, 通过处理器芯片的 JTAG 边界扫描接口进行软件调试的一种设备。作为宿主系统与目标系统之间的"脐带"(通信连接), JTAG 仿真器通常通过并口或 USB 接口连接到宿主系统, 它提供了一种标准、经济和简单的方法, 使开发工具软件能够直接连接到目标系统上的一个或多个芯片。由于 JTAG 调试的目标程序在目标系统上执行, 仿真更接近于实际的目标硬件。目前, 采用 JTAG 仿真器结合集成开发环境, 是嵌入式系统开发调试采用最多的一种方式。针对 ARM Cortex-M 和 Cortex-R 系列微控制器, 最常见的 JTAG 仿真器主要有 ULINK、J-Link 和 ST-LINK 等。

3. ULNK 仿真器

ULINK 仿真器是 ARM/Keil 公司推出的配合 Keil MDK 使用的仿真器, 目前已有 ULINK 2、ULINK Plus、ULINK Pro 几种升级版本。ULINK 2 仿真器实物如图 4.3.2 所示。

ULINK 2 采用 USB 2.0 高速主机接口和 20 针 ARM 标准 JTAG 目标机接口连接器, 增加了串行调试(SWD)支持、返回时钟支持和实时代理等功能。通过 MDK 的μVision 调试器和 ULINK 2, 可以方便地在目标系统硬件上使用 JTAG 或 SWD, 用来检查内存和寄存器, 单步调试程序; 并且可插入多个断点, 还可以实时运行程序, 对程序闪存做片上调试, 以及将程序下载到目标硬件上。同时, ULINK 2 还具有以下主要特性。

（1）支持 ARM7、ARM9、Cortex-M、8051、C166 等处理器。

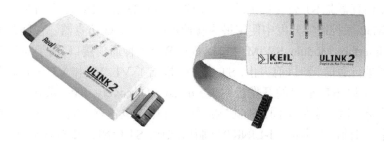

图 4.3.2　ULINK 2 仿真器实物图

（2）JTAG 时钟频率高达 10MHz，支持 Cortex-M 器件最高运行频率达 200MHz。

（3）支持 Cortex-M 串行查看器（SWV）数据和时间跟踪，速度高达 1Mbit/s（UART 模式）。

（4）执行时和端口仿真串行调试输出时，存储器读写可实时代理。

（5）与 Keil μVision IDE 和 Debugger 无缝集成。

（6）宽目标电压，2.7～5.5V 可用。

（7）USB 供电，无须外接电源。

（8）使用标准 Windows USB 设备驱动，安装即插即用。

4. J-Link 仿真器

J-Link 仿真器是由德国 SEGGER 公司推出、支持仿真 ARM 内核芯片的系列 JTAG 仿真器，有 J-Link Plus、J-Link Ultra、J-Link Ultra Plus、 J-Link Pro、J-Link EDU、J-Trace 等多种版本型号，是目前国内使用较为广泛的 JTAG 仿真器之一，其实物如图 4.3.3 所示。

图 4.3.3　J-Link 仿真器实物图

J-Link 采用 USB 2.0 全速、高速主机接口，以及 20 针标准 JTAG/SWD 目标机连接器，可选配 14 针/10 针 JTAG/SWD 适配器。J-Link 支持所有 ARM7/ARM9/ ARM11 系列、Cortex M0/M1/M3/M4/M7/M23/M33 系列、Cortex-A5/A7/A8/A9/ A12/A15/A17 系列以及 Cortex-R4/ R5 系列等 ARM 内核芯片的仿真，能够与包括 Keil MDK、IAR EWARM 等在内的几乎所有主流集成开发环境无缝连接。同时，J-Link 还具有以下主要特点。

（1）自动识别器件内核。

（2）JTAG 时钟频率高达 15/50MHz，SWD 时钟频率高达 30/100MHz。

（3）RAM 下载速度最高达 3MB/s。

（4）监测所有 JTAG 信号和目标板电压。

（5）自动速度识别。

（6）USB 供电，无须外接电源。

（7）目标板电压范围为 1.2～5V。

（8）支持多 JTAG 器件串行连接。

（9）完全即插即用。

5. ST-LINK 仿真器

ST-LINK 仿真器是 ST 公司推出的、专门针对 STM8 和 STM32 系列芯片的仿真器，也是目前在 STM32 微控制器开发中使用最为普遍的一种 JTAG 仿真器。它具有单线接口模块（Single Wire Interface Module，SWIM）和 JTAG / SWD 两种通信接口，用于与 STM8 或 STM32 系列微控制器进行通信。到目前为止，ST 官方共推出了 V1、V2 和 V3 三个版本的 ST-LINK 的硬件版本。通常 ST 推出的开发板（如 Nucleo、Discovery Kits 系列开发板）就集成了 ST-LINK 仿真器，因开发板不同，ST-LINK 的硬件版本也各有不同。其中，ST-LINK/V1 是比较老的版本，目前已基本被 ST-LINK/V2 版所取代。ST-LINK/V2 包含标准版 ST-LINK/V2 和隔离版 ST-LINK/V2-ISOL 两个版本，隔离版具有信号隔离功能，能承受高达 1000Vrms 的电压，但价格较标准版高不少。ST-LINK/V3 是 2018 年下半年推出的版本，价格相对较贵，普及率不是很高。ST-LINK/V2 和 ST-LINK/V3 实物如图 4.3.4 所示。

ST-LINK/V2 采用 USB 2.0 全速主机接口，目标机连接器是 20 针标准 JTAG/SWD 接口（针对 STM32 系列 MCU）和 4 针 SWIM 接口（针对 STM8 系列 MCU）。它的 JTAG 时钟频率最高达 9MHz，SWD 时钟频率最高为 4MHz，可配合 Keil、IAR 等集成开发环境或多种编程工具软件进行仿真调试和编程下载，支持全速运行、单步调试、断点调试等各种调试方法，可查看 I/O 状态、变量数据等，可烧写 Flash ROM、EEPROM 等多种类型的存储器。另外，市场上还有一种 ST-LINK/V2 Mini 仿真器，只有普通 U 盘大小，采用 10 针目标机接口连接器，支持 SWIM 接口的 STM8 系列和 SWD 接口的 STM32 系列微控制器的调试，如图 4.3.5 所示。

图 4.3.4　ST-LINK 仿真器实物图　　　图 4.3.5　ST-LINK/V2 Mini 仿真器实物图

与 ST-LINK/V2 相比，ST-LINK/V3 兼容了 USB 2.0 的高速主机接口，并将 JTAG 最高时钟频率提高到 21.3MHz，且将 SWD 最高时钟频率提高到 24MHz。同时支持虚拟 COM 端口（Virtual COM Port，VCP）的特定功能，频率高达 15MHz。此外还增加了多路径桥接 USB 转 SPI/UART/I²C/CAN/GPIO 接口功能，可与目标系统的引导加载程序通信；也可通过其公共软件接口定制需求，帮助开发人员使用自定义控制命令进行自动测试。

4.3.2　典型 JTAG 工具 ST-LINK 的安装和配置

鉴于 ST-LINK/V2 仿真器是开发 STM32 系列微控制器最常用的一种 JTAG 仿真器，本节将对 ST-LINK/V2 仿真器的安装与配置进行介绍。

1. ST-LINK/V2 仿真器的连接

ST-LINK/V2 仿真器配套的连接线中，有一根 USB Type-A（公头）到 Type-B Mini（公头）的连接线电缆。当与宿主机连接时，Type-A 接口端直接连接到宿主机上的 USB Type-A 接口（母头）中，而 Mini B 接口端连接到 ST-LINK/V2 仿真器的 USB Type-B 接口（母头）中。

配套的连接线中，还有一条 20 线的扁平电缆（两端均为母头），用于连接 ST-LINK/V2 仿真器和目标开发板。在连接时，电缆一端插到 ST-LINK/V2 仿真器上的 JTAG 接口（公头）中，另一端则插到目标开发板上的 JTAG 接口（公头）中。需要注意的是，在连接时，要使电缆插头与仿真器（或开发板）的 JTAG 插座方向一致，确认插座上的缺口匹配，切不可插反。ST-LINK/V2 仿真器与开发板的连接如图 4.3.6 所示。

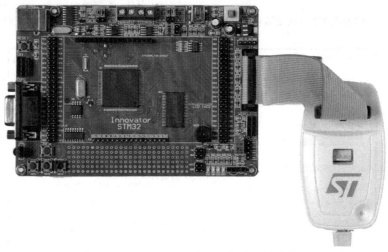

图 4.3.6　ST-LINK/V2 仿真器与开发板的连接

2. ST-LINK/V2 驱动程序安装

ST-LINK/V2 的驱动安装程序可以从 ST 官网的网址 https://www.st.com/en/development-tools/stsw-link009.html 处获取，下载一个名为 en.stsw-link009.zip 的压缩文件，解压后的文件如图 4.3.7 所示。根据宿主机 Windows 操作系统的 64 位或 32 位版本情况，选择不同的安装程序可执行文件。如果 Windows 是 64 位，则选择运行 dpinst_amd64.exe 安装程序；如果是 32 位，则选择运行 dpinst_x86.exe 安装程序。安装过程与一般的程序安装过程一样，安装路径尽量保持默认路径。安装完毕后，将 ST-LINK/V2 的 USB 连接线插入宿主机上的 USB 接口，打开 Windows 中的设备管理器，如果能够在 Universal Serial Bus devices 中查看到 STMicroelectronics STLink dongle，则证明已正确安装了 ST-LINK/V2 仿真器的驱动程序，如图 4.3.8 所示。

3. Keil MDK 中 ST-LINK/V2 的配置

在 Keil MDK 中利用 ST-LINK/V2 仿真器，对 STM32 芯片进行程序调试或下载程序代码，需要这些步骤：首先将 STLINK/V2 仿真器与目标板进行连接，并给目标板供电；然后在 MDK 中打开工程，在选择 Project→Options for Target 命令打开对话框，切换至 Debug 选项卡，如图 4.3.9 所示。

名称	类型	大小
amd64	文件夹	
x86	文件夹	
stlink_winusb_install.bat	Windows 批处理文件	1 KB
dpinst_amd64.exe	应用程序	665 KB
dpinst_x86.exe	应用程序	540 KB
stlink_bridge_winusb.inf	安装信息	3 KB
stlink_dbg_winusb.inf	安装信息	5 KB
stlink_VCP.inf	安装信息	3 KB
stlinkdbgwinusb_x86.cat	安全目录	11 KB
stlinkdbgwinusb_x64.cat	安全目录	11 KB
stlinkvcp_x86.cat	安全目录	10 KB
stlinkvcp_x64.cat	安全目录	10 KB
stlinkbridgewinusb_x86.cat	安全目录	11 KB
stlinkbridgewinusb_x64.cat	安全目录	11 KB
readme.txt	文本文档	1 KB

图 4.3.7　ST-LINK/V2 驱动安装程序文件　　　　　图 4.3.8　设备管理器中的 ST-LINK/V2

图 4.3.9　Keil MDK 中选择 ST-LINK/V2 仿真器

在 Debug 选项卡的右侧栏,下拉打开仿真器列表,列表中包括 ULINK、J-Link、ST-LINK 等多种调试器的选项,可根据实际所使用 JTAG 仿真器的品牌型号进行选择。对于 ST-LINK/V2 仿真器,选择 ST-Link Debugger 选项即可。随后单击 Settings 按钮,如果 ST-LINK/V2 连接正确,但目标板未连接或未上电,会出现图 4.3.10 所示的对话框。如果 ST-LINK/V2 连接正确,目标板也连接正确且已上电,就会出现图 4.3.11 所示的对话框。

在上述对话框中,选择目标端口方式是使用 JTAG 端口或 SW 端口,也可以设置 JTAG 时钟频率和 SWD 时钟频率,通常使用默认设置即可。此外还有连接与 Connect & Reset Options(复位选项)、Cache Options(缓存选项)以及 Download Options(下载选项)等调试选项,一般选择默认选项即可。至此就可对应用工程程序在目标 STM32 微控制器上的运行进行仿真调试和程序下载了。

如果代码不能正常下载,就还需要检查和重新配置 Flash 编程的相关参数。可从 Options for Target 'USART'对话框中选择 Utilities 选项卡进入,如图 4.3.12 所示。单击 Settings

按钮，打开 Cortex-M Target Driver Setup 对话框，检查算法的 RAM 配置和编程算法的配置，是否与目标 STM32 控制器匹配。如果不匹配，就需要修改配置参数，如图 4.3.13 所示。一般来说，只要根据目标 STM32 微控制器的型号，按照正确的步骤创建工程，Keil MDK 的项目管理器会自动生成正确的与器件相关的配置参数。当然用户也可根据实际需要自行合理地配置。例如，如果希望在程序下载完毕后，就让目标板复位并运行程序，可以选中 Reset and Run 复选框。关于 STM32 应用工程的建立、调试和程序代码下载，参见 4.4.3 节。

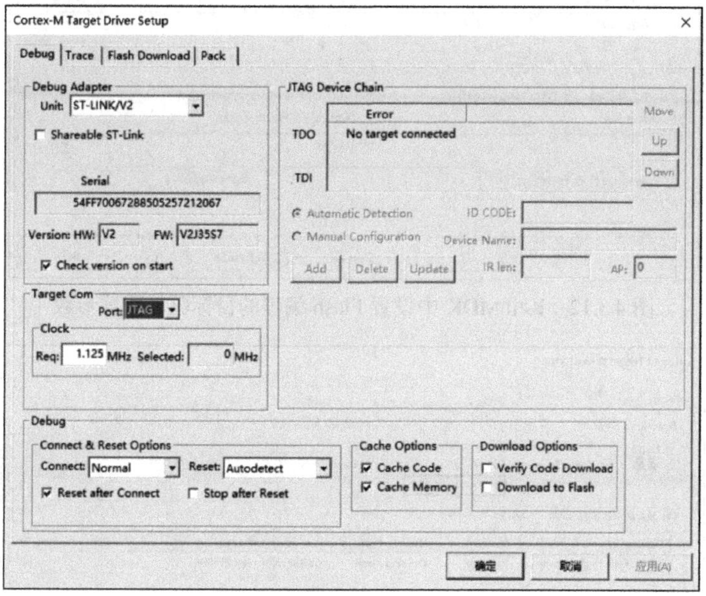

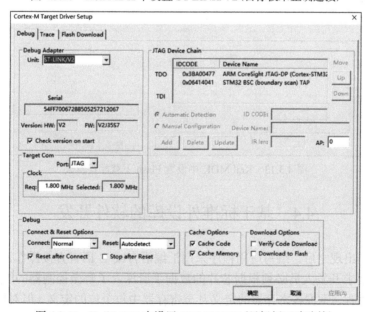

图 4.3.10　Keil MDK 中设置 ST-LINK/V2（目标板未正确连接）

图 4.3.11　Keil MDK 中设置 ST-LINK/V2（目标板正确连接）

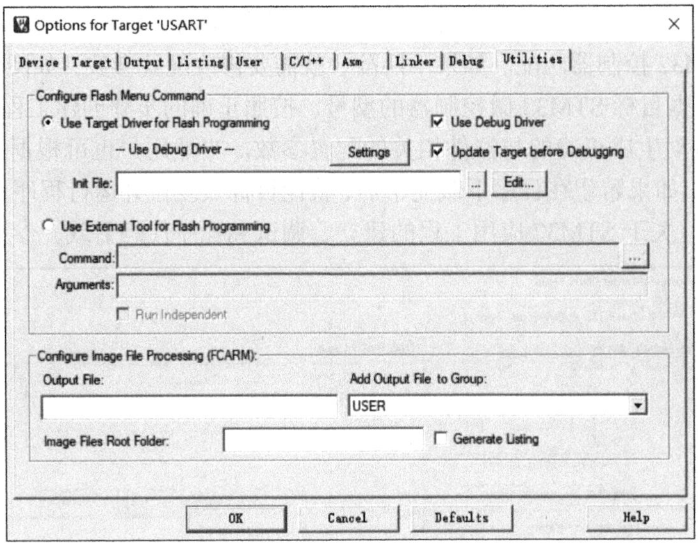

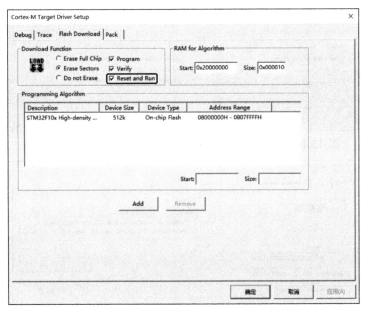

图 4.3.12　Keil MDK 中设置 Flash 编程的目标驱动配置参数

图 4.3.13　Keil MDK 中设置 Flash 下载配置参数

4.4　基于标准外设库的软件开发

在微控制器出现之后，编写应用程序采用汇编语言或 C 语言直接操作寄存器来实现控制功能，这就要求开发人员必须根据芯片的数据手册深入了解微控制器的原理，熟悉其内部结构和工作过程，掌握各寄存器的定义甚至寄存器中每个位的定义。但对像 STM32 这样的微控制器而言，其外设资源丰富，寄存器数量众多，设置复杂度较高，采用直接配置寄存器的方式来进行程序开发的难度高、效率低，开发周期也相对较长。为此，芯片厂商组织专业程序设计人员对寄存器配置操作进行了封装，形成了不同的开发库，以帮助嵌入式开发人员降低开发难度、提高开发效率、加快开发进度。

4.4.1 STM32 开发库概述

STM32 开发库是由 ST 公司针对 STM32 提供的函数接口,即 API。它使开发人员无须深入掌握底层硬件细节,而是通过 API 就能方便地进行应用开发,减少编程时间,提升开发效率。简单地说,STM32 开发库是架设在 STM32 微控制器寄存器与用户驱动层之间的代码,该代码向下处理与寄存器直接相关的配置,向上为用户提供配置寄存器的接口。

到目前为止,ST 公司为开发者提供了四种开发库,分别是 STM32Snippets 库、标准外设库(Standard Peripherals Library, SPL)、硬件抽象层(Hardware Abstraction Layer, HAL)库和低层应用开发接口(Low-Layer APIs,LL)库。

(1) STM32Snippets:是专门针对 STM32F0 和 STM32L0 的高度优化且高性能的寄存器级示例代码段集合,它直接基于 STM32 外设寄存器设计代码,先期发布的代码段有近 100 个,为开发人员编写精简、高效的程序提供了一条捷径。由于它处在底层,需要开发者直接操作外设寄存器,这就对开发者提出了更高的要求。因为这个库目前只支持 STM32F0 和 STM32L0 两个芯片系列,所以使用较少。

(2) SPL:也称为固件库、STD 库,是对 STM32 芯片操作的一个完整的封装,包括所有标准器件外设的驱动,几乎全部使用 C 语言编写实现,将一些对基本寄存器的操作封装成了 C 函数,支持 STM32F0/F1/F2/F3/F4/L1 系列微控制器,是目前使用最多的一种 STM32 开发库。相对于 STM32Snippets,SPL 不仅仅局限于对寄存器的封装,对各外设也进行了一次封装,实现了各外设的基本操作接口。但是,SPL 是针对某一系列芯片分别提供的,在不同系列芯片之间不能相互通用。

(3) HAL 库:是在 SPL 之后推出的硬件抽象层嵌入式软件库,目前已经支持 STM32 全线产品,相比标准外设库,HAL 库表现出了更高的硬件抽象整合程度,定义了一套较为通用的 API,在不同系列芯片之间具有较好的移植性,是 ST 未来主推的开发库,也是目前使用较多的一种 STM32 开发库。

(4) LL 库:是 ST 新近增加的一种开发库,随 HAL 源码包一起提供,文档也和 HAL 库文档在一起。LL 库直接操作寄存器,支持所有外设,但因其更接近硬件层,对需要复杂上层协议栈的外设开发并不适用,目前支持器件系列也还不够全面。虽然 LL 库是与 HAL 库捆绑发布的,但可以独立使用 LL 库来进行编程开发。

ST 官方对 STM32Snippets、SPL、HAL 和 LL 四种 STM32 开发库所做的比较如表 4.4.1 所示。

表 4.4.1 四种 STM32 开发库的比较

开发库	可移植性	优化性	易用性	代码可读性	硬件覆盖度
STM32Snippets		+++			+
SPL	++	++	+	++	+++
HAL	+++	+	++	+++	+++
LL	+	+++	+	++	++

通过表 4.4.1 可以看出，在可移植性方面，HAL 库占优，SPL 次之；在代码优化性方面，STM32Snippets 和 LL 库均占优，SPL 次之；在易用性和代码可读性方面，HAL 库均占优；在硬件覆盖度方面，SPL 与 HAL 库相当并优于 LL 和 STM32Snippets 库。

从学习 STM32 的角度来说，利用开发库来进行编程可以降低学习门槛、提高学习效率，学习者也可以初步了解专业人员的设计风格，便于形成自己的编程风格。同时，利用开发库进行开发是一种自顶向下的学习方式，从上层的 API 层层跟踪到底层，可以更透彻地了解 STM32 的寄存器。

微课8

4.4.2　STM32 标准外设库

1. STM32 标准外设库概述

STM32 标准外设库是一个基于 CMSIS 标准的固件函数包，由一系列的程序、数据结构和宏定义组成，涵盖了 STM32 微控制器所有外设的功能和性能特征。该函数库还包括每一个外设的驱动描述和相应的应用实例，为访问 STM32 系列微控制器的底层硬件提供了一系列中间 API。每个外设驱动都由一组函数组成，这组函数覆盖了对应外设的所有功能，每个器件的开发都由一个通用的 API 驱动，API 对每个驱动程序的结构、函数和参数名称都根据 CMSIS 进行了标准化。

ST 公司从 2007 年 10 月推出 STM32 标准外设库 V1.0 版开始，先后推出了 V2.0、V3.0、V3.4 和 V3.5 版本。V3.5 版本是迄今最新的版本，本书所有实例均以 V3.5 版本进行介绍。

使用 STM32 标准外设库进行应用开发具有多方面的优势。①标准外设库涵盖了所有的 STM32 标准外设，包括 GPIO、中断、DMA、定时器、USART、I^2C、SPI、CAN、FSMC 以及 ADC 和 DAC 等，开发者无须深入了解 STM32 的底层硬件细节就可以方便、灵活、规范地使用每一个 STM32 外设，有利于降低开发门槛，提高开发效率。②因为 STM32 标准外设库几乎全部使用 C 语言编写实现，对应的 C 语言源代码只用到了最基本的 C 语言编程知识，易于理解和使用。③STM32 标准外设库配有完整的文档资料，网络资源也十分丰富，有利于缩短学习时间，加快开发进度，也便于进行二次开发和应用。

当然，标准外设库也不是万能的，想要把 STM32 学透并熟练应用，仅仅掌握 STM32 标准外设库还远远不够，还需要对 STM32 的原理有一定深度的理解，对 STM32 寄存器有一定程度的把握，才能够在利用标准外设库进行应用开发的过程中做到得心应手，游刃有余。

STM32 标准外设库软件包可以从 ST 公司官网下载获取。截至目前，提供了针对 STM32F0、F1、F2、F3、F4、L1 六个系列微控制器的标准外设库可以下载。

2. 基于 CMSIS 的应用软件基本架构

在具体讨论 STM32F10x 标准外设库之前，我们先了解一下基于 CMSIS 的应用软件基本架构。CMSIS 标准这个名称在 4.2.2 节中也多次提及，那么什么是 CMSIS 呢？

CMSIS（Cortex Microcontroller Software Interface Standard，微控制器软件接口标准）是 ARM 公司和一些编译器及半导体厂家共同遵循的一套标准，由 ARM 首先提出。它是针对 Cortex-M 系列处理器，且独立于处理器供应商的软件接口标准。在该标准的约定下，ARM

和芯片厂商会提供一些通用的 API，来访问 Cortex 内核以及一些专用外设。这样做的目的是为处理器和外设实现一致且简单的软件接口，以简化软件复用工作，降低更换芯片以及开发工具等移植工作的难度，减少移植工作的耗费时间。

基于 CMSIS 的应用软件基本架构如图 4.4.1 所示。从架构上看，可分为用户应用层、操作系统及中间件接口层、CMSIS 层、微控制器层（也称为硬件寄存器层）四个层次。其中，最为核心的就是 CMSIS 层，它位于微控制器层与操作系统及中间件接口层（或微控制器层与用户应用层）之间，提供了与芯片生产商无关的硬件抽象层，可以为接口外设、实时操作系统及中间件提供简单的处理器软件接口，屏蔽了硬件差异，起到了连接上下层的作用。从上层向下，CMSIS 层对微控制器层的操作函数进行了统一实现，屏蔽了不同厂商对 Cortex-M 系列微处理器内核外设和片上外设寄存器的不同定义。由下层向上，CMSIS 层向操作系统及中间件接口层以及用户应用层提供了统一的调用接口，能够让开发人员在完全透明的情况下进行应用程序的开发，降低了开发的难度。

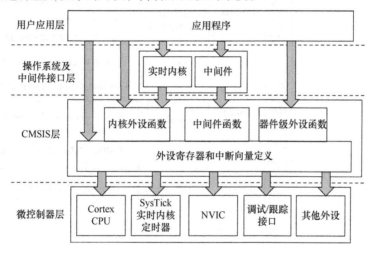

图 4.4.1 基于 CMSIS 的应用软件基本架构

CMSIS 层可以划分为核内外设访问层（Core Peripheral Access Layer, CPAL）、片上外设访问层（Device Peripheral Access Layer，DPAL）和外设访问函数（Access Functions for Peripherals，AFP）三个层次。其中，CPAL 由 ARM 负责实现，包括对寄存器名称和地址的定义，内核寄存器、NVIC、调试子系统的访问接口定义以及对特殊用途寄存器的访问接口定义。由于对特殊寄存器的访问以内联方式定义，所以针对不同的编译器，ARM 统一使用"__INLINE"来屏蔽差异，使该层定义的接口函数均是可重入的。DPAL 由芯片厂商（如 ST 公司）负责实现，与 CPAL 的实现类似，该层负责对硬件寄存器地址以及外设访问接口进行定义，可调用 CPAL 提供的接口函数，并可根据器件特性对异常向量表进行扩展，以处理相应外设的中断请求。AFP 是可选的，也由芯片厂商来负责实现，主要提供了片上外设的访问函数。

针对 Cortex-M 系列微控制器，CMSIS 层定义了访问外设寄存器和异常向量的通用方法，定义了核内外设的寄存器名称和内核异常向量的名称，也定义了独立于微控制器的带调试通道的 RTOS 接口,还定义了 TCP/IP 协议栈、文件系统等中间件的接口。这样,通过 CMSIS 层的实现,芯片厂商能够专注于产品外设特性的差异化,同时具备了更好的兼容性。

除 CMSIS 的应用软件基本架构外,CMSIS 也定义了代码编程的基本规范、推荐规范、数据类型及 IO 类型限定符等。STM32 标准外设库就是完全遵循 CMSIS 来实现的。

3. STM32F10x 标准外设库的结构

由于 STM32 标准外设库是针对不同系列芯片分别提供的,下面将以 STM32F10x 标准外设库为例,说明 STM32 标准外设库的组成结构。

从 ST 官网下载得到的 V3.5 版 STM32F10x 标准外设库是一个名为 en.stsw-stm32054.zip 的压缩文件,解压后文件目录结构以及所包含的关键文件夹说明如图 4.4.2 所示。

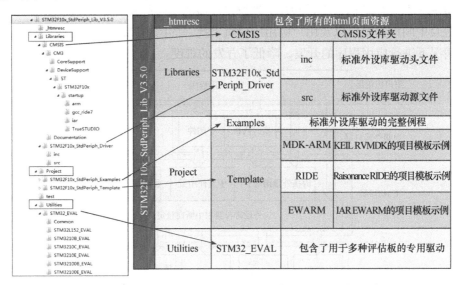

图 4.4.2　STM32F1 标准外设库文件目录结构及关键文件夹说明

在一级目录中,_htmresc 文件夹包含了外设库的 HTML 页面资源文件,Libraries 目录中包含了标准外设库的源代码文件,Project 包含了 STM32F10x 微控制器各个外设的使用示例和模板,Utilities 是 ST 公司多种 STM32F10x 评估板的使用示例。二级目录结构中,Libraries 目录包括 CMSIS 和 STM32F10x_StdPeriph_Driver 两个文件夹。其中,CMSIS 文件夹包括了对 STM32F10x 系列芯片的 Cortex-M3 内核支持,目录结构和所包含关键文件的说明如图 4.4.3 所示。STM32F10x_StdPeriph_Driver 文件夹则包括了所有外设对应的驱动函数,其目录结构和所包含关键文件的说明如图 4.4.4 所示。Project 目录包含了外设库 Examples 和 Template 两个文件夹,其中,Examples 文件夹中包含了 STM32F10x 微控制器 28 个各类外设的标准外设库使用示例,Template 文件夹中包含了 Keil MDK、IAR EWARM、TrueSTUDIO、RIDE 和 HiTOP 五种集成开发环境的 STM32 项目工程模板。在 Utilities 目录所包含的 STM32_EVAL 文件夹中,包含了 6 种 ST 官方推出的 STM32 评估板的使用示例源代码。在本目录中,还包含一个名为 stm32f10x_stdperiph_lib_um.chm 的 STM32F10x 标准外设库用户手册文档,该文档给出了对 STM32F10x 标准外设库的较为全面的使用指导,读者可在本书的阅读过程中结合该文档进行学习,加深对 STM32F10x 标准外设库的理解和掌握。

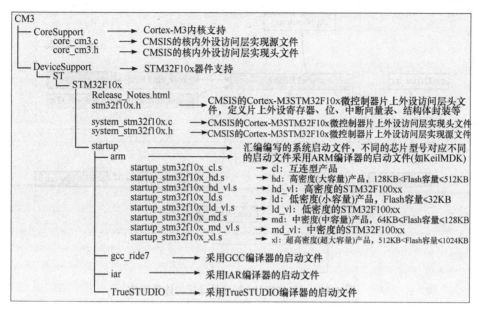

图 4.4.3 CMSIS 文件目录结构及关键文件说明

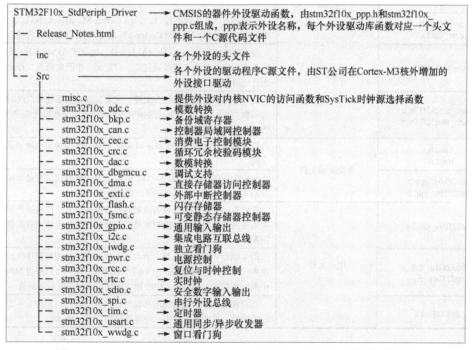

图 4.4.4 STM32F10x_StdPeriph_Driver 文件夹目录结构及关键文件说明

STM32F10x 标准外设库的体系架构如图 4.4.5 所示，图中展示了 STM32F10x 标准外设库所包括的 CMSIS 文件、外设驱动文件和用户文件三类文件，以及各文件相互关系的全局视图。三类文件所包含的具体文件及其功能说明如表 4.4.2 所示。

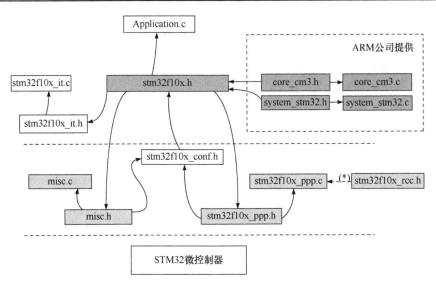

图 4.4.5　STM32F10x 标准外设库的体系架构

表 4.4.2　STM32F10x 标准外设库体系架构相关文件说明

文件名	类别	功能说明
core_cm3.h core_cm3.c	CMSIS 文件	提供进入 M3 内核的接口，访问 Cortex-M3 内核及 NVIC、SysTick 等外设；定义和实现访问 Cortex-M3 的 CPU 寄存器和核内外设的函数
stm32f10x.h		是 STM32F1 片上外设访问层头文件，包含了 STM32F10x 全系列所有外设寄存器基地址和布局定义、位定义、中断向量表、存储空间的地址映射等
system_stm32f10x.h system_stm32f10x.c		是片上外设访问层系统头文件，主要包括设置系统及总线时钟相关的函数。其中一个非常重要的函数 SystemInit 用来初始化微控制器，设置整个系统的总线时钟
misc.h misc.c	外设驱动文件	提供外设对内核 NVIC 的访问函数、SysTick 时钟源选择函数定义与实现
stm32f10x_ppp.h stm32f10x_ppp.c		ppp 对应外设的头文件和函数实现,括 ppp 外设的变量和函数定义及相关外设的初始化配置和部分功能应用函数
stm32f10x_conf.h	用户文件	外设驱动配置文件，可通过更改包含的外设头文件来选择标准外设库所使用的外设，在新建程序和进行功能变更之前应当首先修改对应的配置
stm32f10x_it.h stm32f10x_it.c		用来编写中断服务函数，用户可以加入自己的中断程序代码，对于指向同一个中断向量的多个不同中断请求，用户可以通过判断外设的中断标志位来确定准确的中断源，执行相应的中断服务函数
Application.c		用户程序文件，通过标准外设库提供的接口进行相应的外设配置和功能设计，在实际工程中，通常直接取名为 main.c

　　本节中几次出现了 ppp 这个符号，ppp 的含义是怎样定义的呢？这就引出了 STM32 标准外设库的标识符命名规则。STM32 标准外设库遵循的命名规则包括以下几条。

　　(1)ppp 表示任一种外设的缩写，例如，GPIO 是通用输入输出这个外设的缩写标识符，更多的外设名称缩写及含义参见表 4.4.3。

表 4.4.3 STM32 标准外设库外设名称缩写及含义

缩写	外设/单元	缩写	外设/单元
ADC	模数转换器	GPIO	通用输入输出
BKP	备份寄存器	I²C	I²C 接口
CAN	控制器局域网模块	IWDG	独立看门狗
CEC	消费电子控制模块	PWR	电源/功耗控制
CRC	CRC 计算单元	RCC	复位与时钟控制器
DAC	数模转换器	RTC	实时时钟
DBGMCU	调试支持	SDIO	SDIO 接口
DMA	直接内存存取控制器	SPI	串行外设接口
EXTI	外部中断时间控制器	TIM	定时器
Flash	闪存控制器	USART	通用同步/异步收发器
FSMC	灵活的静态存储器控制器	WWDG	窗口看门狗

(2) 系统文件或头文件以及源文件的名称均以 stm32f10x_作为前缀，如 stm32f10x_it.h。

(3) 关于常量的标识，只在一个文件中使用的常量在该文件中定义，而在多于一个文件中使用的常量在头文件中定义。所有常量名均使用大写，寄存器被视为常量处理，均采用英文字母大写方式。

(4) 外设函数名采用相应的大写的外设缩写作为前缀，之后紧跟一个下划线表示分割，每个词的首字母大写，函数名只允许用一个下划线以分割函数外设缩写与函数名的其他部分，如 GPIO_SetBits。关于外设的初始化、禁止或者使能以及状态标志检查等通用功能的函数名称命名规则如表 4.4.4 所示。

表 4.4.4 STM32 标准外设库通用函数名称命名规则

函数名	函数功能
PPP_Init	根据 PPP_InitTypeDef 结构体中指定的参数，初始化外设
PPP_DeInit	复位外设 PPP 的所有寄存器至默认值
PPP_StructInit	通过设置 PPP_InitTypeDef 结构体中的各种参数来定义外设的功能
PPP_Cmd	使能或者禁用外设 PPP
PPP_ITConfig	启用或者禁用来自外设 PPP 的某个中断源
PPP_DMAConfig	使能或者失能外设 PPP 的 DMA 接口
PPP_GetFlagStatus	获取外设 PPP 的指定标志位是否被置位
PPP_GetITStatus	获取外设 PPP 的指定中断标志位是否被置位
PPP_ClearFlag	清除外设 PPP 的指定标志位
PPP_ClearITPendingBit	清除指定外设 PPP 的中断挂起标志位

遵循规范的标识符命名规则，不但便于程序的编写和阅读、保证程序的严谨性和规范性，也有助于提高程序的可重用性。

4.4.3　Keil MDK 下 STM32 标准外设库应用开发环境的搭建

通过前面章节内容的学习，相信读者对 Keil MDK 集成开发环境和 STM32 标准外设库已经有了基本认知，本节将介绍在 Keil MDK 集成开发环境下搭建基于 STM32 标准外设库的应用开发环境的方法和步骤。

1. 硬件和软件环境准备

在硬件环境方面，首先准备好一台作为宿主系统的 Windows 计算机，并准备好一块 STM32F10x 微控制器的开发板或者评估板，这里选用的是一块在 4.1.1 节介绍过的 Innovator STM32 开发实验板。然后准备一个 ARM JTAG 仿真器，这里选用的是一个在 4.3.1 节介绍过的 ST-LINK/V2 仿真器。

在软件环境方面，首先按照 4.2.2 节介绍的方法，在宿主系统上安装好 Keil MDK 软件以及 STM32F103 系列微控制器的器件支持包。然后从 ST 官网下载获取 STM32F 10x 标准外设库 V3.5 版压缩文件 en.stsw-stm32054.zip 并解压到宿主计算机的一个自定义目录下，例如，解压到 D:\Innovator_STM32，形成标准外设库的存放目录 D:\Innovator_STM32\STM32F10x_StdPeriph_Lib_V3.5.0。

2. 创建 STM32 应用工程

1) 新建一个 STM32 应用工程

（1）新建一个工程目录结构。在宿主计算机上的自定义目录下，建立一个名为 FirstPrj 的文件夹，用于存放工程文件，例如，在 D:\Innovator_STM32\目录下建立 FirstPrj 文件夹。然后在 FirstPrj 文件夹中分别建立 CORE、OBJ、STM32F 10x_FWLib 和 USER 四个文件夹，分别用于存放 CMSIS 核心文件、编译过程产生的中间文件及输出文件、标准外设库文件、用户程序文件及建立工程所产生的文件。此时，FirstPrj 目录形成如图 4.4.6 所示的目录结构。

图 4.4.6　FirstPrj 目录结构

（2）复制库文件到刚才建立的工程目录结构中。

① 复制 CMSIS 的 Cortex-M3 内核支持文件。从标准外设库目录，将 Libraries\CMSIS\CM3\CoreSupport\目录下的 core_cm3.c 和 core_cm3.h 两个文件复制到 FirstPrj\CORE\目录。

② 复制 CMSIS 的器件支持文件和启动文件。从标准外设库目录，将 Libraries\CMSIS\CM3\DeviceSupport\ST\STM32F10x\目录下的 stm32f10x.h、system_ stm32f10x.c 和 system_stm32f10x.h 三个文件复制到 FirstPrj\USER\目录；因 Innovator STM32 开发实验板使用的微控制器芯片是 STM32F103ZET6，属于高密度产品，所以将 Libraries\CMSIS\CM3\DeviceSupport\ST\STM32F10x\startup\arm\目录下的 startup_stm 32f10x_hd.s 启动文件也复制到 FirstPrj\CORE\目录下，如果开发板使用的 MCU 是其他型号，则应复制对应密度的启动文件。

③ 复制外设驱动文件。从标准外设库目录，将 Libraries\STM32F10x_StdPe riph_Driver\目录下的 inc 和 src 两个文件夹复制到 FirstPrj\STM32F10x_FWLib\目录。

④ 复制用户文件。从标准外设库目录，将 Project\STM32F10x_StdPeriph_ Template\目

录下的 stm32f10x_conf.h、stm32f10x_it.c 和 stm32f10x_it.h 三个文件复制到 FirstPrj\USER\
目录。

到目前为止，建立工程目录结构和复制库文件的工作已经完成，接下来就可以到 Keil
MDK 环境下进行后续操作了。需要说明的是，以上建立工程目录操作中使用的目录结构和
名称只是一个示例，读者可根据自己的偏好自行定义工程目录的结构和名称。

（3）在 Keil MDK 环境中新建工程。进入 Keil MDK 环境，执行 Project→New μVision
Project 命令，进入如图 4.4.7 所示的新建工程的界面。

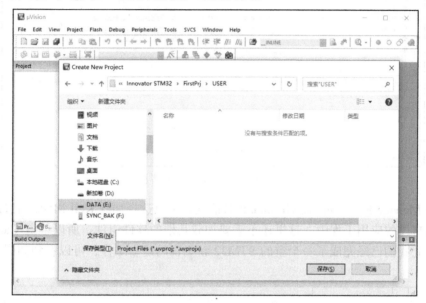

图 4.4.7　在 Keil MDK 中新建工程

将新建工程的保存路径切换到 D:\Innovator_STM32\ FirstPrj\USER\目录，输入新建工程
的名字，如取工程名为 Blink，单击"保存"按钮。此时会弹出选择器件的对话框，如图 4.4.8
所示。

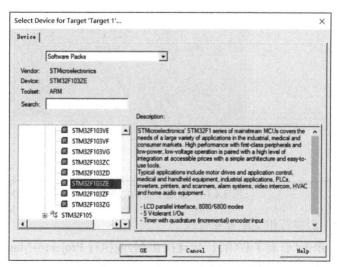

图 4.4.8　选择 MCU 型号系列

在器件选择列表中展开 **STMicroelectronics** 公司的器件列表，选中开发板使用的微控制器芯片型号系列，这里选择 Innovator STM32 开发实验板 MCU 的型号系列 STM32F103ZE，单击 OK 按钮后，弹出 Manage Run-Time Environment 对话框，如图 4.4.9 所示。

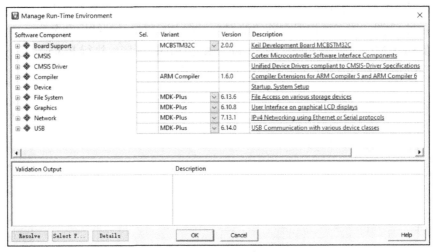

图 4.4.9　运行时环境管理界面

通过 Manage Run-Time Environment 对话框，可以选择加载 Keil MDK 内置的多种软件组件到自己的应用工程中。这里还不需要加载其他的软件组件，所以单击 Cancel 按钮即可。至此我们已经完成了一个空的 STM32 新工程的建立工作，可以看到如图 4.4.10 所示的界面。

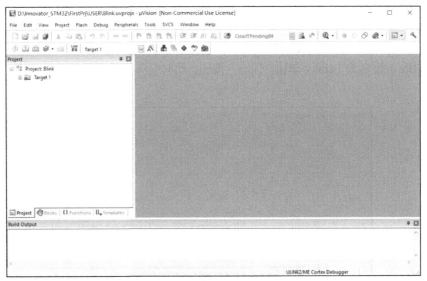

图 4.4.10　新建工程后的界面

（4）对新建的工程进行相关配置和管理。

① 在界面中，单击"管理工程项目"快捷按钮，或执行 Project→Manage→Project Items 命令，打开如图 4.4.11 所示的 Manage Project Items 对话框。双击 Project Target 框中的 Target

1 和 Groups 框中的 Source Group 1,分别将工程名称 Target 1 改为 Blink,源码组 1 名称 Source Group1 改为 USER,并在 Groups 框中单击"新建"快捷按钮🗀,分别新建 CORE 和 FWLib 两个分组。

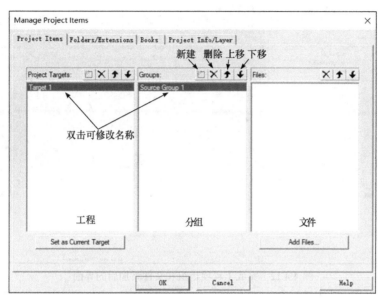

图 4.4.11 管理工程项目界面

② 给每个分组添加文件,操作方法是先在 Groups 框中选中一个分组,然后单击 Files 框下方的 Add Files 按钮,此时会弹出文件选择对话框,在该对话框中加入所新建工程目录 FirstPrj\USER\文件夹中的 stm32f10x_it.c 和 system_stm32f10x.c 两个文件。按照此方法,分别在 CORE 分组中加入 FirstPrj\CORE\文件夹中的 core_cm3.c 和 startup_ stm32f10x_hd.s 两个文件,在 FWLib 分组中加入 FirstPrj\STM32F10x_FWLib\src 文件夹中的所有外设驱动 C 源文件。

③ 在 Manage Project Items 对话框中单击 OK 按钮,返回如图 4.4.12 所示的 MDK 主界面。细心的读者可能会发现,在文件添加完成后的 Manage Project Items 对话框中,CORE 和 FWLib 组中的文件图标上有个小钥匙的图案,这其实是表示该文件当前为只读属性,也就是说不能修改这些文件。

④ 对工程进行必要的参数配置。在图 4.4.12 所示界面中单击"工程目标选项"快捷按钮⚒或执行 Project→Options for Target 'Blink'命令,打开如图 4.4.13 所示的 Options for Target 'Blink'对话框。在 Target 选项卡中,将外部晶振频率 Xtal(MHz)由默认的 12MHz 修改为 8MHz,因为 Innovator STM32 开发实验板使用的是 8MHz 频率的外部晶体振荡器。修改这一参数的目的主要是使 MDK 在进行软件仿真时能够更接近于物理硬件的实际情况。

⑤ 切换到 Output 选项卡,单击 Select Folder for Objects 按钮,进行 MDK 编译过程所产生中间文件以及输出文件存放路径的设置。这里可以设置为之前在建立工程目录时所建立的 FirstPrj\OBJ\目录,如图 4.4.14 所示。如果不进行该处的设置,则 MDK 会将存放路径默认设置为 FirstPrj\USER\Objects\。在此选项卡中,还可以设置 Creat HEX File 选项,控制 MDK 是

否生成用于烧写到芯片 Flash 的 HEX 文件。

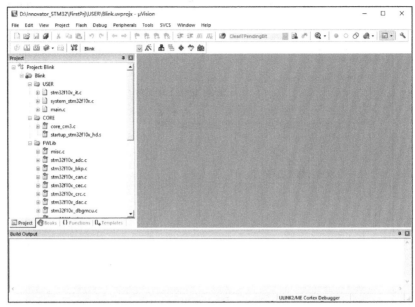

图 4.4.12 完成工程项目组和文件添加后的界面

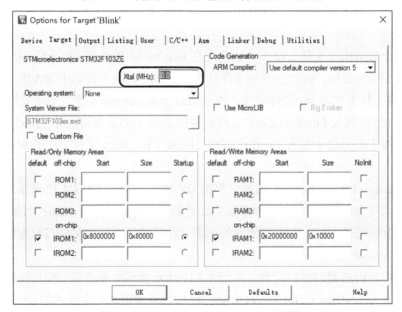

图 4.4.13 Options for Target 'Blink'对话框

⑥ 切换到 Listing 选项卡，单击 Select Folder Listings 按钮，可以进行 MDK 编译过程所产生列表文件存放路径的设置。这里选择默认设置即可，MDK 会将存放路径默认设置为 FirstPrj\USER\Listings\。此选项卡中，还可以设置是否生成 C 编译器列表信息、C 预处理器列表信息以及链接器列表信息，一般选择默认设置即可。

⑦ 切换到 C/C++选项卡，对 MDK C/C++编译器进行相关参数的设置，如图 4.4.15 所示。首先进行 C/C++预处理器的宏定义符号的设置，在 Define 输入框中输入"STM32F10X_

HD,USE_STDPERIPH_DRIVER"两个常量宏定义，中间用逗号分隔。其中，STM32F10X_HD 宏定义告知 C/C++预编译器编译按高密度 STM32 芯片进行处理，因为本工程是针对 STM32F103ZET6 高密度芯片的；而 USE_STDPERIPH_DRIVER 则是表示使用标准外设库驱动进行开发（如果使用 HAL 库进行开发，则该宏定义为 USE_HAL_DRIVER）。

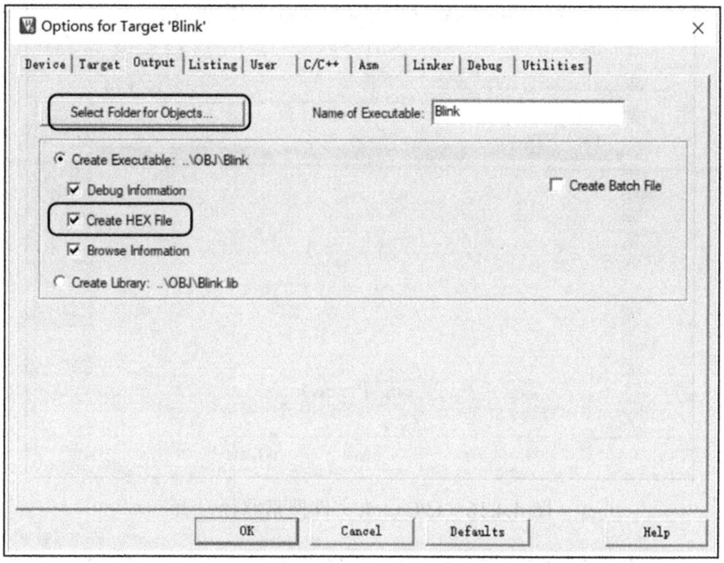

图 4.4.14　目标文件存放路径设置

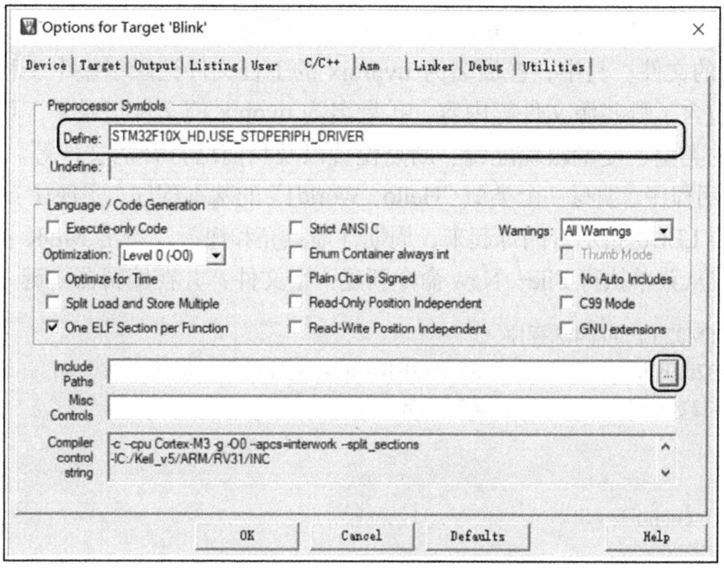

图 4.4.15　C/C++编译参数设置

为了让 C/C++编译器在编译时能够找到各源文件所依赖的头文件，还必须进行头文件搜索路径的设置。单击选项卡中 Include Paths 输入框右侧的 按钮，打开头文件搜索路径设置对话框，如图 4.4.16 所示。在该对话框中进行新增、删除以及调整搜索路径的顺序操作，分别将 FirstPrj\USER、FirstPrj\CORE、FirstPrj\STM32F10x_FWLib\inc 三个路径添加到头文件搜索路径列表。这些路径包含了 CMSIS 源文件、外设驱动源文件和用户源文件的关联头文件。C/C++选项卡还有多项有关编译器语言及代码生成的选项，一般选择默认参数设置即可。

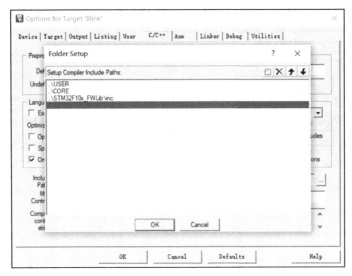

图 4.4.16　C/C++头文件搜索路径设置

　　到目前为止，已经在 MDK 环境中新建并完成了一个基于 STM32 F103ZET6 微控制器和标准外设库的应用工程开发框架。MDK 会在所选择的工程保存目录中生成名为 Blink.uvprojx 的工程文件和名为 Blink.uvoptx 的工程配置选项文件，这两个文件都是使用 XML 格式记录的文件。其中，扩展名为 uvprojx 的工程文件记录了整个工程的结构，如芯片类型、工程包含了哪些源文件等内容，扩展名为 uvoptx 的文件记录了工程的配置选项信息，如仿真器的类型、变量跟踪配置、断点位置以及当前已打开的文件等。

　　(5) 编写应用程序。编写一个类似"Hello，World!"的基本程序，实现让 Innovator STM32 开发实验板上的 LED0 指示灯闪烁起来，周期性地点亮和熄灭。单击 MDK 主界面的快捷按钮栏的 ▯ 按钮或从菜单执行 File→New 命令新建一个文件，并在编辑器中键入如下代码：

```
/* InnovatorSTM32 LED0 闪烁程序  */
#include "stm32f10x.h"          //包含 STM32F10x 的片上外设访问层头文件
 void delay(u32 count)          //软件延时函数
 {
      u32 i;
      for(i=0;i<count;i++);
 }
 int main(void)                 //主函数
 {
      GPIO_InitTypeDef  GPIO_InitStructure;       //定义 GPIO 初始化结构体变量

      RCC_APB2PeriphClockCmd(RCC_APB2Periph_GPIOB, ENABLE);    //使能 GPIOB 端口时钟
      GPIO_InitStructure.GPIO_Pin = GPIO_Pin_5;       //PB.5 是 LED0 连接的管脚
      GPIO_InitStructure.GPIO_Mode = GPIO_Mode_Out_PP;       //设置为推挽输出模式
```

```
        GPIO_InitStructure.GPIO_Speed = GPIO_Speed_50MHz;      //GPIO 输出速度设置为 50MHz
        GPIO_Init(GPIOB, &GPIO_InitStructure);               //初始化 GPIOB
        GPIO_SetBits(GPIOB,GPIO_Pin_5);                      //PB.5 输出高电平, LED0 初始为熄灭
        while(1)                                             //主循环
        {
                GPIO_ResetBits(GPIOB,GPIO_Pin_5);            //PB.5 输出低电平, 点亮 LED0
                delay(2000000);                              //延时一段时间
                GPIO_SetBits(GPIOB,GPIO_Pin_5);              //PB.5 输出高电平, 熄灭 LED0
                delay(2000000);                              //延时一段时间
        }
}
```

　　上述程序通过"点亮 LED0→延时→熄灭 LED0→延时"的循环方式实现 LED0 灯的闪烁。为了实现这个目的, 就需要用到 MCU 片上外设 GPIO 的驱动, 因此在代码中首先包含了 STM32F10x 的片上外设访问层头文件 stm32f10x.h。delay 函数是一个常规的软件延时函数, 就是利用一个长整型变量累加来实现延时, 延时时间不易计算。在本书第 5 章详细讨论利用 STM32 硬件定时器实现精确延时的方法。在 main 函数中使用了标准外设库的 GPIO 驱动, 包括 GPIO 初始化结构体的定义、GPIO 的初始化、GPIO 管脚输出高低电平函数, 读者可依据注释先行理解。

　　在 MDK 中, 将新建的程序文件保存为 main.c, 保存路径为 FirstPrj\USER, 并将 main.c 文件添加到已经建立好的 FirstPrj 工程的 USER 分组中。至此, 已经完成了一个具有标准外设库基本应用功能的 STM32 工程的创建工作。

　　2) 利用现有的工程作为模板建立一个 STM32 应用工程

　　从以上内容可以看出, 要新建一个 STM32 工程, 需要四个主要过程, 依次是新建工程目录结构、复制库文件、在 Keil MDK 环境中新建工程以及工程的配置, 每一个过程均需要进行多步操作。那么有没有一种更为快捷的创建 STM32 应用工程的方法呢? 答案就是利用现有工程作为模板来建立自己的 STM32 应用工程。下面我们将刚才建立的 Blink 工程作为模板, 以此为例来说明利用现有工程模板建立一个 STM32 应用工程的方法。

　　(1) 复制模板工程文件夹和更改文件夹及工程相关文件的名称。

　　①将模板工程的文件夹整个复制一份, 存放到所希望存放的路径, 并更改文件夹的名称为自己所希望的名称, 同时更改工程文件和工程选项文件的名称为所希望的名称。例如, 将 D:\Innovator_STM32\FirstPrj 复制成为 D:\Innovator_STM32\SecondPrj。

　　②进入新复制得到的 SecondPrj 文件夹中, 将 Blink.uvprojx 和 Blink.uvoptx 分别更名为 LED.uvprojx 和 LED.uvoptx, 如图 4.4.17 所示。

　　③进入 Keil MDK 环境下, 打开 LED.uvprojx 工程文件。工程目标(Target)名称更改有两种方法, 如图 4.4.18 所示。一种方法是直接在主界面项目管理器中单击目标名称进行更改(图 4.4.18(a)), 另一种方法是打开 Manage Project Items 对话框进行更改(图 4.4.18(b))。

　　(2) 根据实际需要替换芯片型号系列及启动文件。也就是根据实际开发的目标 MCU 芯片的型号系列来替换模板中的型号系列。替换方法是打开 Options for Target 'LED' 对话框, 在 Device 选项卡中选择正确的目标 MCU 芯片型号系列, 如图 4.4.19 所示。如果目标 MCU 型号系列与模板工程的 MCU 型号系列一致, 则无须操作这一步。

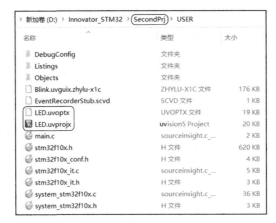

图 4.4.17　复制模板工程文件夹和文件更名(一)

(a)

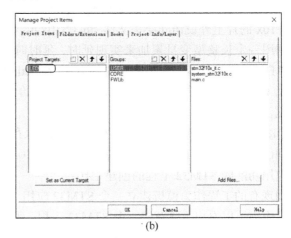

(b)

图 4.4.18　复制模板工程文件夹和文件更名(二)

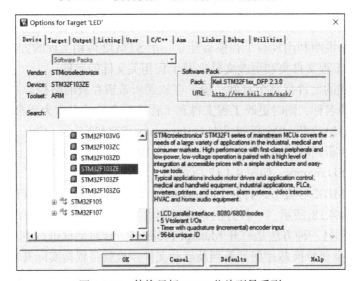

图 4.4.19　替换目标 MCU 芯片型号系列

　　当进行了 MCU 型号系列的替换并且其容量密度类型与模板工程原 MCU 型号系列的容

量密度类型不一致时，还需要替换工程中的启动文件。对于本例而言，操作方法是首先从
STM32F10x 标准外设库的 Libraries\CMSIS\CM3\DeviceSupport\ST\STM32F10x\startup\arm\
目录下，把对应目标 MCU 信号容量密度类型的启动文件复制到 SecondPrj\CORE\目录下，
然后通过 Manage Project Items 对话框进行替换，在 CORE 组删除原启动文件，加入新复制
的启动文件，如图 4.4.20 所示。

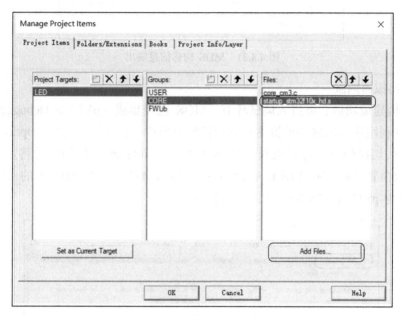

图 4.4.20　替换启动文件

　　(3)根据实际需要修改工程选项中的参数，如晶振频率、软件模拟器与 MCU 信号相关
的参数、JTAG 仿真器设置等。这一步的修改方法与新建工程的参数配置管理是一样的。
　　(4)根据需要修改或重新编写应用程序。如果编写了新的应用程序文件，还需要将这些
文件添加到工程对应的文件组中。

　　3. 工程构建与调试

　　1)工程构建

　　在 MDK 中，可以在快捷按钮工具栏中单击 ▦ 按钮或从菜单中执行 Project→ Build Target
命令，或按快捷键 F7，均可对目标工程进行构建(Build)。如果输入的源代码无误，MDK
将利用其编译工具链按照 4.4.2 节中所描述的工作流程对工程进行编译、链接和映像文件的
格式转换。对于 Blink 工程，在 Bulid Output 窗口中将会显示如图 4.4.21 所示的构建信息，
并在 FirstPrj\OBJ 目录下生成带调试信息的可执行代码文件 Blink.axf 和带 Flash 烧录地址信
息的可执行代码文件 Blink.hex。

　　如果在构建过程中发生错误，就会在 Bulid Output 窗口中显示错误或警告提示信息，可
根据这些提示信息进一步修改源程序或修改相关配置参数。当完成源程序修改或参数配置
后，可单击快捷按钮工具栏中的 ▦ 按钮或从菜单中执行 Project→Rebuild All Target files 命
令，对整个工程重新构建。如此反复，直到工程构建成功。

```
Build Output
compiling stm32f10x_rtc.c...
compiling stm32f10x_i2c.c...
compiling stm32f10x_rcc.c...
compiling stm32f10x_sdio.c...
compiling stm32f10x_wwdg.c...
compiling stm32f10x_spi.c...
compiling stm32f10x_usart.c...
compiling stm32f10x_tim.c...
linking...
Program Size: Code=1088 RO-data=320 RW-data=0 ZI-data=1632
FromELF: creating hex file...
"..\OBJ\Blink.axf" - 0 Error(s), 0 Warning(s).
Build Time Elapsed:  00:00:04
```

图 4.4.21　MDK 构建信息输出

2) 软件模拟器调试

当工程构建成功后，可进入调试环节。MDK 已经集成了μVision Debugger 软件调试器，我们可以利用其中的软件模拟器来进行代码的模拟运行与调试。打开 Options for Target 'Blink'对话框，切换到 Debug 选项卡，选择左侧 Use Simulator 单选按钮，并将左下方 Dialog DLL 的参数由默认的 DCM.DLL 替换为 DARMSTM.DLL，Parameter 的参数由默认的 -pCM3 替换为-pSTM32F103ZE，如图 4.4.22 所示。

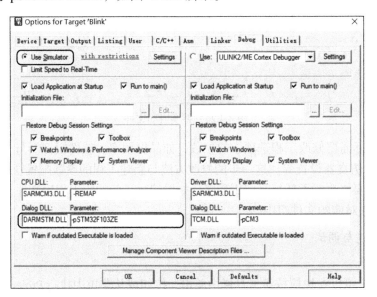

图 4.4.22　软件模拟器调试方式选择

设置好 Debug 选项卡的参数后，在 MDK 主界面中，可以在快捷按钮工具栏中单击 按钮或从菜单中执行 Debug→Start/Stop Debug Session 命令，或按快捷键 Ctrl+F5，均可启动进入调试状态，出现调试器主界面，如图 4.4.23 所示。在快捷按钮工具栏上有 7 个图标，可在调试时分别进行 CPU 复位、运行、停止、单步进入、单步跳过、单步跳出和运行到光标处等调试功能控制。在断点调试方面，可通过单击源程序行号左侧深灰色区域设置断点（出现红点）或撤销断点（红点消失）。当然，上述调试控制也可通过 Debug 菜单下的相应功能子菜单来进行操作。

图 4.4.23　调试器主界面

在调试过程中，如何查看外设的工作情况呢？例如，Blink 程序中的 LED 灯状态的变化情况。第一种方式不使用内置的软件逻辑分析仪。通过单击系统查看器窗口快捷按钮 右侧的下拉小箭头，来选择所要查看的外设，打开对应外设的查看对话框来进行查看，也可从菜单 Peripherals 选择打开所要查看外设的观察对话框。对于 Blink 工程，在快捷按钮处选择 GPIO→GPIOB 选项或从菜单执行 Peripherals →General Purpose I/O→GPIOB 命令均可以打开外设 GPIOB 的观察对话框，如图 4.4.24 所示。从观察对话框中，可以看出 GPIOB 的第 5 位（PB.5）在交替地打钩或不打钩，表示 PB.5 在交替地输出低电平（0）和高电平（1），也表示 LED0 在闪烁。

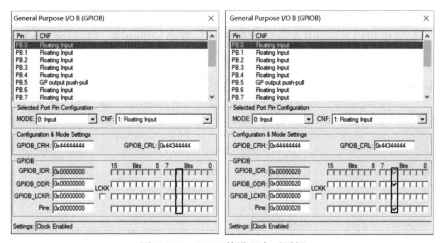

图 4.4.24　GPIO 外设观察对话框

Keil MDK 中内置了一个功能很强的软件逻辑分析仪，可以用来分析数字信号、模拟信号和 CPU 的总线信号，提供了调试函数机制，可用于产生自定义的信号，如正弦波、三角波、噪声信号等。查看外设工作情况的第二种方式就是利用软件逻辑分析仪来实现。通过单击分析窗口快捷按钮 右侧的下拉小箭头打开 Logic Analyzer 对话框，也可执行 View→Analysis Window→Logic Analyzer 命令来打开 Logic Analyzer 对话框。打开 Logic Analyzer 对话框后，单击左上角的 Setup 按钮，弹出 Setup Logic Analyzer 对话框，先对要查看的信号进行设置，如图 4.4.25 所示。单击对话框右上角的新增按钮(图 4.4.25(a))，在输入框中输入"portb.5"，表示要查看的信号是 PB.5，然后按 Enter 键或单击空白处，在 Signal Type 选择框中将默认的 Analog(模拟)改为 Bit(位)，表示 PB.5 是数字信号，在 Color 选择框中更改信号波形显示的颜色，单击对话框下侧的 Close 按钮关闭设置对话框。此时 Logic Analyzer 对话框中会显示出 PB.5 的变化波形，如图 4.4.26 所示。在进行信号波形观察时，可通过对话框上方的功能按钮，进行信号波形的显示调整，还可以测量信号的周期、频率等相关参数。

(a)　　　　　　　　　　　　　　　　(b)

图 4.4.25　逻辑分析仪设置

从图 4.4.26 中可以看到 PB.5 信号周期性地呈现高、低电平，也表示了 LED0 的闪烁状态。

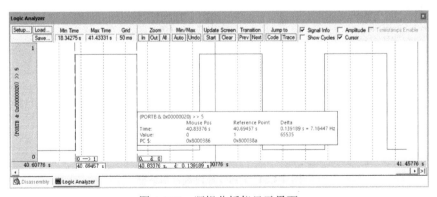

图 4.4.26　逻辑分析仪显示界面

在调试过程中，再次单击快捷按钮工具栏中的 按钮或从菜单中执行 Debug→ Start/Stop

Debug Session 命令,或按快捷键 Ctrl+F5,均可停止调试,退出调试状态。

3) 硬件联机调试

借助 JTAG 仿真器,可以在 MDK 环境中对工程进行联机在线调试。参照 4.2.3 节,首先完成 Innovator STM32 开发实验板、ST-LINK/V2 仿真器以及宿主计算机之间的硬件连接,然后在 MDK 中完成 ST-LINK/V2 仿真器的配置。

在 MDK 主界面中,与软件模拟器调试方式一样,通过单击快捷按钮工具栏中的 ⊕ 按钮、从菜单中执行 Debug→Start/Stop Debug Session 命令或按快捷键 Ctrl+F5 三种方式来启动进入调试状态,进行单步调试、断点调试等其他操作,操作方法与软件模拟器调试方式完全一致。如果选择运行,就可以看到第一个应用工程的运行效果:LED0 不断闪烁。

在调试过程中,同样可以打开外设 GPIOB 的观察对话框来查看外设的工作情况。与软件模拟器调试方式的查看对话框呈现形式有所不同,联机在线调试方式下,GPIOB 查看对话框中是按树形列表方式显示 GPIOB 所有寄存器的实时值,可以展开每个寄存器,查看到寄存器中每一位的实时状态,如图 4.4.27 所示。可以看出 GPIOB 的数据输出寄存器 ODR 的第 5 位(ODR5)在交替地打钩(图 4.4.27(a))或不打钩(图 4.4.27(b))。

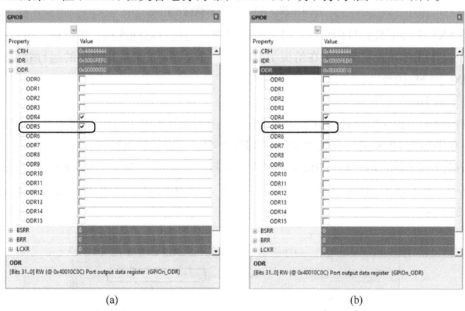

图 4.4.27　在线调试时的 GPIOB 外设查看对话框

与软件模拟器调试方式不同,联机在线调试时,逻辑分析仪功能失效,在调试中不能使用逻辑分析仪来查看信号波形。

4. 下载工程到目标板

我们已经知道,MDK 在进行工程构建后,可以直接产生 AXF 和 HEX 两种可执行映像文件,都可以运行在 STM32 微控制器上。AXF 文件不仅包含了机器码,也包含了调试信息。而 HEX 文件包含了物理地址信息和机器码数据,但不包括调试信息。在 MDK 中,AXF 和 HEX 两种文件的下载方法略有差异,下面就介绍这两种文件下载到 STM32 微控制器芯片 Flash 存储器中的方法。

1）下载 AXF 文件

AXF 文件是 MDK 编译默认生成的文件。实际上，进行硬件联机调试时，在进入调试状态前，已经将 AXF 文件中的机器码部分下载到了 MCU 中的 Flash 中。如果需要单独下载 AXF 文件，可以参照 4.2.3 节，首先连接好 ST-LINK/V2 仿真器和开发板，然后在 MDK Options for Target 'Blink'对话框中设置好 Debug 选项卡和 Flash Download 选项卡中的相关参数，最后在 MDK 主界面中单击快捷按钮工具栏中的 按钮或从菜单中执行 Flash→Download 命令，工程构建后所生成的 Blink.axf 随即通过 ST-LINK/V2 仿真器，下载到 Innovator STM32 开发实验板上的 STM32F03ZET6 片内 Flash 中。下载后，会在 Build Output 窗口中显示下载成功与否的提示信息，如图 4.4.28 所示。如果下载不成功，就需要根据错误提示信息进行相应检查处理后再次尝试下载。

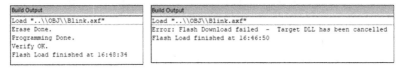

图 4.4.28　AXF 文件下载提示信息

当 AXF 文件下载到目标板后，目标板即可断开与仿真器的连接，进行独立运行。对于 Innovator STM32 开发实验板，在给板子上电后，可以看到工程应用程序的运行效果，也就是 LED0 不停地闪烁。

2）下载 HEX 文件

在前面的工程配置管理部分，提到过可以选择让 MDK 进行工程构建时自动产生 HEX 文件。如果想把 HEX 文件下载到 MCU 的 Flash 中，可以这样来操作。

（1）打开 Options for Target 'Blink'对话框，切换到 Output 选项卡，在 Name of Executable 输入框中，在默认的 Blink 名称之后加上 ".hex"，意为可执行文件的名称是 Blink.hex，如图 4.4.29 所示。

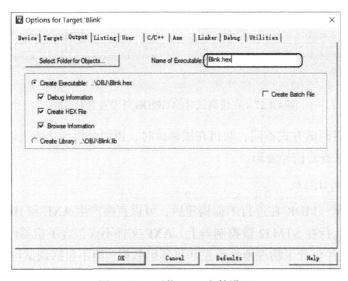

图 4.4.29　下载 HEX 文件设置

(2) 单击 OK 按钮关闭对话框,返回 MDK 主界面,注意,此时不要再进行工程构建操作,而是直接单击快捷按钮工具栏中的 ▓ 按钮或从菜单中执行 Flash→Download 命令,下载过程与 AXF 文件的下载过程是一样的。如果正常,Blink.hex 会通过 ST-LINK/V2 仿真器下载到 Innovator STM32 开发实验板上的 STM32F03ZET6 片内 Flash 中。当正常下载后,建议将刚才在对话框中所设置增加的 ".hex" 去掉,恢复成原来的设置,以免影响再次构建工程或者下载时产生其他问题。

除可利用 Keil MDK 进行 HEX 文件的下载以外,还有多种官方和第三方的下载软件工具可以将 HEX 文件下载到 MCU 中。例如,ST 官方提供的 ST-LINK 仿真器下载软件工具 STM32 ST-LINK Utility、ISP(In-System Programming)下载软件工具 Flash Loader Demonstrator,还有第三方的 ISP 下载软件工具 FlyMCU 等。感兴趣的读者可以自行采用这些工具来完成 HEX 文件的下载固化。

至此,我们已经完成一个简单的 STM32F103 微控制器应用工程从创建工程、编译构建、调试到下载的完整开发过程,也经历了基于 Keil MDK 集成开发环境、STM32 标准外设库和 ST-LINK 仿真器的 STM32 应用开发环境搭建过程。读者可以以此为起点,结合本书后面章节的学习,逐渐加深理解,熟练掌握 STM32 标准外设库的使用和应用开发方法。

第 5 章　STM32 系列嵌入式处理器的片上外设

第 3 章详细介绍了 STM32 微控制器的体系结构，帮助读者构建 STM32 知识体系的整体框架。若读者只是理解了 STM32 的体系结构，仍不足以利用这种 Cortex-M3 内核的嵌入式处理器来实现宿主对象所要求的各种测试和控制功能。STM32 中真正实现与物理的世界连接，解决生产生活中实际问题的是片上外设(On Chip Peripheral)。而具备高水平的片上外设，也是 STM32 与其他 Cortex-M3 内核处理器相比最重要的竞争优势。本章将分别阐述 STM32 的 GPIO、定时器、串行接口(包括 UART、SPI、I²C、CAN 等)、并行接口(FSMC)和模拟片上外设(A/D、D/A 转换模块)等片上外设的原理和结构，并详细介绍用意法半导体官方提供的标准外设库操控这些外设的方法和步骤。

5.1　通用输入输出口

GPIO 是通用输入输出口的缩写，其功能是让嵌入式处理器能够通过软件灵活地读出或控制单个物理管脚上的高、低电平，实现内核和外部系统之间的信息交换。GPIO 是嵌入式处理器使用最多的外设，能够充分利用其通用性和灵活性，是嵌入式开发者必须掌握的重要技能。作为输入时，GPIO 可以接收来自外部的开关量信号、脉冲信号等，如来自键盘、拨码开关的信号；作为输出时，GPIO 可以将内部的数据送给外部设备或模块，如输出到 LED 数码管、控制继电器等。另外，理论上讲，当嵌入式处理器上没有足够的外设时，可以通过软件控制 GPIO 来模仿 UART、SPI、I²C、FSMC 等各种外设的功能。

5.1.1　STM32 GPIO 的基本原理

正是因为 GPIO 作为外设具有无与伦比的重要性，STM32 上除特殊功能的管脚外，所有的管脚都可以作为 GPIO 使用。以常见的 LQFP144 封装的 STM32F103ZET6 为例，有 112 个管脚可以作为双向 I/O 使用。为便于使用和记忆，STM32 将它们分配到不同的"组"中，在每个组中再对其进行编号。具体来讲，每个组称为一个端口，端口号通常以大写字母命名，从 A 开始依次简写为 PA、PB 或 PC 等。每个端口中最多有 16 个 GPIO，软件既可以读写单个 GPIO，也可以通过指令一次读写端口中全部 16 个 GPIO。每个端口内部的 16 个 GPIO 又被分别标以 0~15 的编号，从而可以通过 PA0、PB5 或 PC10 等方式来指代单个的 GPIO。以 STM32F103ZET6 为例，它共有 7 个端口(PA、PB、PC、PD、PE、PF 和 PG)，每个端口 16 个 GPIO，共 7×16＝112 个 GPIO。读者可以在意法半导体官方的数据手册(Data sheet，如 DocID13587)中查询到如表 5.1.1 所示的 GPIO 配置信息。

表 5.1.1　STM32 的管脚配置信息（部分）

脚位						管脚名称	类型	I/O电平	主功能（复位后）	可选的复用功能	
BGA144	BGA100	WLCSP64	LQFP64	LQFP100	LQFP144					默认复用功能	重定义功能
K11	H10	—	—	61	85	PD14	I/O	FT	PD14	FSMC_D0	TIM4_CH3
K12	G10	—	—	62	86	PD15	I/O	FT	PD15	FSMC_D1	TIM4_CH4
J12	—	—	—		87	PG2	I/O	FT	PG2	FSMC_A12	
J11	—	—	—		88	PG3	I/O	FT	PG3	FSMC_A13	
J10	—	—	—		89	PG4	I/O	FT	PG4	FSMC_A14	
H12	—	—	—		90	PG5	I/O	FT	PG5	FSMC_A15	
H11	—	—	—		91	PG6	I/O	FT	PG6	FSMC_INT2	
H12	—	—	—		92	PG7	I/O	FT	PG7	FSMC_INT3	

　　表 5.1.1 中，"脚位"列表示每个管脚在对应封装形式（如 BGA144 或 LQFP144 等）的芯片中所对应的管脚编号。"管脚名称"列标识了该管脚对应的 GPIO 名称（如 PD14 或 PD15 等）。"主功能"列表示 STM32 复位后该管脚默认的主要功能。"可选的复用功能"对应的两列，表示复位后该管脚除 GPIO 功能外，还有"默认复用功能"和"重定义功能"（关于"默认复用功能"和"重定义功能"的含义将在本节的后续部分介绍）。

　　STM32 中，大部分 GPIO 的内部功能结构如图 5.1.1 所示。

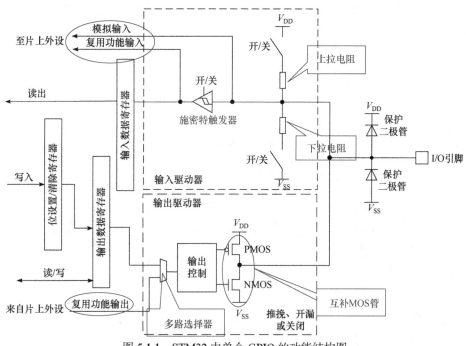

图 5.1.1　STM32 中单个 GPIO 的功能结构图

1. GPIO 的工作模式

通过对图 5.1.1 的电路进行适当配置，STM32 的 GPIO 可以被配置为以下功能。

（1）浮空输入：管脚内部只连接到高阻态的电路，GPIO 电平只由外部输入的电平确定。

（2）上拉输入：管脚内部上拉至高电平的输入。

（3）下拉输入：管脚内部下拉至低电平的输入。

（4）模拟输入：管脚内部只连接到高阻态的电路，外部模拟信号输入 ADC。

（5）推挽输出：管脚内部连接了一对互补 MOS 管，因此既能够输出或灌入数 mA 电流，也可以输出高电平或低电平。

（6）开漏输出：管脚内部只连接一个漏极开路的 NMOS 管，只能输出低电平，要有外部附加电路才能输出高电平。

（7）开漏复用输出：不仅具有开漏输出的特点，而且可以使用片内外设的功能。

（8）推挽复用输出：不仅具有推挽输出的特点，而且可以使用片内外设的功能。

下面分别介绍 GPIO 实现上述功能的配置方法。

1）浮空输入模式

浮空输入模式电路的重点是提高该管脚（I/O 端口）的输入电阻。该模式下，图 5.1.1 中的上拉电阻和下拉电阻被与之相关的两个开关断开，信号通过图 5.1.2 所示的通路，以①、②、③、④的顺序到达输入数据寄存器后被软件从 APB 读走。

浮空输入模式下，起作用的是图 5.1.2 中靠上的虚线框中的输入驱动器。其中①处的保护二极管，可以防止外部输入的电平超过 V_{DD} 后造成内部电路烧毁。②处的施密特触发器可以滤除数字电路门限附近的抖动干扰，降低输入高频噪声的干扰。③处的输入数据寄存器是映射到 Cortex-M3 存储空间的片上外设寄存器，用于暂存输入的电平状态。另外，由于所有 GPIO 被连接到 STM32 的高速外设总线 APB2 上，数据寄存器中的数据可以通过④处的 APB2 总线读走。

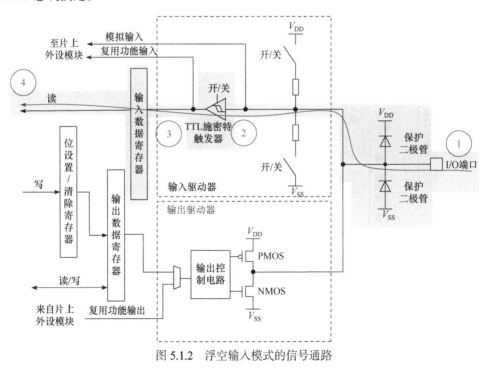

图 5.1.2　浮空输入模式的信号通路

与此同时，图 5.1.2 中靠下的虚线框中的输出驱动电路处于禁止状态。具体来说就是输出控制电路让输出互补 MOS 管对的 PMOS 管和 NMOS 管都处于关断状态，从而禁止其干扰外部 I/O 端口输入的电平。

2）上拉输入模式

上拉输入模式针对的是如按键输入这一类开关量的输入。该模式中作用的电路除了图 5.1.2 中的①、②、③、④部分之外，还将②之前的上拉电阻接入电路中。这样做的好处是：当管脚对地连接有一个开关（如轻触按键）时，若该按键处于释放状态（开关关断），管脚被上拉电阻连接到 V_{DD}，通过后续电路，软件可以读取到高电平；若开关按键处于按下的状态（开关闭合），则软件可以读取到低电平。注意，采用上拉输入模式时，开关应该连接到管脚和地之间。

3）下拉输入模式

和上拉输入模式一样，下拉输入模式针对的也是开关量的输入。与上拉输入模式不同的是该模式加入的是图 5.1.2 中②之前的下拉电阻。这样做的好处是：当管脚对 V_{DD} 连接有一个轻触按键时，若该按键处于释放状态，软件可以读取到低电平；若开关按键处于按下的状态，则软件可以读取到高电平。注意，采用下拉输入模式时，开关应该连接到管脚和 V_{DD} 之间。

4）模拟输入模式

模拟输入模式是指从右侧的管脚（I/O 端口）输入的是连续变化的模拟信号，输入的模拟信号可以用于 STM32 上的 A/D 转换和模拟比较器。在模拟输入模式下，起作用的是如图 5.1.3 所示的①、②两部分电路。

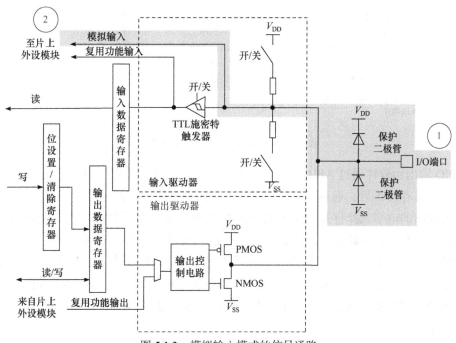

图 5.1.3　模拟输入模式的信号通路

为降低模拟输入阻抗，该模式下，上拉和下拉电阻都被禁止了。信号也没有通过施密特触发器，以防止其对信号的高、低电平量化；而是在施密特触发器之前，直接进入了 A/D 转换模块或其他模拟输入端。当然，此模式下软件仍然可以通过输入数据寄存器，读取被施密特触发器量化后的高、低电平。

5）推挽输出模式

推挽输出模式是最常用的一种输出模式，该模式下图 5.1.1 中靠下的虚线框内输出驱动器中的一对互补 MOS 管都被连接到电路中。它们虽然不会被同时打开，但总有一个处于打开的状态。当下面的 NMOS 管被打开时，管脚输出低电平，可以向外"挽入"电流；当上面的 PMOS 管被打开时，管脚输出高电平，可以向外"推出"电流。这也是该模式被称为推挽输出的原因。该模式的信号通过图 5.1.4 所示的通路，以①、②、③、④、⑤、⑥、⑦的顺序在 STM32 内部传输。

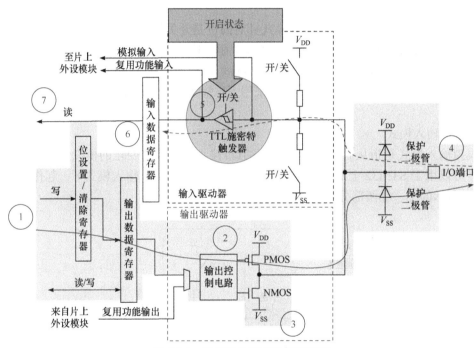

图 5.1.4　推挽输出模式的信号通路

GPIO 输出由软件通过 APB2 向对应的映像寄存器写入来发起，软件希望 GPIO 输出的电平被写入寄存器①后，通过多路数据选择器被传递到输出控制电路②。输出控制电路再根据需要输出的电平选择打开 PMOS 管还是 NMOS 管③，在管脚④上输出指定的电平。当然，有时管脚外部的负载过重，会导致③处的输出 MOS 管饱和，造成管脚上的实际电平不同于软件写入的电平。因此 STM32 设计了适当的机制，以保证软件能够了解管脚上的真实情况：管脚上真实的电平，会反向传输到上半部分虚线框中的施密特触发器⑤中，从而使随后的输入数据寄存器得到真实的电平状态，软件也可以通过 APB2 读取数据寄存器⑥和真实的管脚电平。

6）开漏输出模式

开漏输出模式和推挽输出模式非常类似，不同点仅在于在开漏模式下，图 5.1.4 中的输出控制电路②，通过控制逻辑永远禁止了互补 MOS 管对③中的 PMOS 管。这样使管脚④只能输出低电平，而软件输出高电平时 PMOS 管和 NMOS 管都是关断的。

新上手的读者可能会认为这种输出模式没有什么实际价值，其实开漏输出模式使 STM32 的 GPIO 输出能够兼容 5V、2.8V 或 1.8V 等其他电压的逻辑系统。例如，STM32 通过 GPIO 向 1.8V 的 FPGA 系统传输信号时，若仍然采用推挽输出模式，会使 STM32 输出的高电平远高于 FPGA 的 I/O 电源电压，从而造成电流倒灌进入 FPGA 内部，引起器件损坏或工作不正常的问题。此时 STM32 应采用开漏输出模式，将与 FPGA 相连的 GPIO（图 5.1.4 的④处）通过外接的上拉电阻连接到 1.8V 电源上。这样当软件需要向 FPGA 传递高电平时，虽然 PMOS 管没有导通，但高阻态的管脚④会被外接的上拉电阻拉高到 1.8V 逻辑水平，从而实现正确的数据传输。当然也要注意，不要把 STM32 的 GPIO 连接到高于 5V 的逻辑系统中。另外在使用时要尤其注意不要忘记使用外接的上拉电阻。

7）推挽复用输出模式

前面的介绍中提到过，几乎每一个 STM32 管脚都可以作为 GPIO 使用。相信很多读者会生出这样的疑问：除了 GPIO 之外，其他片上外设难道都不需要使用管脚吗？答案显然是否定的，如表 5.1.1 所示，每个管脚除了复位后的主功能是 GPIO 外，还具有复用功能（Alternate Function）。例如，表 5.1.1 所示的 PD14 就可以复用为外设 FSMC 的 FSMC_D0 功能。如图 5.1.1 所示，某个具体管脚在用作复用功能时就需要从左下方的片上外设（如 FSMC）处得到需要输出的信号，同时将输入的信号传输到左上方的片上外设。

由图 5.1.1 可知，当和管脚相连的片上外设需要该管脚作为输入使用时，只需要根据功能需求将 GPIO 配置为浮空、上拉或下拉输入模式即可。被激活的外设也需要从施密特触发器的输出得到复用功能输入。但当片上外设需要管脚作为输出使用时，就必须首先将图 5.1.1 下方虚线框中的多路选择器配置为选择下方的“外设输出”作为输出控制信号。

根据外设输出性质的不同，有的外设需要具有推挽功能的输出（如 SPI、FSMC 等），此时需要将管脚配置为推挽复用输出模式。而有的外设为了兼容不同电压的逻辑系统（如 I²C 等），需要将管脚配置为开漏复用输出模式。图 5.1.5 所示为推挽复用输出模式的信号通路。

该模式的信号通路基本与推挽输出模式相同：采用互补 MOS 管输出高、低电平，且软件可以通过输入信号通路读取管脚上的电平状态。不同之处仅在于输出的信号由片上外设的复用功能输出产生。

8）开漏复用输出模式

图 5.1.6 所示为开漏复用输出模式的信号通路。其电路配置与推挽复用输出模式基本相同，不同点仅在于禁止了互补 MOS 管对的 PMOS 管，得以通过开漏输出兼容不同逻辑电压的系统。在使用时要尤其注意不要忘记使用外接的上拉电阻。

在使用复用功能时，应根据复用功能中该管脚的具体属性确定使用的模式，一般而言应遵循以下原则：复用输入功能，管脚应配置为输入模式（浮空、上拉或下拉）；复用输出功能，管脚应配置成复用功能输出模式（推挽或开漏）；复用功能管脚若是双向的，则管脚应配置为复用功能输出模式（推挽或开漏）。

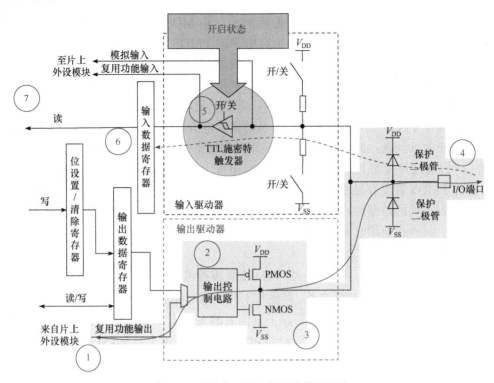

图 5.1.5　推挽复用输出模式的信号通路

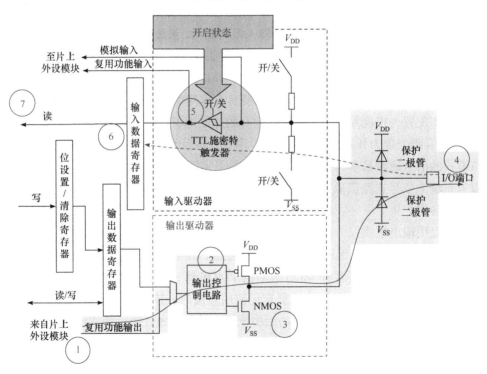

图 5.1.6　开漏复用输出模式的信号通路

2. 管脚输出速度配置

另外，STM32 还支持对 GPIO 的输出速度进行配置。该功能主要用于满足复杂条件下，宿主对象针对电磁干扰(EMC)的严格要求。某些宿主对象(如高端医疗仪器)，要求嵌入式处理器不能对外产生高频的电磁干扰，而 GPIO 数字输出中的高频分量是产生电磁干扰的主要原因。显然将 GPIO 的输出带宽限制得越低，其所产生的电磁干扰也就越少，但带来的问题是 GPIO 的工作带宽也随之降低。因此 GPIO 的最佳输出速度是功能和电磁干扰限制的折中结果。STM32 的 GPIO 支持的输出带宽有以下几种。

(1) 2MHz：常用于低速的人机交互设备，如 LED 输出或按键输入。

(2) 10MHz：常用于中、低速的接口电路，如 I^2C 接口中的 SDA 或 SCL 管脚。

(3) 50MHz：常用于较高速度的外设接口电路，如 SPI 和 FSMC 接口。

3. 复用功能的软件重映射

很多初学者在使用 STM32 丰富的片上外设功能时常常会生出这样的疑问：单个物理管脚常常被用作多种外设的 I/O 口，但某个嵌入式系统需要同时使用复用到一个管脚上的两个功能时，是否会由于物理管脚的冲突而无法使用？例如，PA9 管脚的复用功能为既是串口 1 的发送管脚(USART1_TX)，又是定时器 1 的通道 2(TIM1_CH2)，那么若系统既要使用串口 1，又要使用定时器 1 的通道 2，就会造成 PA9 管脚上的冲突。其实意法半导体早已考虑了这一问题，STM32 采用复用功能的软件重映射的方法，用软件将 USART1_TX 重映射到 PB6 管脚上输出，从而将 PA9 留给 TIM1_CH2 使用。复用功能重映射最大限度地发挥了 STM32 片上外设的功能，提升了该芯片使用的灵活性。同时方便了 PCB 的设计，潜在地减少了信号的交叉干扰，分时复用某些外设，相当于虚拟地增加了端口数目。

值得读者注意的是，STM32 并不能将外设重映射到任意管脚上。一般而言，每个复用功能只具备复位后的缺省(Default)管脚和复用功能重映射(Remap)管脚两个位置。图 5.1.7

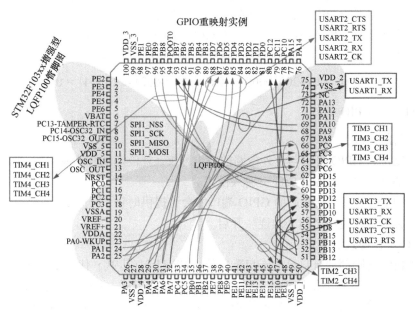

图 5.1.7　LQFP100 封装 STM32 的管脚重映射

是 LQFP100 封装的 STM32F103Vx 的复用功能重映射图，其中着重展示了相同复用功能管脚位置的变换关系。

使用时，读者应先在意法半导体官方提供的数据手册（如 DocID13587）中找到如表 5.1.1 所示的管脚配置信息表，并从中找到所需功能所在的缺省管脚和复用功能重映射管脚。若某些复用功能需要从重映射管脚输出才能满足嵌入式系统的功能要求，则采用如下步骤实现复用功能重映射。

(1)使能 GPIO 的时钟，如：

RCC_APB2PeriphClockCmd(RCC_APB2Periph_GPIOB, ENABLE);

(2)使能要使用的外设时钟，如：

RCC_APB2PeriphClockCmd(RCC_APB2Periph_USART1, ENABLE);

(3)使能重映射时钟，如：

RCC_APB2PeriphClockCmd(RCC_APB2Periph_AFIO, ENABLE);

(4)使能重映射，如：

GPIO_PinRemapConfig(GPIO_Remap_USART1, ENABLE);

4. 位带操作

通过 3.2 节对 STM32 位带操作的介绍可知，为方便软件对单个位的读写操作，片上外设映像寄存器区最低的 1MB 空间的位带区被映射到了片上外设区 32～64MB 的位带别名区。位带操作使本来需要经过“读—修改—写”才能进行的位操作，变为直接对位带别名区的一个字的操作。

由于对 GPIO 的操作往往是对一个单独管脚的操作，位带操作通常可以大大简化软件对 GPIO 的操作流程。例如，需要 PA5 修改输出的电平，则需要修改片上外设映像寄存器 GPIO_ODR 的第 5 位(GPIO_PIN_5)的值。采用位带操作后，软件可以用直接修改位带别名区一个字的值替代单个位的修改操作。因为 GPIO_ODR 在外设映像寄存器位带区的地址为 0x4001_080C，通过式(3.2.1)计算其位带别名区的地址的方法为

$$位带别名区地址 = 0x4200\_0000 + (0x1\_080C \times 32) + (5 \times 4) = 0x4221\_0194$$

5. STM32 的 GPIO 操作

1)复位后的 GPIO

为防止复位后 GPIO 管脚与片外电路的输出冲突，复位期间和刚复位后，所有 GPIO 管脚复用功能都不开启，被配置成浮空输入模式。

为了节约电能，只有被开启的 GPIO 端口才会给提供时钟，因此复位后所有 GPIO 端口的时钟都是关断的，使用之前必须逐一开启。

2)GPIO 工作模式的配置

每个 GPIO 管脚都拥有自己的端口配置位 CNFy[1:0](其中 y 代表 GPIO 管脚在端口中的编号)，用于选择该管脚是处于输入模式中的浮空输入模式、上拉/下拉输入模式或者模拟输入模式；还是输出模式中的输出推挽模式、开漏输出模式或者复用功能推挽/开漏输出模式。每个 GPIO 管脚还拥有自己的端口模式位 MODEy[1:0]，用于选择该管脚是处于输入模

式，或是输出模式中的输出带宽（2MHz、10MHz、50MHz）。

每个端口拥有 16 个管脚，而每个管脚又拥有上述 4 个控制位，因此需要 64 位才能实现对一个端口所有管脚的配置。它们被分置在 2 个字中，称为端口配置高寄存器（GPIOx_CRH）和端口配置低寄存器（GPIOx_CRL）。各种工作模式下的硬件配置总结如下。

（1）输入模式的硬件配置：输出缓冲器被禁止；施密特触发器输入被激活；根据输入配置（上拉、下拉或浮空）的不同，弱上拉和下拉电阻被连接；出现在 I/O 管脚上的数据在每个 APB2 时钟被采样到输入数据寄存器；对输入数据寄存器的读访问可得到 I/O 状态。

（2）输出模式的硬件配置：输出缓冲器被激活；施密特触发器输入被激活；弱上拉和下拉电阻被禁止；出现在 I/O 管脚上的数据在每个 APB2 时钟被采样到输入数据寄存器；对输入数据寄存器的读访问可得到 I/O 状态；对输出数据寄存器的读访问得到最后一次写的值；在推挽模式时，互补 MOS 管对都能被打开；在开漏模式时，只有 NMOS 管可以被打开。

（3）复用功能的硬件配置：在开漏或推挽式配置中，输出缓冲器被打开；片上外设的信号驱动输出缓冲器；施密特触发器输入被激活；弱上拉和下拉电阻被禁止；在每个 APB2 时钟周期，出现在 I/O 管脚上的数据被采样到输入数据寄存器；对输出数据寄存器的读访问得到最后一次写的值；在推挽模式时，互补 MOS 管对都能被打开；在开漏模式时，只有 NMOS 管可以被打开。

3）GPIO 输入的读取

每个端口都有自己对应的输入数据寄存器 GPIOx_IDR（其中 x 代表端口号，如 GPIOA_IDR），它在每个 APB2 时钟周期捕捉 I/O 管脚上的数据。软件可以通过对 GPIOx_IDR 寄存器某个位的直接读取，或对位带别名区中对应字的读取得到 GPIO 管脚状态对应的值。

4）GPIO 输出的控制

STM32 为每组 16 管脚的端口提供了 3 个 32 位的控制寄存器：GPIOx_ODR、GPIOx_BSRR 和 GPIOx_BRR（其中 x 指代 A、B、C 等端口号）。其中 GPIOx_ODR 的功能比较容易理解，它的低 16 位直接对应了本端口的 16 个管脚，软件可以通过直接对这个寄存器的置位或清零，来让对应管脚输出高电平或低电平。也可以利用位带操作原理，对 GPIOx_ODR 中某个位对应的位带别名区字地址执行写入操作以实现对单个位的简化操作。如 3.2 节所述，利用 GPIOx_ODR 的位带操作功能可以有效地避免端口中其他管脚的"读—修改—写"问题，但位带操作的缺点是每次只能操作 1 位，对于某些需要同时操作多个管脚的应用，位带操作就显得力不从心了。STM32 的解决方案是使用 GPIOx_BSRR 和 GPIOx_BRR 两个寄存器解决多个管脚同时改变电平的问题。

GPIOx_BSRR 的结构如图 5.1.8 所示，其高 16 位是本端口的清除位，低 16 位是本端口的置位。对清除位 BRy（y 为 0～15 的管脚编号）写入 1，可以使本端口 y 管脚输出低电平；对置位位 BSy 写入 1，可以使本端口 y 管脚输出高电平。反之对任何位写入 0 都不改变对应管脚的输出电平。

也正是由于向不需要修改电平的管脚对应的 BSRR 寄存位写入 0，不会修改其电平，对 BSSR 寄存器的写入操作有效地避免了"读—修改—写"的问题。另外，BSRR 是地址字对齐的（首地址能除得尽 4），对 BSRR 的操作可以在一条指令中一次完成，就使软件可以同时完成本端口内任意多位的置位和清零操作，满足了某些控制时序要求非常严格的应用需要。

31	30	29	28	27	26	25	24	23	22	21	20	19	18	17	16
BR15	BR14	BR13	BR12	BR11	BR10	BR9	BR8	BR7	BR6	BR5	BR4	BR3	BR2	BR1	BR0
W	W	W	W	W	W	W	W	W	W	W	W	W	W	W	W

15	14	13	12	11	10	9	8	7	6	5	4	3	2	1	0
BS15	BS14	BS13	BS12	BS11	BS10	BS9	BS8	BS7	BS6	BS5	BS4	BS3	BS2	BS1	BS0
W	W	W	W	W	W	W	W	W	W	W	W	W	W	W	W

位31: 16	BRy: 清除端口x的位y(y=0,1,···,15)(Port x Reset bit y) 这些位只能写入并只能以字(16位)的形式操作 0: 对对应的ODRy位不产生影响 1: 清除对应的ODRy位为0 注: 如果同时设置BSy和BRy的对应位，BSy位起作用
位15: 0	BSy: 设置端口x的位y(y=0,1,···,15)(Port x Set bit y) 这些位只能写入并只能以字(16位)的形式操作 0: 对对应的ODRy位不产生影响 1: 设置对应的ODRy位为1

图 5.1.8　BSRR 寄存器

GPIOx_BRR 的结构如图 5.1.9 所示。细心的读者一定发现了，BRR 寄存器的低 16 位和 BSRR 寄存器的高 16 位完全相同，都是让端口中的指定管脚输出低电平。既然 BSRR 的功能涵盖了 BRR，那么 BRR 存在的意义是什么呢？其实原因很简单——为了方便嵌入式程序员。当软件想让端口中的某些管脚输出低电平时，如果对 BSRR 操作，则需要将低电平管脚编号左移 16 位；而对 BRR 操作可以起到相同的作用，但无须移位即可直接写入。

31	30	29	28	27	26	25	24	23	22	21	20	19	18	17	16
保留															

15	14	13	12	11	10	9	8	7	6	5	4	3	2	1	0
BR15	BR14	BR13	BR12	BR11	BR10	BR9	BR8	BR7	BR6	BR5	BR4	BR3	BR2	BR1	BR0
W	W	W	W	W	W	W	W	W	W	W	W	W	W	W	W

位31: 16	保留。
位15: 0	BRy: 清除端口x的位y(y=0,1,···,15)(Port x Reset bit y) 这些位只能写入并只能以字(16位)的形式操作 0: 对对应的ODRy位不产生影响 1: 清除对应的ODRy位为0

图 5.1.9　BRR 寄存器

最后，介绍一下 GPIO 的输出锁定功能：为了防止某些重要功能的管脚被软件误修改，STM32 的 GPIO 可以被"锁定"，被锁定的管脚电平不能被后续的任何操作修改。再次修改这些管脚，则只能在复位后才能进行。管脚锁定功能通过端口配置锁定寄存器 GPIOx_LCKR 实现。如图 5.1.10 所示，为防止对端口的误锁定，锁定前需要对 GPIOx_LCKR 的第 16 位 LCKK 进行一系列复杂的操作。另外，一旦某些管脚被锁定，在再次复位之前这些管脚的锁定状态只能被读出，而不能撤销锁定。

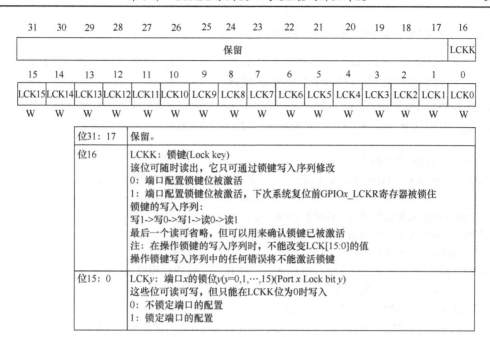

31	30	29	28	27	26	25	24	23	22	21	20	19	18	17	16
							保留								LCKK

15	14	13	12	11	10	9	8	7	6	5	4	3	2	1	0
LCK15	LCK14	LCK13	LCK12	LCK11	LCK10	LCK9	LCK8	LCK7	LCK6	LCK5	LCK4	LCK3	LCK2	LCK1	LCK0
W	W	W	W	W	W	W	W	W	W	W	W	W	W	W	W

位31：17	保留。
位16	LCKK：锁键(Lock key) 该位可随时读出，它只可通过锁键写入序列修改 0：端口配置锁键位被激活 1：端口配置锁键位被激活，下次系统复位前GPIO*x*_LCKR寄存器被锁住 锁键的写入序列： 写1->写0->写1->读0->读1 最后一个读可省略，但可以用来确认锁键已被激活 注：在操作锁键的写入序列时，不能改变LCK[15:0]的值 操作锁键写入序列中的任何错误将不能激活锁键
位15：0	LCK*y*：端口*x*的锁位*y*(*y*=0,1,···,15)(Port *x* Lock bit *y*) 这些位可读可写，但只能在LCKK位为0时写入 0：不锁定端口的配置 1：锁定端口的配置

图 5.1.10　端口锁定寄存器

5.1.2　标准外设库中的 GPIO 相关函数及其使用实例

意法半导体官方提供的标准外设库中拥有非常丰富的 GPIO 操作函数，现将最常用的函数罗列于此。

```
void GPIO_DeInit(GPIO_TypeDef* GPIOx);  //将 GPIOx 寄存器重设为复位启动时的默认值
void GPIO_AFIODeInit(void);  //将复用功能(重映射事件控制和 EXTI 设置)重设为默认值
void GPIO_Init(GPIO_TypeDef* GPIOx, GPIO_InitTypeDef* GPIO_InitStruct);
//根据 GPIO_InitStruct 中指定的参数初始化外设 GPIOx 寄存器
u8 GPIO_ReadInputDataBit(GPIO_TypeDef* GPIOx, u16 GPIO_Pin);  //读取指定端口管脚的输入
u16 GPIO_ReadInputData(GPIO_TypeDef* GPIOx);  //读取指定的 GPIO 端口输入
u8 GPIO_ReadOutputDataBit(GPIO_TypeDef* GPIOx, u16 GPIO_Pin);  //读取指定输出管脚的输出
u16 GPIO_ReadOutputData(GPIO_TypeDef* GPIOx);          //读取指定输出端口的输出
void GPIO_SetBits(GPIO_TypeDef* GPIOx, u16 GPIO_Pin);  //指定管脚输出高电平
void GPIO_ResetBits(GPIO_TypeDef* GPIOx, u16 GPIO_Pin);//指定管脚输出低电平
void GPIO_WriteBit(GPIO_TypeDef* GPIOx, u16 GPIO_Pin, BitAction BitVal);
//向指定输出管脚输出指定电平
void GPIO_PinLockConfig(GPIO_TypeDef* GPIOx, u16 GPIO_Pin);          //锁定指定的输出管脚
void GPIO_EventOutputConfig(u8 GPIO_PortSource, u8 GPIO_PinSource);
//选择 GPIO 管脚用作事件输出
void GPIO_PinRemapConfig(u32 GPIO_Remap, FunctionalState NewState);  //改变指定管脚的映射
void GPIO_EventOutputCmd(FunctionalState NewState);          //使能或者失能事件输出
void GPIO_EXTILineConfig(u8 GPIO_PortSource, u8 GPIO_PinSource);
//选择 GPIO 管脚用作外部中断线路
```

1. 基于标准外设库的初始化代码解析

以下是调用标准外设库进行 GPIO 初始化配置的代码，读者仔细阅读这些代码可以理解标准外设库编程的 C 语言基本语法和编程风格。

```
/////////使能端口的时钟/////////
RCC_APB2PeriphClockCmd(RCC_APB2Periph_GPIOB, ENABLE);

/////////声明 GPIO 管脚初始化结构体/////////
GPIO_InitTypeDef   GPIO_InitStructure;      //定义 GPIO_InitTypeDef类型结构体

/////////向 GPIO 管脚初始化结构体赋值/////////
GPIO_InitStructure.GPIO_Pin = GPIO_Pin_5;            //PB5
GPIO_InitStructure.GPIO_Mode = GPIO_Mode_Out_PP;     //推挽输出
GPIO_InitStructure.GPIO_Speed = GPIO_Speed_2MHz;     //2MHz 速度
/////////用 GPIO 管脚初始化结构体中的值初始化 GPIO 管脚/////////
GPIO_Init(GPIOB, &GPIO_InitStructure);               //初始化 PB5
```

语句 "RCC_APB2PeriphClockCmd(RCC_APB2Periph_GPIOB, ENABLE);" 用于打开作为外设的 GPIOB 口的时钟。为了达到最佳的省电效果，复位后在默认状态下 STM32 会关闭所有外设的时钟。所以在使用 PB 端口之前，必须使能外设 GPIOB 的时钟。当然在使用使能外设时钟函数之前，应查看图 3.2.1 的 STM32 结构框图，以落实该外设所在的总线是 APB1（低速外设总线）还是 APB2（高速外设总线），否则将无法通过编译。由图 3.2.1 可知，GPIOB 属于高速，因此这里调用了 APB2 时钟使能的函数 RCC_APB2PeriphClockCmd。

另外，该函数的两个形式参数 RCC_APB2Periph_GPIOB 和 ENABLE 都是标准外设库中已经定义好的宏。在 Keil MDK 环境下，如果工程通过了编译，可以选中该宏的全部文字 RCC_APB2Periph_GPIOB 并右击，在弹出的快捷菜单中选择 Go to Definition of 'RCC_APB2Periph_GPIOB' 命令，Keil MDK 将自动跳转到标准外设库对宏 RCC_APB2Periph_GPIOB 进行定义的地方（即头文件 stm32f10x_rcc.h 中）。在 stm32f10x_rcc.h 中，可以找到其他各种挂载在 APB2 总线上的设备。

语句 "GPIO_InitTypeDef-GPIO_InitStructure;" 定义了一个名为 GPIO_InitStructure 的结构体，而定义结构体使用了标准外设库定义的数据结构 "模板" GPIO_InitTypeDef。用上面的方法跳转到 GPIO_InitTypeDef 定义的地方（头文件 stm32f10x_gpio.h 中），这里定义了初始化一个 GPIO 管脚所需要的信息。

```
typedef struct
{
    uint16_t GPIO_Pin;                /*!< Specifies the GPIO pins to be configured.
                    This parameter can be any value of @ref GPIO_pins_define */
    GPIOSpeed_TypeDef GPIO_Speed;     /*!< Specifies the speed for the selected pins.
                    This parameter can be a value of @ref GPIOSpeed_TypeDef */
    GPIOMode_TypeDef GPIO_Mode;       /*!< Specifies the operating mode for the selected pins.
                    This parameter can be a value of @ref GPIOMode_TypeDef */
}GPIO_InitTypeDef;
```

随后还需要赋予刚声明的结构体实例 GPIO_InitStructure 成员所需的值。语句 "GPIO_InitStructure.GPIO_Pin = GPIO_Pin_5;" 先使用结构体成员应用的语法应用了 GPIO_InitStructure 的第一个成员 GPIO_Pin，该成员定义的是接下来要初始化的管脚。 GPIO_Pin 被赋予宏 GPIO_Pin_5 所代表的值，指代了接下来的初始化是针对 PB5 管脚的。 语句 "GPIO_InitStructure.GPIO_Mode = GPIO_Mode_Out_PP;" 则将代表 GPIO 工作模式的 成员 GPIO_Mode 赋值为推挽输出模式 GPIO_Mode_Out_PP。可以通过上述 Keil MDK 的 追溯功能找到管脚其他工作模式对应的宏名称，这些宏正好对应 STM32 的 8 种管脚工作 模式。

```
typedef enum
{ GPIO_Mode_AIN = 0x0,
  GPIO_Mode_IN_FLOATING = 0x04,
  GPIO_Mode_IPD = 0x28,
  GPIO_Mode_IPU = 0x48,
  GPIO_Mode_Out_OD = 0x14,
  GPIO_Mode_Out_PP = 0x10,
  GPIO_Mode_AF_OD = 0x1C,
  GPIO_Mode_AF_PP = 0x18
}GPIOMode_TypeDef;
```

语句 "GPIO_InitStructure.GPIO_Speed = GPIO_Speed_2MHz;" 定义了该 GPIO 管脚的输 出速度为 2MHz。当然标准外设库也定义了 10MHz 和 50MHz 输出带宽对应的宏。

初始化 GPIO 管脚的最后一步是将目前还存储在结构体实例 GPIO_InitStructure 中的初始 化参数真正配置到 GPIO 对应的控制寄存器中。语句 "GPIO_Init(GPIOB, &GPIO_ InitStructure);"，其中第一个参数用宏 GPIOB 告诉初始化函数 GPIO_Init()，现在进行初始 化的是端口 PB；第二个参数是一个指向初始化结构体的指针，这里使用了取地址运算符 "&" 取出已经初始化的结构体实例 GPIO_InitStructure 的首地址，作为指针输入。

再给出一个 GPIO 管脚初始化为输入模式的代码实例。

```
GPIO_InitTypeDef GPIO_InitStructure;
//使能 PORTA 时钟
RCC_APB2PeriphClockCmd(RCC_APB2Periph_GPIOA,ENABLE);
GPIO_InitStructure.GPIO_Pin = GPIO_Pin_2;         //KEY0 对应的管脚
GPIO_InitStructure.GPIO_Mode = GPIO_Mode_IPU;     //设置成上拉输入
GPIO_Init(GPIOA, &GPIO_InitStructure);            //初始化 GPIOA2
```

其中，PA2 连接的 KEY0 电路如图 5.1.11 所示。KEY0 被直接连接到管脚 PA2 和地之 间。当按键被按下时该管脚被短路到地，输入读取到低电平。而当按键被释放时，PA2 管脚 需要被内部的上拉电阻上拉到高电平，才能使输入读取到高电平，因此 PA2 管脚使用了上 拉输入模式。

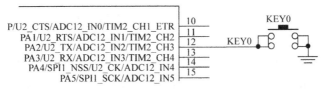

图 5.1.11　按键电路

限于篇幅，这里没有对所有 GPIO 相关函数及其参数的含义进行讨论，读者可以在编程实践中参考官方提供的《32 位基于 ARM 微控制器 STM32F101xx 与 STM32F103xx 固件函数库》。

2. GPIO 操作代码

使用标准外设库还可以实现灵活的 GPIO 管脚读写操作。下面是使用标准外设库函数控制 GPIO 管脚输出的代码：

```
GPIO_ResetBits(GPIOB,GPIO_Pin_5);          //把 PB5 管脚拉低
GPIO_SetBits(GPIOB,GPIO_Pin_5);            //把 PB5 管脚拉高
```

下面是使用标准外设库函数读取 GPIO 输入管脚的代码：

```
GPIO_ReadInputDataBit(GPIOA,GPIO_Pin_2);
```

为了增加代码的可读性，通常还会用下面的宏定义简化 GPIO 输入的读取：

```
#define KEY0    GPIO_ReadInputDataBit(GPIOA,GPIO_Pin_2)      //读取 KEY0
```

在上面的宏定义之后，可以直接引用 KEY0 来读取 GPIO 管脚上的电平，如：

```
if(KEY0==0)       //如果 KEY0 被按下，就返回 0
    return 0;
else              //否则返回 1
    return 1;
```

当然，也可以使用位带操作简化 GPIO 读写操作，位带操作的地址需要通过式 (3.2.1) 来计算。

```
#define BITBAND(addr,bitnum) ((addr&0xF0000000)+0x2000000+((addr&0xFFFFF)<<5)+(bitnum<<2))
#define MEM_ADDR(addr) *((volatile unsigned long*)(addr))
#define BIT_ADDR(addr, bitnum)    MEM_ADDR(BITBAND(addr, bitnum))
#define PAin(n)     BIT_ADDR(GPIOA_IDR_Addr,n)    //输入
#define PEin(n)     BIT_ADDR(GPIOE_IDR_Addr,n)    //输入
```

经过上述定义后，就可以通过宏 PAin(2) 直接读取 PA2 管脚状态了。

5.1.3　外部中断和事件

1. 外部中断/事件控制器工作原理分析

通过 GPIO 的输入功能，STM32 可以读取外部管脚的电平及其变化。但是若嵌入式系统需要随时监视外部电平变化，就只能让软件不间断地读取 GPIO 的输入，而这一操作势必浪费大量的 CPU 时间。STM32 解决这一问题的办法是通过外部中断/事件控制器 (External Interrupt/Event Controller, EXTI) 同时监视和检测多个 GPIO 管脚上的电平变化。作为一种独立

于 Cortex-M3 的片上外设硬件，外部中断/事件控制器能够在软件配置后，自动监视管脚或某些特定外设引发的电平变化，并在预设的变化发生时通过中断通知 CPU 或事件通知相关外设进行相应的处理，从而大大降低了 CPU 监视 GPIO 带来的性能浪费。外部中断/事件控制器内部结构如图 5.1.12 所示，它能够监视外部信号的变化，并由此触发"中断"或"事件"。当 CPU 接收到中断信号后会运行中断服务程序，以应对这种外部变化。"事件"也是由外部变化引发的，但与中断不同的是，事件不去触发 CPU 的响应，而是被直接送到相关外设那里，在电路级别直接触发外设数据传输或执行相关操作。例如，触发 DMA 控制器的数据传输就是"事件"经常引发的外设操作之一。

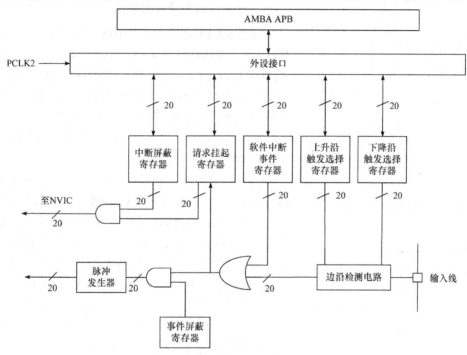

图 5.1.12　外部中断/事件控制器

外部信号从外部中断/事件控制器右侧的输入线输入后，经过边沿检测电路。边沿检测电路会根据上升沿触发选择寄存器（EXTI_RTSR）和下降沿触发选择寄存器（EXTI_FTSR）的设置来控制是否触发后续电路：上升沿触发选择寄存器为 1 的位对应的输入线有上升沿出现，则触发后续电路；同样地，下降沿触发选择寄存器为 1 的位对应的输入线有下降沿出现，则触发后续电路。任何输入线都可以只检测上升沿，也可以只检测下降沿，再或者上升沿和下降沿都检测。随后的软件中断事件寄存器（EXTI_SWIER）和检测到的边沿变化信号进行逻辑"或"后，进一步触发后续中断或事件。逻辑"或"意味着，不论边沿检测电路检测到目标电平变化还是软件触发了中断/事件，都可能引发后续的软件或事件。

至此，中断/事件触发信号被分为上、下两个分支，靠下的一个分支与事件屏蔽寄存器（EXTI_EMR）做逻辑"与"运算后，终于可以进一步触发 STM32"事件"的发生。这里的逻辑"与"意味着，只有经过事件屏蔽寄存器许可（对应位为 1）的信号才能真正触发事件，而事件屏蔽寄存器为 0 的那些位对应的信号都是不会真正发生的。靠上的一个分支的触发信号则有可能最终到达 NVIC，并最终引发中断。但触发信号首先会进入中断请求挂起寄存器(EXTI_PR)暂存，若触发信号对应的中断源未被挂起，则触发信号最终与中断屏蔽寄存器(EXTI_IMR)进行逻辑"与"运算。经过中断屏蔽寄存器许可(对应位为 1)的信号才能真正到达 NVIC 触发中断，而中断屏蔽寄存器为 0 的那些位对应的信号都是不会真正引发中断的。

图 5.1.12 中的大部分连线上都被标以数字 20，这也意味着 STM32 的外部中断/事件控制电路中的连线都有 20 路，而寄存器和边沿检测电路也都有 20 位，能够同时支持 20 个输入信号的中断/事件检测。

2. 外部中断和事件的触发

由图 5.1.12 可知，外部中断/事件控制器共支持 20 路输入线，STM32 把这 20 路输入线命名为 EXTI0、EXTI1、EXTI2、…、EXTI18、EXTI19。值得注意的是，STM32 最多可达 112 个 GPIO 管脚，那么不同 GPIO 管脚和 20 路外部中断/事件输入线之间的对应关系是什么？不同外部中断/事件输入线与 NVIC 的中断源之间的对应关系又是什么样的呢？

STM32 的做法是把不同端口中编号相同的 GPIO 管脚合起来，作为一路外部中断/事件控制器的输入线。如图 5.1.13 所示，STM32 从所有端口的 0 号管脚选择一个作为 EXTI0 输入线，从所有端口的 1 号管脚选择一个作为 EXTI1 输入线，并以此类推。用来选择控制信号的是 $AFIO\_EXTICRn$ 寄存器中的 $EXTIx[3:0]$ 位。

上述的 GPIO 管脚和外部中断/事件控制器输入线的对应关系看似有些奇怪，但仔细考虑后发现非常合理。这种对应使所有编号为 0 的管脚产生 0 号外部中断/事件，所有编号为 1 的管脚产生 1 号外部中断/事件，以此类推。如果系统希望同时使用多个外部中断/事件，设计者只需要顺序使用同一个端口(如 PB 端口)的管脚(如 PB0、PB1 等)，即可最大限度地利用外部中断控制器中的资源，而不需要同时使用多个端口中的管脚。当然，这也意味着，硬件设计时必须特别小心：不同端口中编号相同的管脚(如 PA5 和 PB5)不能同时产生中断或事件。

多余的几个外部中断/控制器输入线 EXTI16～EXTI19 则作为可编程电压检测器 PVD(EXIT16)、实时时钟 RTC(EXIT17)、USB 唤醒(EXIT18)、以太网唤醒(EXIT19，互联型才有)等非 GPIO 管脚的外部中断/事件输入线。另外，值得注意的是在编程时 EXTI 是挂接在高速外设总线 APB2 上的，如果使用 STM32 管脚的

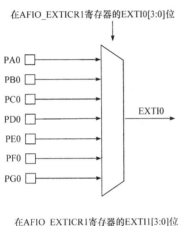

在 AFIO_EXTICR1 寄存器的 EXTI0[3:0]位

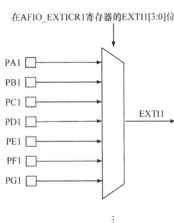

在 AFIO_EXTICR1 寄存器的 EXTI1[3:0]位

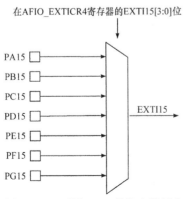

在 AFIO_EXTICR4 寄存器的 EXTI15[3:0]位

图 5.1.13　不同 GPIO 管脚和外部中断/事件控制器输入线的对应关系

外部中断/事件功能，必须打开 APB2 总线上该管脚对应端口时钟以及 AFIO 功能时钟。

外部中断/事件控制器的输出送往 NVIC 后，还不能直接触发中断。NVIC 并未在中断向量表中为每路输入线都分配位置。表 5.1.2 所示为外部中断在中断向量表中分配的中断入口信息。

表 5.1.2　向量表中的外部中断信息

位置	优先级	优先级类型	名称	说明	地址
6	13	可设置	EXTI0	EXTI 线 0 中断	0x0000_0058
7	14	可设置	EXTI1	EXTI 线 1 中断	0x0000_005C
8	15	可设置	EXTI2	EXTI 线 2 中断	0x0000_0060
9	16	可设置	EXTI3	EXTI 线 3 中断	0x0000_0064
10	17	可设置	EXTI4	EXTI 线 4 中断	0x0000_0068
23	30	可设置	EXTI9_5	EXTI 线[9:5]中断	0x0000_009C
40	47	可设置	EXTI15_10	EXTI 线[15:10]中断	0x0000_00E0

由表 5.1.2 可知，外部中断/事件输入线 0~4(对应各个端口的 0~4 号管脚)，在中断向量表中拥有各自的位置，也就是可以有独立的中断服务程序。但外部中断/事件输入线 5~9 只对应一个中断向量表位置，即 5~9 号外部中断/事件输入线只对应一个中断服务程序。如果编号为 5~9 的管脚都连接了外部中断源，则在发生中断时，只能在对应中断服务程序中再来判断到底是谁引发的中断，并做出相应的处理。同理，外部中断/事件输入线 10~15 也只有一个中断服务程序。在标准外设库中，这些中断向量对应的中断服务程序名为：

```
EXTI0_IRQHandler();
EXTI1_IRQHandler();
EXTI2_IRQHandler();
EXTI3_IRQHandler();
EXTI4_IRQHandler();
EXTI9_5_IRQHandler();
EXTI15_10_IRQHandler();
```

3. 基于标准外设库的 GPIO 触发外部中断编程

意法半导体官方提供的常用标准外设库外部中断函数有：

```
void EXTI_Init(EXTI_InitTypeDef* EXTI_InitStruct);
//根据 EXTI_InitStruct 中的参数初始化外设 EXTI 寄存器
void EXTI_DeInit(void);          //将外设 EXTI 寄存器重设为默认值
void EXTI_GenerateSWInterrupt(u32 EXTI_Line);        //产生一个软件中断
void GPIO_EXTILineConfig(uint8_t GPIO_PortSource, uint8_t GPIO_PinSource);
//设置 I/O 口与中断线的映射关系函数
void EXTI_Init(EXTI_InitTypeDef* EXTI_InitStruct);    //外部中断初始化函数
ITStatus EXTI_GetITStatus(uint32_t EXTI_Line);       //获取外部中断状态函数
void EXTI_ClearFlag(u32 EXTI_Line);                  //清除 EXTI 线路挂起标志位
```

```
void EXTI_ClearITPendingBit(uint32_t EXTI_Line);
//清除外部中断线路中断挂起位(清除中断线上的中断标志位)函数
```

其中外部中断/事件初始化函数"void EXTI_Init(EXTI_InitTypeDef* EXTI_Init Struct);"最重要和较复杂。标准外设库中这类初始化结构体的定义和初始化设计思路已经在本节的 GPIO 配置部分介绍过了,这里不再赘述。下面解释一下 EXTI 初始化结构体中定义的配置信息:

```
typedef struct
{
    uint32_t EXTI_Line;                        //指定要配置的外部中断/事件线
    EXTIMode_TypeDef EXTI_Mode;         //模式:事件/中断
    EXTITrigger_TypeDef EXTI_Trigger; //触发方式:上升沿/下降沿/双沿触发
    FunctionalState EXTI_LineCmd;       //使能/失能
}EXTI_InitTypeDef;
```

以下是初始化该结构体实例的示例代码:

```
EXTI_InitStructure.EXTI_Line=EXTI_Line2;                        //要配置的外部中断/事件线为 2
EXTI_InitStructure.EXTI_Mode = EXTI_Mode_Interrupt;          //控制器工作在中断模式
EXTI_InitStructure.EXTI_Trigger = EXTI_Trigger_Falling;      //检测的是 GPIO 上的下降沿
EXTI_InitStructure.EXTI_LineCmd = ENABLE;                      //使能
EXTI_Init(&EXTI_InitStructure);                                //用结构体中的信息初始化控制器
```

以下是用外部中断/事件控制器的输入线 2 接收按键中断的代码,其中按键如图 5.1.11 被配置在 PA2 上。请读者留意外部中断配置和使用的流程。

```
/////////////配置外部中断/事件控制器/////////////////////
RCC_APB2PeriphClockCmd(RCC_APB2Periph_GPIOA, ENABLE);            //使能 PA 时钟
GPIO_InitTypeDef   GPIO_InitStructure;                           //定义 GPIO 初始化结构体
GPIO_InitStructure.GPIO_Pin = GPIO_Pin_2;
GPIO_InitStructure.GPIO_Mode = GPIO_Mode_IPU;                    //上拉输入
GPIO_Init(GPIOA, &GPIO_InitStructure);                          //初始化 PA2
RCC_APB2PeriphClockCmd(RCC_APB2Periph_AFIO,ENABLE);             //使能复用功能时钟
GPIO_EXTILineConfig(GPIO_PortSourceGPIOA,GPIO_PinSource2);      //配置中断输入线
EXTI_InitTypeDef EXTI_InitStructure;                           //配置外部中断/事件控制器
EXTI_InitStructure.EXTI_Line=EXTI_Line2;
EXTI_InitStructure.EXTI_Mode = EXTI_Mode_Interrupt;
EXTI_InitStructure.EXTI_Trigger = EXTI_Trigger_Falling;        //下降沿
EXTI_InitStructure.EXTI_LineCmd = ENABLE;
EXTI_Init(&EXTI_InitStructure);                                //初始化 EXTI
///////////////配置中断控制器(NVIC)//////////////
NVIC_PriorityGroupConfig(NVIC_PriorityGroup_2);                //中断优先级分组(参见3.4节)
NVIC_InitStructure.NVIC_IRQChannel = EXTI2_IRQn;               //外部中断所在的中断向量
NVIC_InitStructure.NVIC_IRQChannelPreemptionPriority = 0x02;   //抢占优先级 2
NVIC_InitStructure.NVIC_IRQChannelSubPriority = 0x00;          //子优先级 0
NVIC_InitStructure.NVIC_IRQChannelCmd = ENABLE;               //使能外部中断通道
NVIC_Init(&NVIC_InitStructure);                                //初始化 NVIC 寄存器
```

```
///////////以下是外部中断服务程序///////////
//!!!!!!!!注意按键后要进行的处理这里没有编写!!!!!!!!!////
void EXTI2_IRQHandler(void)
{
        delay_ms(10);    //去抖动
        if(GPIO_ReadInputDataBit(GPIOA,GPIO_Pin_2)==1)
        {
                /*KEY_UP 按键动作程序*/
        }
        EXTI_ClearITPendingBit(EXTI_Line2);               //清除 EXTI_LINE2 上的中断标志位
}
```

5.2　DMA 控制器

　　DMA 是微处理器中的重要组成部分，在 Cortex-M3 这样的微控制器中并不常见。从图 3.2.1 中也可以看到 STM32 中的 DMA 也没有包含在 Cortex-M3 内核中，而是意法半导体在构建 STM32 时加入的附加组件。作为最早加入 DMA 控制器的微控制器，在实际使用中 STM32 的 DMA 取得了很好的效果，大大提升了 STM32 系列微控制器的实时性和可用性。有些从 8 位或 16 位单片机过渡到 STM32 的嵌入式工程师不熟悉 DMA 的作用和用法，会使 STM32 应用的实时性大打折扣。希望读者通过本节的学习，深刻理解和掌握 STM32 的 DMA 功能。

微课9

5.2.1　DMA 的基本概念和原理

1. DMA 的定义

　　学过计算机组成原理的读者都知道，DMA 是一个计算机术语，是直接存储器访问 (Direct Memory Access) 的缩写。它是一种完全由硬件执行数据交换的工作方式，用来提供在外设与存储器之间，或者存储器与存储器之间的高速数据传输。DMA 在无须 CPU 干预的情况下能够实现存储器之间的数据快速移动。图 5.2.1 所示为 DMA 数据传输的示意图。

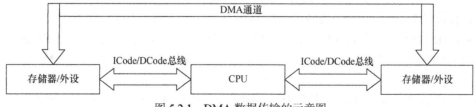

图 5.2.1　DMA 数据传输的示意图

　　CPU 通常是存储器或外设间数据交互的中介和核心，在 CPU 上运行的软件控制了数据交互的规则和时机。但许多数据交互的规则是非常简单的，例如，很多数据传输会从某个地址区域连续地读出数据转存到另一个连续的地址区域。这类简单的数据交互工作往往由于传输的数据量巨大而占据了大量的 CPU 时间。DMA 的设计思路正是通过硬件控制逻辑电路产生简单数据交互所需的地址调整信息，在无须 CPU 参与的情况下完成存储器或外设之间的数据交互。在图 5.2.1 中可以看到，DMA 越过 CPU 构建了一条直接的数据通路，这将CPU 从繁重、简单的数据传输工作中解脱出来，提高了计算机系统的可用性。

2. DMA 在嵌入式实时系统中的价值

从图 5.2.1 中还可以发现，DMA 可以在存储器之间交互数据，还可以在存储器和 STM32的外围设备（外设）之间交换数据。这种交互方式对应了 DMA 另一种更简单的地址变更规则——地址持续不变。STM32 将外设的数据寄存器映射为地址空间中的一个固定地址，当使用 DMA 在固定地址的外设数据寄存器和连续地址的存储器之间进行数据传输时，就能够将外设产生的连续数据自动存储到存储器中，或者将存储器中存储的数据连续地传输到外设中。以 A/D 转换器为例，当 DMA 被配置成从 A/D 转换器的结果寄存器向某个连续的存储区域传输数据后，就能够在 CPU 不参与的情况下，得到连续的 A/D 转换结果。

这种外设和 CPU 之间的数据 DMA 交换方式，在实时性（Real-Time）要求很高的嵌入式系统中的价值往往被低估。同样以 DMA 控制 A/D 转换为例，嵌入式工程师通常习惯于通过定时器中断实现等时间间隔的 A/D 转换，即 CPU 在定时器中断后通过软件控制 A/D 转换器采样和存储。但 CPU 进入中断并控制 A/D 转换往往需要几条乃至几十条指令，还可能被其他中断打断，且每次进入中断所需的指令条数也不一定相等，从而造成采样率达不到和采样间隔抖动等问题。而 DMA 由更为简单的硬件电路实现数据转存，在每次 A/D 转换事件发生后很短时间内将数据转存到存储器。只要 A/D 转换器能够实现严格、快速的定时采样，DMA 就能够将 A/D 转换器得到的数据实时地转存到存储器中，从而大大提高嵌入式系统的实时性。实际上，在嵌入式系统中 DMA 对实时性的作用往往高于它对于节省 CPU时间的作用，这一点希望引起读者的注意。

3. DMA 传输的基本要素

每次 DMA 传输都由以下基本要素构成。

(1)传输源地址和目的地址：顾名思义，定义了 DMA 传输的源头地址和目的地址。

(2)触发信号：引发 DMA 进行数据传输的信号。如果是存储器之间的数据传输，则可由软件一次触发后连续传输直至完成即可。数据何时传输，则要由外设的工作状态决定，并且可能需要多次触发才能完成。

(3)传输的数据量：每次 DMA 数据传输的数据量及 DMA 传输存储器的大小。

(4)DMA 通道：每个 DMA 控制器能够支持多个通道的 DMA 传输，每个 DMA 通道都有自己独立的传输源地址和目的地址，以及触发信号和传输数量。当然各个 DMA 通道使用总线的优先级也不相同。

(5)传输方式：包括 DMA 传输是在两块存储器间还是存储器和外设之间进行；传输方向是从存储器到外设，还是外设到存储器；存储器地址递增的方式和递增值的大小，以及每次传输的数据宽度（8 位、16 位或 32 位等）；到达存储区域边界后地址是否循环等要素（循环方式多用于存储器和外设之间的 DMA 数据传输）。

（6）其他要素：包括 DMA 传输通道使用总线资源的优先级，DMA 完成或出错后是否引起中断等要素。

上述要素这里只做概念介绍，本节后续部分还将以 STM32 的 DMA 控制器配置为例介绍这些要素的使用方法。

5.2.2　STM32 上的 DMA 控制器及其控制方法

STM32 集成了两个 DMA——DMA1 和 DMA2（针对大容量以上的 STM32），它们各自拥有仲裁器和控制接口电路，在系统中的位置如图 5.2.2 所示。

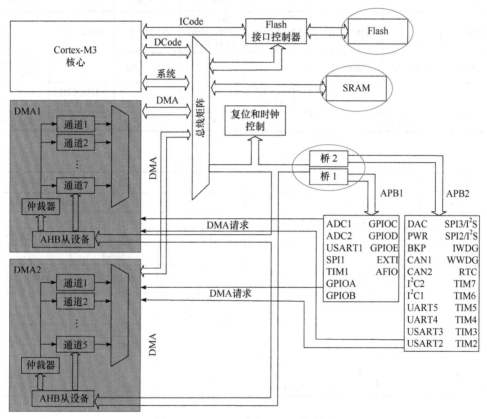

图 5.2.2　STM32 中的 DMA 控制器

正如 3.2 节介绍的，STM32F1 系列嵌入式处理器系统结构中拥有四个驱动单元：ICode 总线、DCode 总线、系统总线以及本节所述的 DMA 控制器。也就是说，DMA 控制器是 STM32 内部能够通过总线矩阵控制和使用数据传输通路的驱动单元之一。STM32 中的两个 DMA 控制器也是通过控制总线矩阵实现图 5.2.2 中椭圆圈内的闪存 Flash（程序存储器）、内存 SRAM（数据存储器），以及并行存储器接口 FSMC 以及各个外设之间的数据交换的。

1. STM32 的 DMA 控制器的特点

（1）两个 DMA 控制器（中、低容量 STM32 只有一个 DMA 控制器），DMA1 拥有 7 个独立的通道，而 DMA2 有 5 个。其中每个通道都可以配置成存储器到存储器的传输通道。但每个通道只能支持某些特定外设和存储器之间的 DMA 传输。各个通道所支持的外设如

表 5.2.1 和表 5.2.2 所示。在使用中要尤其提醒读者注意，表中同一列中的外设不能同时使用 DMA 功能。

表 5.2.1　DMA1 各个通道支持的外设

外设	通道 1	通道 2	通道 3	通道 4	通道 5	通道 6	通道 7
ADC1	ADC1						
SPI/ I²S		SPI1_RX	SPI1_TX	SPI/I²S2_RX	SPI/I²S2_TX		
USART		USART3_TX	USART3_RX	USART1_TX	USART1_RX	USART2_RX	USART2_TX
I²C				I²C2_TX	I²C2_RX	I²C1_TX	I²C1_RX
TIM1		TIM1_CH1	TIM1_CH2	TIM1_TX4 TIM1_TRIG TIM1_COM	TIM1_UP	TIM1_CH3	
TIM2	TIM2_CH3	TIM2_UP			TIM2_CH1		TIM2_CH2 TIM2_CH4
TIM3		TIM3_CH3	TIM3_CH4 TIM3_UP			TIM3_CH1 TIM3_TRIG	
TIM4	TIM4_CH1			TIM4_CH2	TIM4_CH3		TIM4_UP

表 5.2.2　DMA2 各个通道支持的外设

外设	通道 1	通道 2	通道 3	通道 4	通道 5
ADC3					ADC3
SPI/I²S3	SPI/I²S3_RX	SPI/I²S3_TX			
UART4			UART4_RX		UART4_TX
SDIO				SDIO	
TIM5	TIM5_CH4 TIM5_TRIG	TIM5_CH3 TIM5_UP		TIM5_CH2	TIM5_CH1
TIM6/ DAC 通道 1			TIM6_UP/ DAC 通道 1		
TIM7/ DAC 通道 2				TIM7_UP/ DAC 通道 2	
TIM8	TIM8_CH3 TIM8_UP	TIM8_CH4 TIM8_TRIG TIM8_COM	TIM8_CH1		TIM8_CH2

以 DMA1 的 7 个通道为例，各个通道都管理着表 5.2.2 中对应的列中的外设，以及存储器到存储器的通道，如图 5.2.3 所示。STM32 可以通过软件选择其中的某一外设或存储器通道。但同一通道中的几种外设不同时使用 DMA 功能。

(2) 每个 DMA 通道都支持独立的数据源和目标数据区的传输宽度(字节/半字/全字)，传输过程中能够自动实现源数据到目的数据的打包和拆包。这意味着，源和目标地址必须按数据传输宽度对齐。

(3) 支持循环模式和普通模式两种工作模式，其中循环模式是指在一次传输结束(即传输达到传输区域末尾)后，会重新从源地址和目的地址的起始地址再次进行 DMA 传输。显然存储器之间是无须循环重复传输的，循环模式只能用于外设和存储器之间的 DMA 传输。主要作用是从外设寄存器区域不断地读取外设新产生的数据，或不断刷新输出到外设的数据。

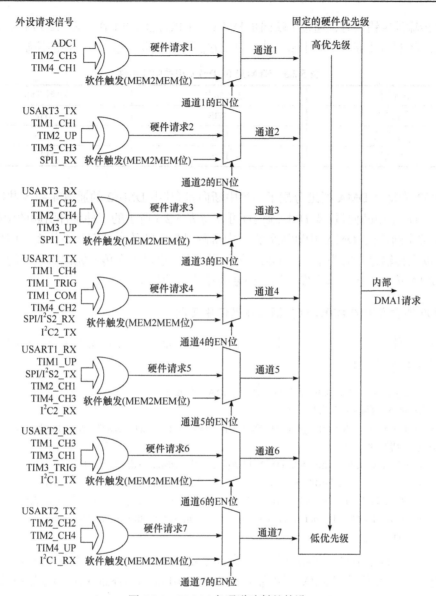

图 5.2.3　DMA1 各通道映射的外设

（4）由于共有 12 个 DMA 通道可能同时使用 STM32 片上总线资源，有可能形成总线使用时间冲突。为了保证实时性最高的数据传输优先获得总线的使用权，STM32 的 DMA 控制器通过优先级仲裁器裁决不同 DMA 通道使用总线资源的先后顺序。每个通道的优先级可以由软件配置为：很高、高、中等和低四级，当两个优先级相同的 DMA 发生冲突时，编号较小的 DMA 通道先于编号较大的通道使用总线资源。

2. STM32 的 DMA 的控制方式

DMA 控制器的工作方式是在软件配置过后独立于 CPU 运行的，其数据传输过程无须软件干预。但 DMA 传输开始后，如何让 CPU 知道其运行状态，为下一步的工作做好准备，并及时修改 DMA 传输的错误呢？答案是中断——DMA 控制器可以在 DMA 传输完成一半、全部完成或传输发生错误时，通过中断同步 DMA 与 CPU 之间的工作。表 5.2.3 所示为 STM32 系列嵌入式控制器能够产生的中断事件，以及它们对应的事件标志位和使能控制位。

表 5.2.3　STM32 的 DMA 相关中断事件

中断事件	事件标志位	使能控制位
传输过半	HTIF	HTIE
传输完成	TCIF	TCIE
传输错误	TEIF	TEIE

STM32 为每个 DMA 通道分配了一个中断向量（其中 DMA2 的通道 4 和 5 共用一个中断向量），而每个中断向量（或 DMA 通道）可支持表 5.2.3 所示的三种事件引起的中断。具体代码可在某个通道的 DMA 中断服务程序中检测引起中断的事件究竟是什么。用户编写程序时，可以在传输过半时为下一次 DMA 传输做准备，也可以在传输完成后立即配置并开始下一次 DMA 传输，还可以在发生错误中断时排除传输故障。

5.2.3　标准外设库中的 DMA 相关函数及其使用实例

意法半导体官方提供的标准外设库中拥有非常丰富的 DMA 操作函数，现将最常用的函数及其功能罗列于此。

```
vvoid DMA_DeInit (DMA_Channel_TypeDef* DMA_Channelx);
//将 DMA 通道寄存器重设为默认值函数
void DMA_Init(DMA_Channel_TypeDef* DMA_Channelx, DMA_InitTypeDef* DMA_InitStruct);
//DMA 通道初始化函数
FlagStatus DMA_GetFlagStatus(u32 DMA_FLAG);//获取 DMA 通道标志位函数
void DMA_ClearFlag (u32 DMA_FLAG);                //清除 DMA 通道待处理标志位函数
void DMA_ClearITPendingBit(u32 DMA_IT);          //清除 DMA 通道中断待处理标志位函数
void DMA_Cmd(DMA_Channel_TypeDef* DMA_Channelx, FunctionalState NewState);
//使能/失能 DMA 通道函数
```

限于篇幅，这里不对这些函数及其参数的含义进行详细讨论，在编程实践中，读者应参考官方提供的《32 位基于 ARM 微控制器 STM32F101xx 与 STM32F103xx 固件函数库》。

其中，使用难度较高的是 DMA 通道初始化函数 DMA_Init()。但使用这个函数进行配置的关键不在于这个函数本身，而在于读者在多大程度上理解了本节之前叙述的 STM32 的 DMA 控制器工作原理和特点。下面通过两个编程的实例来介绍 DMA 的标准固件库编程方法。

实例一：DMA 把外设 USART1 接收到的 512B 数据传输到片内存储器。

```
#define SRC_USART1_DR   (&(USART1->DR))         //源地址：USART1 接收寄存器
u8 USART1_DMA_Buf1[512]                          //目标地址：内存数组
DMA_InitTypeDef DMA_InitStructure;               //定义 DMA_InitTypeDef 类型结构体
RCC_AHBPeriphClockCmd(RCC_AHBPeriph_DMA1,ENABLE);       //使能 DMA 时钟
DMA_DeInit(DMA1_Channel5);                       //将 DMA1 通道 5 寄存器重设为默认值
DMA_InitStructure.DMA_PeripheralBaseAddr = (u32) SRC_USART1_DR;   //DMA 外设基地址
DMA_InitStructure.DMA_MemoryBaseAddr = (u32) USART1_DMA_Buf1;  //DMA 内存基地址
```

```
DMA_InitStructure.DMA_DIR = DMA_DIR_PeripheralSRC;
//数据传输方向，从外设读取发送到内存
DMA_InitStructure.DMA_BufferSize = 512;   //DMA 通道的 DMA 缓存的大小为 512
DMA_InitStructure.DMA_PeripheralInc = DMA_PeripheralInc_Disable;   //外设地址寄存器不递增
DMA_InitStructure.DMA_MemoryInc = DMA_MemoryInc_Enable;   //内存地址递增
DMA_InitStructure.DMA_PeripheralDataSize = DMA_PeripheralDataSize_Byte;
//外设数据宽度为字节（8 位）
DMA_InitStructure.DMA_MemoryDataSize = DMA_MemoryDataSize_Byte; //数据宽度为字节（8 位）
DMA_InitStructure.DMA_Mode = DMA_Mode_Circular;            //工作在循环模式
DMA_InitStructure.DMA_Priority = DMA_Priority_Medium;      //DMA 通道 5 设为中优先级
DMA_InitStructure.DMA_M2M = DMA_M2M_Disable;               //DMA 通道 5 设置为非内存到内存传输
DMA_Init(DMA1_Channel5, &DMA_InitStructure); //根据 DMA_InitStruct 中指定的参数初始化 DMA 通道
DMA_ITConfig(DMA1_Cnannel5,DMA_IT_TC,DMA1,ENABLE);  //使能 DMA5 传输完成中断
USART_DMACmd(USART1,USART_DMAReq_Rx,ENABLE);        //使能 USART1 接收 DMA
DMA_Cmd(DMA1_Channel5,ENABLE);      //使能 DMA1 第 5 通道的 DMA
```

配置的核心内容是对 DMA 初始化结构体 DMA_InitStructure 的各个成员的初始化，其结构定义如下（在 stm32f10x_dma.h 中）：

```
typedef struct {
    u32 DMA_PeripheralBaseAddr;
    u32 DMA_MemoryBaseAddr; u32 DMA_DIR;
    u32 DMA_BufferSize;
    u32 DMA_PeripheralInc;
    u32 DMA_MemoryInc;
    u32 DMA_PeripheralDataSize;
    u32 DMA_MemoryDataSize;
    u32 DMA_Mode;
    u32 DMA_Priority;
    u32 DMA_M2M;
} DMA_InitTypeDef;
```

DMA_PeripheralBaseAddr 用来设置 DMA 传输的外设基地址，如上例中的串口 DMA 传输，外设基地址被设置为串口接收和发送数据存储器的地址& USARTI->DR。

DMA_MemoryBaseAddr 是内存基地址，也就是 DMA 传输的内存首地址。可能是传输源的首地址，也可能是传输目的内存的首地址。

DMA_DIR 用于设置数据传输方向，决定是从外设读取数据到内存还是从内存读取数据发送到外设。本例中设置为从串口发送到内存，所以设置为 DMA_DIR_PeripheralDST。

DMA_BufferSize 设置一次传输数据量的大小。

DMA_PeripheralInc 设置传输数据的时候外设地址是不变还是递增，本例一直从同一个外设地址&USART1->DR 读取数据，所以值为 DMA_PeripheralInc_Disable。

DMA_MemoryInc 设置传输数据时内存地址是否递增，本例中将串口接收的数据发送到内存，内存地址若不递增就会发生数据覆盖现象，所以设置为 DMA_MemoryInc_Enable。

DMA_PeripheralDataSize 设置外设的数据长度是字节（8bit）、半字（16bit）还是字（32bit），

本例设置为字节传输(DMA_PeripheralDataSize_Byte)。

DMA_MemoryDataSize 设置内存的数据长度是字节(8bit)、半字(16bit)还是字(32bit),本例设置为字节传输(DMA_MemoryDataSize_Byte)。

DMA_Mode 设置 DMA 传输是否采用循环模式、地址循环模式的作用和使用注意事项,请读者参阅 5.2.2 节中 STM32 的 DMA 控制器特点部分,关于循环模式和普通模式的描述。

DMA_Priority 设置 DMA 通道的优先级、DMA 通道优先级的作用和使用注意事项,请读者参阅 5.2.2 节中 STM32 的 DMA 控制器特点部分,关于优先级的描述。

意法半导体官方文档对 DMA_M2M 的解释是:设置本 DMA 通道是不是在进行存储器到存储器模式传输,但并未对该参数及其所对应的控制寄存器(DMA_CCRx)位(MEM2MEM)在传输中的实际物理意义进行解释,国内大部分参考资料也未给出解释。其实,该位控制的是 DMA 通道在进行完一次(8bit、16bit 或 32bit)数据传输后,怎样启动下一次数据传输。如果该位被配置为存储器到存储器(DMA_M2M_Enable)的传输,DMA 会在一次存储完成后立即自动开始下一次传输,直至整个传输缓冲区中的数据传输完成。而该位被配置为非存储器到存储器(DMA_M2M_Disable)的传输后,意味着传输是在存储器和外设之间进行的,DMA 就不能在一次传输完成后立即启动下一次传输,因为外设很可能还没有准备好下一次传输的数据,传输的结果将是完全没有意义的。本例中,DMA 传输只能在 USART1 再次接收到数据后进行,也就是由 USART1 引发的接收事件来"触发"每一次传输。读者在使用中尤其要注意区分两种配置方法的意义,否则将无法在正确的时间点得到需要传输的数据。

实例二:DMA 从片内 Flash 传输 48B 到片内 SRAM。

```
const u32 SRC_Const_Buffer[BufferSize]= ……          //要传输的源数据
u32 DST_Buffer[BufferSize];                          //传输目标地址:内存数组
DMA_InitTypeDef DMA_InitStructure;                   //定义 DMA_InitTypeDef 类型结构体
RCC_AHBPeriphClockCmd(RCC_AHBPeriph_DMA1,ENABLE);    //使能 DMA1 时钟
DMA_DeInit(DMA1_Channel1);                           //将 DMA1 通道 1 寄存器重置为默认值
DMA_InitStructure.DMA_PeripheralBaseAddr=(u32)SRC_Const_Buffer; //DMA 外设基地址
DMA_InitStructure.DMA_MemoryBaseAddr=(u32)DST_Buffer;           //DMA 存储器基地址
DMA_InitStructure.DMA_BufferSize=BufferSize;         //DMA 缓存大小(传输数量)
DMA_InitStructure.DMA_PeripheralInc=DMA_PeripheralInc_Enable;   //外设地址递增
DMA_InitStructure.DMA_MemoryInc=DMA_MemoryInc_Enable;           //存储器地址递增
DMA_InitStructure.DMA_PeripheralDataSize=DMA_PeripheralDataSize_Word;
//外设数据宽度为字(32 位)
DMA_InitStructure.DMA_MemoryDataSize=DMA_MemoryDataSize_Word;
//内存数据宽度为字(32 位)
DMA_InitStructure.DMA_Mode=DMA_Mode_Normal;          //工作在普通模式
DMA_InitStructure.DMA_Priority=DMA_Priority_High;    //DMA 通道 1 设为高优先级
DMA_InitStructure.DMA_M2M=DMA_M2M_Enable;            //DMA 通道 1 设为内存到内存模式
DMA_Init(DMA1_Channel1,&DMA_InitStructure);
//根据 DMA_InitStruct 中指定的参数初始化 DMA 通道
DMA_ITConfig(DMA1_Channel1,DMA_IT_TC,ENABLE);        //使能 DMA1 传输完成中断
DMA_Cmd(DMA1_Channel1,ENABLE);                       //使能 DMA1 的第 1 通道的 DMA 传输
```

读者可以参照前例中关于 DMA 配置参数的解释自行解读上述实例代码。

例子中 Const 关键词修饰变量 SRC_Const_Buffer[BufferSize]的含义是，该变量将被编译器放置在 STM32 的 Flash 代码区。后续的省略号是需要程序员手动填入的传输源数据。

5.3　通用同步/异步收发器

通用同步/异步收发器(Universal Synchronous/Asynchronous Receiver Transmitter, USART)可以说是嵌入式系统中除了 GPIO 外最常用的一种外设。USART 常用的原因不在于其性能高超，而是因为 USART 的简单、通用。自 Intel 公司 20 世纪 70 年代发明 USART 以来，上至服务器、PC 之类的高性能计算机，下到四位或八位的单片机几乎无一例外地都配置了 USART 口，通过 USART，嵌入式系统可以和几乎所有的计算机系统进行简单的数据交换。USART 口的物理连接也很简单，只要 2~3 根线即可实现通信。

与 PC 软件开发不同，很多嵌入式系统没有完备的显示系统，开发者在软、硬件开发和调试过程中很难实时地了解系统的运行状态。一般开发者会选择用 USART 作为调试手段：开发首先完成 USART 的调试，在后续功能的调试中就通过 USART 向 PC 发送嵌入式系统运行状态的提示信息，以便定位软、硬件错误，加快调试进度。

USART 通信的另一个优势是可以适应不同的物理层。例如，使用 RS-232 或 RS-485 可以明显提升 USART 通信的距离，无线 FSK 调制可以降低布线施工的难度。所以 USART 口在工控领域也有着广泛的应用，是串行接口的工业标准(Industry Standard)。

本节从各类串行通信口的基本概念入手，帮助读者理解各类串行通信口的特点、优势和选择方法。

5.3.1　串行通信的基本概念

串行通信在通信类型、方式、标准(协议)、码型、编码、帧结构、校验、纠错、组网等方面存在着多种不同的形式，例如，通信类型分为同步通信、异步通信，方式有单工、半双工、全双工通信方式。标准或协议有 RS-232C、RS-422、RS-485、USB、SPI、I²C、IEEE-1394、CAN 总线等。码型有 NRZ(Nonreturn-To-Zero，不归零)码、曼彻斯特(Manchester)码和差分曼彻斯特(Differential Manchester)码等。编码有 ASCII 码、二进制编码、BCD 码、格雷码等。同步/异步的帧结构也各不相同。校验方式有奇偶校验、CRC 校验、和校验。当发现传输错误时的纠错方案也有多种。在组网方面有总线型、星型、环型、树型等。

1. 串行通信的基本类型

串行通信分为同步传送和异步传送两种基本类型，各有不同的特点和应用领域。

1) 异步传送方式

异步传送是指无须同步时钟的传输，就是在传输信道的两端(收方和发方)可以用各自的时钟，而不需要用同一个时钟来同步两端的通信事件和通信过程。异步传送通常是以字符为单位的，且通信双方需按事先的约定或协议来进行通信活动，其中包括：从一个起始位开始一个字符的传输、数据传输率(波特率)的大小、字符的位数、是否有校验位、停止位的个数等。这样，包括起始位、数据位、校验位、停止位在内的一组信息，称为一个数据帧。每一帧传送一个字符，帧与帧之间可以是连续的，也可以有间断，由传输需要而定。若有间断，传输线路上处于空闲状态，此时通常为高电平。如图 5.3.1 所示，异步传送，因无须同步时钟线，易于实现、占用资源少、较为常用，但传输效率低。

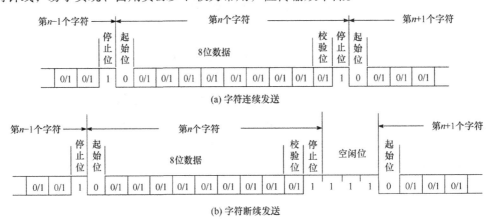

图 5.3.1　异步通信的帧结构

2) 同步传送方式

同步传送是指需要同步时钟的传输，即在传输过程中，通信的两端需采用同一时钟来同步传输数据。为此，在物理链路上往往要增加一条时钟线。同步时钟通常由主控方提供，若无同步时钟线，则需采用其他措施保证通信双方时钟的严格同步。例如，在每组信息(或称数据包)的开头处加上同步字符(又称为同步头)。通常每组信息由多个字符组成，称为一帧。同步通信要求连续的数据流，即不允许数据间有间断，在没有信息传输时，要插入空字符。相比异步通信，同步通信具有传输效率高、同步精确度好的优点，同步通信的实例如 SPI、I²C 等。而本章介绍的 USART 模块既可以工作在同步传送模式下，也可以工作在异步传送模式下。

2. 串行通信的方式

串行通信在方式上分为单工、半双工、全双工通信方式等。

1) 单工通信方式

图 5.3.2　单工通信方式

单工(Simplex)通信就是指单方向通信，是指信息流只能单方向流动，由发方传输到收方，不能逆向传输，如图 5.3.2 所示。

2) 半双工通信方式

半双工(Half Duplex)通信就是指不完全的双方向通信，是指信息流能分时、在同一信道内双方向流动，如图 5.3.3 所示。

3) 全双工通信方式

全双工(Full Duplex)通信就是指完全双方向通信，有两个信息传输的途径，信息流能从双方同时向对方传输。通信的任何一方都能同时完成收发任务，如图 5.3.4 所示。

图 5.3.3　半双工通信方式　　　　　　图 5.3.4　全双工通信方式

下面重点介绍 STM32 的 USART 的异步模式，同步模式的全双工和半双工通信方式在 5.5 节和 5.6 节中分别介绍。两个具备 USART 接口的设备采用异步全双工模式通信的连线方式，如图 5.3.5 所示。

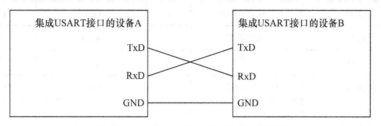

图 5.3.5　USART 异步全双工模式通信

采用异步全双工模式的 USART 接口，一般简称为异步串行口（Universal Asynchronous Receiver Transmitter, UART）。

3. 异步串行通信的波特率

如前所述，异步串行通信不需要同步时钟。为了确定接收方在什么时刻读取通信线路上的电平，要求双方拥有各自的时钟，且必须约定多长时间发送或接收一位。通常把一位的发送时间称为码元长度，而码元长度的倒数称为波特率，这是一个更常用的称谓。波特率的定义是：异步通信中每秒传输的码元（数据位）的数量。

在实际应用中，UART 常用的波特率有 1200bit/s、2400bit/s、4800bit/s、9600bit/s、19200bit/s、38400bit/s、43000bit/s、57600bit/s、76800bit/s、115200bit/s 等固定数值（注意这些数值不可以随意指定）。根据约定的传输速率和所要传输的数据大小，可以计算出通过 UART 发送全部数据所需的时间。例如，以 115200bit/s 的速率使用 8 个数据位、奇校验、1 个停止位的数据格式传输一个大小为 1KB 的文件，所需时间为 $(1024 \times (8+1+1+1))/115200 = 97.8$（ms）。如果没有校验位，则所需时间为 $(1024 \times (8+1+1))/115200 = 88.9$（ms）。

4. 异步串行通信的标准

UART 通信有一个重要特点是可以使用各种物理连接介质，在嵌入式系统中较常用的有 RS-232C、RS-422、RS-485、SPI、I²C 等标准。

1）RS-232C 标准

RS-232C 标准最初是因远程通信连接数据终端设备（Data Terminal Equipment, DTE）与数据通信设备（Data Communication Equipment, DCE）而制定的。RS-232C 标准（协定）的全称是 RS-232-RS-232C 标准，其中 RS-232 代表美国电子工业协会，RS（Recommended Standard）代表推荐标准，232 是标识号，C 代表 RS-232 的最近一次修改（1969 年），在这之前有 RS-

232B 和 RS-232A。它规定连接电缆和机械、电气特性、信号功能及传送过程。RS-232C 接口的最大传输速率为 20Kbit/s，线缆最长为 15m。目前 RS-232 是 PC 与通信设备中应用最广泛的一种串行接口，它是一种能够简便地在低速率串行通信中增加通信距离的单端标准。

(1)RS-232C 信号定义。RS-232C 在常用的 DB-9(9 芯)和 DB-25(25 芯)两种连接器中的信号定义如表 5.3.1 所示。

表 5.3.1　RS-232C 信号定义(未标出部分为地线或悬空管脚)

DB-9			DB-25		
管脚	信号缩写	功能说明	管脚	信号缩写	功能说明
1	DCD	数据载波检测	8	DCD	数据载波检测
2	RxD	接收数据	3	RxD	接收数据
3	TxD	发送数据	2	TxD	发送数据
4	DTR	数据终端准备好	20	DTR	数据终端准备好
5	GND	信号地	7	GND	信号地
6	DSR	数据设备准备好	6	DSR	数据设备准备好
7	RTS	请求发送	4	RTS	请求发送
8	CTS	清除发送	5	CTS	清除发送
9	RI	振铃指示	22	RI	振铃指示

RS-232C 的功能特性定义了 25 芯标准连接器中的 20 条信号线，其中 2 条地线、4 条数据线、11 条控制线、3 条定时信号线，剩下的 5 条线做备用或未定义。常用的只有 9 条，以下分类逐一说明。

联络控制信号线共 6 条。

① DSR：数据设备准备好(Data Set Ready)，有效时(ON)表明数据通信设备处于可以使用的状态。

② DTR：数据终端准备好(Data Terminal Ready)，有效时(ON)表明数据终端可以使用。

这两个信号有时连到电源上，一上电就立即有效。当这两个设备状态信号有效时，只表示设备本身可用，并不说明通信链路可以开始进行通信，能否开始进行通信要由下面的控制信号决定。

③ RTS：请求发送(Request To Send)，用来表示数据终端请求数据通信设备发送数据。当数据终端要发送数据时，使该信号有效(ON)，向通信设备请求发送。用 RTS 控制通信设备进入或退出发送状态。

④ CTS：允许发送/清除发送(Clear To Send)，该信号是对请求发送信号 RTS 的响应，用来表示 DCE 准备好接收 DTE 发来的数据。当通信设备已准备好接收终端传来的数据并向外发送时，使该信号有效，清除 RTS 并通知终端开始用发送数据线 TxD 向通信设备发送数据。

这一对 RTS/CTS 请求应答联络信号用于半双工通信设备系统中发送方式和接收方式之间的切换。在全双工系统中，已具备双向通信通道，故不需要 RTS/CTS，保持这两条信号线为高电平。

⑤ DCD：数据载波检测（Data Carrier Detection），当本地 DCE（Modem）收到对方的 DCE 送来的载波信号时，使 DCD 有效，通知 DTE 准备接收，并且由 DCE 将接收到的载波信号解调为数字信号，经 RxD 线送给 DTE。

⑥ RI：振铃信号（Ringing），当 DCE 收到对方的 DCE 送来的振铃呼叫信号时，使该信号有效，通知 DTE 已被呼叫。

数据发送与接收线有两条。

① TxD：发送数据（Transmitted Data）——通过 TxD 线终端将串行数据发送到通信设备，（DTE→DCE）。

② RxD：接收数据（Received Data）——通过 RxD 线终端接收从通信设备发来的串行数据，（DCE→DTE）。

信号地线有 1 条。

GND：信号地（Signal Ground）。

上述控制信号线何时有效、何时无效的顺序表示了接口信号的传送过程。例如，只有当 DSR 和 DTR 都处于有效（ON）状态时，才能在 DTE 和 DCE 之间进行传送操作。若 DTE 要发送数据，则预先将 DTR 线置为有效（ON）状态，等 CTS 线上收到有效（ON）状态的回答后，才能在 TxD 线上发送串行数据。这种顺序的规定对半双工的通信线路特别有用，因为半双工的通信才能确定 DCE 已由接收方向改为发送方向，这时线路才能开始发送。

（2）RS-232 和 RS-232C 对电气特性、逻辑电平也做了规定，在 TxD 和 RxD 上：

① 逻辑 1（MARK，传号）为 -15～-3V。

② 逻辑 0（SPACE，空号）为 +3～+15V。

在 RTS、CTS、DSR、DTR 和 DCD 等控制线上：

① 信号有效（接通，ON 状态，正电压）为 +3～+15V。

② 信号无效（断开，OFF 状态，负电压）为 -15～-3V。

以上规定说明了 RS-323C 标准对逻辑电平的定义。对于数据：逻辑 1（传号）的电平低于 -3V，逻辑 0（空号）的电平高于 +3V；对于控制信号，接通状态（ON）即信号有效的电平高于 +3V，断开状态（OFF）即信号无效的电平低于 -3V，也就是当传输电平的绝对值大于 3V 时，电路可以有效地检查出来，-3～+3V 的电压无意义，低于 -15V 或高于 +15V 的电压也认为无意义，因此，实际工作时，应保证电平为 ±（3～15）V。

RS-232C 用负电压来表示逻辑状态 1，用正电压来表示逻辑状态 0，这与 TTL 以高、低电平表示逻辑状态的规定不同。因此为了能够与计算机接口或终端的 TTL 器件连接，必须在 RS-232C 与 TTL 电路之间进行电平和逻辑关系的变换。目前使用较为广泛的是集成电路转换器件，如 MC1488、SN75150 芯片，可完成 TTL 电平到 RS-232 电平的转换；而 MC1489、SN75154 可实现 RS-232C 电平到 TTL 电平的转换。另有 MAX232 芯片可完成 TTL←→RS-

232C 双向电平转换，MAX232 内包含两组 TTL←→RS-232C 双向电平转换电路。图 5.3.6 显示了 MAX232 的内部结构和管脚。

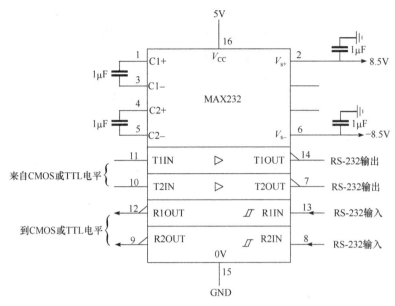

图 5.3.6　RS-232C 电平与 TTL 电平转换电路

RS-232C 常用的两种连接器 DB-25 和 DB-9 的外形及信号线分配如图 5.3.7 所示。

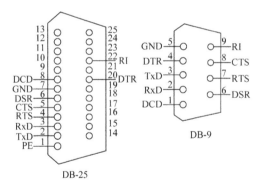

图 5.3.7　RS-232C 常用连接器引线图

2）RS-422/485 标准

RS-422 由 RS-232 发展而来，它是为了弥补 RS-232 的不足而提出的。为改进 RS-232 通信距离短、速率低的缺点，RS-422 定义了一种平衡通信接口，将传输速率提高到 10Mbit/s，传输距离延长到 1000m 以上，并允许在一条平衡总线上连接最多 10 个接收器。RS-422 是一种单机发送、多机接收的单向、平衡传输规范，被命名为 TIA/EIA-422-A 标准。为扩展应用范围，EIA（Electronic Industry Association）又于 1983 年在 RS-422 基础上制定了 RS-485 标准，增加了多点、双向通信能力，即允许多个发送器连接到同一对总线上，同时增加了发送器的驱动能力和冲突保护特性，扩展了总线共模范围，后命名为 TIA/EIA-485-A 标准。由于 EIA 提出的建议标准都是以 RS 作为前缀的，所以在通信工业领域，仍然习惯将上述标准以 RS 作为前缀称谓。

RS-422、RS-485 与 RS-232 不一样，数据信号采用差分传输方式，也称为平衡传输。它使用一对双绞线，将其中一线定义为 A，另一线定义为 B，另有一个信号地 C（收发方可以不连接），如图 5.3.8 所示。

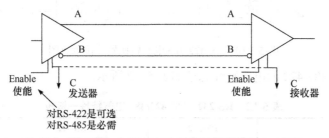

图 5.3.8　RS-422/485 平衡传输示意图

通常情况下，发送驱动器 A、B 之间的正电平为 +2～+6V，是一个逻辑状态，负电平为 –6～–2V，是另一个逻辑状态。RS-485 和 RS-422 逻辑电平相同，不同点在于 RS-485 是半双工通信，只有一对通信双绞线，所以 RS-485 还有一个使能（Enable）端，当使能端被禁止时，发送驱动器处于高阻状态，只能监听线路上的信号；只有当本地主机需要发送数据时才使能发送器。收、发端通过平衡双绞线将 AA 与 BB 对应相连，当在收端 A、B 之间有大于 +200mV 的电势差时，输出正逻辑电平，小于–200mV 时，输出负逻辑电平。接收器接收平衡线上的电势差范围通常为 ±200mV～6V，如图 5.3.9 所示。

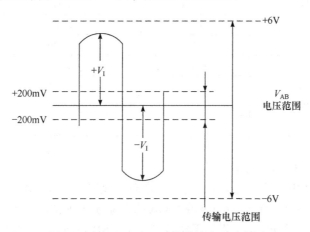

图 5.3.9　RS-422/.485 平衡传输电平示意图

RS-422/485 与嵌入式处理器电平转换可通过专用电平转换芯片实现，如 MAX481/483/487（半双工方式）以及 MAX488/489（全双工方式）。每个芯片内各有一个发送器和接收器。DI 和 RO 是使用嵌入式处理器电平的输入和输出管脚。DE 和 RE 分别为发送器和接收器的使能管脚，有效时发送器输出 RS-422/485 电平；当 DE 和 RE 无效时，输出为高阻状态。图 5.3.10 给出了 RS-422/485 电平转换器连接示意图。

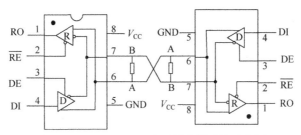

图 5.3.10　RS-422/485 电平转换器连接示意图

RS-232、RS-485/422 的电气特性总结如表 5.3.2 所示。

表 5.3.2　RS-232、RS-422/485 电气特性一览表

规定		RS-232	RS-422	RS-485
工作方式		单端	差分	差分
节点数		1收1发	1发10收	1发32收
最大传输电缆长度		50ft[①]	400ft	400ft
最大传输速率		20Kbit/s	10Mbit/s	10Mbit/s
最大驱动输出电压		+/-25V	−7～+7V	−7～+12V
驱动器输出信号电平（负载最小值）	负载	+/-5～+/-15V	+/-2.0V	+/-1.5V
驱动器输出信号电平（空载最大值）	空载	+/-25V	+/-6V	+/-6V
驱动器负载阻抗		3k～7kΩ	100Ω	54Ω
摆率(最大值)		30V/μs	N/A	N/A
接收器输入电压范围		+/-15V	−10～+10V	−7～+12V
接收器输入门限		+/-3V	+/-200mV	+/-200mV
接收器输入电阻		3k～7kΩ	4kΩ(最小)	≥ 12kΩ
驱动器共模电压			−3～+3V	−1～+3V
接收器共模电压			−7～+7V	−7～+12V

3）通过 USB 和 PC 相连的串行口

很多现代计算机中，尤其是笔记本电脑，没有集成串行口（UART）。嵌入式开发者一般会采用 USB 虚拟的方式，在 Windows 或 Linux 操作系统中虚拟出一个串行口。也就是用一个专用 USB 芯片连接到 PC 上，操作系统找到这个 USB 设备，并正确安装驱动程序后，会将其作为一个 UART 口处理。在 Windows 或 Linux 操作系统中，嵌入式开发者就可以像使用一个真的串行口一样，通过编程或现有的应用程序（putty.exe 和串行口调试助手等）操作这个 USB"虚拟"出来的串行口了。图 5.3.11 为在 Windows 操作系统设备管理器中看到的

图 5.3.11　Windows 设备管理器中的虚拟串行口

① 1ft=0.3048m。

CH340 芯片虚拟的串行口 COM10。

图 5.3.12 所示为 STM32 嵌入式处理器通过 CH340 虚拟串行口和 PC 的连接示意图。

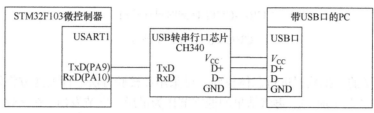

图 5.3.12　嵌入式处理器和 PC 虚拟串行口的连接

5. 异步串行通信的帧结构

在串行通信中,信息必须经过组装后才能在线路上传输,信息组装的最小形式称为帧。一帧通常由起始位、数据位、校验位、停止位等 4 个部分组成,由起始位开始,至停止位结束,每帧传输一个字符。在一帧中,数据位可为 5～9 位,校验位可有可无。RS-232 异步通信的帧格式如图 5.3.1 所示,其中尤其提醒读者需要注意的是:数据位为低位在前,高位在后。

6. 串行通信中的校验与纠错方式

1)奇偶校验

根据被传输的一组二进制代码的数位中 1 的个数是奇数或偶数来进行校验,采用奇数的称为奇校验,反之,称为偶校验。采用何种校验是由通信的双方事先规定好的,并自动由每一帧中的奇偶校验位予以保证这组代码中 1 的个数为奇数或偶数。若用奇校验,则当接收端收到这组代码时,校验 1 的个数是否为奇数,从而确定传输代码的正确性。

2)循环冗余校验

循环冗余校验(Cyclic Redundancy Check, CRC)由分组线性码的分支而来,是数据通信领域中最常用的一种高效差错校验码。CRC 码由两部分组成,前部分是信息码,后部分是校验码。如果 CRC 码共长 n 位,信息码长 k 位,就称为 (n,k) 码,其校验位长度 $r=n-k$。发送方通过指定的 $g(x)$ 产生 CRC 码,接收方则通过该 $g(x)$ 来验证收到的 CRC 码。CRC 码的编码规则如下:

(1)将原信息码(k bit)左移 r 位($k+r=n$)。

(2)运用一个生成多项式 $g(x)$(也可看成二进制数)用模 2 除上面的式子,得到的余数就是校验码。

这里的"模 2 除"就是在除的过程中用模 2 加,即异或运算,就是加法不考虑进位,公式是 0+0=1+1=0, 1+0=0+1=1。也即,将左移 r 位后的信息码,除以(模 2 除)生成多项式 $g(x)$,得到的余数即为 CRC 码。下面以 CRC(7,3)码为例说明,如图 5.3.13 所示。

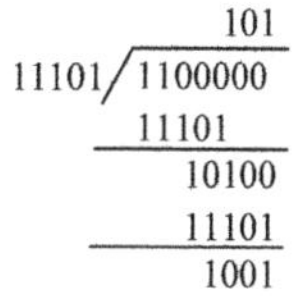

$$
\begin{array}{r}
101 \\
11101\overline{)1100000} \\
\underline{11101} \\
10100 \\
\underline{11101} \\
1001
\end{array}
$$

若信息码为 110,生成多项式 $g(x)=x^4+x^3+x^2+1=11101$,则信息码 110 左移 4 位为 1100000,用"模 2 除"除以 $g(x)$,余数即为 CRC 码。

余数是 1001,所以 CRC 码是 1101001。

接收端的校验方法:将接收到的字段/生成码(模 2 除),如果能

图 5.3.13　CRC 计算举例

够除尽，则传输正确，否则传输错误。标准的 CRC 码是 CRC-CCITT 和 CRC-16，它们的生成多项式为

$$CRC\text{-}CCITT = x^{16} + x^{12} + x^5 + 1$$

$$CRC\text{-}16 = x^{16} + x^{15} + x^2 + 1$$

3）和校验

若要对发送的一批数据进行总体校验，可采用和校验方法。即发送方将发送的每个数据进行累加（或"逻辑加"），再将结果的低字节作为最后一字节发出。在接收方用相同的方法对收到的数据进行相加，并与最后一字节比较，若相同，则传输正确，否则传输错误。

5.3.2　STM32 上的 USART 及其控制方法

STM32 的 USART 具备异步串行通信的所有特性。在异步串行模式下 STM32 的 USART 还可以通过适当的配置，实现一系列增强功能。例如，通过 DMA 功能实现内存缓冲的方式避免频繁中断，以实现高速数据通信；利用分数波特率发生器提供宽范围的波特率选择等功能；通过地址标志实现多处理器组网通信。另外还支持局域互联网（LAN）、智能卡协议和红外数据组织（IrDA）SIR ENDEC 规范，以及调制解调器（CTS/RTS）的操作。STM32 片上的 USART 模块功能框图如图 5.3.14 所示。

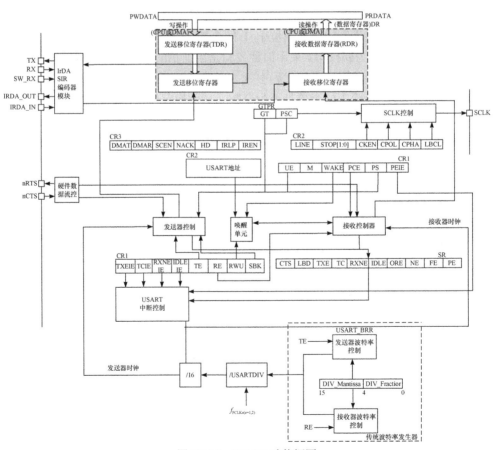

图 5.3.14　STM32 功能框图

为实现 USART 的上述增强功能，STM32 的 USART 口支持多种模式：异步模式、硬件流控制模式、USART 同步模式、单线半双工模式、多处理器通行模式、局域互联网模式、智能卡模式、红外模式等。本书并不一一展开论述，而是介绍其中最实用也最常见的异步模式。

1. USART 使用的管脚

异步模式下的 USART 接口通过三个管脚与其他设备连接在一起。任何 USART 双向通信至少需要两个管脚：接收数据输入（RX）和发送数据输出（TX）。

RX：接收数据串行输入。通过采样技术来区别数据和噪声，从而恢复数据。

TX：发送数据输出。当发送器被禁止时，输出管脚恢复到它的 I/O 端口配置。当发送器被激活，并且不发送数据时，TX 管脚处于高电平。

2. 分数波特率的产生

作为一种异步通信方式，USART 的异步模式需要具备准确的波特率发生机制。STM32 的 USART 具备分数波特率发生方式，能够在使用 8MHz 或 10MHz 等整数频率的外接晶振的条件下，产生精度足够高的 1200bit/s、2400bit/s、4800bit/s、9600bit/s、19200bit/s、38400bit/s、43000bit/s、57600bit/s、76800bit/s、115200bit/s 等主要的波特率。

如图 3.2.1 所示，STM32 的几个 USART 模块中，除 USART1 挂接在高速外设总线 APB2 上之外，其他 USART2～USART5 均挂接在 APB1 上。确定所使用的 USART 口后，STM32 的波特率计算公式如下：

$$波特率 = \frac{f_{CK}}{16 \times \text{USARTDIV}} \tag{5.3.1}$$

其中，f_{CK} 是 APB 的频率，对 USART2 可达 72MHz，对 USART1 可达 36MHz。USARTDIV 则是对 f_{CK} 的分频比。USARTDIV 可以通过波特率寄存器 USART_BRR 进行设置。为获得更精确的分频比例，USART_BRR 又分为整数部分和分数部分。整数部分就是分频比 USARTDIV 的整数部分，而分数部分除以 16 后才构成分频比 USARTDIV 的分数部分。

例如，USART_BRR 的整数部分为 468，分数部分为 12，意味着真实的分频比 USARTDIV=468+12/16=468.75。若使用的是 STM32 的 USART1 口，且 APB2 总线的频率为 72MHz，则波特率为 72MHz/468.75/16=9.6Kbit/s。

在系统时钟为 72MHz 和 36MHz 两种频率下，几种常见波特率设置分数波特率寄存器值及实际波特率值的对照表如表 5.3.3 所示。

表 5.3.3　常见波特率设置及实际值的对照表

序号	理论波特率/(Kbit/s)	$f_{\text{PCLK}} = 36\text{MHz}$				$f_{\text{PCLK}} = 72\text{MHz}$		
		实际波特率/(Kbit/s)	置于波特率寄存器中的值	误差/%		实际波特率/(Kbit/s)	置于波特率寄存器中的值	误差/%
1	2.4	2.4	937.5	0	2.4	1875	0
2	9.6	9.6	234.375	0	9.6	468.75	0
3	19.2	19.2	117.1875	0	19.2	234.375	0
4	57.6	57.6	39.0625	0	57.6	78.125	0

续表

序号	理论波特率/(Kbit/s)	$f_{PCLK} = 36MHz$				$f_{PCLK} = 72MHz$		
		实际波特率/(Kbit/s)	置于波特率寄存器中的值	误差/%		实际波特率/(Kbit/s)	置于波特率寄存器中的值	误差/%
5	115.2	115.384	19.5	0.15		115.2	39.0625	0
6	230.4	230.769	9.75	0.16		230.769	19.5	0.16
7	460.8	461.538	4.875	0.16		461.538	9.75	0.16
8	921.6	923.076	2.4375	0.16		923.076	4.875	0.16
9	2250	2250	1	0		2250	2	0
10	4500	不可能	不可能	不可能		4500	1	0

3. USART 中断及 USART 的控制方法

STM32 的每个 USART 接口硬件都支持产生如表 5.3.4 所示的事件标志，这些事件又可以作为独立触发 DMA 的事件，或在中断使能位被置位的条件下触发中断。

表 5.3.4　USART 中断事件

中断事件	事件标志	使能位
发送数据寄存器空	TXE	TXEIE
CTS 标志	CTS	CTSIE
发送完成	TC	TCIE
接收数据就绪可读	RXNE	RXNEIE
检测到数据溢出	ORE	
检测到空闲线路	IDLE	IDLEIE
奇偶检验错	PE	PEIE
断开标志	LBD	LBDIE
噪声标志，多缓冲通信中的溢出错误和帧错误	NE 或 ORT 或 FE	EIE

但 STM32 的中断向量表只为每个 USART 口预留了一个中断入口，读者参看表 3.4.1 所示的中断向量表可以找到 USART1～5 所对应的中断向量地址为 0x0000_00D4、0x0000_00D8、0x0000_00DC、0x0000_0110、0x0000_0114。图 5.3.15 所示为 USART 中断事件及其对应的中断使能位与最终的 USART 中断之间的逻辑关系。图中每个事件在被使用后都具有平等的机会和权利产生最终的中断。而最终每个 USART 口只有一个中断入口地址，意味着每个 USART 口一般只有一个中断服务程序，标准外设库中 USARTx 口的中断服务程序是 USARTx_IRQHandler()。中断发生后，要判断到底是由表 5.3.4 中的哪一个中断事件引发的，则必须在 USARTx_IRQHandler() 中分别检查到底是哪个硬件标志位被硬件置位了。

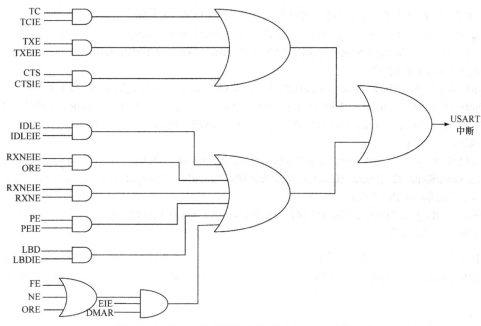

图 5.3.15　USART 中断事件和与中断的逻辑关系图

表 5.3.4 中由 USART 发送数据引发的中断事件及其对应的硬件标志位：发送数据寄存器空 TXE、对方准备好信号发生变化 CTS、发送完成 TC。其中 TXE 被硬件置位，意味着图 5.3.14 中的发送数据寄存器(TDR)中的数据被转移到了发送移位寄存器中，软件可以立即向 TDR 中移入下一个准备发送的字节了。CTS 被硬件置位，意味着 USART 上的 CTS 管脚电平发生变化，接收设备准备好接收数据，可以马上发送数据了。TC 被硬件置位，意味着不仅发送数据寄存器空了，连发送移位寄存器也空了，所有的发送完成。

USART 接收数据引发的中断事件及其对应的硬件标志位：接收数据寄存器非空 RXNE、溢出错误 ORE、空闲总线检测 IDLE、奇偶校验错误 PE、LIN 断开 LBD、噪声标志(仅在多缓冲器通信)和帧错误(仅在多缓冲器通信)。其中和异步模式相关的有 RXNE、ORE、PE、IDLE 几个位。RXNE 被硬件置位，意味着完成了一个字符数据的接收，RDR 中有数据，软件可以立即从中读取。ORE 被硬件置位，意味着 RDR 中的数据未被软件读走之前，USART 又收到了一个新的字符，此时虽然接收数据寄存器中老的数据不会丢失，但是接收移位寄存器中的数据会被覆盖。PE 被硬件置位，意味着在接收数据的过程中奇偶校验发生了错误。IDLE 被硬件置位，意味着总线空闲，可能是完成了一段数据的接收。

STM32 软件可以通过查询法或中断法检测这些标志位的状态，从而实现对 USART 口的控制。值得注意的是，STM32 的 USART 口可以分别独立地开关其发送功能和接收功能。

5.3.3　标准外设库中的 USART 相关函数及其使用实例

意法半导体官方提供的标准外设库中拥有非常丰富的 USART 操作函数，现将最常用的函数罗列于此。

```
USART_Init(USART_TypeDef* USARTx, USART_InitTypeDef* USART_InitStruct);
```

```
//串口初始化: 波特率、数据字长、奇偶校验、硬件流控以及收发使能
void USART_Cmd(USART_TypeDef* USARTx, FunctionalState NewState);        //使能串口
void USART_ITConfig(USART_TypeDef* USARTx, u16 USART_IT, FunctionalState NewState);
//使能 USART 相关中断
void USART_SendData(USART_TypeDef* USARTx, u8 Data);       //发送数据到串口 DR
uint16_t USART_ReceiveData(USART_TypeDef* USARTx);             //接收数据,从 DR 读取接收到的数据
FlagStatus USART_GetFlagStatus(USART_TypeDef* USARTx, u16 USART_FLAG);
//获取状态标志位
void USART_ClearFlag(USART_TypeDef* USARTx, u16 USART_FLAG);       //清除状态标志位
ITStatus USART_GetITStatus(USART_TypeDef* USARTx, u16 USART_IT));
//检查指定的 USART 中断发生与否
void USART_ClearITPendingBit(USART_TypeDef* USARTx, u16 USART_IT);
//清除中断状态标志位
```

在编程实践中，读者参考官方提供的《32 位基于 ARM 微控制器 STM32F101xx 与 STM32F103xx 固件函数库》。后面提供一个使用上述函数对 USART1 进行编程的实例作为参考。

1. 配置代码

1）USART 相关管脚的初始化

USART1 是所有 STM32 芯片都有的 USART 口，它是 PA9 和 PA10 管脚的复用功能，要使用 USART1，应先初始化这两个管脚。当然 USART1 拥有 RS-232C 标准（表 5.3.1）所涉及的所有管脚，但绝大部分情况下嵌入式系统中只会使用 TxD 和 RxD 两个管脚。在不使用的情况下，可以不初始化表 5.3.1 所示的 USART 其他相关管脚。

一般而言，USART 的初始化应包括以下步骤：串口时钟使能，GPIO 时钟使能；串口复位（这一步不是必需的）；GPIO 端口模式设置（TX 管脚模式设置为 GPIO_Mode_AF_PP，RX 管脚设置为浮空输入 GPIO_Mode_IN_FLOATING）；串口参数初始化；初始化 NVIC 并且开启中断（如果需要开启中断才需要这个步骤）；使能串口。代码示例如下：

```
GPIO_InitTypeDef GPIO_InitStructure;
RCC_APB2PeriphClockCmd(RCC_APB2Periph_USART1|RCC_APB2Periph_GPIOA, ENABLE);
//使能 USART1 所在的 PA 口时钟
GPIO_InitStructure.GPIO_Pin = GPIO_Pin_9;              //USART1_TX    PA9 初始化
GPIO_InitStructure.GPIO_Speed = GPIO_Speed_50MHz;
GPIO_InitStructure.GPIO_Mode = GPIO_Mode_AF_PP;          //推挽复用输出
GPIO_Init(GPIOA, &GPIO_InitStructure);                  //初始化 PA9
GPIO_InitStructure.GPIO_Pin = GPIO_Pin_10;            //USART1_RX    PA10 初始化
GPIO_InitStructure.GPIO_Mode = GPIO_Mode_IN_FLOATING;     //浮空输入
GPIO_Init(GPIOA, &GPIO_InitStructure);                  //初始化 PA10
```

2）USART 初始化配置代码

```
USART_InitTypeDef USART_InitStructure;
USART_InitStructure.USART_BaudRate = 115200;                //串口波特率
USART_InitStructure.USART_WordLength = USART_WordLength_8b;   //字长为 8 位数据格式
USART_InitStructure.USART_StopBits = USART_StopBits_1;       //一个停止位
```

```
USART_InitStructure.USART_Parity = USART_Parity_No;                          //无奇偶校验位
USART_InitStructure.USART_HardwareFlowControl = USART_HardwareFlowControl_None;
//无硬件数据流控制
USART_InitStructure.USART_Mode = USART_Mode_Rx | USART_Mode_Tx;              //收发模式
USART_Init(USART1, &USART_InitStructure);                                     //初始化串口 1
USART_Cmd(USART1, ENABLE);                                                    //使能串口 1
```

其中 USART_InitTypeDef 是标准外设库定义的 USART 初始化结构体类型，USART_InitStructure 则是我们定义的该结构体实例，该结构体的成员如下。

USART_BaudRate 为波特率，可以选择 1200、2400、4800、9600、19200、38400、43000、57600、76800、115200 等数值，注意这些数值是固定的，不可以随意选定。

USART_WordLength 为 USART 通信帧中数据位的个数，可以使用 USART_WordLength_8b 和 USART_WordLength_9b 等固件库中事先定义好的宏。

USART_StopBits 为 USART 通信帧中停止位的个数，可以使用 USART_St opBits_1 和 USART_StopBits_2 等固件库中事先定义好的宏。

USART_Parity 为 USART 通信帧中是否添加及添加奇校验位还是偶校验位，可以使用 USART_Parity_No（无奇偶校验）、USART_Parity_Even（偶校验）和 USART_Parity_Odd（奇校验）等固件库中事先定义好的宏。

USART_HardwareFlowControl 为 USART 通信中是否添加硬件流控制功能，固件库中可选的硬件流控制功能选项为：USART_HardwareFlowControl_None（无硬件流控制）、USART_HardwareFlowControl_RTS（RTS 信号硬件流控制）、USART_HardwareFlowControl_CTS（CTS 信号硬件流控制）和 USART_HardwareF lowControl_RTS_CTS（RTS、CTS 信号共同硬件流控制）。

USART_Mode 为 USART 接收和发送使能控制，可以使用 USART_Mode_Rx、USART_Mode_Tx 以及二者的"或"结果，使能接收、发送或同时使能。

"USART_Init(USART1, &USART_InitStructure);"语句则用指向初始化结构体实例 USART_InitStructure 的指针初始化 USART1 模块。

3）USART 接收中断初始化代码

```
NVIC_InitTypeDef NVIC_InitStructure;                        //定义 NVIC 初始化结构体
USART_ITConfig(USART1, USART_IT_RXNE, ENABLE);             //开启串口接收中断
///////////// NVIC 配置//////////////
NVIC_InitStructure.NVIC_IRQChannel = USART1_IRQn;
NVIC_InitStructure.NVIC_IRQChannelPreemptionPriority=3;     //抢占优先级 3
NVIC_InitStructure.NVIC_IRQChannelSubPriority = 3;          //子优先级 3
NVIC_InitStructure.NVIC_IRQChannelCmd = ENABLE;            //IRQ 通道使能
NVIC_Init(&NVIC_InitStructure);        //根据指定的参数初始化 NVIC 寄存器
```

2. USART 接口的收发程序

USART 接口的异步通信多数发生在两个独立运行程序的计算机系统之间，如嵌入式系统和 PC 之间通信。因此嵌入式软件一般可以预测发送完成的时间，却很难预知对方究竟在什么时候会向自己发送数据。最常见的异步通信程序会在发送数据后，采取查询方式等待

USART 完成发送后再继续运行。而对于接收数据，则会采用中断方式，在接收完成后将收到的数据缓冲在自己的缓冲区中。程序示例如下：

```
//USART1 发送数据
USART_SendData(USART1, 0x12);
while (USART_GetFlagStatus(USART1, USART_FLAG_TXE) == RESET);

//USART1 在中断服务函数 USART1_IRQHandler()中接收数据
if(USART_GetITStatus(USART1, USART_IT_RXNE) == SET)        //接收到数据
{
    USART_ClearITPendingBit(USART1, USART_IT_RXNE);        //清除接收中断标志
    Dat =USART_ReceiveData(USART1); //读取接收到的数据
}
```

当然，处理发送数据的方式是多样化的，利用 TXE、CTS、TC 等事件标志触发中断和 DMA，以降低 USART 发送占用 CPU 事件的方式也非常常见，本书在 5.2 节给出了用 DMA 控制器实现 USART 发送的例子。另外，也有很多嵌入式工程师采用在发送数据之前再检测发送完成标志 TXE 的技巧，来充分利用两个字符之间的发送间隔时间。

3. 用 USART 接口实现 printf()函数

大家一定对学习 C 语言时用过的"printf("Hello,world");"这样的句子记忆犹新，printf() 函数可以格式化地输入和输出字符串、计算结果等信息，使用非常方便。尤其在没有显示器的嵌入式系统中，printf()函数可以很好地帮助嵌入式开发者了解系统的运行状态，调试自己的代码。但在默认情况下 Keil MDK 开发环境不会使用 USART 作为其 printf()函数的输出途径，因此无法直接使用我们熟悉的 "printf("Hello,world");"这样的句子来通过串口调试和显示运行状态。

要在"MDK+标准外设库"的开发环境中用 printf()函数调用 USART 输出，首先要将底层的 fputc()函数(发送字符函数)改成用 USART 实现发送。代码如下：

```
int fputc (int ch, FILE *f) {
    USART_SendData(USARTx, (uint8_t) ch);
    while (USART_GetFlagStatus(USARTx, USART_FLAG_TC) == RESET);
    return ch;
}
```

其基本原理是调用标准外设库的字节发送函数 USART_SendData()并用查询法一直等到该字符完全发送完成。

随后是避免 MDK 调用标准 C 语言函数库，用默认的途径实现 printf()函数。具体的做法有两种，选择其中任意一种即可。

(1)用 MDK 自带的简易库替代 C 语言标准库 ISO C。做法很简单，在 MDK 软件开发环境中，选择 Options 菜单项，在 Target 选项卡中，选择 Code Generation 区域中的 Use MicroLIB 复选框，如图 5.3.16 所示。

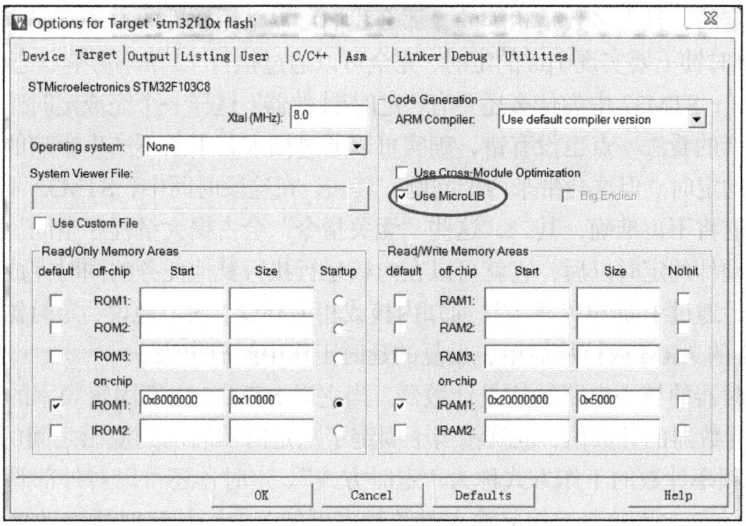

图 5.3.16　使用 MDK 自带的简易库 MicroLIB

（2）在代码中禁止使用 ARM 调试器的半主机模式，以保证编译器使用上面定义的 fputc（）函数来实现 printf（）函数。

```
#pragma import(__use_no_semihosting)
//需要标准库支持函数
struct __FILE{
int handle;
};
FILE __stdout;
//定义_sys_exit()以避免使用半主机模式
_sys_exit(int x) {
x = x;
}
```

当然这随即又带来了另一个问题，什么是半主机模式？

本节将官方对"半主机"的解释罗列于此：半主机是用于 ARM 目标的一种机制，可将来自应用程序代码的输入/输出请求传送至运行调试器的主机。例如，使用此机制可以启用 C 语言函数库中的函数，如 printf（）和 scanf（），来使用主机的屏幕和键盘，而不是在目标系统上配备屏幕和键盘。

其逻辑已经非常清晰，半主机模式会将 printf（）函数的输出通过调试器传送到调试 PC 上，而非我们期望的 USART 口，因此使用重新定义的 printf（）函数应该禁止半主机模式。

5.4　定时器 TIM

从本质上讲定时器就是"数字电路"课程中学过的计数器（Counter），它像"闹钟"一样忠实地为处理器完成定时或计数任务，几乎是所有现代微处理器必备的一种片上外设。

很多读者在初次接触定时器时，都会提出这样一个问题：既然 ARM 内核每条指令的执行时间都是固定的，且大多数是相等的，那么我们可以采用软件的方法实现定时吗？例如，在 72MHz 系统时钟下要实现 1μs 的定时，完全可以通过执行 72 条不影响状态的"无关指令"实现。既然这样，STM32 中为什么还要有"定时/计数器"这样一个完成定时工作的硬件结构呢？其实，读者的看法一点也没有错，确实可以通过插入若干条不产生影响的"无关指令"实现固定时间的定时。但这会带来两个问题：其一，在这段时间中，STM32 不能做其他任何事情，否则定时将不再准确；其二，这些"无关指令"会占据大量程序空间。而当嵌入式处理器中集成了硬件的定时以后，它就可以在内核运行执行其他任务的同时完成精确的定时，并在定时结束后通过中断/事件等方法通知内核或相关外设。简单地说，定时器最重要的作用就是将 STM32 的 ARM 内核从简单、重复的延时工作中解放出来。

当然，定时器的核心电路结构是计数器。当它对 STM32 内部固定频率的信号进行计数时，只要指定计数器的计数值，也就相当于固定了从定时器启动到溢出之间的时间长度，这种对内部已知频率计数的工作方式称为"定时方式"。定时器还可以对外部管脚输入的未知频率信号进行计数，此时由于外部输入时钟频率可能改变，从定时器启动到溢出之间的时间长度是无法预测的，软件所能判断的仅仅是外部脉冲的个数，因此这种计数时钟来自外部的工作方式只能称为"计数方式"。在这两种基本工作方式的基础上，STM32 的定时器又衍生出了"输入捕获""输出比较""PWM""脉冲计数""编码器接口"等多种工作模式。

本节将从 STM32 定时器的分类入手，分别介绍各类定时器的基本结构、工作模式、软件控制方法等问题。

微课10

5.4.1　STM32 中定时器的分类和特点

STM32F1 系列嵌入式处理器共有以下五类定时器。
(1) 看门狗定时器：IWDG 和 WWDG。
(2) 系统定时器：SysTick。
(3) 高级定时器：TIM1 和 TIM8。
(4) 通用定时器：TIM2、TIM3、TIM4、TIM5。
(5) 基本定时器：TIM6 和 TIM7。

五类定时器中的每一个都有自己独立的以计数器为核心的定时器电路，都能各自完成类似"闹钟"的功能。设计者为了能够选择合适的定时器来完成特定的功能，需要对每类定时器的特点有所了解。其实，从官方对上述定时器的命名方式出发，可以发现除看门狗定时器和系统定时器之外，其他定时器都是以 TIM（英文单词定时器 timer 的缩写）开头的。意法半导体官方的设计意图是用这三类定时器完成通常意义上的定时/计数功能的"定时器"功能，而另外两类定时器都有相对明确的其他用途。

其中，看门狗定时器主要用来实现看门狗功能，关于 IWDG 和 WWDG 的方法和步骤，已经在 3.3 节做了详细介绍，这里不再赘述，感兴趣的读者可以仔细阅读相关章节内容。其中需要特别补充的知识点是：作为普通定时器而值得一提的功能是窗口看门狗的早期唤醒中断（EWI），早期唤醒中断可在窗口看门狗计数器的值递减达到 0x40 时产生中断。该中断在普通定时器不足时，也可以作为一个完成通用定时器功能的定时器来使用，但窗口看门狗的附加功能远远弱于普通定时器。

系统定时器可以理解为一个简化版的通用定时器,但与其他标准通用定时器不同的是,系统定时器是包含在 Cortex-M3 内核中的定时器。也因为这个原因,系统定时器是由 ARM 公司设计,并"紧耦合"到向量中断控制器上的,其原理以及操作方法和意法半导体设计的通用定时器 TIM1~8 完全不同。本节随后将详细介绍系统定时器的使用方法。

TIM1~8 是意法半导体设计并作为外设集成到 STM32 的外设总线上的。其目标应用场景有所不同,分为基本定时器、普通定时器和高级定时器三类。这三类定时器的工作方式也略有不同,现总结如表 5.4.1 所示。

表 5.4.1　四种 SPI 模式下数据输出时间和采样时刻对照表

定时器种类	位数	计数器模式	产生 DMA 请求	捕获/比较通道	互补输出	所在的外设总线	应用场景
高级定时器 (TIM1、TIM8)	16	向上,向下,向上/向下	可以	4	有	APB2 (72MHz)	电机控制
通用定时器 (TIM2~TIM5)	16	向上,向下,向上/向下	可以	4	无	APB1 (36MHz)	定时计数,PWM 输出,输入捕获,输出比较
基本定时器 (TIM6,TIM7)	16	向上	可以	0	无	APB1 (36MHz)	主要应用于驱动 DAC

本节随后的部分会重点介绍最常用的普通定时器的功能和使用方法,另外还会对基本定时器的功能进行简介。至于高级定时器,其主要应用场景是电机控制领域,由于涉及较多的电机控制专门知识,本书将在第 6 章中结合应用场景向读者介绍。

5.4.2　系统定时器

系统定时器(SysTick)在有些专业书籍中被翻译为"系统滴答定时器",形象地体现了这种定时器的作用是定时地通过中断,像钟表一样为嵌入式系统提供时钟节拍。其典型应用是作为实时操作系统中"时钟节拍"中断的提供者。因此其工作模式也较简单:不断地从重装载寄存器中自动重装载定时初值。只要控制及状态寄存器中的使能位不清零,它就永不停息,即使在睡眠模式下也能工作。

1. 系统定时器的时钟源

如前所述,系统定时器主要用于为嵌入式系统提供时钟节拍,所以该定时器时钟源只能来自 STM32 内部已知频率的时钟。以 STM32F1 系统为例,通过系统定时器的控制和状态寄存器中的 CLKSOURCE 位,只可以把高级主机总线(AHB)的时钟 HCLK 或者 HCLK 的 1/8 作为时钟源。

使用标准外设库配置系统定时器时钟源的函数原型如下:

```
void SysTick_CLKSourceConfig(u32 SysTick_CLKSource);
```

其中 SysTick_CLKSource 可选的宏有两种,分别代表选择 HCLK 或 HCLK/8 作为时钟源：

> SysTick_CLKSource_HCLK_Div8
>
> SysTick_CLKSource_HCLK

2. 初值自动重装载

系统定时器的硬件结构是一个 24 位倒计数器，为了等间隔地产生嵌入式系统所需的时钟节拍，系统定时器只能工作在自动重装方式。即一旦完成配置和使能，系统定时器会从初值开始，在时钟源的驱动下逐一递减，直到递减为 0 并溢出之后，再自动从重装载数值寄存器 LOAD 中重新加载初值，并继续逐一递减。硬件自动重装的工作方式杜绝了软件的参与，保证了每次溢出的时间间隔严格相等，但需要在配置和使能系统定时器之前完成对重装载数值寄存器 LOAD 的写入。

使用标准外设库配置重装载数值寄存器 LOAD 的函数原型如下：

> SysTick_Config(uint32_t ticks);

其中，uint32_t ticks 是需要写入重装载寄存器的数值。例如，配置溢出时间为 1ms 的溢出间隔，时钟源使用 HCLK/8，而内核时钟 HCLK 为 72MHz，则应写入的数值为

$$uint32\_t\ ticks = \frac{1ms}{\dfrac{8}{72MHz}} - 1 = 8999$$

3. 系统定时器的控制方法

系统定时器的控制位存放在其控制和状态寄存器 CTRL 中，除上面提到的时钟源选择位 CLKSOURCE 外，还有系统定时器使能位 ENABLE、中断控制位 TICKINT 和状态标志位 COUNTFLAG。其中中断控制位 TICKINT 用于系统定时器的中断使能，若其为 1 则支持系统定时器从中断向量号为 15 的中断入口地址产生 SysTick 中断；若其为 0 则只能通过软件查询状态标志位 COUNTFLAG 来获知系统定时器是否发生过溢出。若使用标准外设库开发，需要将系统定时器中断服务程序编写在已经声明过的中断服务程序中。

> void SysTick_Handler(void);

另外，值得读者注意的是，COUNTFLAG 是只读的，即不能通过向该位写 0 来清除状态，但每次读取后 COUNTFLAG 就会自动清零。软件还可以随时通过读取系统定时器当前值寄存器 VAL 来获取当前倒计时的值。对 VAL 的写入不能将其配置为写入的任意数值，只会对其清零，并清除 COUNTFLAG 标志位。

最后，系统定时器还支持通过对 SysTick 校准值寄存器 CALIB 的配置来实现对 HCLK 时钟精度的校准。

微课11-1

5.4.3　通用定时器（TIM2～TIM5）

接下来将重点介绍 STM32 通用定时器 TIM2～TIM5 的原理、工作模式和使用方法。

1. 时钟源

对任何形式的定时器而言，用于计数并进而产生时间基准的时钟源，都是最重要的工作基础。而 STM32 定时器的时钟源，是理解其工作原理的第一个难点：从表 5.4.1 可知，高级定时器连接在 72MHz 的高速外设总线 APB2 上，其他的通用定时器和基本定时器都是挂接在 36MHz 的低速外设总线 APB1 上。但这并不意味着只有高级定时器可以使用 72MHz 的时钟，其他定时器也能通过图 5.4.1 中灰色的倍频电路使用 72MHz 的时钟源。

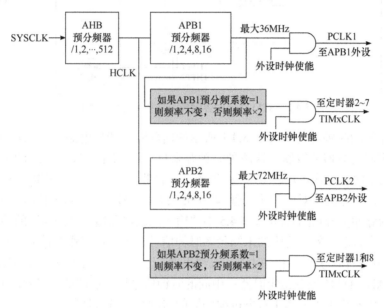

图 5.4.1　STM32 定时器内部时钟的产生

正如 3.3 节介绍的，从图 5.4.1 中可以发现，APB1 的最高时钟频率为 36MHz，APB2 的最高时钟频率为 72MHz。但与其他普通外设不同的是，定时器的时钟 TIMxCLK 并没有直接从 APB1 和 APB2 的时钟上得到，而是经过了图 5.4.1 中含有阴影的两个功能模块。像图 5.4.1 阴影中的两个模块上的文字描述的：若所在的 APB 时钟未对 AHB 时钟 HCLK 分频，则定时器将使用所在 APB 的频率作为时钟；若 APB 时钟被分频降低了频率，则定时器使用所在 APB 的频率的两倍作为时钟。

这样的设置看似让人费解，但这样做的原因是：低速外设总线 APB1 最高只支持 36MHz 时钟，而为了提高时间分辨率，定时器需要用系统最高频率 72MHz 作为时钟。例如，在系统时钟 SYSCLK 达到最高频率 72MHz 时，为满足 APB1 对时钟 36MHz 的上限要求，APB1 通常会对 72MHz 时钟分频后使用，此时为了提高它所连接的通用定时器和基本定时器的时间分辨率，STM32 会对这个分频后的时钟二倍频以后再使用。

STM32 的定时器可以工作在对内部时钟进行计数的定时方式和对外部时钟计数的计数方式，对时钟源进行选择和分配的内部电路框图如图 5.4.2 所示。

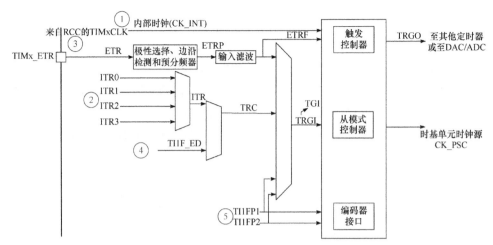

图 5.4.2　STM32 定时器时钟源选择和分配电路框图

其中，左侧的时钟源①来自图 5.4.1 所示的内部时钟产生电路。②来自其他定时器的触发，用于不同定时器的级联。这两种时钟源来自 STM32 内部，是已知频率的时钟源，选择①或②的定时器工作在定时方式。时钟源③来自芯片管脚 TIMx_ETR 的外部输入时钟。④来自定时器输入通道 1 对应的输入管脚 TIMx_CH1 信号滤波和边沿检测后的结果。⑤来自芯片外部的脉冲信号(即后面的图 5.4.5 中"输入滤波器和边沿检测器"的输出)。若使用③、④和⑤等来自芯片外部管脚的未知频率时钟信号，定时器工作在计数方式。

图 5.4.2 电路右侧分配产生的时钟有三种用途，上方的触发控制信号 TRGO 用于触发其他外设，如 ADC/DAC 或其他定时器；中间的时钟信号用于后端的定时器时基单元的时钟源；下方的编码器输出主要用于对电机编码器的转动角度进行计数。

2. 时基单元

时基单元是通用定时器的核心电路单元，如图 5.4.3 所示，时基单元由十六位的分频器 TIMx_PSC、十六位的增/减计数器 TIMx_CNT 以及十六位的自动重装载寄存器 TIMx_ARR 构成。

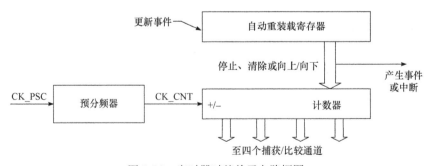

图 5.4.3　定时器时基单元电路框图

十六位的预分频器首先对图 5.4.3 所示的时钟源电路传送来的时钟 CK_PSC 进行预分频，预分频的目的是降低时钟频率，在保证时间分辨率的同时，提供足够长的定时长度。经过分频的时钟信号 CK_CNT 被送入正式的计数器 TIMx_CNT 进行计数，该计数器可以被配置为增或减计数器。而 TIMx_CNT 中的当前计数值，被同时传送到每个通用定时器对应的四个捕获/比较通道。当 TIMx_CNT 溢出时，可产生中断或事件提醒软件或触发其他外设的操作，如果配置了定时器自动重装功能，通用定时器还会同时将自动重装载寄存器 TIMx_ARR 中的值自动加载到 TIMx_CNT 中，并立即开始下一轮计数。

在真正的定时器电路中，还有一个 TIMx_ARR 的"影子寄存器"，图 5.4.3 中并未画出该寄存器，但影子寄存器却是真实存在的。影子寄存器的内容是计时器在溢出时真正加载的数值，而 TIMx_ARR 只是软件能够直接访问的寄存器。为防止软件对 TIMx_ARR 的写入直接影响定时器的溢出状态，从而造成运行状态的混乱，可以通过对控制寄存器 TIM_CR1 的 ARPE 置位，使软件写入 TIMx_ARR 的值不会立即到达真正起作用的影子寄存器，只有在下次计数器溢出时才会将 TIMx_ARR 的值加载到影子寄存器。当然若控制位 ARPE 被清零，则任何对 TIMx_ARR 的写入操作都会立即加载到影子寄存器中。

通用定时器计数器有向上/向下双向计数、向上计数、向下计数三种模式。三种模式数值增减和产生溢出事件的关系如图 5.4.4 所示，其中箭头所示的是中断/事件发生的时刻。

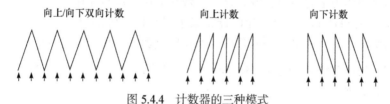

图 5.4.4　计数器的三种模式

(1)向上/向下双向计数模式：计数器从 0 开始计数到自动装入的值–1，产生一个计数器溢出中断/事件，再向下计数到 1 并且产生一个计数器中断/溢出事件；然后从 0 开始重新计数。

(2)向上计数模式：计数器从 0 计数到自动加载值(TIMx_ARR)，然后重新从 0 开始计数并且产生一个计数器中断/溢出事件。

(3)向下计数模式：计数器从自动装入的值(TIMx_ARR)开始向下计数到 0，然后又从自动装入的值重新开始，并产生一个计数器向下溢出中断/事件。

3. 简单定时模式

顾名思义，定时器的基本功能是定时，STM32 上的所有通用定时器都能实现定时。软件对时钟源和时基单元进行配置后，可以通过查询状态寄存器或中断的方法获知定时时间是否到达。利用标准外设库函数控制通用定时器产生定时中断的步骤如下。

1)使能定时器时钟

和其他所有外设一样，要使用通用定时器，首先要使能定时器的时钟。值得注意的是，通用定时器全部连接在低速外设总线 APB1 上。

```
RCC_APB1PeriphClockCmd(RCC_APB1Periph_TIM3, ENABLE);   //使能通用定时器 TIM3 时钟
```

2)配置定时器时基单元

标准外设库使用时基单元初始化结构体来配置定时器的参数，初始化结构体的声明代码为：

```
TIM_TimeBaseInitTypeDef   TIM_TimeBaseStructure;     //定义定时器时基单元初始化结构体
```

对初始化结构体 TIM_TimeBaseStructure 中的参数赋值，代码如下：

```
TIM_TimeBaseStructure.TIM_Period = 4999;                              //计数器溢出值
TIM_TimeBaseStructure.TIM_Prescaler = 7199;                          //预分频值
TIM_TimeBaseStructure.TIM_ClockDivision = TIM_CKD_DIV1;             //时钟分割因子
TIM_TimeBaseStructure.TIM_CounterMode = TIM_CounterMode_Up;        //向上计数模式
```

其中成员 TIM_Period 定义了定时器溢出的值，其实质是定义了图 5.4.3 中的自动重装载寄存器 TIMx_ARR，若赋值为 4999，则定时器会在计数达到 5000 个时钟时溢出（加上计数值为 0 的一个时钟周期）。

成员 TIM_Prescaler 定义了图 5.4.3 中预分频器 TIMx_PSC 的值，若赋值为 7199，则预分频比为 7200。若选择了 72MHz 的内部时钟源作为 TIM3 的时钟源，则这样配置的溢出频率为 72MHz/(7200×5000)=2Hz，即定时中断周期为 500ms。

成员 TIM_ClockDivision 定义了图 5.4.2 中的时钟源③中的滤波器截止频率，该滤波器会滤除内部时钟(CK_INT)频率除以 TIM_ClockDivision 以后得到的频率以上的干扰。当然，本例使用内部时钟作为定时器时钟源，这个参数在本例中没有作用。

成员 TIM_CounterMode 定义了定时器将采用图 5.4.4 中的向上计数模式计数。

完成对初始化结构体成员的初始化后，调用库函数初始化定时器的代码为：

```
TIM_TimeBaseInit(TIM3, &TIM_TimeBaseStructure); //根据指定的参数初始化 TIMx 的时间基数单位
```

3）使能定时器中断

```
TIM_ITConfig(TIM3, TIM_IT_Update, ENABLE);
```

其中，第二个参数代表触发中断事件，可选的有以下几种。

TIM_IT_Update：计数器向上溢出/向下溢出，计数器初始化（通过软件或者内部/外部触发）。

TIM_IT_Trigger：触发事件（计数器启动、停止、初始化或者由内部/外部触发计数）。

TIM_IT_CC1、TIM_IT_CC2、TIM_IT_CC3、TIM_IT_CC4：捕获/比较中断源。

这里使用了定时器溢出中断。

4）配置 NVIC

定时器中断优先级设置。

```
NVIC_PriorityGroupConfig(NVIC_PriorityGroup_2);
//设置 NVIC 中断分组 2:2 位抢占优先级，2 位响应优先级
NVIC_InitStructure.NVIC_IRQChannel = TIM3_IRQn;                    //TIM3 中断
NVIC_InitStructure.NVIC_IRQChannelPreemptionPriority = 0;          //抢占优先级 0 级
NVIC_InitStructure.NVIC_IRQChannelSubPriority = 3;                 //子优先级 3 级
NVIC_InitStructure.NVIC_IRQChannelCmd = ENABLE;                   //IRQ 通道被使能
NVIC_Init(&NVIC_InitStructure);                                    //初始化 NVIC 寄存器
```

5）使能定时器

```
TIM_Cmd(TIM3, ENABLE);   //使能 TIM3
```

6）编写定时器中断服务程序 TIM3_IRQHandler(void)

中断服务程序中应首先通过获取定时中断状态函数 TIM_GetITStatus() 来确认本次中断是不是之前设置的定时器溢出/更新中断。另外，在完成定时中断的任务后，还要记得调用函数 TIM_ClearITPendingBit() 来清除中断标志。

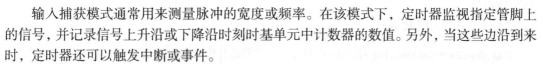

```
void TIM3_IRQHandler(void) {
    if (TIM_GetITStatus(TIM3, TIM_IT_Update) != RESET) {    //确认是否 TIM3 更新中断
        ……        //定时动作程序
        TIM_ClearITPendingBit(TIM3, TIM_IT_Update);        //清除 TIM3 更新中断标志
    }
}
```

微课11-2

4. 输入捕获模式

输入捕获模式通常用来测量脉冲的宽度或频率。在该模式下，定时器监视指定管脚上的信号，并记录信号上升沿或下降沿时刻时基单元中计数器的数值。另外，当这些边沿到来时，定时器还可以触发中断或事件。

STM32 中每个通用定时器的输入捕获电路如图 5.4.5 所示。其中右上角的电路是图 5.4.3 所示的时基单元，负责在时钟源的驱动下完成计数和自动重装功能。下方的输入捕获电路则在左侧管脚 TIMx_CHy 输入的外部脉冲的驱动下，在上升沿或下降沿到来的时刻将计数器的值锁存在捕获/比较寄存器中，从而"捕获"上升沿或下降沿发生的精确时间。

每个定时器拥有 4 个输入捕获通道，如图 5.4.5 所示，配备了 4 套捕获/比较寄存器，也分别对应了 4 个复用功能管脚。这些管脚的复用功能一般标识为 TIMx_CHy，其中小写字母 x 表示这个管脚是 x 定时器的输入捕获管脚，小写字母 y 表示这是 x 定时器的 y 输入捕获通道。从管脚输入的待测量脉冲会首先进入"输入滤波器和边沿检测器"，以去除外部输入信号中夹带的高频毛刺，并检测所需的时钟边沿（上升沿或下降沿）。经过数字多路器选择后产生该通道输入捕获信号 ICy，捕获信号经过可编程的预分频器，并最终产生用于锁存计数器当前值的锁存信号 ICyPS。

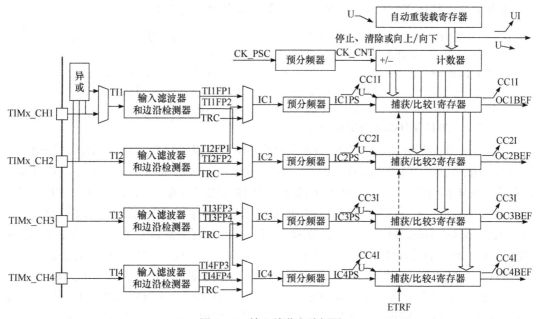

图 5.4.5　输入捕获电路框图

U-更新事件；UI-更新事件中断；CC1I-捕获/比较/寄存器中断；CC2I 等以此类推
后面的图中含义相同

下面通过一个测量外部输入方波信号的周期为例，向读者展示使用标准外设库函数实现输入捕获功能的步骤。

1）使能定时器和 GPIO 时钟

```
RCC_APB1PeriphClockCmd(RCC_APB1Periph_TIM5, ENABLE);    //使能通用定时器 TIM5 时钟
RCC_APB2PeriphClockCmd(RCC_APB2Periph_GPIOA, ENABLE);   //使能 GPIOA 时钟
```

这里之所以要增加开启 GPIOA 时钟的步骤，是因为输入捕获要从外部管脚输入待测量的脉冲信号。

2）配置定时器时基单元

```
TIM_TimeBaseStructure.TIM_Period = 65535;           //设定计数器溢出值(自动重装值)
TIM_TimeBaseStructure.TIM_Prescaler = 0;            //不进行预分频器
TIM_TimeBaseStructure.TIM_ClockDivision = TIM_CKD_DIV1;          //设置时钟分割因子
TIM_TimeBaseStructure.TIM_CounterMode = TIM_CounterMode_Up;      //向上计数模式
TIM_TimeBaseInit(TIM5, &TIM_TimeBaseStructure);
//根据 TIM_TimeBaseInitStruct 中指定的参数初始化 TIMx 的时基单元
```

时基单元初始化结构体 TIM_TimeBaseStructure 中各个成员的含义已经在定时模式部分介绍过了，这里不再重复。但请读者注意，这里将自动重装值设置为 16 位计数器的最大值 65535(0xFFFF)，以增加计数器计数范围，降低自动重装次数。

3）配置输入捕获器

标准外设库使用时输入捕获器初始化结构体来配置其参数，该结构体的声明代码为：

```
TIM_ICInitTypeDef   TIM5_ICInitStructure;  //定义输入捕获器初始化结构体
```

对初始化结构体 TIM5_ICInitStructure 中的参数赋值，代码如下：

```
TIM5_ICInitStructure.TIM_Channel = TIM_Channel_1;           //选择输入捕获通道为 TIM5_CH1
TIM5_ICInitStructure.TIM_ICPolarity = TIM_ICPolarity_Rising;            //上升沿捕获
TIM5_ICInitStructure.TIM_ICSelection = TIM_ICSelection_DirectTI;       //映射到 TI1 上
TIM5_ICInitStructure.TIM_ICPrescaler = TIM_ICPSC_DIV1;   //配置输入捕获脉冲分频,不分频
TIM5_ICInitStructure.TIM_ICFilter = 0x00;               //配置输入滤波器, 不滤波
TIM_ICInit(TIM5, &TIM5_ICInitStructure);
```

上述初始化参数分别对应了图 5.4.5 所示的各部分电路的配置，如成员 TIM_Channel 配置输入通道，成员 TIM_ICPolarity 配置捕获边沿的类型，成员 TIM_ICPrescaler 配置对输入捕获信号 IC1 的分频比，成员 TIM_ICFilter 配置输入滤波参数等。比较难以理解的是成员 TIM_ICSelection，它决定了输入通道和捕获/比较寄存器之间的对应关系：配置为 TIM_ICSelection_DirectTI，表示通道和捕获/比较寄存器编号直接对应；配置为 TIM_ICSelection_IndirectTI，输入通道 1、2、3、4 则对应了捕获/比较寄存器编号 2、1、4、3；配置为 TIM_ICSelection_TRC，输入通道 1、2、3、4 则对应了图 5.4.5 中的 TRC 输入。

另外，当需要测量单个脉冲的宽度时，需要在捕获到输入上升沿发生的时刻后，立即切换为捕获脉冲的下降沿，以计算脉冲的持续时间。这要求能够灵活地切换输出捕获的极性，若再次采用上面的初始化代码，未免显得烦琐。标准外设库还提供了函数 TIM_OCxPolarityConfig()实现捕捉边沿的切换，使用示例如下：

```
TIM_OC1PolarityConfig(TIM5, TIM_ICPolarity_Falling);
//注意函数名称虽然出现了 OC(输出比较),但这里还是用于配置输入捕获脉冲边沿的极性配置
```

4)使能定时器中断

```
TIM_ITConfig(TIM5,TIM_IT_Update|TIM_IT_CC1,ENABLE);
//允许更新中断,允许 CC1IE 捕获中断
```

其中,第二个参数代表触发中断事件,其可选参数已经在前面定时模式介绍过了,这里使用了更新中断或输入捕获通道 1 中断都会触发中断的方式。这意味着,在中断服务程序中应检测到底是定时器自动重装更新引起的中断还是捕获引起的中断,并采取相应的应对措施。

5)配置 NVIC
定时器中断优先级设置。

```
NVIC_InitStructure.NVIC_IRQChannel = TIM5_IRQn;              //TIM5 中断
NVIC_InitStructure.NVIC_IRQChannelPreemptionPriority = 2;    //抢占优先级 2 级
NVIC_InitStructure.NVIC_IRQChannelSubPriority = 0;           //子优先级 0 级
NVIC_InitStructure.NVIC_IRQChannelCmd = ENABLE;             //IRQ 通道被使能
NVIC_Init(&NVIC_InitStructure);  //根据 NVIC_InitStruct 中指定的参数初始化外设 NVIC 寄存器
```

6)使能定时器

```
TIM_Cmd(TIM5, ENABLE);       //使能 TIM5
```

7)编写定时器中断服务程序 TIM5_IRQHandler(void)

```
unsigned short i=0;
unsigned int pul_width[10];          //脉冲周期
unsigned int pul_frq[10];            //对应的脉冲频率
unsigned short ov_num;               //定时器溢出的次数,用于记录之前溢出的次数
unsigned short last_cap_val=0,cur_cap_val;   //当前捕捉到的数值和上一次捕捉到的数值
//定时器 5 中断服务程序(可以由捕获或定时器溢出)
void TIM5_IRQHandler(void)
{
    if (TIM_GetITStatus(TIM5, TIM_IT_Update) != RESET)
//为了增加测量频率的动态范围,定时器溢出次数也要计算,相当于增加了定时器的位数
        ov_num++ ; //溢出次数加一
    if (TIM_GetITStatus(TIM5, TIM_IT_CC1) != RESET)//捕获 1 发生捕获事件
    {
        cur_cap_val = TIM_GetCapture1(TIM5);//读取当前捕获发生时的定时器数值
        if(cur_cap_val >= last_cap_val)
         pul_width[i] = (unsigned int)(ov_num<<16)+(unsigned int)(cur_cap_val - last_cap_val);
        else
            pul_width[i] = (unsigned int)((ov_num-1)<<16)+(unsigned int)(65536+
            cur_cap_val - last_cap_val);
        pul_frq[i] = 72000000 /(float)pul_width[i] + 0.5;
        //折算为频率,加 0.5 是为了防止强制类型转换带来的舍弃误差
```

```
                last_cap_val = cur_cap_val;
                ov_num = 0;
                i++;
                if(i == 10)
                    i = 0;
        }
    TIM_ClearITPendingBit(TIM5, TIM_IT_CC1|TIM_IT_Update);        //清除中断标志位
}
```

　　上述中断服务程序用于测量从 TIM5_CH1 输入的最近 10 个脉冲信号的周期和频率。计算方法是用定时器捕获并记录每个脉冲的上升沿到来的时刻，进而通过计算上升沿之间的时间间隔得到脉冲周期(pul_width)，最后再将脉冲周期转换为频率值(pul_frq)。该方法最大的问题是：用于捕获的 TIM5 有可能在邻近的两个输入脉冲的上升沿之间发生一次乃至多次溢出/更新，从而造成时间间隔计算错误。解决的办法是：同时允许更新中断和捕获中断，并在中断服务程序中对中断源进行判断。如果是溢出/更新引发的中断，则对全局变量 ov_num 加 1。直至下一个输入上升沿引发捕获中断，这样可以通过 ov_num 的值，以及本次捕获发生时的定时器数值(cur_cap_val)和上一次捕获发生时的定时器数值(last_cap_val)来计算两次捕获之间的时间间隔。上面代码中 cur_cap_val < last_cap_val 的情况下，时间间隔算式中出现的常数 65536，是定时器 TIM5 发生更新时的计数时钟数。

　　注意，TIM5 在初始化后，不论发生何种中断都没有被重新置初值，这保证了 TIM5 能够不间断地连续计时。初学者可能在捕获中断发生时，对 TIM5 的计数值进行清零操作——这会导致从被捕获的上升沿发生到进入中断后对 TIM5 清零，这两个事件间的时间被漏记，致使脉冲周期计算发生负偏差，最终导致频率测量的结果偏高。

5. 输出比较模式及占空比调制/脉冲宽度调制

　　与输入捕获模式类似，STM32 的通用定时器还支持输出比较模式。在输出比较模式中，通用定时器比较时基单元产生的计数值和捕获/比较寄存器的值，并根据比较结果控制管脚的输出。输出比较的结果还可以用于触发中断或事件。

　　STM32 中每个通用定时器的输出比较电路如图 5.4.6 所示。其中左上部分仍然是图 5.4.3 所示的时基单元，负责在时钟源的驱动下完成计数和自动重装功能。其下也仍然是捕获/比较寄存器，只是输出比较模式下捕获/比较寄存器中的值是由软件写入的，通用定时器会比较时基单元实际计数的结果与捕获/比较寄存器中的预设值，并在比较结果发生变化时，通过输出控制电路产生所需的输出 OCy。如前所述，每个定时器有 4 个捕获/比较寄存器，分别对应了 4 个输出比较通道。定时器 x 的通道 y 对应的输出管脚为 TIMx_CHy，这与输入捕获功能中用到的管脚是相同的。

　　在工程实践中，直接使用输出比较功能，即在程序设定时刻简单改变管脚电平的应用较少。更多情况下，嵌入式工程师会通过输出比较模式，将输出管脚配置成可以连续控制输出的脉冲宽度调制(Pulse Width Modulation, PWM)模式。为了理解 STM32 的通用定时器的 PWM 配置方法，需要先简单介绍 PWM 的原理。

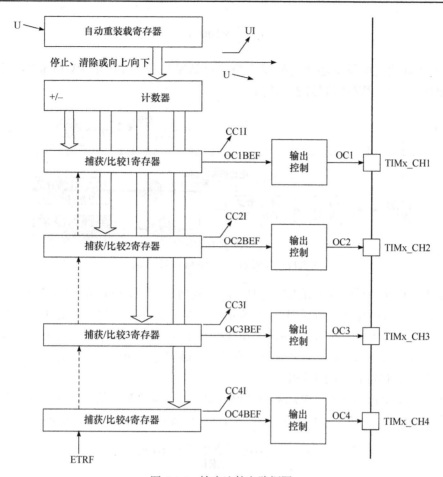

图 5.4.6　输出比较电路框图

　　PWM 是嵌入式系统常用的一种功率输出调节方式。嵌入式系统青睐 PWM 的原因有二：①嵌入式系统是以数字电路为主的电子系统，而数字电路与模拟电路不同，不能直接输出电压幅度连续变化的功率控制信号，而只能固定电压的"高"或"低"两种电平。PWM 方式则是通过调节输出方波周期内高电平和低电平时间之比，来间接实现输出连续变化的，这样就将连续调节输出电压的问题转化为通过定时器连续调节高、低电平时间之比的问题了。②由高、低电平控制的功率开关（如大功率晶体管和 IGBT 等）也工作在完全打开或关闭的晶体管饱和区或截止区。开关器件在饱和区压降为零，在截止区则其上电流为零，总之，理论功率损耗都为零，工作效率也最高。反之，使用连续电压调节的控制开关器件必然工作在晶体管的放大区，其功率损耗大，效率也低，散热面积需求也大。

　　图 5.4.7 是 PWM 信号示意图，在定时器的输出比较模式下，通过改变图 5.4.7 中的捕获/比较寄存器中的值改变 PWM 信号中高电平的时间长度（脉冲宽度），即可实现输出功率的调节。

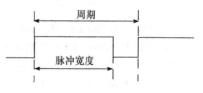

图 5.4.7　PWM 信号示意图

　　一般而言，我们将脉冲信号中高电平的时间 t 和 PWM 信号周期 t_0 的比值定义为占空比：

$$\eta = \frac{t}{t_0} \times 100\%$$

STM32 通用定时器的输出比较模式经过简单配置就可以产生 PWM 信号。图 5.4.8 所示为定时器产生 PWM 信号的示意图。

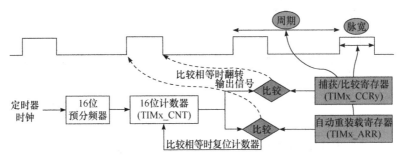

图 5.4.8　定时器产生 PWM 信号示意图

其基本工作原理是时基单元在选定时钟源的驱动下，通过 PSC 和 CNT 不断地计数；与此同时，输出比较电路不断地对图 5.4.6 所示的计数器中的数值和捕获/比较寄存器(CCRy)中的值进行比较，当两者数值相等时，定时器输出信号 OCy 发生翻转；根据时基单元的工作原理，计数器会一直计数，直到其值与自动重装载寄存器相等，则输出信号 OCy 会再次翻转，完成一个 PWM 周期的输出。

由上面输出比较电路产生 PWM 的过程可知，所产生 PWM 信号的脉冲宽度由捕获/比较寄存器 CCRy 控制，PWM 信号的周期则由自动重装载寄存器产生。占空比为

$$\eta = \frac{t}{t_0} \times 100\% = \frac{\mathrm{CCRy} + 1}{\mathrm{ARR} + 1} \times 100\% \tag{5.4.1}$$

下面通过 PWM 配置实例，向读者展示使用标准外设库函数输出 PWM 信号的步骤。

1) 使能定时器，初始化 PWM 输出的 GPIO 管脚

```
RCC_APB1PeriphClockCmd(RCC_APB1Periph_TIM3, ENABLE);      //使能定时器 3 时钟
RCC_APB2PeriphClockCmd(RCC_APB2Periph_GPIOA, ENABLE);     //使能 GPIO 外设时钟
```

注意增加了开启 GPIOA 时钟的步骤，接下来还要将希望作为 PWM 输出的 TIM3_CH2 通道对应的管脚配置为复用推挽输出。

```
GPIO_InitStructure.GPIO_Pin = GPIO_Pin_7;                 //TIM3_CH2 对应 PA7 管脚
GPIO_InitStructure.GPIO_Mode = GPIO_Mode_AF_PP;           //配置为复用推挽输出
GPIO_InitStructure.GPIO_Speed = GPIO_Speed_50MHz;
GPIO_Init(GPIOA, &GPIO_InitStructure);
```

2) 配置定时器时基单元

```
TIM_TimeBaseStructure.TIM_Period = 3599;                  //设定计数器溢出值(自动重装值)
TIM_TimeBaseStructure.TIM_Prescaler = 0;                  //预分频器
TIM_TimeBaseStructure.TIM_ClockDivision = 0;              //设置时钟分割因子
TIM_TimeBaseStructure.TIM_CounterMode = TIM_CounterMode_Up;  //向上计数模式
TIM_TimeBaseInit(TIM3, &TIM_TimeBaseStructure);
//根据 TIM_TimeBaseInitStruct 中指定的参数初始化 TIMx 的时基单元
```

时基单元初始化结构体 TIM_TimeBaseStructure 中各个成员的含义已经在定时模式部分介绍过了，这里不再重复。其中值得注意的是定时器自动重装值被设置为 3599，预分频值被设置为 0，这意味着若定时器时钟为 72MHz，根据图 5.4.8 所示的产生 PWM 信号的示意图，产生 PWM 波的频率。

根据图 5.4.8 所示的产生 PWM 的示意图，PWM 的周期由实际单元的溢出周期决定，即产生的 PWM 波频率就是 20kHz。

$$\frac{72\text{MHz}}{(0+1) \times (3599+1)} = 20\text{kHz}$$

3）输出比较器配置成 PWM 模式

标准外设库使用时输出比较器初始化结构体来配置其参数，该结构体的声明代码为：

```
TIM_OCInitTypeDef   TIM_OCInitStructure;   //定义输入捕获器初始化结构体
```

对初始化结构体 TIM_OCInitStructure 中的参数赋值，例如，如下代码：

```
TIM_OCInitStructure.TIM_OCMode = TIM_OCMode_PWM1;
//选择输出比较器为脉冲宽度调制模式 1
TIM_OCInitStructure.TIM_OutputState = TIM_OutputState_Enable;   //比较输出使能
TIM_OCInitStructure.TIM_OCPolarity = TIM_OCPolarity_High;
//PWM 波形输出有效的电平为高电位（可理解为 PWM 高电平时的输出功率）
TIM_OC2Init(TIM3, &TIM_OCInitStructure);                //初始化定时器 3
```

结构体类型 TIM_OCInitTypeDef 的各个成员分别对应了输出比较模式各个参数的值。成员 TIM_OCMode 可选的参数有以下几种。

（1）TIM_OCMode_PWM1：若成员 TIM_OCPolarity 被设置为 TIM_OCPolarity_ High，则当计时器值小于捕获/比较寄存器设定的值时，输出管脚输出有效高电位；当计时器值大于或等于捕获/比较寄存器设定的值时，则输出管脚输出低电位。

（2）TIM_OCMode_PWM2：若成员 TIM_OCPolarity 被设置为 TIM_OCPolarity_ High，则当计时器值小于捕获/比较寄存器设定的值时，输出管脚输出有效低电位；当计时器值大于或等于捕获/比较寄存器设定的值时，则输出管脚输出高电位。

（3）TIM_OCMode_Timing：计时器和捕获/比较寄存器在比较成功后，不在对应输出管脚上产生输出，仅用于产生中断或事件。

（4）TIM_OCMode_Toggle：计时器和捕获/比较寄存器在比较成功后，翻转对应输出管脚上的电平，多用于产生单个指定长度的脉冲。

（5）TIM_OCMode_Active：计时器和捕获/比较寄存器在比较成功后，在对应输出管脚上产生 TIM_OCPolarity 指定的有效的电平。

（6）TIM_OCMode_Inactive：计时器和捕获/比较寄存器在比较成功后，在对应输出管脚上产生 TIM_OCPolarity 指定的无效的电平。

4）使能预装载寄存器和定时器

```
TIM_OC2PreloadConfig(TIM3, TIM_OCPreload_Enable);   //使能通道 2 对应的预装载寄存器
TIM_Cmd(TIM3, ENABLE);                //使能 TIM3
```

5）设置 PWM 的占空比

TIM_SetCompare2（TIM3,999）；　//设置 TIM3 捕获/比较 2 寄存器值为 999

上面的代码将式（5.4.1）中的 CCRy 设置成了 999，前面的代码将式（5.4.1）中的 ARR 设置成了 3599，所以可以计算得到占空比为

$$\eta = \frac{CCRy + 1}{ARR + 1} \times 100\% \approx 27.78\%$$

6. PWM 输入模式、强制输出模式、单脉冲模式、编码器接口模式

在图 5.4.4、图 5.4.6、图 5.4.7 所示的时基单元、输入捕获和输出比较电路的控制下，通用定时器还可以被灵活地配置为 PWM 输入、强制输出、单脉冲、编码器接口等不同的工作模式。但这些模式都是在前面详细介绍的基本输入捕获和输出比较模式的基础上，根据实际应用需求组合得到的。由于篇幅所限，本书就不一一展开介绍了，读者可以灵活运用之前介绍的知识进行配置和使用。

5.4.4　基本定时器（TIM6、TIM7）

基本定时器电路可以理解为通用定时器电路的子集，图 5.4.9 是基本定时器的电路框图。

将图 5.4.9 和图 5.4.2、图 5.4.3、图 5.4.5、图 5.4.6 所示的通用定时器电路框图对比，可以发现：

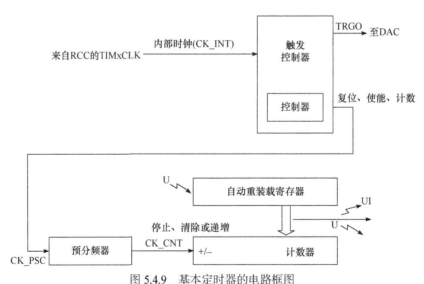

图 5.4.9　基本定时器的电路框图

（1）基本定时器时钟源只能来自 STM32 片内的定时器时钟源，不能接收片外输入的时钟。时钟源的输出也只能作为 DAC 触发源或后续时基单元电路的输入。

（2）基本定时器时基单元电路可以对时钟源产生的时钟进行预分频和计数操作，同时也具备自动重装载寄存器用于在定时器溢出时自动重装，并且能够触发中断或事件。

在嵌入式系统中，STM32 的基本定时器一般用于触发 DAC 输出或完成简单定时。对于触发 DAC 的应用，本书将在 5.8 节详细介绍用基本定时器 TIM6 触发连续模拟周期波形

输出的实例。对于简单定时的应用，基本定时器和通用定时器电路在完成简单定时操作时所使用的硬件完全相同。如果读者需要用基本定时器 TIM6、TIM7 实现简单定时触发中断的功能，读者完全可以参阅通用定时器相关部分内容，限于篇幅这里不再重复给出。

5.5　SPI 串行接口

实际生产生活当中，有些系统的功能无法完全通过 STM32 的片上外设来实现，例如，十六位及以上的 A/D 转换器、温/湿度传感器、大容量 EEPROM 或 Flash、大功率电机驱动芯片、无线通信控制芯片等。此时，只能通过扩展特定功能的芯片来实现这些功能。另外，有的系统需要两个或者两个以上的主控器(STM32 或 FPGA)，而这些主控器之间也需要通过适当的芯片间通信方式来实现通信。

常见的系统内通信方式有并行和串行两种。并行方式指同一个时刻，在嵌入式处理器和外围芯片之间传递数据有多位；串行方式则是指每个时刻传递的数据只有一位，需要通过多次传递才能完成一字节的传输。并行方式具有传输速度快的优点，但连线较多，且传输距离较近；串行方式虽然较慢，但连线数量少，且传输距离较远。早期的 MCS-51 单片机只集成了并行接口，但在实际应用中人们发现：对于可靠性、体积和功耗要求较高的嵌入式系统，串行通信更加实用。

串行通信可以分为同步串行通信和异步串行通信两种。它们的不同点在于：判断一个数据位结束，另一个数据位开始的方法。同步串行端口通过另一个时钟信号来判断数据位的起始时刻。在同步通信中，这个时钟信号被称为同步时钟，如果失去了同步时钟，同步通信将无法完成。异步通信则通过时间来判断数据位的起始，即通信双方约定一个相同的时间长度作为每个数据位的时间长度(约定一个相同的时间长度作为每个数据位的时间长度，这个时间长度的倒数称为波特率)。当某位的时间到达后，发送方就开始发送下一位的数据，而接收方也把下一个时刻的数据存放到下一个数据位的位置。在使用当中，同步串行端口虽然比异步串行端口多一条时钟信号线，但由于无须计时操作，同步串行接口硬件结构比较简单，且通信速度比异步串行接口快得多。

根据在实际嵌入式系统中的重要程度，本书分别在后续章节中重点介绍以下两种同步串行接口的使用方法：

(1) SPI 模式。

(2) I²C 模式。

本节首先介绍使用 SPI 的背景知识，为读者使用 STM32 上的同步串行口(SPI/I²S)打下基础，然后重点介绍通过标准外设库调用 STM32 上同步串行口 SPI 功能的方法和注意事项。

5.5.1　SPI 的基础知识

SPI 是由 Motorola 公司(后改名为飞思卡尔半导体，并被恩智浦收购)创立的一种同步串行通信标准，可以用于遵循该规范的嵌入式处理器和外围器件或其他控制器进行数据通信。SPI 有通信速率高、耗费管脚少、造价低廉的优势，很快得到了市场的认可，于是越来越多的半导体厂商将使用并行接口的传统外设升级为采用 SPI。目前 SPI 规范已经成为 4 线制同步串行通信事实上的标准，常见的中、低速外围器件，如 A/D 转换器、D/A 转换器、运动控制器件、人机接口器件、短距离无线通信器件等都配备了 SPI(或者兼容 SPI)标准的接口。当前市场上流行的嵌入式处理器几乎无一例外地把 SPI 作为必备的片上外围设备。

当然，SPI 可以通过调用嵌入式处理器片上集成的硬件实现，也可以通过软件控制通用 I/O 口的方式实现。其中，第一种方式不占用程序空间和 CPU 执行时间，且能够提供精确的 SPI 时序控制，是本书后续重点介绍的方法；第二种方法的优势是使用灵活，也有一定的应用空间。不过无论采用何种方式，都必须明白 SPI 的基本概念和工作方式。

1. SPI 通信系统的构成方式

SPI 通信中，主机是通信的发起者、组织者和同步时钟的提供者。同一时刻，SPI 通信网络中只能有一个主机。SPI 规范中并未就系统中主机轮换的机制做出规定，但如果在 SPI 标准之上辅以其他协议(如令牌环等)，就可以实现多主机的 SPI 通信系统。本书仅针对嵌入式系统内芯片间通信的大多数情况展开讨论，不就 SPI 的多主机轮换展开讨论，感兴趣的读者可以参阅其他通信类书籍。

在 SPI 系统中，可以含有多个从机。任何单一从机并不一定要接收主机发出的所有数据。从机到底需要接收哪些数据，完全由通信的组织者——主机确定。如图 5.5.1 所示，主机通过 GPIO 口选择需要接收的数据的从机，从机只在被选中时接收主机发送的数据。主机的一个 GPIO 口控制一个从机，GPIO 变为低电平，则对应的从机被选中。如果从机是其他 STM32 或 MCU，则片选信号必须使用其提供的 $\overline{SS}$ 管脚；如果从机是 ADC、DAC 或其他外围器件，则这些外围器件需要提供专用的片选信号 $\overline{CS}$。一般而言，同时被选中的从机只有一个，但 SPI 规范并未就此做出规定。

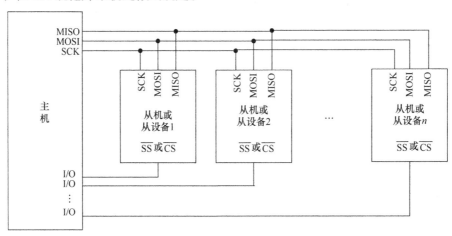

图 5.5.1　SPI 通信系统

当使用 STM32 的同步串行口作为 SPI 主机时，片选信号可以使用 SPI 的 $\overline{SS}$ 管脚，也可以使用 STM32 的任意 GPIO 管脚。但 STM32 作为 SPI 从机时，片选信号只能用 $\overline{SS}$ 管脚。

2. SPI 信号线

SPI 是一种全双工的串行通信方式，这意味着参与 SPI 通信的器件可以在发送数据的同时接收数据。也就是说 SPI 必须有两条数据线：一条用于发送数据，另一条用于接收数据。

在 SPI 规范中, 这两条数据信号线被称为 MOSI 和 MISO。另外, 作为同步串行接口, SPI 还含有用于同步信号的时钟信号 SCK。最后, 如图 5.5.1 所示, SPI 还含有一根从机选择线 $\overline{\text{SS}}$(部分兼容 SPI 的同步串行接口协议也会使用 SI、SO、CK 和 CS 等信号名称, 请读者注意分辨和使用)。下面分别介绍这些标准的 SPI 信号线。

1) MISO(Master In Slave Out, 主机输入从机输出线)

MISO 是 SPI 数据传输线之一, 其上的数据传输总是由从机向主机方向传送。在 SPI 通信系统中, 所有主机和从机的 MISO 线都连在一起。通信过程中, 主机的 MISO 管脚永远处于输入状态, 被选中的从机的 MISO 管脚处于输出状态, 没有被选中的从机的 MISO 管脚则进入高阻态, 以防止输出冲突。

2) MOSI(Master Out Slave In, 主机输出从机输入线)

MOSI 是另一条 SPI 数据传输线, 主机用这条数据线向所有从机传输数据。在 SPI 通信系统中, 所有主机和从机的 MOSI 线都连在一起。通信过程中, 主机的 MOSI 管脚总是处于输出状态, 被选中的从机处于输入状态, 未被选中的从机的 MOSI 管脚则处于不接收数据的高阻态。

3) SCK(Serial Clock, 同步串行时钟线)

SCK 是主机输出的同步时钟信号。MISO 和 MOSI 上的数据都必须在该时钟信号的同步下才能正常传输。SCK 每给出一个同步时钟, 数据接收方从 MISO 或 MOSI 上接收一位数据。当主机通过 SCK 给出 8 个或 16 个同步时钟时, 通信双方就可以在各自内部的移位寄存器中组合成 1B 或 2B 的数据。SCK 总是由主机产生, 其频率、相位和空闲状态电平都由主机软件决定。但主机给出的同步时钟属性必须满足从机的要求, 否则通信将无法正常建立。

4) $\overline{\text{SS}}$(Slave Select, 从机选择线)

由图 5.5.1 可知, 从机选择信号 $\overline{\text{SS}}$ 只在从机中才有。SPI 通信时, 主机将通信对象从机对应的 GPIO 管脚拉低, 直到通信完成。未被选为通信对象的从机 $\overline{\text{SS}}$ 信号则不会被对应的主机 GPIO 拉低。

3. SPI 工作原理

SPI 工作原理如图 5.5.2 所示, 不论主机还是从机, SPI 模块电路都主要包含三个组成部分: 移位寄存器、发送缓冲器和接收缓冲器。其中移位寄存器负责主、从机之间的数据传输, 它有移入和移出两个端口, 分别与收和发两条通信线路连接, 从而构成一个环形结构。

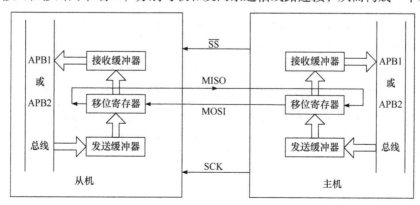

图 5.5.2　SPI 工作原理示意图

　　发送和接收缓冲器则构成了移位寄存器和 APB 的交换环节。CPU 通过总线将要发送的数据写入发送缓冲器，发送缓冲器则自动将数据加载到移位寄存器，然后通过 MISO 或 MOSI 管脚发送出去；在发送数据的同时，移位寄存器将接收到对方移位寄存器发出的数据，当移位寄存器放满对方发送过来的数据后，这些数据会被转移到接收缓冲器，并可以通过内部总线被 CPU 读取。将 SPI 串行通信过程总结如下。

　　(1) 主机选择 SPI 通信网络中需要与之通信的从机，并将与被选中从机选择线连接的 GPIO 口拉低。从机选择线被拉低后，存放在从机发送缓冲器中的数据将被自动加载到从机的移位寄存器中。

　　(2) 主机软件把要发送的数据写入自己的发送缓冲器，数据被自动装入移位寄存器中。

　　(3) 主机的发送过程将随着数据加载到移位寄存器的操作自动启动。主机开始在自己产生的时钟信号的同步下，通过 MOSI 线逐位发送移位寄存器中的数据。

　　(4) 8 个或 16 个时钟脉冲之后时钟停止，主机移位寄存器中的数据已经被完全移入从机移位寄存器中，与此同时从机移位寄存器中的数据则被完全移入主机的移位寄存器中。随即两个移位寄存器中的数据将被自动转移到对应的接收缓冲器中，相应的接收缓冲器标志将被置位。

　　(5) 主机和从机的软件可以使用查询法或中断法得知发送完成。随后就可以通过 APB 读取接收缓冲器中的数据了。SPI 模块也就完成了一次通信。

　　4. SPI 工作模式

　　同步时钟信号 SCK 和 MISO、MOSI 两个数据线上的数据发送和接收的时刻之间，存在多种相位关系。如果在主机和从机之间不对这种相位关系进行详尽的约定，那么读取和发送的数据的正确性将得不到保证。对这种相位关系的理解、定义和设置将是决定 SPI 通信的正确性的重点和难点。图 5.5.3 对这个问题进行了详细、清楚的描述。

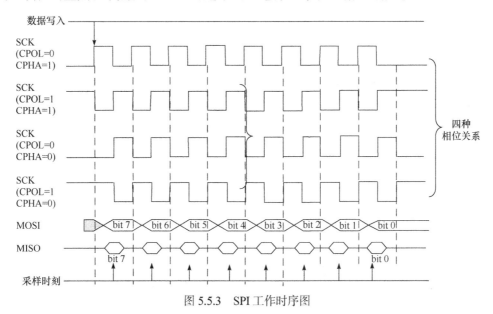

图 5.5.3　SPI 工作时序图

　　图 5.5.3 中的虚线将整个主模式下的 SPI 通信过程按照时钟周期分割为相同的 8 个部分

（也可为 16 个，此处以 8 个为例），每个部分都刚好包含一个时钟周期。在完整的通信过程中，时钟信号可能出现四种相位关系，它们可以通过 CPOL 和 CPHA 的四种组合来进行设置。其中，CPOL 规定了 SPI 通信开始之前的空闲时间，时钟信号的电平是：1 为高电平，0 为低电平。而 CPHA 则规定了移位寄存器在时钟信号的第 1 个还是第 2 个边沿进行采样：0 为第 1 个边沿，1 为第 2 个边沿。

每位的数据将在 MOSI/MISO 管脚上保持一个同步时钟周期的时间，因此在图 5.5.3 中无论哪种相位关系下，数据的更新都发生在图中的虚线位置。而数据的采样在虚线位置之后半个时钟周期，或者说每个时钟周期的中部。

在大多数技术文档中，人们将图 5.5.3 所示的第一种相位关系称为 SPI 的模式 1，第二种相位关系称为 SPI 的模式 3，第三种相位关系称为 SPI 的模式 0，而第四种相位关系称为 SPI 的模式 2。

表 5.5.1 总结了四种 SPI 模式下数据输出时间和采样时刻之间的对照关系。

表 5.5.1　四种 SPI 模式下数据输出时间和采样时刻对照表

模式	CPOL 和 CPHA	第一位数据输出时间	其他数据输出时间	数据采样时刻
0	CPOL=0，CPHA=0	第一个 SCK 上升沿之前	SCK 下降沿	SCK 上升沿
1	CPOL=0，CPHA=1	第一个 SCK 上升沿	SCK 上升沿	SCK 下降沿
2	CPOL=1，CPHA=0	第一个 SCK 上升沿之前	SCK 上升沿	SCK 下降沿
3	CPOL=1，CPHA=1	第一个 SCK 上升沿	SCK 下降沿	SCK 上升沿

5.5.2　STM32 上的 SPI 及其控制方法

1. STM32 上的 SPI 特点

全系列的 STM32F1 系列嵌入式处理器上都集成了硬件的 SPI。除小容量 STM32 外，集成的 SPI 可以配置为支持 SPI 协议或者支持 I²S 协议（I²S 是一种由恩智浦公司提出的同步串行音频协议，本书不做详细介绍，感兴趣的读者可以参考意法半导体公司的《STM32F10xxx 参考手册》（RM0008）。在小容量和中容量产品上，不支持 I²S 音频协议。STM32F1 系列中集成的 SPI 结构框图如图 5.5.4 所示。

相比图 5.5.1 所示的通用 SPI 结构图，图 5.5.4 进一步明确了 STM32F1 内部的电路实现方式。下面重点介绍和解释一下 STM32F1 上的 SPI 不同于常见 SPI 的功能特点。

（1）SPI1 连接到 Cortex-M3 的高速外设总线 APB2 上，其他 SPI 连接到低速外设总线 APB1 上。由于 SPI 需要至少对总线时钟进行 2 分频后才可以作为同步时钟 SCK 使用，所以 SPI1 的最高通信频率为 72MHz/2=36MHz，而其他 SPI 的最高通信频率为 36MHz/2=18MHz。当然 SPI 也可以使用其他 8 种分频系数（2、4、8、16、32、64、128、256）对 APB 时钟进行分频后作为同步时钟 SCK。

（2）除支持常见的全双工主从式双机方式外，STM32F1 上的 SPI 还支持只使用一条数据线的半双工同步通信方式以及多主机通信模式。

（3）可作为 DMA 数据传输中的外设侧设备，实现内存和 SPI 之间的快速数据交换，而无须担心频繁地打断 Cortex-M3 内核的工作。其中 SPI1 使用 DMA1 的通道 2、3，SPI2 使用 DMA1 的通道 4、5，SPI3 使用 DMA2 的通道 1、2。

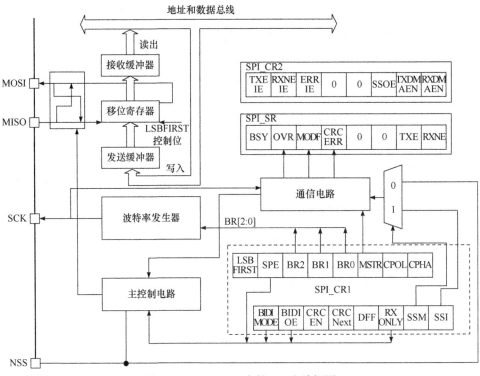

图 5.5.4　STM32F1 中的 SPI 电路框图

（4）可配置为 8 位或 16 位传输的帧格式。虽然在实用当中可以由两次 8 位传输"拼"成一次 16 位传输，但单独使用一次 16 位传输可以提高通信的平均速率，并降低软件的复杂度。

（5）无论工作在 SPI 的主模式还是从模式下，STM32F1 系列都可以配置成硬件或软件控制片选线 $\overline{SS}$。当由软件控制从机选择线时，片选功能可由任意 GPIO 实现，只需要在通信开始前用软件拉低所需的 GPIO，即可实现从机选择；当由硬件控制时，SPI 硬件电路将在写入缓冲寄存器时自动产生从机选择信号。软件控制的优势是可以适应更加灵活多样的应用场合。

（6）能够对 SPI 通信数据进行硬件的 CRC 校验，即由片上集成的硬件实现计算产生通信数据的 CRC 结果，并与对方发送的循环校验结果进行比对。使用该功能能够大大提高 SPI 通信数据的可靠性，但要求与 STM32 进行 SPI 通信的另一个设备也支持 CRC 校验，否则无法实现。因此该功能一般应用在两片 STM32 进行 SPI 通信的场合。

（7）可配置 SPI 通信的数据顺序，实现 MSB 或 LSB 在前的通信方式。

2. STM32 的 SPI 的控制方式

在与 SPI 交互和编程的过程中，STM32F1 提供表 5.5.2 所示的状态位，以实现 CPU 软件和 SPI 控制硬件电路之间的交互。CPU 上运行的软件既可以通过查询法，也可以通过中断法来了解 SPI 的状态，从而实现对其的控制。还可以由这些标志触发 DMA 传输，实现没有 CPU 参与的数据传输。

表 5.5.2　STM32 的 SPI 事件

事件	标志位	中断使能位
发送缓冲器空	TXE(发送缓冲器空闲标志)	TXEIE(发送缓冲器中断标志)
接收缓冲器非空	RXNE(接收缓冲器非空标志)	RXNEIE(接收缓冲器非空中断使能位)
主模式失效	MODF(主模式失败标志)	
溢出错误	OVR(缓冲器溢出标志)	ERRIE(错误中断使能位)
CRC 错误标志	CRCERR(CRC 溢出标志)	

　　表 5.5.2 中的一个重要标志位是发送缓冲器空闲标志 TXE。该状态标志被置位时,表示发送缓冲器为空。应用程序可以写下一个待发送的数据进入发送缓冲器中。在每次试图写发送缓冲器之前,应确认 TXE 标志应该被置位。如果要通过发送缓冲器空闲引发中断,其使能位为 TXEIE。

　　另一个重要标志位是接收缓冲器非空标志 RXNE。状态标志被置位时,表示在接收缓冲器中包含有效的接收数据。如果要通过接收缓冲器非空引发中断,其使能位为 TXEIE。

　　其实,无论发送缓冲器空闲,还是接收缓冲器非空都意味着 CPU 和 DMA 控制器需要进行进一步的动作。要么是向发送缓冲器写入新的待发送数据,要么是读取 SPI 接收到的数据。需要 CPU 处理的事件还包括 SPI 通信错误,STM32F1 系列将错误分为主模式失效、溢出错误和 CRC 错误三种,它们共同使用一个 SPI 错误中断,其使能位为 ERRIE。

　　常用的可供软件查询的状态标志还有忙标志 BUSY,它标志着 SPI 总线正在进行通信。初学者往往会觉得 BUSY 标志与 TXE 和 RXNE 在功能上有重复之处。其实忙标志的主要作用是在多主机 SPI 系统中,该标志可以提示想要充当主机的 STM32 等待其他主机完成 SPI 通信,以免引起总线冲突。

　　在 SPI 被配置为主机和从机情况下,SCK、MOSI、MISO 和 NSS 四个管脚显然需要采用不同的属性,表 5.5.3 所示为 STM32F1 系列对四个管脚的配置要求。

表 5.5.3　STM32F1 上 SPI 的管脚配置

SPI 管脚	配置	GPIO 配置
SPIx_SCK	主模式	推挽复用输出
	从模式	浮空输入
SPIx_MOSI	全双工模式/主模式	推挽复用输出
	全双工模式/从模式	浮空输入或带上拉输入
	半双工数据线/主模式	推挽复用输出
	半双工数据线/从模式	未用,可作为通用 I/O
SPIx_MISO	全双工模式/主模式	浮空输入或带上拉输入
	全双工模式/从模式	推挽复用输出
	半双工数据线/主模式	未用,可作为通用 I/O
	半双工数据线/从模式	推挽复用输出

续表

SPI 管脚	配置	GPIO 配置
SPIx_NSS	硬件控制 NSS/从模式	浮空输入或带上拉输入或带下拉输入
	硬件主模式/NSS 输出使能	推挽复用输出
	软件模式	未用，可作为通用 I/O

5.5.3　标准外设库中的 SPI 相关函数及其使用实例

意法半导体官方提供的标准外设库中拥有非常丰富的 SPI 操作函数，现将最常用的函数罗列于此。

```
void SPI_I2S_DeInit(SPI_TypeDef* SPIx);   //将 SPIx 的寄存器恢复为复位启动时的默认值
void SPI_Init(SPI_TypeDef* SPIx, SPI_InitTypeDef* SPI_InitStruct);
//根据 SPI_InitStruct 中指定的参数初始化指定 SPI 的寄存器
void SPI_Cmd(SPI_TypeDef* SPIx, FunctionalState NewState);         //使能或禁止指定 SPI
void SPI_I2S_SendData(SPI_TypeDef* SPIx, uint16_t Data);          //通过 SPI/I2S 发送单个数据
uint16_t SPI_I2S_ReceiveData(SPI_TypeDef* SPIx);                 //返回指定 SPI/I2S 最近接收到的数据
FlagStatus SPI_I2S_GetFlagStatus(SPI_TypeDef* SPIx, uint16_t SPI_I2S_FLAG);
//查询指定 SPI/I2S 的标志位状态
void SPI_I2S_ClearFlag(SPI_TypeDef* SPIx, uint16_t SPI_I2S_FLAG);
//清除指定 SPI/I2S 的标志位(SPI_FLAG_CRCERR)
void SPI_I2S_ITConfig(SPI_TypeDef* SPIx, uint8_t SPI_I2S_IT, FunctionalState NewState);
//使能或禁止指定的 SPI/I2S 中断
void SPI_I2S_DMACmd(SPI_TypeDef* SPIx, uint16_t SPI_I2S_DMAReq, FunctionalState NewState);
//使能或禁止指定的 SPI/I2S DMA 请求
ITStatus SPI_I2S_GetITStatus(SPI_TypeDef* SPIx, uint8_t SPI_I2S_IT);
//查询指定的 SPI/I2S 中断标志
void SPI_I2S_ClearITPendingBit(SPI_TypeDef* SPIx, uint8_t SPI_I2S_IT);
//清除指定的 SPI/I2S 中断挂起位(SPI_IT_CRCERR)
```

在编程实践中，读者可参考官方提供的《32 位基于 ARM 微控制器 STM32F101xx 与 STM32F103xx 固件函数库》。下面提供一段使用上述函数对 SPI2 进行编程的实例作为参考。

1. 配置代码

```
GPIO_InitTypeDef GPIO_InitStructure;
SPI_InitTypeDef   SPI_InitStructure;
//使能 SPI2 时钟、GPIOB 时钟
RCC_APB2PeriphClockCmd(RCC_APB2Periph_GPIOB, ENABLE );   //PORTB 时钟使能
RCC_APB1PeriphClockCmd(RCC_APB1Periph_SPI2,  ENABLE );    //SPI2 时钟使能
//SPI 相关 GPIO 端口设置
GPIO_InitStructure.GPIO_Pin = GPIO_Pin_13 | GPIO_Pin_14 | GPIO_Pin_15;
GPIO_InitStructure.GPIO_Mode = GPIO_Mode_AF_PP;        //PB13、PB14、PB15 复用推挽输出
GPIO_InitStructure.GPIO_Speed = GPIO_Speed_50MHz;
GPIO_Init(GPIOB, &GPIO_InitStructure);                  //初始化 GPIOB
```

```
GPIO_SetBits(GPIOB,GPIO_Pin_13|GPIO_Pin_14|GPIO_Pin_15);        //PB13/14/15 上拉
//初始化 SPI2
SPI_InitStructure.SPI_Direction = SPI_Direction_2Lines_FullDuplex;
//设置 SPI 单向或者双向的数据模式:SPI 设置为双线双向全双工
SPI_InitStructure.SPI_Mode = SPI_Mode_Master;
//设置 SPI 工作模式:设置为主 SPI
SPI_InitStructure.SPI_DataSize = SPI_DataSize_8b;
//设置 SPI 的数据大小:SPI 发送/接收 8 位帧结构
SPI_InitStructure.SPI_CPOL = SPI_CPOL_High;
//串行同步时钟的空闲状态为高电平
SPI_InitStructure.SPI_CPHA = SPI_CPHA_2Edge;
//串行同步时钟的第二个跳变沿(上升沿或下降沿)数据被采样
SPI_InitStructure.SPI_NSS = SPI_NSS_Soft;
//NSS 信号由硬件(NSS 管脚)还是软件(使用 SSI 位)管理:内部 NSS 信号由 SSI 位控制
SPI_InitStructure.SPI_BaudRatePrescaler = SPI_BaudRatePrescaler_256;
//定义波特率预分频的值:波特率预分频值为 256
SPI_InitStructure.SPI_FirstBit = SPI_FirstBit_MSB;
//指定数据传输从 MSB 位还是 LSB 位开始:数据传输从 MSB 位开始
SPI_InitStructure.SPI_CRCPolynomial = 7;           //CRC 值计算的多项式
SPI_Init(SPI2, &SPI_InitStructure);  //根据 SPI_InitStruct 中指定的参数初始化外设 SPIx 寄存器
SPI_Cmd(SPI2, ENABLE);              //使能 SPI2
```

读者在阅读和理解上述代码的时候,应对照 5.5.1 节中 SPI 基本概念的描述,以真正理解各个配置参数的含义。其中双工或单工模式配置字段 SPI_Direction、主/从模式配置字段 SPI_Mode、空闲状态电平配置字段 SPI_CPOL、相位配置字段 SPI_CPHA、波特率配置字段 SPI_BaudRatePrescaler、高位或低位在前的配置字段 SPI_FirstBit 等的配置方式通过字面意思理解和配置即可。比较容易引起混淆的是从机选择管脚配置字段 SPI_NSS,在这里稍作解释,SPI_NSS 可以选择配置为 SPI_NSS_SOFT 和 SPI_NSS_HARD 两种。配置为 SPI_NSS_SOFT 时,STM32 的 NSS 管脚不受 SPI 硬件控制,需由软件通过 GPIO 方式,在适当的时刻产生片选信号。配置为 SPI_NSS_HARD 时,STM32 的 NSS 管脚将由硬件控制,自动地产生适当的片选信号。当然硬件自动产生片选信号的前提是 NSS 对应的 GPIO 管脚被配置为复用功能 GPIO_Mode_AF_PP。

2. 查询法发送和接收数据的代码

```
//SPI 发送数据
If (SPI_I2S_GetFlagStatus(SPI2, SPI_I2S_FLAG_TXE) != RESET)
  //检查指定的 SPI 发送缓冲器空标志位
{
      SPI_I2S_SendData(SPI2, TxData);       //通过外设 SPIx 发送一个数据
}
//SPI 接收数据
if (SPI_I2S_GetFlagStatus(SPI2, SPI_I2S_FLAG_RXNE) != RESET)
  //检查指定的 SPI 接收缓冲器非空标志位
```

```
{
            Dat = SPI_I2S_ReceiveData(SPI2);      //通过 SPIx 接收数据
}
```

上述代码通过对标志位 TXE 和 RXNE 的查询，实现了 SPI 工作状态和 CPU 软件状态的同步协调工作。

5.6 I²C 总线接口

5.6.1 I²C 总线的基础知识

I²C 总线是芯片间总线的简称，最早产生于 20 世纪 80 年代，是一种由 Philips 公司（现改名为恩智浦 NXP 半导体公司）开发的芯片间串行同步传输接口。由于 I²C 协议中定义了器件的地址信息传输标准，可以实现真正的多主机的总线式数据传输。如果两个或更多主机同时初始化，数据传输可以通过冲突检测和仲裁防止数据被破坏，因此被称为总线，而不像 SPI 那样仅被称为接口。I²C 最初为音频、视频设备开发，主要用于 Philips 公司电视机主板上的芯片间通信，而如今已经被广泛地应用在智能设备的通信上。

1. I²C 总线系统的构成方式

如图 5.6.1 所示，I²C 电路仅包含 SDA（数据）和 SCL（时钟）两根连线，且所有器件都采用漏极（或集电极）开路的形式连接到总线中，这使 I²C 总线可以兼容各种电平标准和不同集成电路生产工艺。虽然通信速度较慢，但 I²C 总线在 CPU 与各类外围芯片之间构建了一个简单、可靠、高兼容性的双向数据通路，所以深受嵌入式设计者的青睐。

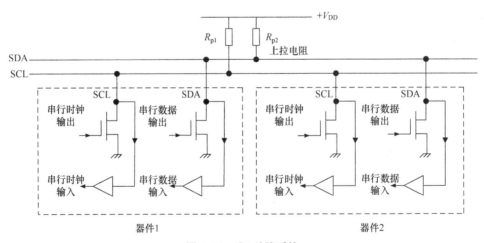

图 5.6.1 I²C 总线系统

在 I²C 总线上，双向串行的数据以字节为单位传输，位速率在标准模式下可达 100Kbit/s，快速模式下可达 400Kbit/s，高速模式下可达 3.4Mbit/s。各种被控制电路均并联在总线的 SDA 和 SCL 上，每个器件都有唯一的地址。通信由充当主机的器件发起，它像打电话一样呼叫希望与之通信的从机的地址（相当于从机的电话号码），只有被呼叫了地址的器件才能占据总线与主机"对话"。地址由器件的类别识别码和硬件地址共同组成，其中的器件类别包括微控制器、LCD 驱动器、存储器、实时时钟或键盘接口等，各类器件都有唯一的识别码。硬件地址则通过从机器件上的管脚连线设置。在信息的传输过程中，主机初始化 I²C 总线通信，并产生同步信号的时钟信号。任何被寻址的器件都被认为是从机，总线上并接的每个器件既可以是主机，又可以是从机，这取决于它所要完成的功能。如果两个或更多主机同时初始化数据传输，可以通过冲突检测和仲裁防止数据被破坏。I²C 总线上挂接的器件数量只受到信号线上的总负载电容的限制，只要不超过 400pF 的限制，理论上可以连接任意数量的器件。I²C 技术中常见的术语见表 5.6.1。

表 5.6.1　I²C 总线术语的定义

术语	描述
主机	初始化发送、产生时钟信号和终止发送的器件
从机	被主机寻址的器件
发送器	发送数据到总线的器件
接收器	从总线接收数据的器件
多主机	同时有多于一个主机尝试控制总线，但不破坏报文
仲裁	是一个在有多个主机同时尝试控制总线，但只允许其中一个控制总线并使报文不被破坏的过程
同步	两个或多个器件同步时钟信号的过程

与 SPI 相比，I²C 接口最主要的优点是简单性和有效性。

(1) I²C 仅用两根信号线 (SDA 和 SCL) 就实现了完善的半双工同步数据通信，且能够方便地构成多机系统和外围器件扩展系统。I²C 总线上的器件地址采用硬件设置方法，寻址则由软件完成，避免了从机选择线寻址时造成的片选线众多的弊端，使系统具有更简单也更灵活的扩展方法。

(2) I²C 支持多主控系统，I²C 总线上任何能够进行发送和接收的设备都可以成为主机，所有主控都能够控制信号的传输和时钟频率。当然，在任何时间点上只能有一个主控。

(3) I²C 接口被设计成漏极开路的形式。在这种结构中，高电平水平只由电阻上拉电平 $+V_{DD}$ 电压决定。图 5.6.1 中的上拉电阻 R_{p1} 和 R_{p2} 的阻值决定了 I²C 的通信速率，理论上阻值越小，波特率越高。一般而言，当通信速度为 100Kbit/s 时，上拉电阻取 4.7kΩ；而当通信速度为 400Kbit/s 时，上拉电阻取 1kΩ。

目前 I²C 接口已经获得了广大开发者和设备生产商的认同，市场上存在众多集成了 I²C 接口的器件。意法半导体、微芯、德州仪器和恩智浦等嵌入式处理器的主流厂商产品中几乎都集成有 I²C 接口。外围器件也有越来越多的低速、低成本器件使用 I²C 接口作为数据或控制信息的接口标准。嵌入式系统中最常用到的 I²C 器件包括以下几种。

(1) 存储器类：Atmel 公司的 AT24Cxx 系列 EEPROM，Microchip 公司也有与之兼容的 EEPROM。

(2) I²C 接口实时时钟芯片 DS1307 / PCF8563 / SD2000D / M41T80 / ME901 / ISL1208。

(3) I²C 数据采集 ADC 芯片 MCP3221 (12bit) /ADS1100 (16bit) /ADS1112 (16bit) /MAX1238 (12bit) /MAX1239 (12bit)。

(4) I²C 接口 DAC 芯片 DAC5574 (8bit) /DAC6573 (10bit) /DAC8571 (16bit)。

(5) I²C 接口温度传感器 TMP101/TMP275/DS1621/MAX6625。

另外还有一类芯片可以将并行接口转换为 I²C 接口，以实现与没有 I²C 接口的处理器或 FPGA 和这些外围设备之间的通信，这些接口芯片有 PCF8574 和 JLC1562 等。

2. I²C 总线的特征时序

常用的 I²C 特征时序信号有启动信号(由主机产生)、停止信号(由主机产生)、7 位地址码(由主机产生)、读/写控制位(由主机产生)、10 位地址码(由主机产生)、时钟脉冲(由主机产生)、数据字节(主机和从机都有可能产生)、应答信号(主机和从机都有可能产生)。下面详细介绍其中最重要的几个信号时序特征，关于其他所有信号的时序特征请读者参阅 I²C 技术规范。

1)启动信号

总线 SCL 保持高电平期间，数据线 SDA 上的电平被拉低(即下降沿)，这定义为 I²C 总线的"启动信号"，它标志着一次数据传输的开始。启动信号的时序如图 5.6.2 中标有 S 的虚线框所示，它是一种电平跳变时序信号，而不是一个电平信号。I²C 启动信号只能在空闲状态时由主机产生。

图 5.6.2　I²C 启动信号和停止信号

2)停止信号

在 SCL 保持高电平期间，SDA 被释放，使 SDA 返回高电平(即上升沿)，称为 I²C 总线的"停止信号"，它标志着一次数据传输的终止。停止信号的时序如图 5.6.2 中标有 P 的虚线框所示，它也是一种电平跳变的时序信号，而不是一个电平信号。停止信号也是由主机产生的，I²C 总线将返回空闲状态。

3)数据字节

由于 I²C 接口是一种同步端口，数据的传送必须在时钟信号 SCL 的同步下进行。总线上传送的每个数据位都有一个与之对应的 SCL 同步时钟。为了防止数据和图 5.6.2 所示的启动和停止信号相混淆，如果总线上传递的是数据，在 SCL 线高电平期间，SDA 上的电平必须保持稳定。如果 SDA 上为低电平，则传递的数据为 0，为高电平则传递的数据为 1。只有在 SCL 线为低电平期间，才允许 SDA 线上的电平改变状态。在 I²C 总线上传送一个数据位的时序如图 5.6.3 所示。

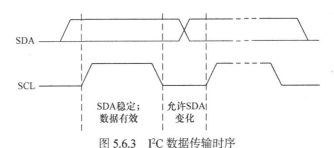

图 5.6.3　I²C 数据传输时序

4) 应答信号

I^2C 总线上的所有数据都是以字节为单位传送的, 发送器每发送一字节之后, 就将在第九个时钟脉冲期间释放数据线, 此时接收器就可以反馈应答信号给发送器。成功接收数据的反馈位称为有效应答位, 简称应答位, 简写为 ACK。一个合格的 ACK 信号要求接收器在第九个时钟脉冲之前的低电平期间将 SDA 拉低, 并且确保在该时钟脉冲的高电平期间为稳定的低电平。没有成功接收数据时, 接收器将反馈一个非应答位 NACK 给发送器。和 ACK 相反, NACK 要求接收器在第九个时钟信号为高电平期间保持 SDA 为高电平。关于 ACK 和 NACK 的时序如图 5.6.4 所示。NACK 信号除了表示数据传送不成功之外, 还有另外一个作用: 当主机是接收器时, 它会在收到本次通信的最后一字节后, 发送 NACK信号, 以通知从机结束数据发送并释放 SDA, 以便其发送停止信号 P。

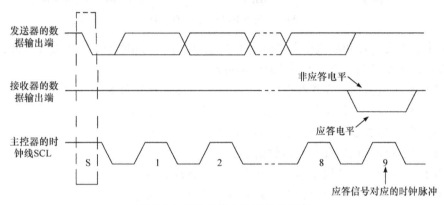

图 5.6.4　I^2C 总线上的应答位时序

5) 总线空闲状态

当 I^2C 总线的 SDA 和 SCL 两条信号线同时处于高电平时, 称总线进入了空闲状态。此时各个器件的输出场效应管均处在截止状态, 由两条信号线各自的上拉电阻把电平拉高, 释放总线。各个器件都处于不通信的低功耗空闲状态。

6) 总线封锁状态

在某些情况下, 需要禁止 I^2C 总线上的所有通信, 则可以通过封锁总线的方式实现。所谓封锁 I^2C 总线是指挂接在总线上的某个器件始终打开和 SCL 相连的场效应管。由于所有总线上的场效应管连接成 "线与" 的结构, 当任何一个场效应管被打开后, SCL 将始终保持低电平, 不论其他器件输出什么信号。此时总线就处在通信被禁止的封锁状态。

3. I^2C 总线通信过程

I^2C 接口只有一根数据线 SDA, 属于半双工通信接口, 也就是说同一时刻在总线上传递的数据只可能有一个方向, 要么从主机到从机, 要么从从机到主机。因此在 I^2C 接口的术语表 5.6.1 中, 除了主机和从机这两个概念之外, 还有发送器和接收器的概念。在数据传输过程中, 主机和从机总是扮演着两个相反的角色: 主机作为发送器而从机为接收器; 或者主机作为接收器而从机为发送器。

具有这种发送器和接收器交换的机制后, 主、从机就能够在主机的统一控制下, 轮流向总线发送或者接收数据了。图 5.6.5 所示的时序是一次完整的 I^2C 通信的过程。

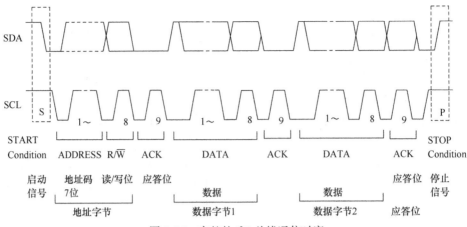

图 5.6.5　完整的 I²C 总线通信时序

由于主机做发送器和从机做发送器的 I²C 通信时序具有相似性，为了叙述方便，我们以主机做发送器为例说明一个完整 I²C 通信的过程。

(1)主机作为发送器，在总线空闲状态下发送一个启动信号 S。

(2)主机接着发送 7 位/1 位的地址码和 1 位的读/写控制位。

(3)从机作为接收器，在收到地址字节后发送一个应答位 ACK。

(4)主机收到应答位后开始发送数据字节。

(5)从机收到第一个数据字节后又发送一个应答位 ACK。

(6)重复上述步骤(4)和(5)，直到需要发送的数据发送完成。

(7)主控器发送停止信号 P，总线上的所有器件关闭和总线连接的场效应管，释放总线，使其进入空闲状态。

对图 5.6.5 中的时序细节进行简化，仅以数据位的形式展现主机作为发送器(图5.6.6(a))、主机作为接收器(图 5.6.6(b))、从机作为发送器(图 5.6.6(c))、从机作为接收器(图 5.6.6d)四种情况的通信流程。其中有阴影的部分的数据位是由 I²C 主机产生的，没有阴影的部分的数据位是由 I²C 从机产生的。

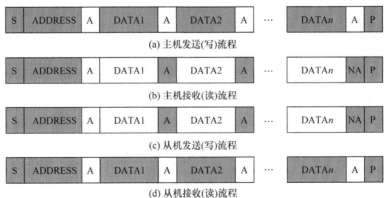

图 5.6.6　简化的 I²C 总线通信时序

5.6.2　STM32 上的 I²C 总线接口及其控制方法

1. STM32 上的 I²C 总线接口特点

全系列的 STM32 系列嵌入式处理器上都集成了硬件的 I²C 接口，其中小容量产品有 1 个 I²C，中等容量和大容量产品有两个 I²C。STM32 系列集成的 I²C 提供多主机功能，支持标准和快速两种传输速率。兼容英特尔公司的 SMBus(System Management Bus，系统管理总线)和开放的 PMBus(Power Management Bus，电源管理总线)协议。STM32 系列中集成的 I²C 接口硬件结构框图如图 5.6.7 所示。

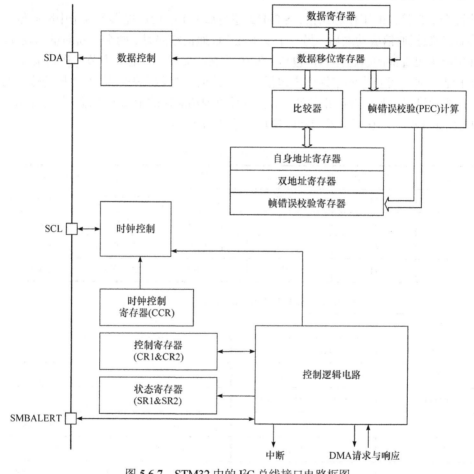

图 5.6.7　STM32 中的 I²C 总线接口电路框图

STM32 内部的 I²C 模块具有以下功能特点。

(1)既可以编程作为 I²C 主机，也可以作为 I²C 从机，作为主机和从机时都可以工作在发送器模式和接收器模式。STM32 的 I²C 模块可自动实现主机和从机状态的切换：默认状态下，工作于从机状态，接口在生成起始条件后自动地由从模式切换到主模式；当仲裁丢失或产生停止信号时，则由主机状态自动切换回从机状态。因此 STM32 的 I²C 接口电路支持多主机功能。

(2)作为 I²C 主设备时，能够自动由总线产生时钟、起始信号和停止信号。作为 I²C 从设备时，可通过软件设置两个设备地址，并在 I²C 通信中对这两个设备地址的通信进行响应，还能够自动检测停止位。

(3) 所有 I²C 接口电路都被挂接在低速外设总线 APB1 上，且都支持通过 DMA 方式降低 CPU 占用时间。其中 I²C1 的发送占用 DMA1 的通道 6，I²C1 的接收占用 DMA1 的通道 7；I²C2 的发送占用 DMA1 的通道 4，I²C2 的接收占用 DMA1 的通道 5。

(4) 可产生并检测 7 位或 10 位地址和广播呼叫，可支持 100kHz 的标准波特率和 400kHz 的高速波特率。

2. STM32 的 I²C 总线接口的控制方式

为配合 I²C 接口的工作和纠错，STM32 还为每个 I²C 接口提供了两个中断向量：一个发生在地址/数据通信成功之后，另一个发生在 I²C 通信错误时。两个中断向量如表 5.6.2 所示。在中断中可查询的状态标志位包括：发送器/接收器模式标志、字节发送结束标志、I²C 总线忙标志三种。可查询的错误标志包括：主模式时的仲裁丢失、地址/数据传输后的应答错误、检测到错误的起始或停止条件、禁止拉长时钟功能时的上溢或下溢。状态标志和错误标志如表 5.6.3 所示，它们引发中断的逻辑关系如图 5.6.8 所示。

表 5.6.2　I²C 中断向量

中断向量表位置	中断优先级	优先级类型	中断名称	中断说明	中断向量表中的地址
31	38	可设置	I2C1_EV	I²C1 事件中断	0x0000_00BC
32	39	可设置	I2C1_ER	I²C1 错误中断	0x0000_00C0
33	40	可设置	I2C2_EV	I²C2 事件中断	0x0000_00C4
34	41	可设置	I2C2_ER	I²C2 错误中断	0x0000_00C8

表 5.6.3　引发 I²C 中断的状态标志和错误标志

事件标志	中断事件	事件标志	中断事件
SB	起始位已发送(主)	BERR	总线错误
ADDR	地址已发送(主)/地址匹配(从)	ARLO	仲裁丢失(主)
ADDR10	10 位地址已发送(主)	AF	响应失败
STOPF	已收到停止(从)	OVR	过载/欠载
BTF	数据字节传输完成	FECER	PEC 错误
RXNE	接收缓冲器非空	TIMEOUT	超时/Tlow 错误
TXE	发送缓冲器空	SMBALERT	SMBus 提醒

在大部分编程实践中，I²C 软件不一定需要使用中断，最简单的方式是通过查询法来检查 I²C 状态标志，并通过软件响应对应的事件或错误中断。

如图 5.6.8 中的 I²C 错误标志的含义及处置办法如下。

(1) BERR(总线错误)：在地址或数据字节传输中，I²C 接口检测到外部的停止或起始条件。此时若 I²C 工作在从机状态，则数据被丢弃，硬件释放总线；若 I²C 工作在主机状态，则硬件不会释放总线，也不影响当前的 I²C 传输，由软件决定是否要中止当前的传输。

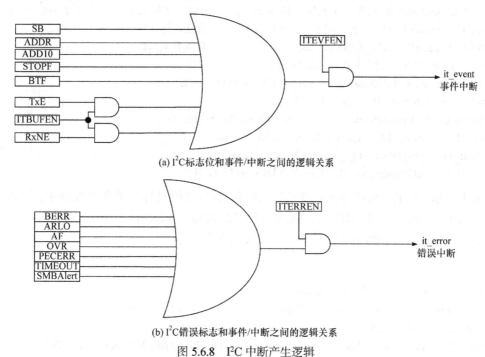

(a) I²C标志位和事件/中断之间的逻辑关系

(b) I²C错误标志和事件/中断之间的逻辑关系

图 5.6.8　I²C 中断产生逻辑

　　(2) AF (应答错误)：I²C 接口检测到无应答位时，产生应答错误。此时必须复位通信，如果接口工作在从机状态，则硬件释放总线；若 I²C 工作在主机状态，则软件必须产生一个停止条件时序。

　　(3) ARLO (仲裁丢失)：I²C 接口检测到仲裁丢失时，产生仲裁丢失错误。此时接口会自动回到从机状态，硬件同时释放总线。

　　(4) OVR (过载/欠载错误)：过载错误是指，在从机状态下，之前接收到的字节还在数据缓冲器 (图 5.6.6 中的数据寄存器) 未被读走，I²C 接口又收到一个新的字节。过载错误发生后，最后接收的数据将被丢弃，发送器应该重新发送最后的字节。欠载错误是指，在从机状态下，到 I²C 应该发送下一个字节数据的时刻，应该发送的数据还未被写入数据缓冲器中。发生欠载错误后，在数据缓冲器中的前一字节将被重复发送，接收器软件应该丢弃重复接收到的数据，并在再次发送前及时更新数据缓冲器。

5.6.3　标准外设库中的 I²C 相关函数及其使用实例

　　意法半导体官方提供的标准外设库中拥有非常丰富的 I²C 总线操作函数，现将最常用的函数罗列于此。

```
void I2C_Cmd (I2C_TypeDef* I2Cx, FunctionalState NewState);      //I²C 使能函数
void I2C_GenerateSTART (I2C_TypeDef* I2Cx, FunctionalState NewState);
//产生传输 I2C START 条件函数
void I2C_GenerateSTOP (I2C_TypeDef* I2Cx, FunctionalState NewState);
//产生传输 I2C STOP 条件函数
```

```
void I2C_AcknowledgeConfig(I2C_TypeDef* I2Cx, FunctionalState NewState);   //I²C 使能和禁能函数
void I2C_Send7bitAddress(I2C_TypeDef* I2Cx, u8 Address, u8 I2C_Direction);   //传送设备地址函数
void I2C_SendData(I2C_TypeDef* I2Cx, u8 Data);           //发送数据函数
u8 I2C_ReceiveData(I2C_TypeDef* I2Cx);                //接收数据函数
//////////以下是 I2C 事件及状态标志获取/清除函数//////////////////
ErrorStatus I2C_CheckEvent(I2C_TypeDef* I2Cx, u32 I2C_EVENT);
u32 I2C_GetLastEvent(I2C_TypeDef* I2Cx);
FlagStatus I2C_GetFlagStatus(I2C_TypeDef* I2Cx, u32 I2C_FLAG);
void I2C_ClearFlag(I2C_TypeDef* I2Cx, u32 I2C_FLAG);
ITStatus I2C_GetITStatus(I2C_TypeDef* I2Cx, u32 I2C_IT);
void I2C_ClearITPendingBit(I2C_TypeDef* I2Cx, u32 I2C_IT);
```

限于篇幅，这里不对这些函数及其参数的含义进行详细讨论，在编程实践中，读者应参考官方提供的《32 位基于 ARM 微控制器 STM32F101xx 与 STM32F103xx 固件函数库》。下面提供一个使用上述函数对 I²C 进行编程的实例作为参考。

1. 配置代码

```
GPIO_InitTypeDef   GPIO_InitStructure; //GPIO 端口设置
RCC_APB2PeriphClockCmd(RCC_APB2Periph_GPIOB,ENABLE);
//使能与 I²C1 有关 GPIO 的时钟
GPIO_InitStructure.GPIO_Pin =   GPIO_Pin_6 | GPIO_Pin_7;   //PB6-I2C1_SCL、PB7-I2C1_SDA
GPIO_InitStructure.GPIO_Speed = GPIO_Speed_50MHz;
GPIO_InitStructure.GPIO_Mode = GPIO_Mode_AF_OD;          //开漏输出
GPIO_Init(GPIOB, &GPIO_InitStructure);
//I2C1 配置
I2C_InitTypeDef   I2C_InitStructure;
RCC_APB1PeriphClockCmd(RCC_APB1Periph_I2C1,ENABLE);        //使能 I²C1 时钟
I2C_DeInit(I2C1);     //将外设 I²C 的各个寄存器恢复到复位以后的值
//////////以下为 I2C 参数配置///////////////////
I2C_InitStructure.I2C_Mode = I2C_Mode_I2C;           //I²C 模式
I2C_InitStructure.I2C_DutyCycle = I2C_DutyCycle_2;        //快速模式时钟脉冲占空比
I2C_InitStructure.I2C_OwnAddress1 = 0x01;            //第一个设备(从机)的地址
I2C_InitStructure.I2C_Ack = I2C_Ack_Enable;          //应答
I2C_InitStructure.I2C_AcknowledgedAddress = I2C_AcknowledgedAddress_7bit;   //应答 7 位地址
I2C_InitStructure.I2C_ClockSpeed = 400000;           //I²C 时钟速率为 400kHz
I2C_Cmd(I2C1, ENABLE);                    //使能 I²C1
I2C_Init(I2C1, &I2C_InitStructure);              //I²C1 初始化
```

由于各个参数名称简单明了，读者可以直接对照 5.6.1 节中 I²C 基本概念的描述理解各个参数配置的实际含义，这里就不再赘述了。

2. I²C 通信过程

GPIO 时钟使能：调用 RCC_APB2PeriphClockCmd();函数。

GPIO 端口(SCL、SDA)模式设置：调用 GPIO_Init();函数，模式设置为 GPIO_Mode_AF_OD。

I²C 时钟使能：调用 RCC_APB1PeriphClockCmd ();函数。

I²C 复位：调用 I2C_DeInit ()；函数但这一步不是必需的。

I²C 参数初始化： 调用 I2C_Init ();函数。

初始化 NVIC 并且开启中断（如果需要开启中断才需要这个步骤）：调用 NVIC_Init ()；和 I2C_ITConfig ();函数。

使能 I²C：调用 I2C_Cmd ();函数。

编写中断处理函数：调用 I2Cx_EV_IRQHandler ()；函数（如果需要开启中断才需要这个步骤）。

I²C 数据传输操作：调用 I2C_GenerateSTART ();I2C_Send7bitAddress ();以及 I2C_Acknowledge Config ();I2C_SendData ();I2C_ReceiveData ();和 I2C_GenerateSTOP ()；函数。

I²C 传输事件及状态获取：调用 I2C_CheckEvent ();和 I2C_GetLastEvent ();函数。

5.7 FSMC 并行接口

前面提到，实际生产生活所需的有些嵌入式系统功能无法通过 STM32 已有的片上外设来实现，只能在外围扩展该功能的专用芯片，而常见的系统内扩展方法有并行和串行两种。本书之前的章节中分别介绍了通过时钟信号同步的同步串行接口 SPI、I²C 等，以及通用定时同步/异步串行接口。对于早期的 MCS-51、PIC 和 MSP430 等单片机系统，由于运行速度慢、数据总线宽度窄（八位或十六位）、嵌入式处理器封装管脚数少等原因，串行数据接口足够满足数据传输的需要。但随着现代嵌入式系统对高带宽外设的需求不断增加，如外扩大容量存储器、彩色点阵 LCD 显示和高速数据转换器等，单纯的串行接口就显得有些"力不从心"。能够在单个时钟周期内传递多个数据位的并行接口，成为嵌入式处理器必备的硬件模块。

由于任何嵌入式处理器内部的 CPU 都采用总线结构管理片上的各种外设和功能单元，在嵌入式处理器的外部接口中增加一个并行接口并不困难——只需要将内部总线信号通过外部管脚引出即可构成简单的并行接口。现代电子技术为嵌入式系统提供了接口时序和功能都空前丰富的并行设备。作为一种最广泛流行的嵌入式处理器，STM32 在并行接口方面推出了兼容性最好、使用最方便的并行接口 FSMC。笔者认为，相比于其他嵌入式处理器上的传统并行接口，STM32 的 FSMC 具有以下优势。

（1）FSMC 模块集成了能够访问目前最流行的 NAND Flash、NOR Flash、SRAM、PC 卡等并行接口的硬件电路，能够自动产生访问时序，软件只需简单配置即可，大大降低了这些存储器和外设的使用难度。

（2）虽然 FSMC 占用了较多管脚,但管脚功能的分配设计精巧：一方面,在不使用 FSMC 的系统中，所有管脚都可以作为其他用途，不浪费 I/O 资源；另一方面，在使用 FSMC 的系统中，STM32 提供了足够的配套硬件资源，无须提供地址译码、锁存等附加的电路，简化了设计。

本节首先介绍 STM32 上的 FSMC 的结构和特点,随后重点讲解通过标准外设库配置和使用 FSMC 的方法和过程。

5.7.1   STM32 系列嵌入式处理器上的 FSMC 并行接口

FSMC 的含义是灵活的静态存储器(Flexible Static Memory Controller),其功能正如名称描述的,首先具有"灵活性",其次是一种"静态存储器"。所谓"灵活性",一方面是指 FSMC能够通过软件配置,自动产生 SRAM、NAND Flash、NOR Flash、PC 卡等常见的并行接口设备所需的信号和控制时序;另一方面是指 FSMC 所占用的所有 I/O 管脚都能够通过软件配置为其他功能使用,提高了 STM32 的适应性。"静态存储器"则是一个相对于"动态存储器"的概念,是指由触发器构成,无须定期刷新的存储器。与静态存储器相对的动态存储器一般由存储器芯片中的小电容储能来存储信息,动态存储器容量大、成本低,但由于小电容的漏电效应,需要定期补充电荷,从而造成控制电路复杂、功耗高的劣势。STM32F1 系列选择静态存储器接口,显然是从功耗、成本和用途等多方面综合考虑的结果。

在以 STM32 为核心的嵌入式系统中,FSMC 的作用是扩展并行外设和存储器,因此从严格意义上说 FSMC 并非一种"外设"。这一点可以从图 3.2.1 所示的 STM32 系统结构中得到印证——FSMC 并没有被连接在外设总线 APB1 或 APB2 上,而是被直接挂接在了总线矩阵上,能和 Cortex-M3 内核直接交换数据。这种设计使 Cortex-M3 内核能够通过 I-bus 和D-bus 直接从连接到 FSMC 上的 SRAM 中读取指令和常数,而无须和 SPI、I²C、ADC 等各种外设抢夺 APB 桥接 1 和桥接 2 的带宽,大大提高了 FSMC 读取数据的速度和实时性。

FSMC 所使用的 I/O 管脚达 65 个(但在具体应用中不会全部使用),因此 FSMC 只出现在 100 及以上管脚的 STM32 上。这一点请读者在 STM32 选型时尤其注意。

1. STM32 的 FSMC 的地址映射

从图 3.2.2 的存储器映像图可知,作为挂接在 STM32 总线矩阵上的设备,FSMC 与其他串行设备不同,不仅占据了片上外设映像寄存器空间的控制寄存器地址,其所控制的片外存储器还占据了 0x6000_0000~0x9FFF_FFFF 1GB 的地址空间。为实现最大限度的灵活性,意法半导体对这 1GB 的空间进行了图 5.7.1 所示的合理划分。

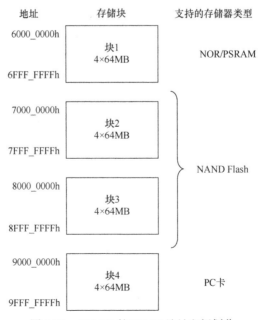

图 5.7.1   STM32 的 FSMC 地址空间划分

1GB 的直接寻址空间被划分为四个大小相等的存储块，每个存储块的大小固定为 256MB。

(1)块 1 被固定用于访问标准的 SRAM 及与之兼容的外设，包括 SRAM、NOR Flash、PSRAM 和大部分并行接口的数据转换器（ADC 和 DAC）等。由于兼容标准 SRAM 接口的存储器和外设种类最多，为应对在块 1 接入多个存储器或外设的情况，STM32 又将块 1 分割为四个区域。STM32 内部对块 1 的最高两根地址线（HADDR[27]和 HADDR[26]）进行了译码操作，并针对四个区域产生了四根对应的片选信号线（NE1～NE4），每根片选信号线管理的空间都是 64MB。

(2)块 2 和块 3 被固定用于访问 NAND Flash 存储器。

(3)块 4 被用于访问 PC 卡设备。与块 1 相同，块 4 被均分为两个区域，STM32 也能够对块 4 译码产生两根对应的片选信号线（NCE4_1～NCE4_2），每根片选信号线管理的空间都是 128MB。

2. STM32 的 FSMC 的结构和信号

FSMC 接口主要包含图 5.7.2 所示的四个主要模块：①AHB 接口，以及 FSMC 的配置寄存器；②SRAM、NOR Flash 控制寄存器；③NAND Flash 和 PC 卡控制器；④外部接口电路。其中对存储块 1 的访问，会由 SRAM、NOR Flash 控制寄存器自动产生访问时序。对存储块 2 的访问，会由 NAND Flash 和 PC 卡控制器产生访问控制时序和数据缓冲。

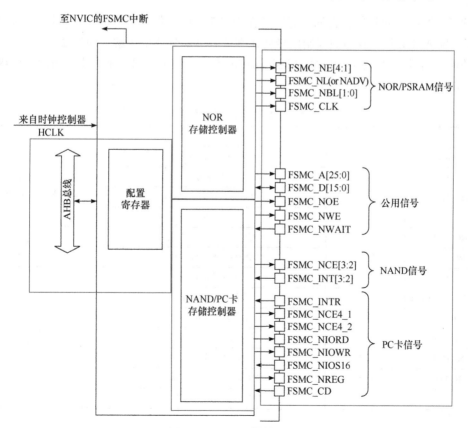

图 5.7.2　FSMC 结构框图

如果每个块和区域都分别拥有自己的地址、数据和控制信号线，则 STM32 的管脚将达到 300 个以上，很难通过低成本的封装工艺实现。STM32 的办法是：共享数据、地址和部分控制信号线的同时，保留独立的配置寄存器。其中公用部分的信号线定义如表 5.7.1 所示。存储块 1 中的四个区域及其他三个存储块都有自己独立的配置寄存器，以便每个存储块及存储块 1 中的每个区域都能进行灵活的配置。

表 5.7.1　FSMC 公用信号线

信号名称	信号方向	功能
A[25:0]	输出	地址信号
D[15:0]	输入/输出	数据信号
NOE	输出	(存储器)输出使能
NWE	输出	写使能信号
NWAIT	输入	等待写入完成信号

从表 5.7.1 所示的公用信号线可以发现，FSMC 的地址总线宽度为 26 根，可寻址范围（2^{26}=64M）刚好等于 1 个存储块的大小。而数据线的宽度仅为 16 根（D[15:0]），仅为与之相连的 AHB 宽度的一半。使用 16 位数据宽度的原因，一是 16 位数据宽度的存储器常见，且性价比高；二是可以降低 FSMC 所需管脚的数量，以在 100 管脚封装的 STM32 上配备 FSMC。

图 5.7.2 所示的其他管脚的功能罗列在表 5.7.2 中，供大家查阅。其中块 1 所对应的 SRAM、NOR Flash 控制器的控制信号会在本节后续部分详细讲解，而块 2、块 3、块 4 所对应的控制信号与 PC 卡和 NAND Flash 的控制方法有较大关系，不在本书讲解范围内，请感兴趣的读者自行查阅相关资料。

表 5.7.2　FSMC 分类信号线

信号名称	信号方向	功能	所属存储块
NE[4:1]	输出	存储块 1 片选信号	存储块 1 (SRAM、NOR Flash)
NL		锁存使能	
NBL[1:0]		存储块 1 字节选通信号	
CLK		时钟	
NCE[3:2]	输入	存储块 2、3 片选信号	存储块 2、3 (NAND Flash)
INT[3:2]		NAND Flash 就绪/忙信号	
INTR		PC 卡中断信号	存储块 4 (PC 卡)
NCE4_1、NCE4_2	输出	存储块 4 片选信号	
NIORD		存储块 4 输出使能	
NIOWR		存储块 4 写使能	
NIOS16	输入	存储块 4 数据传输宽度	
NREG	输出	指示操作是在通用/属性空间的信号	
CD	输入	PC 卡是否存在检测信号	

3. STM32 的 FSMC 对存储器访问的对齐

ARM Cortex-M3 内部的总线宽度是 32 位的，AHB 的宽度也是 32 位的。因此从理论上讲，软件每次通过 AHB 或 DMA 读写的数据宽度都是 32 位的，但实际情况是可以通过 FSMC 控制寄存器配置 AHB 或 DMA 对 FSMC 的数据传输宽度为 8 位、16 位或 32 位。另外，FSMC 实际拥有的数据线是 16 根（即有 16 个物理管脚），所以 FSMC 每次只能选取 AHB 的低 16 位或 8 位数据进行读写。

由于 AHB 和 FSMC 的数据宽度选择非常灵活，FSMC 的配置过程中，理解数据对齐问题非常重要。我们首先讨论不同的 AHB 数据宽度和 FSMC 数据宽度的兼容问题，如图 5.7.3 所示，STM32 提供给 FSMC 的数据信号宽度只能是 8 位或 16 位的。AHB 内部数据宽度和 FSMC 外部存储器宽度，一共可能出现如图 5.7.3 所示的六种情况。

		存储器宽度	
		8位	16位
A H B 访 问 宽 度	8位	A	C
	16位	B	A
	32位	B	B

图 5.7.3　FSMC 总线宽度和存储器宽度对应关系

（1）标注为字母 A 的 AHB 传输宽度等于外部存储器宽度，软件访问字节地址即可直接得到正确的数据。

（2）标注为字母 B 的地方，对应 AHB 传输宽度大于存储器数据宽度，在这类情况下 AHB 每次访问所需的数据量就需要由 FSMC 多次访问存储器才能得到。FSMC 会自动产生多次读存储器的信号时序，并在 FSMC 内部拼接后再由 AHB 读走；或者自动产生多次写信号时序，将 AHB 写入的数据分多次写入外部存储器。

（3）标注为字母 C 的地方，AHB 传输宽度小于存储器宽度，在这种情况下软件一次只需要访问一字节的内容，而存储器却需要一次读写 16 位的数据，即 AHB 每次只能传输 FSMC 得到数据的一半。对于这种情况，有的 16 位存储器带有字节选择控制信号 NBL[1:0]，用于选择将 16 位数据的高字节交换输出。STM32 的 FSMC 口也提供了该控制信号 NBL[1:0]（表 5.7.2），只要直接连接到存储器的 NBL[1:0] 上，FSMC 即可实现高、低字节的分别选通访问。对于没有字节选择控制信号的 NOR Flash 和 NAND Flash 存储器，FSMC 只能进行读操作，即每次读取的 16 位数据只取需要的 8 位。

另一个初学者容易忽略的数据对齐问题也是由 FSMC 数据宽度可变带来的。Cortex-M3 虽然是一种数据宽度为 32 位的处理器，但其地址单位只有一字节，即每一个 32 位地址单元只有一字节的数据。这样当 FSMC 的数据宽度为 16 位时，每次读写的内容就是连续两个地址单元——一个偶数地址单元，以及紧跟其后的一个奇数地址单元的内容拼接。这样在通过 16 位数据接口访问外部存储器时，FSMC 其实无须给出最低位的地址。也就是说 AHB 的地址线 HADDR[0] 是多余的。

STM32 嵌入式处理器秉持不浪费物理管脚的精神，在 FSMC 被配置为 16 位数据宽度时没有将多余的地址线 HADDR[0] 从内部 AHB 引至管脚上。也就是说 STM32 内部的 AHB 的地址信号 HADDR[25:0] 与 FSMC 地址信号管脚 A[25:0]（有的资料也写作 FSMC_A[25:0]）并不是完全等价的。一方面，在 FSMC 被配置为采用 8 位数据线时 HADDR[25:0] 和 A[25:0] 是一一对应的；但另一方面，在 FSMC 被配置为采用 16 位数据线时 HADDR[25:1] 是和 A[24:0] 一一对应的。读者在使用 16 位数据宽度的 SRAM 和 NOR Flash 芯片时尤其要注意，虽然对这些芯片而言每个地址单元的数据量(16 位)相当于 STM32 两个地址单元的内容(8 位),但在设计电路时,FSMC 的地址线 A[0](STM32 内部连接到 HADDR[1]上的)还是要和 8 位数据宽度的存储器芯片一样,连接到存储器的地址线 A[0]上。

5.7.2　FSMC 存储块 1(标准静态随机存储器)的使用方法

FSMC 接口虽然有 4 个块,但其中最常用、兼容器件种类最多的还是存储块 1 的接口(标准静态随机存储器)。存储块 1 除了可以配置嵌入式系统中常用的静态存储器和 NOR Flash 之外,还可以用于控制数据转换器和点阵式液晶显示器等常见外设。本书专门就这个存储块 1 的使用和配置等细节进行详细介绍,至于 NAND Flash 和 PC 卡存储器控制器对应的存储块 2、存储块 3、存储块 4 的使用方法,由于篇幅限制,就不在这里展开了,请感兴趣的读者参考意法半导体官方提供的数据手册 RM0008。

1. 硬件连接方式

目前性价比较高的存储器都是 16 位数据宽度的,如 ISSI 公司的 IS62LV12816L、IS62WV51216 等。正如本节前面讲到的,在连接这些 16 位存储器时,尤其要注意 FSMC 的地址线 A0 和它们的 A0 相连。而在软件访问这些外部存储器时,每次得到的却是以偶地址为首的连续两字节的内容。图 5.7.4 所示的就是 STM32 连接一个 IS62WV51216 的电路图,只需将对应名称的管脚相连即可。

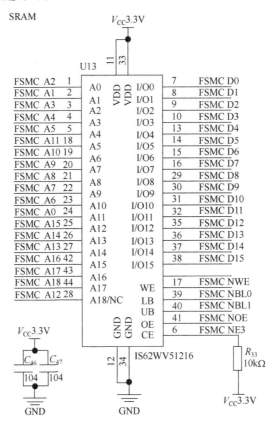

图 5.7.4　FSMC 扩展的 SRAM 连线图

图 5.7.4 有两点值得注意的地方。

(1) NBL[1:0]分别和 IS62WV51216 的 UB、LB 相连，其实在 FSMC 采用 16 位数据宽度的配置中，NBL[1:0]这两个管脚是没有使用的，可以不用连接(具体原因请参考本节存储器访问对齐部分的内容)。

(2) STM32 的地址管脚虽然仍然使用了 FSMC_A0~FSMC_A18，但管脚顺序并没有和 IS62WV51216 的地址管脚对应。这是由于 SRAM 中所有地址单元的存储器是完全对称的，只要两边使用的地址管脚都是 A0~A18,顺序并不重要。嵌入式硬件工程师经常会为了 PCB 走线方便,调换地址线和数据线的顺序,但存储体不对称、数据位顺序不能颠倒的 NOR Flash 和 PSRAM 就不能使用这种方法了。

2. 存储块 1 异步模式时序及其控制

在以 STM32 为核心的嵌入式系统中，最常使用的是存储块 1 的异步模式 A，其读写时序如图 5.7.5 和图 5.7.6 所示。STM32 通过模式 A 可以和大多数 SRAM、NOR Flash、LCD 和数据转换器连接。

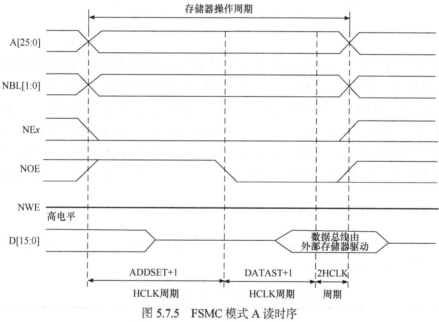

图 5.7.5　FSMC 模式 A 读时序

模式 A 读写时序的特点是在给出被访问存储单元地址 A[25:0]的同时，给出该存储单元所对应的存储器芯片的片选信号 NE*x*(*x* 代表被访问的区域号，可以是 1、2、3 或 4)。经过一定长度的"地址建立时间"后，如果是写操作，FSMC 给出"写使能"信号 NWE，同时从数据线 D[15:0]上输出要写入存储器的数据；如果是读操作，FSMC 给出"读使能"信号 NOE，存储器会在一段"数据保持时间"后给出 FSMC 需要读取的数据，FSMC 会在 NE 失效前对数据线采样。

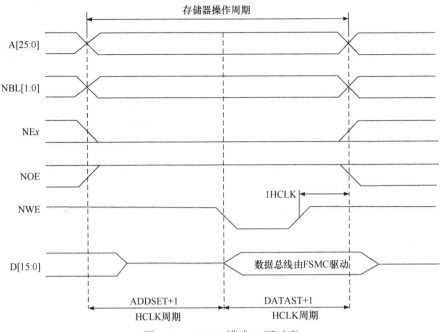

图 5.7.6　FSMC 模式 A 写时序

图 5.7.5 和图 5.7.6 中的 ADDSET+1 和 DATAST+1 就是地址建立时间和数据建立时间，STM32 的 FSMC 可以通过控制寄存器配置 ADDSET 和 DATAST，它们的单位都是 AHB 时钟(HCLK)周期。ADDSET 的设置范围是 0～15 个 HCLK 周期，DATAST 的设置范围是 1～255 个 HCLK 周期。读者可以根据 SRAM、NOR Flash 或 LCD 的数据手册选择适当的 ADDSET 和 DATAST。需要提醒读者注意的是 STM32 的 FSMC 在扩展模式时，允许读操作和写操作中设置不同的 ADDSET 和 DATAST，以适应读写时序不一致的器件的需求。

5.7.3　标准外设库中的 FSMC 相关函数及其使用实例

意法半导体官方提供的标准外设库中拥有丰富的 FSCM 操作函数，现将最常用的函数罗列于表 5.7.3 中，供读者参考。

表 5.7.3　标准外设库 FSMC 相关函数

函数	描述
FSMC_NORSRAMDeInit	初始化 FSMC NOR/SRAM 体寄存器到它们的默认值
FSMC_NANDDeInit	初始化 FSMC NAND 体寄存器到它们的默认值
FSMC_PCCARDDeInit	初始化 FSMC PC 卡体寄存器到它们的默认值
FSMC_NORSRAMInit	依据 FSMC_NORSRAMInitStruct 结构体指定的参数初始化 FSMC NOR/SRAM
FSMC_NANDInit	依据 FSMC_NANDInitStruct 结构体指定的参数初始化 FSMC NAND
FSMC_PCCARDInit	依据 FSMC_PCCARDInit 结构体指定的参数初始化 FSMC PCCARD
FSMC_NORSRAMAtructInit	用默认值填充 FSMC_NORSRAMAtructInit 的成员
FSMC_NANDStructInit	用默认值填充 FSMC_NANDStructInit 的每一个成员

续表

函数	描述
FSMC_PCCARDSructInit	用默认值填充 FSMC_PCCARDSructInit 的每一个成员
FSMC_NORSRAMCmd	使能或禁止指定的 NOR/SRAM 内存体
FSMC_NANDCmd	使能或禁止指定的 NAND 内存体
FSMC_PCCARDCmd	使能或禁止指定大的 PC 卡内存体
FSMC_NANDECCCmd	使能或禁止指定的 FSMC NAND ECC 功能
FSMC_GetECC	返回纠错代码寄存器的值
FSMC_ITConfig	使能或禁止指定的 FSMC 中断
FSMC_GetFlagStatus	检查指定的 FSMC 标志是否置位
FSMC_ClearFlag	检查 FSMC 挂起标志
FSMC_GetITStatus	检查指定的 FSMC 中断是否已经发生
FSMC_ClearITPendingBit	清除 FSMC 中断挂起位

下面提供一段使用以上函数，通过存储块 1 的区域 3 操作图 5.7.4 所示的 SRAM 的例子供读者参考。

1. 配置 FSMC

FSMC 的一般配置过程如下。

（1）FSMC 接口对应的 GPIO 时钟使能：RCC_APB2PeriphClockCmd()。

（2）FSMC 时钟使能：RCC_AHBPeriphClockCmd()。

（3）FSMC 接口对应的 GPIO GPIO 端口模式设置：

```
GPIO_Init();    //模式设置为 GPIO_Mode_AF_PP
```

（4）FSMC NOR/SRAM 参数初始化：设置 FSMC_ReadWriteTimingStruct、FSMC_WriteTimingStruct 结构体参数；设置 FSMC_NORSRAMInitStruct 结构体参数。

（5）用这些结构体内容初始化 FSMC：FSMC_NORSRAMInit()。

（6）FSMCNOR/SRAM 使能：FSMC_NORSRAMCmd()。

（7）FSMC 数据访问：根据所定义的地址直接进行数据读写。

具体配置代码如下：

```
//使用 NOR/SRAM 的 Bank1.Region3, 地址位 HADDR[27,26]=10
//对 IS61LV51216/IS62WV51216, 地址线范围为 A0～A18
#define Bank1_SRAM3_ADDR((u32)(0x68000000))                    //SRAM 的访问基地址
void FSMC_SRAM_Init(void)
{   FSMC_NORSRAMInitTypeDef   FSMC_NORSRAMInitStructure;        //基本配置结构体
    FSMC_NORSRAMTimingInitTypeDef   ReadWriteTiming;           //时序配置结构体
```

```
        GPIO_InitTypeDef   GPIO_InitStructure;
        RCC_APB2PeriphClockCmd(RCC_APB2Periph_GPIOD|RCC_APB2Periph_GPIOE|RCC_APB2Peri
ph_GPIOF|RCC_APB2Periph_GPIOG,ENABLE);
        RCC_AHBPeriphClockCmd(RCC_AHBPeriph_FSMC,ENABLE);
    GPIO_InitStructure.GPIO_Pin = 0xFF33;
        //PORTD 复用推挽输出 FSMC 地址线、数据线、控制线
        GPIO_InitStructure.GPIO_Mode = GPIO_Mode_AF_PP;      //复用推挽输出
        GPIO_InitStructure.GPIO_Speed = GPIO_Speed_50MHz;
        GPIO_Init(GPIOD, &GPIO_InitStructure);
        GPIO_InitStructure.GPIO_Pin = 0xFF83;      //PORTE 复用推挽输出 FSMC 数据线、控制线
        GPIO_Init(GPIOE, &GPIO_InitStructure);
        GPIO_InitStructure.GPIO_Pin = 0xF03F;      //PORTF 复用推挽输出 FSMC 地址线
        GPIO_Init(GPIOF, &GPIO_InitStructure);
        GPIO_InitStructure.GPIO_Pin = 0x043F;      //PORTG 复用推挽输出 FSMC 地址线、控制线
        GPIO_Init(GPIOG, &GPIO_InitStructure);
        ReadWriteTiming.FSMC_AddressSetupTime = 0x00;
        //地址建立时间(ADDSET)为 1 个 HCLK 1/36MHz=27ns
        ReadWriteTiming.FSMC_AddressHoldTime = 0x00;    //地址保持时间(ADDHLD)模式 A 未用到
        ReadWriteTiming.FSMC_DataSetupTime = 0x03;
        //数据保持时间(DATAST)为 3 个 HCLK 4/72MHz=55ns(对 EM 的 SRAM 芯片)
        ReadWriteTiming.FSMC_BusTurnAroundDuration = 0x00;
        ReadWriteTiming.FSMC_CLKDivision = 0x00;
        ReadWriteTiming.FSMC_DataLatency = 0x00;
        ReadWriteTiming.FSMC_AccessMode = FSMC_AccessMode_A;                //模式 A
        FSMC_NORSRAMInitStructure.FSMC_Bank = FSMC_Bank1_NORSRAM3;       //使用 NE3
        FSMC_NORSRAMInitStructure.FSMC_DataAddressMux = FSMC_DataAddressMux_Disable;
        FSMC_NORSRAMInitStructure.FSMC_MemoryType =FSMC_MemoryType_SRAM;
        FSMC_NORSRAMInitStructure.FSMC_MemoryDataWidth = FSMC_MemoryDataWidth_16b;
        //存储器数据宽度为 16bit FSMC_NORSRAMInitStructure.FSMC_BurstAccessMode =FSMC_
BurstAccessMode_Disable;
        FSMC_NORSRAMInitStructure.FSMC_WaitSignalPolarity = FSMC_WaitSignalPolarity_Low;
        FSMC_NORSRAMInitStructure.FSMC_AsynchronousWait=FSMC_AsynchronousWait_Disable;
        FSMC_NORSRAMInitStructure.FSMC_WrapMode = FSMC_WrapMode_Disable;
        FSMC_NORSRAMInitStructure.FSMC_WaitSignalActive = FSMC_WaitSignalActive_Before
    WaitState;
        FSMC_NORSRAMInitStructure.FSMC_WriteOperation = FSMC_WriteOperation_Enable;
                //存储器写使能
        FSMC_NORSRAMInitStructure.FSMC_WaitSignal = FSMC_WaitSignal_Disable;
        FSMC_NORSRAMInitStructure.FSMC_ExtendedMode = FSMC_ExtendedMode_Disable;
        //读写使用相同的时序
        FSMC_NORSRAMInitStructure.FSMC_WriteBurst = FSMC_WriteBurst_Disable;
        FSMC_NORSRAMInitStructure.FSMC_ReadWriteTimingStruct = &ReadWriteTiming;
    FSMC_NORSRAMInitStructure.FSMC_WriteTimingStruct = &ReadWriteTiming;   //读写同样的时序
        FSMC_NORSRAMInit(&FSMC_NORSRAMInitStructure);            //初始化 FSMC 配置
```

```
FSMC_NORSRAMCmd(FSMC_Bank1_NORSRAM3, ENABLE);    //使能 BANK1.Region3
}
```

　　读者在阅读和理解上述代码时，除了要注意 GPIO 的配置代码外，重点要关注核心的部分对 FSMC 进行配置的两个结构体。其中，结构体类型 FSMC_NORSRAMInitTypeDef 用于配置存储器的基本信息，包括使用的区域、存储器的类型、存储器的宽度、同步还是异步模式等信息。另一个结构体类型 FSMC_NORSRAMTimingInitTypeDef 是包含在 FSMC_NORSRAMInitTypeDef 中的成员，用于配置 SRAM 的读写时序。根据 IS62WV51216 的数据手册，选择访问时序模式 A，而图 5.7.6 中两个最重要的参数的地址建立时间 ADDSET 设置为 0，数据保持时间 DATAST 设置为 3。

　　2. 读写 SRAM 代码

　　下面通过指针访问 FSMC 的存储块 1 区域 3 控制的 SRAM。

```
//pBuffer: 字节指针
//WriteAddr: 要写入的地址
//n:要写入的字节数
void FSMC_SRAM_WriteBuffer(u8* pBuffer,u32 WriteAddr,u32 n)
{
    for(;n!=0;n--)  {
        *(vu8*)(Bank1_SRAM3_ADDR+WriteAddr)=*pBuffer;    //上一段配置代码中定义 SRAM 地址
        WriteAddr++;
        pBuffer++;
    }
}
//pBuffer: 字节指针
//ReadAddr: 要读出的起始地址
//n: 要写入的字节数
void FSMC_SRAM_ReadBuffer(u8* pBuffer,u32 ReadAddr,u32 n)
{
    for(;n!=0;n--)  {
        *pBuffer++=*(vu8*)(Bank1_SRAM3_ADDR+ReadAddr);
        ReadAddr++;
    }
}
```

5.8　A/D 和 D/A 转换器

　　真实世界的物理量，如温度、压力、电流和电压等，都是连续变化的模拟量。但数字计算机处理器主要由数字电路构成，无法直接认知这些连续变换的物理量。ADC 和 DAC(以下简称 A/D 和 D/A 转换器)就是跨越模拟量和数字量之间"鸿沟"的桥梁。A/D 转换器将连续变化的物理量转换为数字计算机可以理解的、离散的数字信号。D/A 转换器则反过来将数字计算机产生的离散的数字信号转换为连续变化的物理量。如果把嵌入式处理器比作人的大脑，A/D 转换器可以理解为这个大脑的眼、耳、鼻等感觉器官。嵌入式系统作为一种在真实物理世界中和宿主对象协同工作的专用计算机系统，A/D 和 D/A 转换器是其必不可少的组成部分。

传统意义上的嵌入式系统会使用独立的单片的 A/D 或 D/A 转换器实现其与真实世界的接口，但随着片上系统技术的普及，设计和制造集成了 ADC 和 DAC 功能的嵌入式处理器变得越来越容易。目前市面上常见的嵌入式处理器都集成了 A/D 转换功能。STM32 则是最早把 12 位高精度的 ADC 和 DAC，以及 Cortex-M 系列处理器集成到一起的主流嵌入式处理器。

本节将从嵌入式数据采集的基本原理出发，重点介绍 A/D 转换的原理和采集系统的构成，并以 STM32 上 ADC 的配置和工作过程作为实例介绍这些基本原理。随后将介绍 STM32 上集成的 DAC 的使用方法和应用实例。

5.8.1　A/D 转换器综述

A/D 转换器的输入模拟信号不仅在时间上是连续的，信号的大小也是连续变化的。A/D 转换过程就是在一系列选定的瞬间(即时间轴上的一些规定点)将输入的模拟电压转换为一系列数字量的过程。因此 A/D 转换有两个基本问题：在时间轴上的哪些点进行转换以及怎样将模拟电压转换为数字量。

1. 采样定理

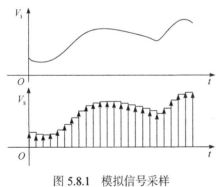

如图 5.8.1 所示，为了使 A/D 转换的输出数字序列 V_s 能够完整地反映输入模拟信号 V_i 所携带的信息，V_s 的间隔必须足够小，即 V_s 必须具有足够高的采样率。

根据奈奎斯特采样定理，为了能够使单片机获知模拟信号 V_i 中的所有信息，采样率 f_s 必须满足：

$$f_s \geqslant 2f_{i\max}$$

图 5.8.1　模拟信号采样

其中，$f_{i\max}$ 是输入信号的最高频率分量。根据上式，输入信号所含频带越宽，所需的采样率也越快。然而任何 A/D 转换器的转换过程都是需要一定时间的，也就是说 f_s 不可能无穷大。如果一个 A/D 转换器的最小转换时间为 $T_{\min}$，则采样的最大速度为 $f_{s\max}=1/T_{\min}$。

此时一些问题会出现在我们的脑海中，如果输入模拟信号的带宽不满足奈奎斯特采样定理，有什么危害？如果 A/D 转换器已经工作在它的最大速度 $f_{s\max}$，仍然无法满足采样定理又怎么处理？其实，理论分析告诉我们，采样率为 f_s 的数字信号只能描述 $f_s/2$ 频率范围内的信号。如果被采样的模拟信号含有更高频率的成分，则这些成分的能量会混在 $f_s/2$ 范围内，从而造成信号的失真，这种现象称为混叠，是应该尽力避免的。为了防止混叠的出现，需要限制奈奎斯特频率($f_s/2$)以上的信号能量。最常用的方法就是采用图 5.8.2(a)及图

5.8.2(b)所示的模拟低通滤波器滤掉不需要的信号，从而达到降低f_s和f_{smax}的作用。

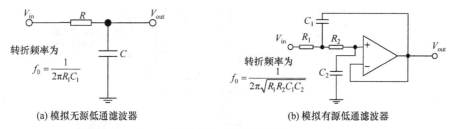

图 5.8.2 低通滤波器

在实际设计嵌入式系统时，应该首先估计输入模拟信号的带宽f_{imax}，随后再决定采样频率f_s，为了达到较好的采样效果，f_s应该达到f_{imax}的 5～10 倍。如果需要用低通滤波器降低输入信号带宽，低通滤波器的截止频率应该是f_s的 1/20～1/10。

2. 模拟电压的量化

模拟电压的量化就是 A/D 转换器将输入的模拟电压转化为一个和这个模拟电压最接近的数字量的过程。任何数字量的大小都只能表示某个最小数量单位的整数倍。而模拟电压是连续的，它不一定能够被这个最小的数量单位整除，在这种情况下，输出的数字量只能是与输入最接近的整数倍最小单位电压。因此最小单位电压越小，得到的数字量就越能够准确地反映输入的模拟电压大小。

A/D 转换器用 N 位二进制数表示输入的模拟量，称这个 A/D 转换器是 N 位的，它所能描述的最小单位电压为

$$\Delta = \frac{\text{FSR}}{2^N} \tag{5.8.1}$$

其中，FSR 表示能够转换的最大模拟电压，又称为电压满刻度，由于 FSR 的大小和输出数字量的大小成正比，大多数 A/D 转换器将 FSR 称为参考电压，记为V_{REF}。另外，将这个最小的单位电压的二分之一称为量化误差$\frac{\text{FSR}}{2^{N+1}}$。理想的 A/D 转换器输出的数字量 C 可以表述为

$$C = \left[\frac{V_i}{2^N} \times V_{\text{REF}} \right] \tag{5.8.2}$$

其中，$\left[\dfrac{V_i}{2^N} \times V_{\text{REF}} \right]$表示最接近$\dfrac{V_i}{2^N} \times V_{\text{REF}}$的整数。

由式(5.8.1)和式(5.8.2)可以发现，位数 N 越大，A/D 转换器也就越精密。

3. 逐次逼近式 A/D 转换器的原理

STM32 内部集成的 A/D 转换器是逐次逼近的，理解其原理有利于理解 STM32 的 A/D 转换器配置参数和使用过程。逐次逼近式 A/D 转换器的原理如图 5.8.3 所示。

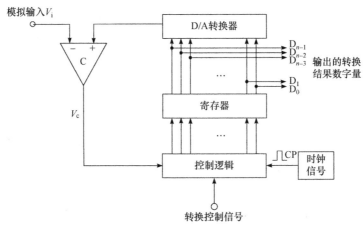

图 5.8.3 逐次逼近式 A/D 转换器的工作原理框图

转换控制信号启动转换后, 时钟信号首先将寄存器的最高位置 1, 使寄存器的输出为 $100\cdots00$。这个数字量被 A/D 转换器转换成相应的电压 V_o, 送到比较器与模拟输入信号 V_i 比较, 如果 $V_o > V_i$, 说明数字过大了, 则将这个 1 清除; 如果 $V_o < V_i$, 说明数字还不够大, 这个 1 应该保留。然后按同样的方法将次高位置 1, 并比较 V_o 与 V_i 的大小, 从而确定次高位上的 1 是否应该保留。这样逐次比较下去, 直到最低位为止, 从粗糙到精细逐渐逼近输入模拟量的大小, 最终寄存器中的值就是输出的数字量。从逐次逼近式 A/D 转换原理可以看出, 转换过程实际上是顺序串行的比较过程, N 位的 A/D 转换过程需要时钟信号提供 N 个同步脉冲。每个脉冲进行一次比较操作, 理论上讲, 得到 N 位的转换结果要消耗 N 个时钟周期的时间。这一点对于理解 STM32 上 A/D 转换器的转换周期计算方式至关重要。

另外, 如果在 N 次比较的过程中模拟输入电压 V_i 发生了改变, 则逐次逼近的结果将发生致命的错误。因此逐次逼近式 A/D 转换在启动之前都要经过采样的过程, 随后断开和 V_i 的连接, 用保持电路维持采样得到的电压, 并作为整个比较过程的输入。也就是说, 被转换的模拟电压实际上是在比较过程之前采样得到的 V_i 的瞬时值。一般来讲, 采样时间持续越长, 得到的采样电压将越接近真实的输入电压。STM32 可以通过调整采样时间持续的时钟周期数来调整采样精度, 以及整个转换过程持续的时间长度。

4. 多路数据采集系统的结构

在一个嵌入式系统中, 经常需要同时测量多个物理量。为了降低系统的复杂程度, 一般不使用多个 A/D 转换器, 而是用图 5.8.4 所示的方法来构建系统。多路模拟切换开关将需要测量的物理量轮流切换到 A/D 转换器的输入端, 并分别对它们进行 A/D 转换。当 A/D 转换器的转换时间远小于输入模拟信号变化的时间时, 可以近似地认为这种轮流采样方法得到的转换结果是同一个时刻的。STM32 内部的 A/D 转换模块也采用了图 5.8.4 的结构, 而且将多路模拟切换开关集成到了 STM32 的内部。

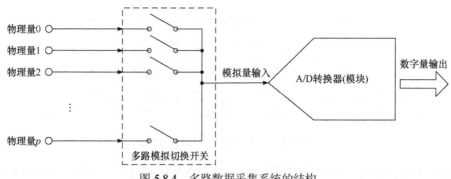

图 5.8.4　多路数据采集系统的结构

5.8.2　STM32 上的 A/D 转换模块

1. STM32 上的 ADC 的输入电压换算方法和转换精度

STM32 上的 A/D 转换模块，以下简称 ADC，是逐次逼近原理的 12 位分辨率转换器。其参考电压 V_{REF} 如 3.5 节所述，可由外部基准电压芯片产生，并从 V_{REF+} 和 V_{REF-} 管脚输入（100 及以上管脚的器件），也可以直接由电源电压充当（管脚数低于 100 的器件），范围为 $2.4V\sim V_{DDA}$。当选择 3.3V 作为参考电源电压时，将 A/D 转换结果折算为真实电压的公式即式 (5.8.3)，即将转换结果数值 C 代入式 (5.8.2) 反过来求解 V_i 是多少。

$$V_i \approx \frac{C}{2^{12}} \times V_{REF} \tag{5.8.3}$$

另外，根据式 (5.8.1) 可计算得到其最小电压分辨率（对应 1LSB）约为 0.8057mV。根据意法半导体官方给出的数据手册 (DocID13587)，在理想情况下其非线性误差（校准无法移除的误差）约为±5LSB，可简单理解为最小误差约为±4.029mV。

当然，为获得上述转换精度，ADC 转换结果中必须移除偏置误差 (Offset Error) 和增益误差 (Gain Error) 等可通过线性变换去除的误差。STM32 具有内部校准 (Internal Calibration) 功能，可在无须软件干预的条件下，实现偏置误差和增益误差的自动去除。官方建议在每次上电使用 ADC 之前进行一次内部校准，方式是用软件设置 ADC_CR2 寄存器的 CAL 位以启动校准，即可正常使用；ADC 会在每次转换结束后自动对结果进行线性校正。

2. 时钟和转换过程

逐次逼近式 ADC 的时钟 ADCCLK 是由 ADC 所在的外设总线 APB2 的时钟 PCLK2 分频产生的，完成分频的可编程预分频器是 RCC 控制器为 ADC 专门提供的。软件可通过对该预分频器的编程实现对 PCLK2 的 2 倍、4 倍、6 倍或 8 倍分频，以得到 ADCCLK。其中 STM32F1 系列微处理器可接受的最高 ADCCLK 为 14MHz。

如前所述，在进行逐次逼近比较的过程中，ADC 的输入电压是不能发生改变的。为了保证这一点，逐次逼近式 ADC 会在图 5.8.3 所示的比较电路之前增加一个内部采样保持电容 C_{ADC}。该电容在进行转换之前先获取外部输入电压，并在转换开始后从外部输入断开，单独为逐次逼近电路提供输入，以保证外部输入电压不会在转换期间变化。整个转换过程可简单表述为图 5.8.5，而转换时间也应该等于采样时间和转换时间之和。

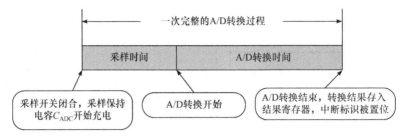

图 5.8.5　逐次逼近式 A/D 转换过程

　　根据逐次逼近原理，A/D 转换所需的时钟周期数是固定的，对 STM32 的 ADC 而言，A/D 转换所需的时间是 12.5 个 ADCCLK 时钟周期的时间。因此 ADC 的转换时间由采样时间和 ADCLK 的时钟周期共同决定。如前所述，ADCCLK 的时钟周期只能由 PCLK2 进行 2、4、6、8 倍分频确定。但采样时间却可以由 ADC_SMPR1 或 ADC_SMPR2 寄存器配置，在这两个 32 位寄存器中，STM32 可以将每个模式输入通道的采样时间分别配置为 1.5 个 ADCCLK 周期、7.5 个 ADCCLK 周期、13.5 个 ADCCLK 周期、28.5 个 ADCCLK 周期、55.5 个 ADCCLK 周期、71.5 个 ADCCLK 周期或 239.5 个 ADCCLK 周期。

　　假设高级外设总线 2 频率 PCLK2 为 72MHz，对其进行 8 分频后得到 ADCCLK 的频率为 9MHz，没有超出最高 14MHz 的要求。若采样时间设置为 239.5 个 ADCCLK 时钟周期，则整个转换过程的时长为 239.5 + 12.5 = 252 个 ADCCLK 时钟周期，即 252/9000000 = 28（μs）。

　　由于 ADCCLK 的最高频率为 14MHz，所以 STM32 ADC 的最高采样率为 1MSPS。为获得这一采样率，需使用 56MHz 或 28MHz 的 APB2 总线频率，对其进行 4 或 2 分频后得到 14MHz 时钟作为 ADCCLK。将采样时间设置为 1.5 个 ADCCLK 时钟周期，整个转换过程时长为 1.5 + 12.5 = 14 个时钟周期，整个转换过程刚好需要 1μs。而最高工作频率 72MHz 下，可获得最快转换时间为 1.17μs。当然，为获得更高的采样率，很多型号的 STM32 集成了超过 1 个 ADC，读者可以通过两个 ADC 交叉采样的方法获得 2MSPS 甚至 3MSPS 的最高采样率。

　　设置采样时间的意义并不仅限于调整 ADC 转换时间。延长采样时间能够减小外部模拟电阻输出阻抗过高对采样电容电压上的保持电压精度的影响。将 STM32 外部模拟电路和 STM32 内部 ADC 电路简化为如图 5.8.6 所示的示意图。

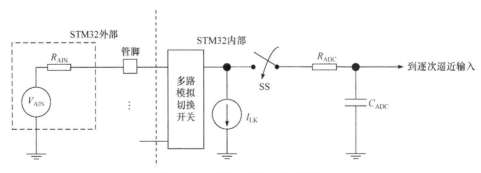

图 5.8.6　采样、保持电路示意图

　　其中，V_{AIN} 是输入模拟电压源；R_{AIN} 是输入信号源等效内阻；SS 是采样开关；R_{ADC} 是采样开关导通电阻；C_{ADC} 是保持电容；I_{LK} 是芯片内部的等效漏电流。

在采样时间内，采样开关 SS 闭合，外部电路产生模拟电压 V_{AIN} 就通过模拟信号源内阻 R_{AIN} 以及 STM32 内部的等效输入电阻 R_{ADC} 给保持电容 C_{ADC} 充电。采样时间结束后，采样开关 SS 断开，ADC 开始在转换时间内对 C_{ADC} 上所保持的电压进行逐次逼近式的 A/D 转换。保持电容 C_{ADC} 必须在采样时间内，通过充电得到足够精度的外部输入电压 V_{AIN}。采样时间越长，则 C_{ADC} 得到外部输入的充电时间越长，C_{ADC} 上的保持电压就越接近 V_{AIN}；信号源内阻 R_{AIN} 越大，充电电流越小，所需的采样时间就越长。

熟悉"信号与系统"的读者，可以由图 5.8.6 所示的一阶系统的阶跃响应函数，算出 C_{ADC} 上的保持电压与 V_{AIN} 之差小于 12 位 ADC 的一个字(LSB)的时间。STM32 官方给出的计算公式是

$$R_{\text{AIN}} = \frac{T_s}{f_{\text{ADC}} \times C_{\text{ADC}} \times \ln(2^{N+2})} - R_{\text{ADC}} \tag{5.8.4}$$

其中，f_{ADC} 为 ADCCLK 的频率；T_s 为采样时间。根据数据手册，C_{ADC} 为小于 12pF 的电容，R_{ADC} 为小于 1kΩ 的电阻。使用式(5.8.4)时，可以先确定采样时间 T_s，然后计算系统容许的最大信号源输出电阻；也可以先确定信号源输出电阻，再反过来计算所需的最小采样时间。

3. STM32 的 ADC 的模拟输入通道

为针对图 5.8.4 所示的多路数据采集应用，STM32 的 ADC1 共有 18 个模拟输入通道，其中前 16 个通道连接到 STM32 芯片的管脚上。可以根据 GPIO 部分介绍的办法，将管脚配置为复用功能管脚，即可作为模式信号的输入管脚。模拟输入通道 17 被连接到 STM32 芯片内部的温度传感器上，用于读取代表芯片温度的模拟电压。模拟输入通道 18 则被连接到芯片内部的参考电压 V_{REFINT} 上。如果所使用的 STM32 芯片还集成了 ADC2 和 ADC3，则它们的前几个模拟输入通道也被连接到与 ADC1 相同的管脚上。也就是说同样的几个管脚既是 ADC1 的模拟输入通道，也是 ADC2 和 ADC3 的模拟输入通道。例如，STM32 把这些管脚复用功能命名为 ADC123_INx，前面的 ADC123 表示该管脚可以作为 ADC1、ADC2 或 ADC3 的输入，后面的 INx 表示该管脚是 ADC 的第 x 个输入通道(x 为 0～15)。表 5.8.1 所示为 ADC1～3 的各个模拟输入通道与 GPIO 管脚的对应关系。

表 5.8.1　ADC 模拟输入通道与 GPIO 管脚的对应关系

通道	ADC1	ADC2	ADC3
通道 0	PA0	PA0	PA0
通道 1	PA1	PA1	PA1
通道 2	PA2	PA2	PA2
通道 3	PA3	PA3	PA3
通道 4	PA4	PA4	PF6
通道 5	PA5	PA5	PF7
通道 6	PA6	PA6	PF8
通道 7	PA7	PA7	PF9
通道 8	PB0	PB0	PF10

续表

通道	ADC1	ADC2	ADC3
通道 9	PB1	PB1	
通道 10	PC0	PC0	PC0
通道 11	PC1	PC1	PC1
通道 12	PC2	PC2	PC2
通道 13	PC3	PC3	PC3
通道 14	PC4	PC4	
通道 15	PC5	PC5	
通道 16	温度传感器		
通道 17	内部参考电压		

尤其值得注意的是，STM32 的 ADC 的任何一个模拟输入通道都不支持负电压输入。如果在模拟输入通道管脚上施加负电压，则保护二极管（图 5.1.1）会将该管脚钳位到–0.7V 左右。若嵌入式应用需要测量双极性的模拟电压，可使用模拟电路课程中学过的叠加原理对输入加固定的电压偏置，并适当缩放，以将输入电压线性变换到 $0 \sim V_{REF}$。当然，也可以使用仪用放大器等由半导体供应商提供的集成差分方案来解决这个问题。

4. 转换模式

在时钟 ADCCLK 的驱动下，ADC 能在预设的周期内，完成对某个模拟输入通道电压的转换。但 STM32 的功能不止于此，它还能在单次转换完成后将输入自动切换到下一个待转换的模拟输入通道，并在随后的时钟驱动下，完成连续多个通道的 A/D 转换。根据不同的通道切换机制，STM32 分为单次转换模式、连续转换模式、单次扫描模式、连续扫描模式、间断模式等多种转换模式。

1）单次转换模式（Single Conversion Mode）

单次转换模式下，ADC 只执行一次转换就停止工作，并等待下一次软件触发或外部触发来启动下一次转换，如图 5.8.7 所示。

2）连续转换模式（Continuous Conversion Mode）

连续转换模式下，一次转换结束后，ADC 立即启动针对同一模拟输入通道的另一次转换。该模式既可通过软件触发启动，也可通过外部触发启动，如图 5.8.8 所示。

图 5.8.7　单次转换模式　　　　　图 5.8.8　连续转换模式

3) 单次扫描模式(Single Scan Mode)

单次扫描模式下，ADC 会顺序地对预设的模拟输入通道进行转换(扫描)，完成对预设的所有模拟通道的转换后，ADC 将等待下一次软件触发或外部触发来启动下一次转换。扫描通道数最多可达 16 个，可设置不同通道的扫描先后顺序和各通道不同的采样时间，如图 5.8.9 所示。

4) 连续扫描模式(Continuous Scan Mode)

连续扫描模式下，ADC 不但会顺序地对预设的模拟输入通道进行转换(扫描)，完成一轮扫描后，连续扫描模式还能够自动启动下一轮扫描，如图 5.8.10 所示。

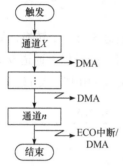

图 5.8.9　单次扫描模式

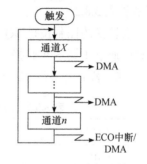

图 5.8.10　连续扫描模式

5) 间断模式(Discontinuous Mode)

间断模式下，STM32 可以将待转换的输入通道序列分解为多个子序列，并且在每次触发后，依次开始各个子序列的转换模式。间断模式适应于不等间隔的采样，用于存储和分析在触发事件发生后某些特定输入通道的状态，如图 5.8.11 所示。

需要再次提醒读者注意的是：这里提到的各种转换模式中，单个通道转换结束后，下次输入通道的切换和启动工作是由 ADC 内部电路自动完成的，无须软件干预。这些模式在降低了软件开发难度的同时，提高了 ADC 的工作效率和实时性。当然，如果使用者愿意，这些模式下的通道切换工作也完全可以由软件控制完成，只是有可能降低 ADC 和软件的效率及实时性。

第1次触发

| 通道0 | 通道1 | 通道2 |

第2次触发

| 通道3 | 通道6 | 通道7 |

第3次触发

| 通道9 | 通道10 | ECO事件

第4次触发

| 通道0 | 通道1 | 通道2 |

图 5.8.11　间断模式

5. 输入通道分组——规则通道组和注入通道组

前面提到的扫描模式和间断模式涉及一个以上模拟输入通道。为了使这些转换模式的工作方式更加灵活，以适应随时有可能临时到来，并插入事先预定的转换顺序流程中的特殊转换，STM32 进一步将转换通道分为规则通道组和注入通道组。

规则通道组是正常运行 ADC 转换流程时需要顺序进行转换的多个模拟通道构成的通道组，可由最多 16 个规则通道组成。转换结果存入同一个规则通道数据寄存器，同时产生

ADC 转换结束事件，可产生对应的中断和 DMA 请求。注入通道组则是可以打断规则通道的转换，类似于 A/D 转换流程的"中断"，可由最多 4 个注入通道组成。转换结果存入对应注入通道数据寄存器，同时产生 ADC 转换结束事件，可产生对应的中断，但不具备 DMA 传输能力。注入通道组转换的启动具有触发注入和自动注入两种方式。

规则通道组的转换顺序由规则序列寄存器 SQR1~SQR3 决定，SQR3 控制着规则序列中的第 1~6 个转换，对应的位域为 SQ1[4:0]~SQ6[4:0]；SQR2 控制着规则序列中的第 7~12 个转换，对应的位域为 SQ7[4:0]~SQ12[4:0]；SQR1 控制着规则序列中的第 13~16 个转换，对应的位域为 SQ13[4:0]~SQ16[4:0]。而每次扫描要转换多少个通道则由 L[3:0]决定。规则序列寄存器见表 5.8.2。

例如，第一次转换的控制位是 SQ1[4:0]，如果想要通道 5 第一个转换，那么在 SQ1[4:0]写入 5。如果想要通道 1 第 6 个转换，则 SQ6[4:0]写入 1。如果想要通道 9 第 10 个转换，则 SQ10[4:0]写入 9。若需要进行 12 个通道的转换，则在 L[3:0]中写入 11，如表 5.8.2 所示。

表 5.8.2　规则序列寄存器 SQR*x*, *x*=1, 2, 3

寄存器	寄存器位	功能	取值
SQR3	SQ1[4:0]	设置第 1 个转换的通道	通道 1~16
	SQ2[4:0]	设置第 2 个转换的通道	通道 1~16
	SQ3[4:0]	设置第 3 个转换的通道	通道 1~16
	SQ4[4:0]	设置第 4 个转换的通道	通道 1~16
	SQ5[4:0]	设置第 5 个转换的通道	通道 1~16
	SQ6[4:0]	设置第 6 个转换的通道	通道 1~16
SQR2	SQ7[4:0]	设置第 7 个转换的通道	通道 1~16
	SQ8[4:0]	设置第 8 个转换的通道	通道 1~16
	SQ9[4:0]	设置第 9 个转换的通道	通道 1~16
	SQ10[4:0]	设置第 10 个转换的通道	通道 1~16
	SQ11[4:0]	设置第 11 个转换的通道	通道 1~16
	SQ12[4:0]	设置第 12 个转换的通道	通道 1~16
SQR1	SQ13[4:0]	设置第 13 个转换的通道	通道 1~16
	SQ14[4:0]	设置第 14 个转换的通道	通道 1~16
	SQ15[4:0]	设置第 15 个转换的通道	通道 1~16
	SQ16[4:0]	设置第 16 个转换的通道	通道 1~16
	L[3:0]	需要多少个通道	1~16

注入序列寄存器 JSQR 只有一个，最多支持 4 个通道，具体多少个由 JSQR 的 JL[2:0]

决定。如果 JL 的值小于 4，则 JSQR 与 SQR 决定转换顺序的设置不一样，第一次转换的不是 JSQR1[4:0]，而是 JCQRx[4:0]，x=4–JL，与 SQR 刚好相反。如果 JL=00（1 个转换），那么转换的顺序是从 JSQR4[4:0]开始，而不是从 JSQR1[4:0]开始。注入序列寄存器见表 5.8.3。

表 5.8.3　注入序列寄存器

寄存器	寄存器位	功能	取值
JSQR	JSQ1[4:0]	设置第 1 个转换通道的值	通道 1～4
	JSQ2[4:0]	设置第 2 个转换通道的值	通道 1～4
	JSQ3[4:0]	设置第 3 个转换通道的值	通道 1～4
	JSQ4[4:0]	设置第 4 个转换通道的值	通道 1～4
	JL[1:0]	需要转换多少个通道	1～4

STM32 的规则通道组转换完成后可以引发中断或触发 DMA 传输，因此规则通道组的转换结果寄存器只有一个，就是 ADC_DR，可以在转换完成后由软件读取，或通过 DMA 转存到 SRAM 中。注入通道组转换完成后只可以触发中断，无法引发 DMA 传输，为防止注入通道组结果无法及时读取造成的数据覆盖，STM32 有 4 个注入通道转换结果寄存器，即 ADC_DRJ1～4。

6. 触发方式

完成 ADC 转换模式及参与的规则通道组和注入通道组的设置后，就需要通过适当的方式来触发转换了。最简单的触发方式是通过控制寄存器 2（ADC_CR2）的 ADON 位来实现软件触发：写入 1 开始转换，写入 0 停止转换。

ADC 还支持外部事件触发转换，STM32 支持内部定时器触发和外部管脚输入触发。具体的外部触发源由 ADC 控制寄存器 2 的 EXTSEL[2:0] 和 JEXTSEL[2:0] 位来选择。EXTSEL[2:0]用于选择规则通道组的触发源，JEXTSEL[2:0]用于选择注入通道组的触发源。选好触发源之后，还需要由 ADC_CR2 的 EXTTRIG 和 JEXTTRIG 这两位来使能外部事件触发转换功能。

7. ADC 的中断

由于 STM32 以输入通道组的形式管理 ADC 的工作，因此引发事件和中断的 ADC 状态标志也是分别针对通道组而非单次转换的。常用的 ADC 事件/状态是规则通道组转换结束标志（End of Conversion, EOC）和注入通道组转换结束标志（End of Conversion injected, JEOC），它们在图 5.8.7～图 5.8.11 所示的位置，分别标志了规则通道组和注入通道组所有通道的转换结束。在图 5.8.7 所示的单次转换模式下，EOC 也用于表示单次转换的结束。

另外，ADC1 还能对内部电源电压进行采集，并通过监视内部电压的变化实现看门狗的功能。即在内部电压变化较大时触发中断，并引发相关软件处理。因此 ADC 支持的第三种中断是模拟看门狗（Analog Watch Dog, AWD）状态标志。表 5.8.4 给出了事件/中断标志和使能位。

表 5.8.4　事件/中断标志和使能位

中断事件	事件标志	使能控制位
规则通道组转换结束标志	EOC	EOCIE
注入通道组转换结束标志	JEOC	JEOCIE
模拟看门狗状态标志	AWD	AWDIE

最后需要提醒读者注意的是，ADC1 和 ADC2 的中断映射在同一个中断向量上，而 ADC3 的中断有自己的中断向量。

8. 转换结果的对齐方式

Cortex-M3 内核以字节(8 位)或半字(16 位)为最小单位管理数据，12 位的 ADC 转换结果不能直接放到 16 位的数据存储器中，无法紧凑地存储和传输。STM32 的处理方法是采用图 5.8.12 所示的"左对齐"和"右对齐"方式将 12 位转换结果"靠左"或"靠右"存储到 ADC 的转换结果寄存器中。控制左、右对齐的控制开关是 ADC_CR2 寄存器中的 ALIGN 位。图 5.8.12 所示是 ADC 转换结果的左、右对齐。

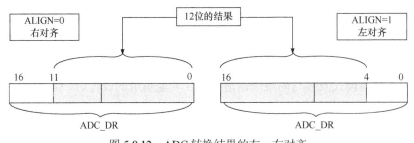

图 5.8.12　ADC 转换结果的左、右对齐

9. 常见转换模式的控制方法

介绍完 STM32 的 ADC 的输入通道分组、转换模式等基本概念后，就可以对常见转换模式的控制方法进行具体介绍了。

1) 单次转换模式

单次转换模式只执行一次转换，需要设置 CONT 位为 0。设置 ADC_CR2 寄存器的 ADON 位可以启动规则通道组单次转换；而外部触发则可启动规则通道组或注入通道组的单次转换模式。

规则通道单次转换完成后，转换数据被存储在 ADC_DR 寄存器中，转换结束标志被置位。注入通道单次转换完成后，转换数据被存储在 ADC_DRJ1 寄存器中，注入转换结束标志被置位。如果使能了中断，两种方法都能引发中断。

2) 连续转换模式

连续转换模式会在当前 ADC 转换结束后立即启动另一次转换，需要设置 CONT 位为 1。连续转换模式可通过外部触发启动或通过设置 ADC_CR2 寄存器上的 ADON 位启动。

规则通道的当前转换完成后，转换数据被存储在 ADC_DR 寄存器中，转换结束标志被置位。注入通道的当前转换完成后，转换数据被存储在 ADC_DRJ1 寄存器中，注入转换结束标志被置位。如果使能了中断，当前转换完成后，两种方法都能引发中断。

　　3)扫描模式

　　扫描模式用来连续对一组模拟输入通道进行转换，该模式通过设置 ADC_CR1 寄存器的 SCAN 位来选择。一旦 SCAN 位被置位，ADC 扫描被 ADC_SQRx 寄存器(规则通道组)或 ADC_JSQR(注入通道组)选中的所有通道。即在每个转换结束时，同一组的下一个通道被自动转换。

　　如果 CONT 位被置位，转换不会在所选通道组的最后一个通道上停止，而是再次从选择组的第一个通道继续转换，即连续扫描模式。

　　如果设置了 DMA 位，在每次产生转换结束标志后，DMA 控制器把规则组通道的转换数据传输到 SRAM 中。而注入通道转换的数据总是存储在 ADC_JDRx 寄存器中。

　　4)间断模式

　　间断模式在被触发后启动，以用来执行一个短序列的 n 次转换($n \leqslant 8$)。

　　对规则通道组而言，间断模式通过置位 ADC_CR1 寄存器上的 DISCEN 位启动。ADC会对 ADC_SQRx 寄存器所选择的转换序列的一部分执行转换，具体转换通道数由ADC_CR1 寄存器的 DISCNUM[2:0]位给出。每个外部触发信号可以启动 ADC_SQRx 寄存器中描述的一轮 n 次转换。总的序列长度由 ADC_SQR1 寄存器的 L[3:0]定义。例如，若规则通道组寄存器定义的待转换模拟输入通道为 0、1、2、3、6、7、9、10，单次触发后转换通道数 n 为 3，则第一次触发后，被转换的通道为 0、1、2；第二次触发后，被转换的通道为 3、6、7；第三次触发后，被转换的通道为 9、10，并产生了 EOC 事件；第四次触发后，被转换的通道又切换回了 0、1、2……

　　对注入通道组而言，此模式通过设置 ADC_CR1 寄存器的 JDISCEN 位启动。外部事件触发后，该模式按通道顺序逐个转换 ADC_JSQR 寄存器中选择的序列。每个外部触发信号可以启动 ADC_JSQR 寄存器选择的下一个通道序列的转换，直到序列中所有的转换完成为止。总的序列长度由 ADC_JSQR 寄存器的 JL[1:0]位定义。例如，若注入通道组寄存器定义的待转换模拟输入通道为 1、2、3，则第一次触发后，被转换的通道为 0；第二次触发后，被转换的通道为 2；第三次触发后，被转换的通道为 3，并产生了 EOC 和 JEOC 事件；第四次触发后，被转换的通道又切换回了 1……

5.8.3　标准外设库中 ADC 相关函数及其使用实例

　　意法半导体官方提供的标准外设库中拥有非常丰富的 ADC 操作函数，现将最常用的函数罗列于此。

```
void ADC_Init(ADC_TypeDef* ADCx, ADC_InitTypeDef* ADC_InitStruct);
//根据 ADC_InitStruct 中指定的参数初始化外设 ADCx 的寄存器
void ADC_DeInit(ADC_TypeDef* ADCx);
//将外设 ADCx 的全部寄存器重设为默认值
void ADC_Cmd(ADC_TypeDef* ADCx, FunctionalState NewState);  //使能或者失能指定的 ADC
void ADC_ITConfig(ADC_TypeDef* ADCx, uint16_t ADC_IT, FunctionalState NewState);
//使能或者失能指定的 ADC 的中断
void ADC_SoftwareStartConvCmd(ADC_TypeDef* ADCx, FunctionalState NewState);
//使能或者失能指定的 ADC 的软件转换启动功能
```

```
void ADC_RegularChannelConfig（ADC_TypeDef* ADCx, uint8_t ADC_Channel, uint8_t Rank, uint8_t
ADC_SampleTime）;
//设置指定 ADC 的规则组通道，设置它们的转换顺序和采样时间
uint16_t ADC_GetConversionValue（ADC_TypeDef* ADCx）;
//返回最近一次 ADCx 规则组的转换结果
FlagStatus ADC_GetFlagStatus（ADC_TypeDef* ADCx, u8 ADC_FLAG）
//检查指定 ADC 标志位置 1 与否
void ADC_ResetCalibration（ADC_TypeDef* ADCx）;
//重置指定的 ADC 的校准寄存器
FlagStatus ADC_GetResetCalibrationStatus（ADC_TypeDef* ADCx）;
//获取 ADC 重置校准寄存器的状态
void ADC_StartCalibration（ADC_TypeDef* ADCx）;          //开始指定 ADC 的校准程序
FlagStatus ADC_GetCalibrationStatus（ADC_TypeDef* ADCx）;   //获取指定 ADC 的校准状态
```

　　下面先给出一个单次转换的简单例子，帮助读者掌握标准固件库的使用方法。随后再给出一个 ADC1 通过 DMA 进行连续数据采集的编程的实例作为参考。

　　1. 配置代码

```
// ADC1 相关的 GPIO 端口设置，开启 GPIO 时钟，初始化 GPIO，设置 GPIO 端口为模拟输入
GPIO_InitTypeDef   GPIO_InitStructure;
RCC_APB2PeriphClockCmd（RCC_APB2Periph_GPIOA,ENABLE）;
//使能与 ADC1 有关 GPIO 的时钟
GPIO_InitStructure.GPIO_Pin =   GPIO_Pin_0;            // ADC1-通道 0
GPIO_InitStructure.GPIO_Mode = GPIO_Mode_AIN;          //模拟输入模式
GPIO_Init（GPIOA, &GPIO_InitStructure）;
ADC_InitTypeDef ADC_InitStructure;
RCC_APB2PeriphClockCmd（RCC_APB2Periph_ADC1, ENABLE）;    //使能 ADC1 通道时钟
RCC_ADCCLKConfig（RCC_PCLK2_Div6）;    //ADCCLK 分频因子 6 时钟为 72MHz/6=12MHz
ADC_DeInit（ADC1）;          //复位 ADC1，将外设 ADC1 的全部寄存器重设为默认值
//初始化 ADC 参数，设置 ADC 的工作模式以及规则序列的相关信息
ADC_InitStructure.ADC_Mode = ADC_Mode_Independent;   //ADC 工作模式：独立模式
ADC_InitStructure.ADC_ScanConvMode = DISABLE;          //模数转换工作在单通道模式
ADC_InitStructure.ADC_ContinuousConvMode = DISABLE; //模数转换工作在单次转换模式
ADC_InitStructure.ADC_ExternalTrigConv = ADC_ExternalTrigConv_None;
//转换由软件而不是外部触发启动
ADC_InitStructure.ADC_DataAlign = ADC_DataAlign_Right; //ADC 数据右对齐
ADC_InitStructure.ADC_NbrOfChannel = 1;                //顺序进行规则转换的 ADC 通道的数目
ADC_Init（ADC1, &ADC_InitStructure）;
//根据 ADC_InitStructure 中指定的参数初始化外设 ADC1 的寄存器
ADC_Cmd（ADC1, ENABLE）;                              //使能指定的 ADC1
```

　　读者在阅读和理解上述代码的时候，应对照 5.8.2 节中 STM32 的 ADC 基本概念和工作模式介绍，真正理解各个配置参数的含义。要使用 ADC 之前，首先将对应管脚配置为模拟输入模式，还需要启动 GPIO 时钟和 ADC 时钟。随后是配置 ADC 的工作时钟 ADCCLK 的分频比为 6。ADC 的工作模式配置通过 ADC 初始化结构体 ADC_InitStructure 完成：

ADC_Mode 字段设置为 ADC_Mode_ Independent，指定了 ADC1 工作在独立的工作模式；
ADC_ScanConvMode 字段设置为 DISABLE，指定了 ADC 是单通道工作，不对多个通道进
行扫描；ADC_ContinuousConvMode 字段设置为 DISABLE，指定了 ADC 是单次转换模式
工作，进行连续采样；ADC_ExternalTrigConv 字段设置为 ADC_ExternalTrigC onv_None，
指定了 ADC 的转换动作由软件触发，而非外部硬件信号触发，进行连续采样；
ADC_DataAlign 字段设置为 ADC_ExternalTrigConv_None，指定了 ADC 的转换动作由软件
触发，而非外部硬件信号触发；ADC_DataAlign_Right 字段设置为 ADC_DataAlign_Right，
指定了 ADC 的转换结果采用右对齐的方式存放在 ADC_DR 中；ADC_NbrOfChannel 字段
设置为 1，指定了规则通道组中只有一个通道进行转换，采用了单次转换模式。

2. 操作 ADC 进行转换并读取转换结果数据的代码

```
ADC_ResetCalibration(ADC1);                    //重置指定的 ADC1 的校准寄存器
while(ADC_GetResetCalibrationStatus(ADC1));
//获取 ADC1 重置校准寄存器的状态，等待重置校准寄存器完成
ADC_StartCalibration(ADC1);                    //开始校准
while(ADC_GetCalibrationStatus(ADC1));    //获取指定 ADC1 的校准状态，等待校准完成
////////以下正常使用 ADC 的代码////////////////
ADC_RegularChannelConfig(ADC1, ADC_Channel_0, 1, ADC_SampleTime_239Cycles5 );
//配置规则通道参数
ADC_SoftwareStartConvCmd(ADC1, ENABLE);              //使能指定的 ADC1 的软件转换启动功能
while(!ADC_GetFlagStatus(ADC1, ADC_FLAG_EOC ));      //等待转换结束
ADC_GetConversionValue(ADC1);                        //获取 ADC1 转换结果
```

上述代码首先对 ADC 进行了校准，并使用查询法等待校准的完成。如前所述，STM32
的 ADC 可以分别配置每个输入通道的采样时间，以适应不同的外部电路输入阻抗，这里将
采样时间配置为最长的 239.5 个 ADCCLK 时钟周期。由于前面的配置使用了软件触发的方
式使用 ADC，这里调用软件触发启动函数 ADC_SoftwareStartConvCmd()开始指定通道的
A/D 转换。随后采用查询法等待转换结束事件标志 EOC，最后用函数 ADC_GetConversion
Value()读取该通道的转换结果。

上述方法是最简单直观的 ADC 控制程序，显然程序的实时性和对 CPU 的占用率都不
理想，接下来给出一个使用 DMA 直接读取转换结果的实例。

3. ADC 和 DMA 配合进行数据转存的实例

对于采样率高于 10KSPS 的嵌入式系统，为降低采样间隔定时误差造成的信噪比降低，
应该采用连续模式或连续扫描模式实现 A/D 转换。连续模式和连续扫描模式下，由于一次
转换完成后立即开始下一次转换，两次转换之间的间隔是由图 5.8.5 所示的完整 A/D 转换过
程时间(采样时间+A/D 转换时间)决定的，当采样时间和 A/D 转换时间所需的 ADCCLK 时
钟周期确定后，采样间隔就确定了。这两种模式既无须占用额外的定时器，又能够降低程序
进入定时中断时间不确定造成的定时抖动。但连续模式和连续扫描模式带来的问题是，高
速采样产生的 A/D 转换结果必须及时读取，否则很容易造成数据覆盖现象。STM32 一般采

用 DMA 方法，在无须软件干预的情况下及时读取和转存 A/D 转换产生的结果。下面的代码片段是使用连续扫描模式对多个通道进行采样和 DMA 转存数据的硬件初始化代码。

```
ADC_InitTypeDef ADC_InitStructure;    //定义 ADC 结构体
DMA_InitTypeDef DMA_InitStructure;    //定义 DMA 结构体
GPIO_InitTypeDef GPIO_InitStructure;
RCC_AHBPeriphClockCmd（RCC_AHBPeriph_DMA1, ENABLE）; //使能 DMA1 时钟
RCC_APB2PeriphClockCmd（RCC_APB2Periph_ADC1| RCC_APB2Periph_GPIOA, ENABLE）;
//使能 ADC1 及 GPIOA 时钟
//PA2, 3, 4, 5 配置为模拟输入
GPIO_InitStructure.GPIO_Pin= GPIO_Pin_2|GPIO_Pin_3|GPIO_Pin_4|GPIO_Pin_5;
GPIO_InitStructure.GPIO_Mode = GPIO_Mode_AIN;//模拟输入
GPIO_Init（GPIOA, &GPIO_InitStructure）;
RCC_ADCCLKConfig（RCC_PCLK2_Div6）;
//设置 ADC 分频因子 6,56MHz/4=14Hz, ADC 最大时间不能超过 14MHz
////////////以下为 DMA1 的通道 1 配置//////////////
DMA_DeInit（DMA1_Channel1）;
DMA_InitStructure.DMA_PeripheralBaseAddr = ADC1_DR_Address;          //传输的源头地址
DMA_InitStructure.DMA_MemoryBaseAddr =（uint32_t）&ADCConvertedValue;//目标地址
DMA_InitStructure.DMA_DIR = DMA_DIR_PeripheralSRC;          //外设作为源头
DMA_InitStructure.DMA_BufferSize = 40;//数据长度为 40
DMA_InitStructure.DMA_PeripheralInc = DMA_PeripheralInc_Disable;    //外设地址寄存器不递增
DMA_InitStructure.DMA_MemoryInc = DMA_MemoryInc_Enable;          //内存地址递增
DMA_InitStructure.DMA_PeripheralDataSize = DMA_PeripheralDataSize_HalfWord;
//外设传输以字节为单位
DMA_InitStructure.DMA_MemoryDataSize = DMA_MemoryDataSize_HalfWord;
//内存以字节为单位
DMA_InitStructure.DMA_Mode = DMA_Mode_Circular;        //循环模式
DMA_InitStructure.DMA_Priority = DMA_Priority_High;        //4 优先级之一的（高优先）
DMA_InitStructure.DMA_M2M = DMA_M2M_Disable;        //非内存到内存
DMA_Init（DMA1_Channel1, &DMA_InitStructure）;        //根据以上参数初始化 DMA_InitStructure
DMA_ITConfig（DMA1_Channel1, DMA_IT_TC, ENABLE）; //DMA 在一次传输完成后产生中断
DMA_Cmd（DMA1_Channel1, ENABLE）;        //使能 DMA1
//////////以下为 ADC1 的配置//////////////
ADC_InitStructure.ADC_Mode = ADC_Mode_Independent;        //ADC1 工作在独立模式
ADC_InitStructure.ADC_ScanConvMode = ENABLE;        //模数转换工作在扫描模式（多通道）
ADC_InitStructure.ADC_ContinuousConvMode = ENABLE;        //模数转换工作在连续模式
ADC_InitStructure.ADC_ExternalTrigConv = ADC_ExternalTrigConv_None;
//转换由软件而不是外部触发启动
ADC_InitStructure.ADC_DataAlign = ADC_DataAlign_Right;//ADC 数据右对齐
ADC_InitStructure.ADC_NbrOfChannel = 4;        //转换的 ADC 通道的数目为 4
ADC_Init（ADC1, &ADC_InitStructure）;        //把以下参数初始化 ADC_InitStructure
//设置 ADC1 的 4 个规则组通道, 设置它们的转换顺序和采样时间
ADC_RegularChannelConfig（ADC1, ADC_Channel_2, 1, ADC_SampleTime_7Cycles5）;
//ADC1 通道 2 转换顺序为 1, 采样时间为 7.5 个周期
```

```
ADC_RegularChannelConfig(ADC1, ADC_Channel_3, 2, ADC_SampleTime_55Cycles5);
//ADC1 通道 3 转换顺序为 2, 采样时间为 55.5 个周期
ADC_RegularChannelConfig(ADC1, ADC_Channel_4, 3, ADC_SampleTime_55Cycles5);
//ADC1 通道 4
ADC_RegularChannelConfig(ADC1, ADC_Channel_5, 4, ADC_SampleTime_55Cycles5);
//ADC1 通道 5
//使能 ADC1 的 DMA 传输方式
ADC_DMACmd(ADC1, ENABLE);
//使能 ADC1
ADC_Cmd(ADC1, ENABLE);
//重置 ADC1 的校准寄存器
ADC_ResetCalibration(ADC1);
//获取 ADC 重置校准寄存器的状态
while(ADC_GetResetCalibrationStatus(ADC1));
ADC_StartCalibration(ADC1);                      //开始校准 ADC1
while(ADC_GetCalibrationStatus(ADC1));           //等待校准完成
ADC_SoftwareStartConvCmd(ADC1, ENABLE);          //使能 ADC1 软件转换
```

上面的配置代码中, 提醒读者注意以下细节。

(1) DMA1 通道 1 是 STM32 指定 ADC1 使用的 DMA 通道, 不能随意换成其他 DMA 通道。

(2) DMA_PeripheralBaseAddr 字段的值 ADC1_DR_Address 是 STM32 的 ADC1 的数据寄存器地址。其值会被每次转换结果刷新, 但地址不变。所以随后的 DMA_PeripheralInc 字段指定了外设地址不递增 DMA_PeripheralInc_Disable。

(3) DMA_MemoryBaseAddr 字段是目标地址, 是程序自定义的 STM32 片上 SRAM 地址, 用于存储 DMA 传输过来的转换结果, 程序中的代码 (uint32_t)&ADCConvertedValue 获取全局变量数组 ADCConvertedValue 的首地址作为 DMA 传输目标。DMA_BufferSize 字段指定了 DMA 数据缓冲区的长度为 40。DMA_PeripheralDataSize 字段指定了每次 DMA 传输的数据是一个半字(16 位)。DMA_Mode 字段指定了 DMA 会在一次传输完成后返回从头开始重新传输。

(4) 代码还调用了中断使能函数 DMA_ITConfig(DMA1_Channel1, DMA_IT _TC, ENABLE), 该函数会配置 DMA 在一次传输完成后产生中断。由于随后将 ADC1 配置为连续扫描模式, 该 DMA 中断会发生在将长度为 40 的数据缓冲区放满后, 即指定的 4 个模拟规则通道组完成 10 轮采样之后。

(5) ADC1 配置代码将其配置为独立工作、连续扫描工作模式。触发方式选择了软件触发, 注意这里的 "软件触发" 是指由软件来触发规则通道组的所有转换, 而非每次转换都由软件来触发。

(6) 代码多次调用了函数 ADC_RegularChannelConfig() 来分别实现对规则通道组中每个转换通道的初始化, 包括各自的采样时间和通道号的初始化。这里提醒读者根据不同的通道输入模拟信号的输出阻抗, 决定每个通道的采样时间。

(7) 上述代码配置的 ADC1 对模拟通道 2、3、4、5 执行一轮转换的总时间: (7.5 + 12.5)

+ (55.5 + 12.5) + (55.5 + 12.5) + (55.5 + 12.5) = 224 个 ADCCLK 时钟周期。查看 A/D 转换时钟的配置代码可知，ADCCLK 为 14MHz，因此上述代码对四个模拟通道的采样率都是 14MHz/224=62.5KSPS（采样千次每秒）。

4. 定时器触发 ADC 规则组扫描的实例

上面提供的都是对单个通道进行转换的实例代码，嵌入式系统中还经常存在对多个模拟通道进行定时转换扫描的应用需求。如本书第 6 章提供了一个多导联心电信号采集和处理的综合实例，在这个系统中需要对 3 个双极性肢导联的心电信号进行定时采样。最合理的方法是将 STM32 上的 ADC 配置为图 5.8.9 所示的单次扫描模式，然后在定时器中断中软件触发单次扫描。每个通道转换完成后 DMA 都会把数据转到 DMA 目的内存区中，并在扫描一轮后触发 DMA 中断，软件这时再从 DMA 内存中读走数据进行处理和转存。

为了避免重复，定时触发 ADC 规则组扫描的实例，也将在本书第六章 6.2.2 小节相关章节中提供，请读者自主学习。

5.8.4　STM32 上的 D/A 转换器及其使用方式

D/A 转换器一般用于将系统运算的数字结果转换为可以在真实世界直接使用的、连续变化的模拟量。其原理比较简单，大部分读者已经在"数字电路"课程中学习过：若 n 位二进制数可表示为 $D=d_{n-1}d_{n-2}\cdots d_1 d_0$，其中最高有效位（MSB）到最低有效位（LSB）的权依次为 $2^{n-1}, 2^{n-2}, \cdots, 2^1, 2^0$，将二进制数的每一位按权的大小转换为相应的模拟量，然后将代表各位的模拟量相加，就得到与该数字量成正比的模拟量。中低速 D/A 转换器一般会采用 R-2R 倒置 T 型网络，利用电流叠加原理实现不同权重数值的叠加。

1. STM32 上的 D/A 转换器

下面分别介绍 STM32 上的 D/A 转换器（以下简称 DAC）的特点及其使用方法。

存储器容量在 128KB Flash 以上，且管脚数目在 100 及以上的高密度 STM32F1 系列嵌入式处理器集成了两个 DAC。这是两个完全独立的 12 位 DAC，分别作为 PA4 和 PA5 的复用功能存在，它们可以各自独立地或同步地进行转换。其具备以下功能。

(1)每个 DAC 都具有自己独立的 DMA 通道（DMA2 的通道 3 和通道 4），能够在不需要软件过多干预的条件下，产生预设的周期性信号。DMA 输出同时具有提高 DAC 输出定时的精度、降低采样间隔抖动的作用。

(2)习惯上一般使用 STM32 上的两个基本定时器 TIM6 和 TIM7 作为 DMA 控制 DAC 刷新的定时器，但也完全可以使用其他定时器实现定时刷新功能。

(3)参考电压来自 V_{REF+} 管脚，可在 2.4V~V_{DDA} 范围内调节。

(4)具备噪声波形和三角波形生成功能，可在无须软件干预的条件下产生上述两种常用功能。

(5)具备同步更新输出的能力，以应对严格输出同步的系统需求。

(6)可由软件触发转换，也可由外部信号/事件触发转换。

(7)挂接在低速外设总线 APB1 上，最高工作时钟频率为 36MHz。根据实测结果，STM32 片上 DAC 的输出建立时间应该在 1μs 数量级，不建议读者使用太高的刷新频率。

(8) DAC 输入数值 C 和输出电压 V_{out} 之间的对应关系为

$$V_{out} = \frac{C}{2^{12}} \times V_{REF} \tag{5.8.5}$$

意法半导体官方提供的标准外设库中拥有非常丰富的 DAC 操作函数, 现将最常用的函数罗列于此。

```
void DAC_DeInit(void);        //DAC 外围寄存器默认复位值
void DAC_Init(uint32_tDAC_Channel, DAC_InitTypeDef* DAC_InitStruct);
//根据初始化结构体初始化 DAC
void DAC_StructInit(DAC_InitTypeDef* DAC_InitStruct);      //用默认值初始化 DAC 初始化结构体
void DAC_Cmd(uint32_t DAC_Channel, FunctionalState NewState);  //使能或禁能 DAC
void DAC_ITConfig(uint32_t DAC_Channel, uint32_t DAC_IT, FunctionalState NewState);
//配置 DAC 中断
void DAC_DMACmd(uint32_tDAC_Channel,FunctionalState NewState);
//使能或者禁能 DAC 的 DMA 请求
void DAC_SoftwareTriggerCmd(uint32_t DAC_Channel, FunctionalState NewState);
//使能或禁能 DAC 软件触发
void DAC_SetChannel1Data(uint32_t DAC_Align, uint16_t Data);      //向 DAC1 输出数据
void DAC_SetChannel2Data(uint32_t DAC_Align, uint16_t Data);      //向 DAC2 输出数据
uint16_t DAC_GetDataOutputValue(uint32_t DAC_Channel);      //获取最后一次输出的 DAC 数据
FlagStatus DAC_GetFlagStatus(uint32_t DAC_Channel,uint32_t DAC_FLAG);
//获取 DAC 状态标志
Void DAC_ClearFlag(uint32_t DAC_Channel, uint32_t DAC_FLAG);      //清除 DAC 状态标志
ITStatus DAC_GetITStatus(uint32_t DAC_Channel,uint32_t DAC_IT);      //获取 DAC 中断标志
void DAC_ClearITPendingBit(uint32_t DAC_Channel,uint32_t DAC_IT);   //清除 DAC 中断标志
```

2. DAC 单点电压输出实例

```
DAC_InitTypeDef   DAC_InitStructure;        //库函数定义 DAC 结构体
GPIO_InitTypeDef GPIO_InitStructure;        //GPIO 结构体
RCC_APB1PeriphClockCmd(RCC_APB1Periph_DAC, ENABLE);        //DAC 时钟使能
RCC_APB2PeriphClockCmd(RCC_APB2Periph_GPIOA, ENABLE);      //使能 GPIOA 时钟
//将 PA4 和 PA5 配置为 DAC 的模拟复用功能
GPIO_InitStructure.GPIO_Pin = GPIO_Pin_4|GPIO_Pin_5;
GPIO_InitStructure.GPIO_Mode = GPIO_Mode_AIN;              //模拟输入
GPIO_Init(GPIOA, &GPIO_InitStructure);
/////////以下分别配置两个 DAC 通道/////////////
DAC_InitStructure.DAC_Trigger = DAC_Trigger_Software;        //配置为软件触发
DAC_InitStructure.DAC_WaveGeneration =DAC_WaveGeneration_None; //无波形产生
DAC_InitStructure.DAC_OutputBuffer = DAC_OutputBuffer_Enable;   //DAC 输出缓存使能
DAC_Init(DAC_Channel_1, &DAC_InitStructure);      //根据以上参数初始化 DAC 结构体
DAC_Cmd(DAC_Channel_1, ENABLE);
DAC_Cmd(DAC_Channel_2, ENABLE);
```

注意，虽然 DAC 具有模拟输出功能，但 STM32 要求将对应的 PA4 和 PA5 管脚配置为模拟输入功能 GPIO_Mode_AIN。DAC 的工作模式配置通过 DAC 初始化结构体 DAC_InitStructure 完成：DAC_Trigger 字段设置为 DAC_Trigger_Software，指定了 DAC 工作在软件触发方式；DAC_WaveGe neration 字段设置为 DAC_WaveGeneration_None，指定了 DAC 不会自动产生预知的三角波或噪声功能；DAC_OutputBuffer 字段设置为 DAC_OutputBuffer_Enable，使能了 DAC 输出缓冲功能。上述代码使能 DAC 以后就可以通过下面的代码，在需要的时候刷新输出的电压。

```
DAC_SetChannel1Data(DAC_Align_12b_R, (uint16_t) (1.0/3.3*4096));
//设置通道 1 的 DAC 数据为右对齐, DAC1 转换值设为 1.0V
DAC_SoftwareTriggerCmd(DAC_Channel_1, ENABLE);        //软件触发使能 DAC 通道 1, 开始转换
DAC_SetChannel2Data(DAC_Align_12b_R, (uint16_t) (2.0/3.3*4096));
//设置通道 2 的 DAC 数据为右对齐, DAC2 转换值设为 2.0V
DAC_SoftwareTriggerCmd(DAC_Channel_2, ENABLE);        //软件触发使能 DAC 通道 2, 开始转换
```

3. DMA 控制 DAC 连续输出电压波形实例

(1)配置 DAC 对应的 DMA 通道。

```
DMA_InitTypeDef DMA_InitStructure;                              //定义 DMA 结构体
RCC_AHBPeriphClockCmd(RCC_AHBPeriph_DMA2,ENABLE);  //使能 DMA2 时钟
////////以下为 DAC1 对应的 DMA2 通道 3 配置////////////
DMA_DeInit(DMA2_Channel3); //根据默认设置初始化 DMA2
DMA_InitStructure.DMA_PeripheralBaseAddr = DAC_DHR12R1_Address;     //外设地址
DMA_InitStructure.DMA_MemoryBaseAddr = (u32)&Escalator16bit;           //内存地址
DMA_InitStructure.DMA_DIR = DMA_DIR_PeripheralDST;   //外设 DAC 作为数据传输的目的地
DMA_InitStructure.DMA_BufferSize =40;                            //数据长度
DMA_InitStructure.DMA_PeripheralInc = DMA_PeripheralInc_Disable;     //外设地址寄存器不递增
DMA_InitStructure.DMA_MemoryInc = DMA_MemoryInc_Enable;           //内存地址递增
DMA_InitStructure.DMA_PeripheralDataSize = DMA_PeripheralDataSize_HalfWord;
//外设传输以半字为单位
DMA_InitStructure.DMA_MemoryDataSize = DMA_MemoryDataSize_HalfWord;
//内存以半字为单位
DMA_InitStructure.DMA_Mode = DMA_Mode_Circular;            //循环模式
DMA_InitStructure.DMA_Priority = DMA_Priority_High;         //4 优先级之一的(高优先级)
DMA_InitStructure.DMA_M2M = DMA_M2M_Disable;              //非内存到内存
DMA_Init(DMA2_Channel3, &DMA_InitStructure);
//根据以上参数初始化 DMA_InitStructure 使能 DMA2 的通道 3
DMA_Cmd(DMA2_Channel3, ENABLE);
```

其中长度为 40 的内存数组 Escalator16bit[40]中存放的是波形数据，当 DMA 向 DAC 循环输出该数组的数据时，将得到周期性的模拟信号。用语句(u32)&Escala tor16bit 获取该数组的首地址，并赋值给 DMA 通道的内存地址参数 DMA_Memory BaseAddr。

(2)配置 DAC 的 DMA 传输所需的定时器和 DAC。

```
DAC_InitTypeDef   DAC_InitStructure;              //库函数定义 DAC 结构体
GPIO_InitTypeDef GPIO_InitStructure;              //GPIO 结构体
RCC_APB1PeriphClockCmd(RCC_APB1Periph_DAC, ENABLE);      //DAC 时钟使能
RCC_APB2PeriphClockCmd(RCC_APB2Periph_GPIOA, ENABLE);    //使能 GPIOA 时钟
RCC_APB1PeriphClockCmd(RCC_APB1Periph_TIM2, ENABLE);     //使能定时器时钟
//将 GPIO 配置为 DAC 的模拟复用功能
GPIO_InitStructure.GPIO_Pin = GPIO_Pin_4;
GPIO_InitStructure.GPIO_Mode = GPIO_Mode_AIN;           //模拟输入
GPIO_Init(GPIOA, &GPIO_InitStructure);
/////////以下配置 TIM6/////////////
TIM_PrescalerConfig(TIM6, 4-1, TIM_PSCReloadMode_Update);   //设置 TIM6 预分频值
TIM_SetAutoreload(TIM6, 18-1);                            //设置定时器计数器值
//TIM6 溢出更新触发 DAC 转换
TIM_SelectOutputTrigger(TIM6, TIM_TRGOSource_Update);
/////////以下为 DAC 通道 1 配置///////////////////
DAC_InitStructure.DAC_Trigger = DAC_Trigger_T6_TRGO;       //定时器 6 触发
DAC_InitStructure.DAC_WaveGeneration = DAC_WaveGeneration_None;  //无波形产生
DAC_InitStructure.DAC_OutputBuffer = DAC_OutputBuffer_Disable;   //不使能输出缓存
DAC_Init(DAC_Channel_1, &DAC_InitStructure); //根据以上参数初始化 DAC 结构体
DAC_Cmd(DAC_Channel_1, ENABLE);                          //使能 DAC 通道 1
DAC_DMACmd(DAC_Channel_1, ENABLE);                      //使能 DAC 通道 1 的 DMA
TIM_Cmd(TIM6, ENABLE);                                   //使能定时器 6
```

在用 DMA 控制输出数据时，不能够像 DMA 控制内存之间的数据传输那样，用尽可能快的速度，连续不断地刷新 DAC 的输出。为获得频率稳定的输出波形，两个输出点之间必须有固定的采样间隔。上面的代码采用 TIM6 来实现两个采样点之间的输出定时。也正因如此，单次 DMA 数据传输要由 TIM6 的溢出时间来触发。代码中将 DAC 的初始化结构体中的 DAC_Trigger 字段设置为 DAC_Trigger_T6_TRGO，以实现 TIM6 触发 DMA 的功能。另外，由于没有使能 DMA 中断，实际上一旦启动 DMA2 和 TIM6，DAC 将在无须软件干预的情况下，不断地输出内存数组 Escalator16bit[40]中存储的波形。

5.9　CAN 总线接口

CAN 是一种异步半双工串行通信协议，因其优越的组网方式、实时安全的数据传输能力、强大的纠错能力等优点，被广泛应用到工业控制、汽车总线等领域。CAN 为多主机通信总线，网络中任一节点均可在需要时主动向网络上其他节点发送信息。CAN 总线采用非破坏总线仲裁技术，当多个节点同时向总线发送信息产生冲突时，优先级较低的节点会主动退出发送，而优先级高的节点则不受影响，继续传输数据，节约总线冲突仲裁的时间。因此即使在网络负载很重的情况下，网络也不会瘫痪。

目前流行的 CAN 技术标准是 Bosch 公司在 1991 年制定并发布的 CAN 技术规范(V2.0)，该规范包含了 CAN 2.0A 和 CAN 2.0B 两个部分。其中 CAN 2.0B 给出了标准报文格式和扩展报文格式，为目前大部分 CAN 控制器所遵循，而 CAN 2.0B 规范则完全兼容 CAN 2.0A。

本节将重点介绍 CAN 2.0B 规范。

STM32 的 bxCAN 是基本扩展 CAN(Basic Extended CAN)的缩写，它支持 CAN 2.0A 和 2.0B 协议。bxCAN 一方面能够以最小的 CPU 负荷来高效处理收到的大量数据报文，另一方面支持软件配置报文的发送优先级。

5.9.1　CAN 通信模型及网络结构

1. CAN 通信模型

为了同时满足兼容性和设计的透明性，根据 ISO/OSI 参考模型，CAN 在规范中划分了物理层和数据链路层。

(1) 物理层：物理层定义了实际信号的传输方法，包括位的编码和解码、位的定时和同步等内容。CAN 规范支持不同的物理层，但同一网络的所有节点必须采用相同的物理层。

(2) 数据链路层：控制帧的结构、执行仲裁、错误检测、错误标定、故障界定、位定时、总线数据收发等。

CAN 2.0B 规范定义了两种互补的逻辑数值：显性和隐性。同时传送显性和隐性位时，总线呈现显性状态；同时传送显性状态位时，总线呈现显性状态；同时传送隐性状态位时，总线呈现隐性状态。显性数值表示逻辑 0，隐性数值表示逻辑 1。典型地，CAN 总线为隐性(逻辑 1)时，CAN_H 和 CAN_L 的电平都为 2.5V(电势差为 0V)；CAN 总线为显性(逻辑 0)时，CAN_H 和 CAN_L 电平分别为 3.5V 和 1.5V(电势差为 2.0V)。

2. CAN 网络结构

CAN 的网络拓扑一般遵循总线结构，如图 5.9.1 所示。其中 CAN 控制器通过 CAN 收发器接入网络后构成网络中的一个节点。虽然 CAN 总线支持不同的物理层，但一般而言 CAN 电缆采用由两根导线(标志为 CAN_H 和 CAN_L)构成的双绞线，为了防止总线信号"反射"，整个 CAN 网络远端需接入 120Ω 的终端匹配电阻。

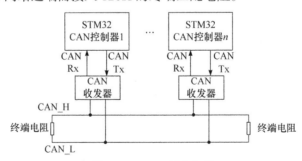

图 5.9.1　CAN 网络拓扑

5.9.2　CAN 数据帧结构

CAN 2.0B 中规定 CAN 报文传输有以下 4 个不同类型的帧。

(1) 数据帧(Data Frame)：最常用的一种帧，数据帧将数据从发送节点传输到接收节点。

(2) 远程帧(Remote Frame)：总线单元发出远程帧，请求发送具有统一标识符的数据帧。

(3) 错误帧(Error Frame)：任何单元检测到总线错误，就发出错误帧。

(4) 过载帧(Overload Frame)：过载帧在相邻数据帧或远程帧之间提供附加的延迟。

下面介绍最常用的数据帧的结构，其他三种请参阅 CAN 2.0B 相关协议文档。数据帧的结构如图 5.9.2 所示 。

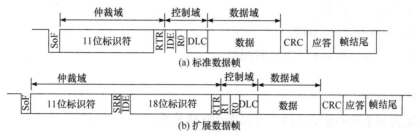

图 5.9.2　数据帧的结构

(1) SoF 是数据帧的起始位，只有一个显性位。

(2) 仲裁域：在标准帧格式中，仲裁域是由 11 位标识符 (ID) 和 RTR 组成的。

(3) 在扩展帧中，仲裁域有 29 位标识符 (ID)、SRR 位、IDE 位、RTR 位。其中 R1、R0 是为了兼容之前版本的 CAN 规范，作为填充保留位使用的。

RTR 位：远程发送请求位，在数据帧中必须是显性，在远程帧中是隐性。

IDE 位：标准帧的 IDE 位为显性，扩展帧的 IDE 位为隐性。

(4) 控制域：经常用到的是 DLC，DLC 由 4 位构成，其数值表示数据域中数据的字节数；范围只能是 0~8，其他数据不能使用。

(5) 数据域：可以为 0~8 字节，每字节包含 8 位，先发送 MSB。

(6) CRC 域：对帧起始、仲裁域、控制域、数据域进行循环冗余码计算。

(7) 应答域：由 1 位应答间隙和 1 位应答界定符组成。在应答域中，发送器发送两个隐性位。当接收器接收正确报文时，接收器会在应答间隙向发送器发送 1 个显性位。

(8) 帧结尾：帧结束标志，由 7 个隐性位组成。

5.9.3　STM32 上的 bxCAN 及其控制方法

1. STM32 bxCAN 的主要特点

(1) 支持 CAN 2.0A 和 CAN 2.0B 主动模式。

(2) 支持波特率最高可达 1Mbit/s。

(3) 支持时间触发通信功能。

发送：

(1) 有 3 个发送邮箱。

(2) 发送报文的优先级可以被软件配置。

(3) 使用记录 SoF 时刻的时间戳。

接收：

(1) 有 3 级深度的两个接收 FIFO。

(2) 可变的过滤器组；其中在互联型产品中，CAN1 和 CAN2 共享 28 个过滤器组，其他 STM32F103xx 系列产品中有 14 个过滤器组。

(3) FIFO 溢出处理方式可被配置。

(4)使用记录 SoF 时刻的时间戳。

(5)采用时间触发通信模式。

(6)禁止自动重传模式。

(7)有 16 位自由运行定时器。

(8)可在最后 2 个数据字节发送时间戳。

管理：

(1)中断可屏蔽。

(2)邮箱占用单独的地址空间，可以提高软件效率。

双 CAN：

(1)CAN1：是主 bxCAN，负责管理 bxCAN 和 512B 的 SRAM 之间的通信。

(2)CAN2：是从 bxCAN，不能直接访问 SRAM。

2. bxCAN 的工作模式

bxCAN 有三个主要的工作模式：初始化、正常和睡眠模式。硬件复位后，bxCAN 工作在睡眠模式以节省电能，同时 CAN Tx 管脚的内部上拉电阻被激活。软件通过对 CAN_MCR 寄存器的 INRQ 位或 SLEEP 位置 "1"，请求 bxCAN 进入初始化或睡眠模式。一旦进入了初始化或睡眠模式，bxCAN 就对 CAN_MSR 寄存器的 INAK 位或 SLAK 位置 "1" 来进行确认，同时内部上拉电阻被禁用。当 INAK 位和 SLAK 位都为 "0" 时，bxCAN 就处于正常模式。在进入正常模式前，bxCAN 必须与 CAN 总线取得同步；为取得同步，bxCAN 要等待 CAN 总线达到空闲状态，即在 CAN Rx 管脚上监测到 11 个连续的隐性位。工作模式状态图如图 5.9.3 所示。

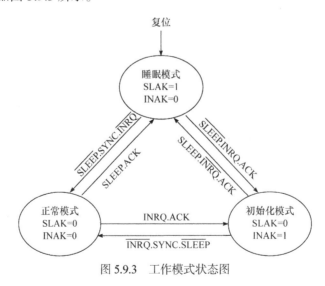

图 5.9.3　工作模式状态图

3. bxCAN 的初始化

1)管脚设置

CAN 初始化配置时，Rx 使用上拉输入，Tx 配置为推挽输出。这里需要注意的是，在对外设时钟进行设置的时候需要考虑 CAN 口的主从模式。STM32 芯片的两个 CAN 口中 CAN2 口是从 bxCAN，它不能直接访问存储器。如果在只需要使用 CAN2 的情况下进行管脚外设时钟设置，就需要将 CAN1 的时钟也使能。如果两个 CAN 口都会使用到，在进行 CAN2 设置的时候，使能 CAN2 的外设时钟就可以了。双 CAN 结构如图 5.9.4 所示。

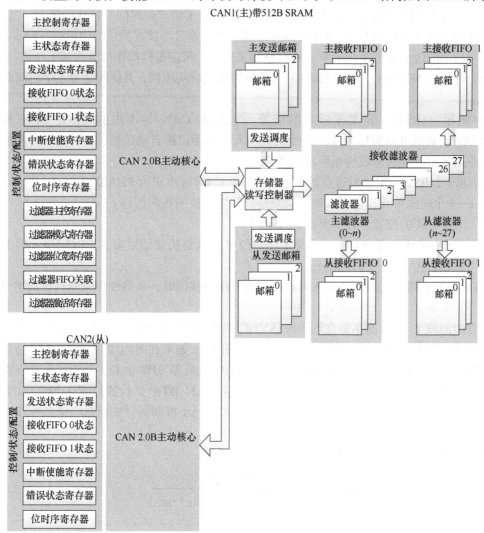

图 5.9.4　双 CAN 结构图

CAN2 的开始滤波器编号 n 是通过写入 CAN FMR 寄存器的 CAN2SB[5:0]配置的。

2）工作方式的配置

CAN 口主要有以下几种工作方式，它们的特点如下。

（1）正常模式（CAN_Mode_Normal）：正常地接收和发送报文。

（2）环回模式（CAN_Mode_LoopBack）：如果可以成功通过接收过滤，将 CAN 口发送的报文当作接收的报文并保存在接收邮箱里。环回模式可以避免外部影响，一般用于测试。

（3）静默模式（CAN_Mode_Silent）：可以正常地接收数据帧和远程帧，智能发出隐性位，而不能真正地发出报文。所以，静默模式通常用于分析 CAN 总线活动，而不会对总线造成影响。

(4)环回静默模式(CAN_Mode_Silent_LoopBack)：该模式可用于"热自测试"，像环回模式那样测试 CAN 口，但却不会影响 CAN Tx 和 CAN Rx 所连接的整个 CAN 系统。在环回静默模式下，CAN Rx 管脚与 CAN 总线断开，同时 CAN Tx 管脚被驱动到隐性位状态。

3)波特率的设置

为了掌握设置 STM32 CAN 波特率的方法，首先需要了解"位时间"特性的概念。"位时间"特性逻辑通过采样来监视串行的 CAN 总线，并且通过与帧起始位的边沿进行同步，以及通过与后面的边沿进行重新同步，来调整其采样点。每位采样操作可分为如下 3 段。

(1)同步段(SYNC_SEG)：期望该位的变化发生在该时间段内，其值固定为 1 个时间单元($1 \times t_{CAN}$)。

(2)时间段 1(BS1)：定义采样点的位置。它包含 CAN 标准里的 PROP_SEG 和 PHASE_SEG1。其值可以编程为 1～16 个时间单元，也可以被自动延长，以补偿因为网络中不同节点的频率差异所造成的相位正向漂移。

(3)时间段 2(BS2)：定义发送点的位置。它代表 CAN 标准里的 PHASE_SEG2。其值可以编程为 1～8 个时间单元，也可以被自动缩短以补偿相位的负向漂移。

另外，对波特率的配置，还需要注意以下两点。

(1)重新同步跳跃宽度(SJW)：定义了在每位中可以延长或缩短多少个时间单元的上限，其值可以编程为 1～4 个时间单元。

(2)有效跳变：被定义为当 bxCAN 自己没有发送隐性位时，从显性位到隐性位的第 1 次转变。

如果在时间段 1(BS1)而不是在同步段(SYNC_SEG)检测到有效跳变，那么 BS1 的时间就被延长最多 SJW 时长，从而使采样点延迟了。相反，如果在时间段 2(BS2)而不是在 SYNC_SEG 检测到有效跳变，那么 BS2 的时间就被缩短最多 SJW 时长，从而使采样点提前了。为了避免软件的编程错误，位时间特性寄存器(CAN_BTR)的设置只能在 bxCAN 处于初始化状态下进行。注：关于 CAN 位时间特性和重同步机制的详细信息，请参考 ISO 11898 标准。

从图 5.9.5 中的几个公式，可以得出波特率计算公式：

$$CAN\ 波特率 = \frac{APB总线频率}{BRP分频器 \times (1 + t_{BS1} + t_{BS2})}$$

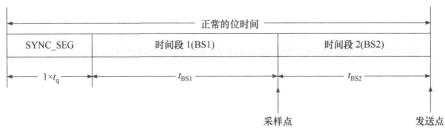

波特率 = $\frac{1}{正常的位时间}$，正常的位时间 = $1 \times t_q + t_{BS1} + t_{BS2}$

其中：$t_{BS1} = t_q \times (TS1[3:0] + 1)$ $t_{BS2} = t_q \times (TS2[2:0] + 1)$ $t_q = (BRP[9:0] + 1) \times t_{PCLK}$(这里$t_q$表示1个时间单元)，$t_{PCLK}$ =APB时钟的时间周期。BRP[9:0]、TS1[3:0]和TS2[2:0]在CAN_BTR寄存器中定义。

图 5.9.5　波特率计算

4）过滤器及其设置

总线是所有节点之间信息传输的公共通道，当某一节点发送通信报文时，CAN 总线上的所有节点都可以接收到该报文。为防止节点接收并解析所有报文造成的拥塞和性能浪费，必须让节点的总线控制器只接收本节点需要的报文。STM32 通过一定规则设置来实现对报文的过滤，实现这种过滤规则的硬件称为过滤器。

在互联型 STM32 中，bxCAN 控制器为应用程序提供了 28 个位宽可变的、可配置的过滤器组（27～0）；而在其他 STM32 中，bxCAN 控制器为应用程序提供了 14 个位宽可变的、可配置的过滤器组（13～0），以便只接收那些软件所需要的报文。每个过滤器组由两个 32 位寄存器 CAN_FxR0 和 CAN_FxR1 组成，过滤器可以工作在以下两个模式。

（1）列表模式：CAN_FxR0 和 CAN_FxR1 都被当作标识符寄存器使用，接收报文标识符的每一位都必须与过滤器标识符相同才能被 bxCAN 接收。

（2）掩码模式：标识符寄存器和屏蔽寄存器一起，指定报文标识符的任何一位，应该按照"必须匹配"或"不用关心"处理。

用户可通过设置 CAN_FM1R 寄存器中的 FBMx 位来设置过滤器工作在列表模式或掩码模式，如图 5.9.6 所示。

31	30	29	28	27	26	25	24	23	22	21	20	19	18	17	16
保留				FBM27	FBM26	FBM25	FBM24	FBM23	FBM22	FBM21	FBM20	FBM19	FBM18	FBM17	FBM16
				rw	rw	rw	rw	rw	rw	rw	rw	rw	rw	rw	rw
15	14	13	12	11	10	9	8	7	6	5	4	3	2	1	0
FBM15	FBM14	FBM13	FBM12	FBM11	FBM10	FBM9	FBM8	FBM7	FBM6	FBM5	FBM4	FBM3	FBM2	FBM1	FBM0
rw	rw	rw	rw	rw	rw	rw	rw	rw	rw	rw	rw	rw	rw	rw	rw

位 31：28 为保留位，必须保持为复位值。

位 27：0 为 FBMx，过滤器模式。过滤器组 x 的工作模式：

0：过滤器组 x 的两个 32 位寄存器工作在标识符屏蔽位模式；

1：过滤器组 x 的两个 32 位寄存器工作在标识符列表模式。

图 5.9.6 CAN 过滤器模式寄存器 CAN_FM1R 定义

在 bxCAN 中，每个过滤器都有两个寄存器 CAN_FxR1 和 CAN_FxR2，这两个寄存器都是 32 位，但是其宽度并不是固定的。通过寄存器 CAN_FM1R 设置的模式与寄存器 CAN_FS1R 设置的位宽，我们一共可以得出 4 种不同的组合：32 位宽的列表模式、16 位宽的列表模式、32 位宽的掩码模式、16 位宽的掩码模式。下面依次介绍这 4 种组合。图 5.9.7 所示为寄存器列表。

（1）列表模式-32 位宽：CAN_FxR1 和 CAN_FxR2 定义都是一样的，都用来存储某个期望通过的 CAN ID 的具体值，这样就可以存入两个期望通过的 CAN ID，可以是标准 CAN ID，也可以是扩展 CAN ID。

（2）掩码模式-32 位宽：CAN_FxR1 用作 32 位宽的验证码，CAN_FxR2 则用作 32 位宽的屏蔽码。

该模式下，CAN_FxR1 寄存器用来存放验证码；CAN_FxR2 寄存器用来存放屏蔽码。屏蔽码上相应位为 1 时，表示此位需要与验证码对应位进行比较，反之，则表示不需要。机器在执行任务的时候将先获取 CAN ID 与屏蔽码，并进行"与"操作，再将结果与验证码比较，根据结果是否相同来决定是否通过。

图 5.9.7 寄存器列表

以下是 16 位宽的模式, CAN_FxR1 和 CAN_FxR2 都要各自拆分成两个 16 位宽的寄存器来使用。

(1) 列表模式-16 位宽: CAN_FxR1 和 CAN_FxR2 定义一样, 且各自拆成两个, 则总共可以写入 4 个标准 CAN ID。

(2) 掩码模式-16 位宽: 可以当作两对验证码+屏蔽码组合来用, 但它只能对标准 CAN ID 进行过滤。

4. bxCAN 的发送管理

1) 发送邮箱

STM32 的 bxCAN 共有三个 CAN 发送邮箱, 都能在检测到总线空闲时发送, 但有可能因为仲裁或其他错误导致失败。如果失败, bxCAN 可以自动重发, 但也可以根据配置不自动重发。发送邮箱共有图 5.9.8 所示的四种状态: 空状态、挂号状态、预定发送状态和发送状态。

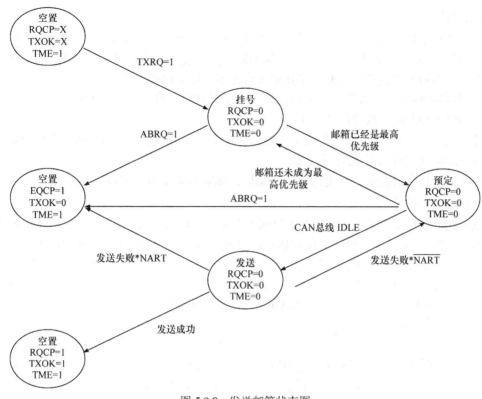

图 5.9.8　发送邮箱状态图

发送时，应用程序首先选择 1 个空发送邮箱，设置标识符、数据长度和待发送数据，然后对 CAN_TIxR 寄存器的 TXRQ 位"置 1"来请求发送。当 TXRQ 位"置 1"后邮箱不再为空，软件对邮箱寄存器就不再有写的权限，即 TXRQ 位"置 1"后，邮箱马上进入挂号状态，并等待成为具有最高优先级的邮箱。高优先级的邮箱，其状态就变为预定发送状态，若 CAN 总线进入空闲状态，预定发送邮箱中的报文就马上被发送。邮箱中的报文被成功发送后，它变为空邮箱，硬件相应地对 CAN_TSR 寄存器的 RQCP 和 TXOK 位"置 1"，来标志本次发送成功。发送失败时，如果是由仲裁引起的错误，就对 CAN_TSR 寄存器的 ALST 位"置 1"；如果是由发送引起的错误，就对 TERR 位"置 1"。

2) 发送优先级

发送邮箱中有可能同时存在多个需要发送的报文。一旦存在多个需要发送的报文，发送邮箱中的多个报文又将是谁先发送呢？有两种模式——ID 模式和 FIFO 模式决定发送优先顺序。ID 模式由报文的 ID 值决定，即 ID 值越小，优先级越高。FIFO 模式即消息队列方式，谁先到谁先发送。

(1) ID 模式：当有超过 1 个发送邮箱在挂号时，发送顺序由邮箱中报文的标识符决定。根据 CAN 协议，标识符数值最低的报文具有最高的优先级。如果标识符的值相等，那么邮箱号小的报文先发送。此模式通过对 CAN 主控寄存器 CAN_MCR 的 TXFP 位清零来设置。

(2) FIFO 模式：通过对 CAN 主控寄存器 CAN_MCR 的 TXFP 位"置 1"，可以把发送邮箱配置为发送 FIFO。在该模式下，发送的优先级由发送请求次序决定。该模式对分段发送很有用。

3）取消发送

发送邮箱中待发送的报文在正常发送成功之前通过对 CAN_TSR 寄存器的 ABRQ 位 "置 1"，可以中止发送请求。但是当发送邮箱处于挂号或预定状态时，发送请求马上就被中止。当发送邮箱处于发送状态时，中止请求可能导致以下两种结果。

（1）如果邮箱中的报文被成功发送，那么邮箱变为空邮箱，并且 CAN 发送状态寄存器 CAN_TSR 的 TXOK 位被硬件 "置 1"。

（2）如果邮箱中的报义发送失败了，那么邮箱变为预定状态，然后发送请求被中止，邮箱变为空邮箱且 TXOK 位被硬件清零。

因此，一旦取消发送，在发送操作结束后，邮箱都会变为空邮箱。

4）自动重传模式

该模式主要用于满足 CAN 标准中时间触发通信选项的需求。通过对 CAN_MCR 寄存器的 NART 位 "置 1"，让硬件工作在禁止自动重传模式。在该模式下，发送操作只会执行一次。如果发送操作失败了，即便是由于仲裁丢失或出错，硬件都不会再自动发送该报文。在一次发送操作结束后，硬件认为发送请求已经完成，从而对 CAN_TSR 寄存器的 RQCP 位 "置 1"，同时发送的结果反映在 TXOK、ALST 和 TERR 位上。

5）发送邮箱的控制寄存器

发送邮箱由四个寄存器组成：发送邮箱标识符寄存器（CAN_TIxR，其中 x=0,1,2）、发送邮箱长度和时间戳寄存器（CAN_TDTxR，x=0,1,2）、发送邮箱低字节数据寄存器（CAN_TDLxR，x=0,1,2）以及发送邮箱高字节寄存器（CAN_TDHxR，x=0,1,2）。

5. 接收管理

当通过过滤器的报文被过滤器过滤后，将被存储到 FIFO 中，每个过滤器组都会关联一个 FIFO。这个 FIFO 的深度为 3 级，且完全由硬件来管理，节约了 CPU 的处理负荷，简化了软件，并保证了数据的一致性。应用程序只能通过读取 FIFO 来读取最先收到的报文。

1）接收 FIFO 的状态

FIFO 共有五个状态：空状态、挂号 1 状态、挂号 2 状态、挂号 3 状态、溢出状态，如图 5.9.9 所示。

FIFO 的状态通过寄存器 CAN_RFxR（x=0,1）中 FMP 和 FOVR 两种标志来体现，其中 FMP 标志当前报文所存储的邮箱，FOVR 标志 FIFO 是否溢出。

（1）FIFO 的状态变化分析。初始化后 FIFO 处于空状态，当接收到一个报文时，这个报文存储到 FIFO 内部的邮箱中，FIFO 的状态变成 1，如果应用程序取走这个消息，则 FIFO 恢复空状态。在 FIFO 处于挂号 1 状态，且应用程序没来得及取走接收到的报文之前，若再次接收到报文，那么 FIFO 将变成挂号 2 状态，以此类推。由于 FIFO 共有 3 个邮箱，就只能缓存 3 个报文，当接收到 3 个以上的报文时，FIFO 将变成溢出状态。

（2）FIFO 溢出时的策略。STM32 有两种策略来处理 FIFO 溢出时的报文：其一，当 FIFO 溢出时，首先抛弃 FIFO 内最老的报文，然后存入新接收到的报文；其二，当 FIFO 溢出时，抛弃新接收到的报文，即 FIFO 锁定模式。采用以上何种策略取决于具体应用需求。若 CAN 主控制器寄存器（CAN_MCR）设置 RFLM 位为 0，就是 FIFO 滚动接收模式；若 RFLM 设为 1，则为 FIFO 锁定模式。

（3）与 CAN 接收相关的中断。STM32 有三个与 CAN 接收相关的中断：其一，接收中断, 每当 bxCAN 接收到一个报文时, 就产生一个中断; 其二, FIFO 满中断, 当 FIFO 满时, 即存储了 3 个报文时产生中断; 其三, FIFO 溢出中断, 当 FIFO 溢出时产生此中断。需要注意的是, 并不是以上中断一定会产生, 产生中断与否, 还取决于中断允许寄存器 (CAN_IER) 如何配置。

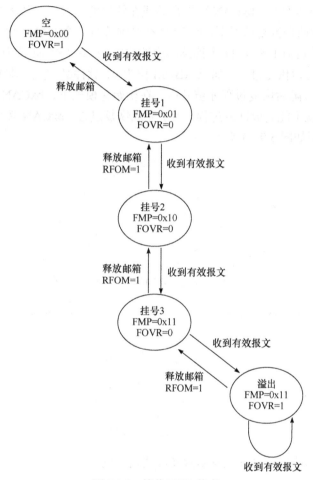

图 5.9.9　接收 FIFO 状态

2) 接收 FIFO 的控制寄存器

STM32 共有两个接收 FIFO, 每个 FIFO 由三个邮箱构成, 每个邮箱由四个寄存器组成。这四个寄存器分别是接收 FIFO 邮箱标识符寄存器 (CAN_RIxR, x=0, 1)、接收邮箱数据长度和时间戳寄存器 (CAN_RDTxR, x=0, 1)、接收 FIFO 邮箱低字节寄存器 (CAN_RDLxR, x=0, 1) 以及接收 FIFO 邮箱高字节寄存器 (CAN_RDHx R, x=0, 1)。

6. bxCAN 的出错管理

CAN 协议描述的出错管理, 完全由硬件通过发送错误计数器和接收错误计数器来实现。其中, 发送错误计数器是 CAN_ESR 寄存器中的 TEC 域, 接收错误计数器是 CAN_ESR 寄存器中的 REC 域。计数器的值根据错误的情况而增加或减少。通过软件读出这两个错误计数器的值, 可以判断 CAN 的稳定性。此外, CAN_ESR 寄存器提供了当前错误状态的详细信息。通过设置 CAN_IER 寄存器，当检测到出错时软件可以灵活地控制中断的产生，如设置 CAN_IER 寄存器中的 ERRIE 位。

　　发送错误计数器的 TEC 大于 255 时，bxCAN 就进入离线状态，同时 CAN_ESR 寄存器的 BOFF 位被“置 1”。在离线状态下，bxCAN 无法接收和发送报文。但是根据 CAN_MCR 寄存器中 ABOM 位的设置，bxCAN 可以自动或在软件的请求下，从离线状态恢复(变为错误主动状态)。在这两种恢复情况下，bxCAN 都必须等待一个 CAN 标准所描述的恢复过程(CAN Rx 管脚上检测到 128 次 11 个连续的隐性位)。如果 ABOM 位为 1，bxCAN 进入离线状态后，就自动开启恢复过程。如果 ABOM 位为 0，软件必须先请求 bxCAN 进入，然后再退出初始化模式，随后恢复过程才被开启。在初始化模式下，bxCAN 不会监视 CAN Rx 管脚的状态，这样就不能完成恢复过程。为了完成恢复过程，bxCAN 必须工作在正常模式。bxCAN 错误状态图如图 5.9.10 所示。

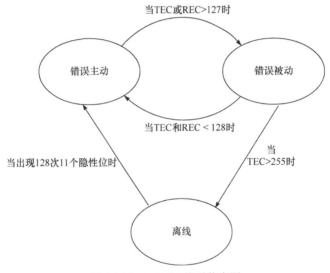

图 5.9.10　bxCAN 错误状态图

5.9.4　标准外设库中的 bxCAN 相关函数及其使用实例

　　意法半导体官方提供的标准外设库中拥有非常丰富的 CAN 接口操作函数，现将最常用的函数罗列于此。

```
void CAN_DeInit(CAN_TypeDef* CANx);    //复位 CANx
uint8_t CAN_Init(CAN_TypeDef* CANx, CAN_InitTypeDef* CAN_InitStruct);
//初始化 CANx
void CAN_FilterInit(CAN_FilterInitTypeDef* CAN_FilterInitStruct);        //过滤器初始化
uint8_t CAN_Transmit(CAN_TypeDef* CANx, CanTxMsg* TxMessage);    //发送 CAN 报文
uint8_t CAN_TransmitStatus(CAN_TypeDef* CANx, uint8_t TransmitMailbox);
//读取发送状态
void CAN_CancelTransmit(CAN_TypeDef* CANx, uint8_t Mailbox);    //取消发送
void CAN_Receive(CAN_TypeDef* CANx, uint8_t FIFONumber, CanRxMsg* RxMessage);
//接收 CAN 报文
void CAN_FIFORelease(CAN_TypeDef* CANx, uint8_t FIFONumber);    //释放接收 FIFO
```

```
uint8_t CAN_GetReceiveErrorCounter(CAN_TypeDef* CANx);                      //读取接收错误计数
void CAN_ITConfig(CAN_TypeDef* CANx, uint32_t CAN_IT, FunctionalState NewState);
//中断配置
FlagStatus CAN_GetFlagStatus(CAN_TypeDef* CANx, uint32_t CAN_FLAG);
//读取指定的 Flag 是否被置位
void CAN_ClearFlag(CAN_TypeDef* CANx, uint32_t CAN_FLAG);                   //清除指定的 Flag
ITStatus CAN_GetITStatus(CAN_TypeDef* CANx, uint32_t CAN_IT);              //读取指定的中断标志
void CAN_ClearITPendingBit(CAN_TypeDef* CANx, uint32_t CAN_IT);           //清除指定的中断标志
```

　　限于篇幅，这里不对这些函数及其参数的含义进行详细讨论。在编程实践中，读者应参考官方提供的《32 位基于 ARM 微控制器 STM32F101xx 与 STM32F103xx 固件函数库》。下面提供一段使用上述函数对 CAN1 进行编程的实例作为参考。

```
RCC_APB2PeriphClockCmd(RCC_APB2Periph_GPIOA, ENABLE);      //使能 PORTA 时钟
RCC_APB1PeriphClockCmd(RCC_APB1Periph_CAN1, ENABLE);       //使能 CAN1 时钟
GPIO_InitStructure.GPIO_Pin = GPIO_Pin_12;                 //Tx 推挽
GPIO_InitStructure.GPIO_Speed = GPIO_Speed_50MHz;
GPIO_InitStructure.GPIO_Mode = GPIO_Mode_AF_PP;
GPIO_Init(GPIOA, &GPIO_InitStructure);
GPIO_InitStructure.GPIO_Pin = GPIO_Pin_11;      //Rx 上拉
GPIO_InitStructure.GPIO_Mode = GPIO_Mode_IPU;
GPIO_Init(GPIOA, &GPIO_InitStructure);
CAN_InitStructure.CAN_TTCM=DISABLE;             //非时间触发通信
CAN_InitStructure.CAN_ABOM=DISABLE;             //软件自动离线管理
CAN_InitStructure.CAN_AWUM=DISABLE;             //睡眠模式通过软件唤醒
CAN_InitStructure.CAN_NART=ENABLE;              //禁止报文自动传输
CAN_InitStructure.CAN_RFLM=DISABLE;             //报文不锁定
CAN_InitStructure.CAN_TXFP=DISABLE;             //优先级由 ID 决定
CAN_InitStructure.CAN_Mode= 0;                  //普通模式

//配置波特率 450Kbit/s
CAN_InitStructure.CAN_SJW= CAN_SJW_1tq;
//tSJW= CAN_SJW_1tq+1 重新同步跳跃宽度
CAN_InitStructure.CAN_BS1= CAN_BS1_7tq;         //tBS1 =CAN_BS1_7tq+1 时间
CAN_InitStructure.CAN_BS2= CAN_BS2_8tq;         // tBS1 = CAN_BS2_8tq 时间
CAN_InitStructure.CAN_Prescaler=5;              //分频系数= 5+1
///////////////////////////////////////////////////////
CAN_Init(CAN1, &CAN_InitStructure);             //初始化 CAN1

//配置过滤器
CAN_FilterInitStructure.CAN_FilterNumber=0;
CAN_FilterInitStructure.CAN_FilterMode=CAN_FilterMode_IdMask;      //掩码模式
CAN_FilterInitStructure.CAN_FilterScale=CAN_FilterScale_32bit;
CAN_FilterInitStructure.CAN_FilterIdHigh=0x0000;
CAN_FilterInitStructure.CAN_FilterIdLow=0x0000;
CAN_FilterInitStructure.CAN_FilterMaskIdHigh=0x0000;
```

```
CAN_FilterInitStructure.CAN_FilterMaskIdLow=0x0000;
CAN_FilterInitStructure.CAN_FilterFIFOAssignment=CAN_Filter_FIFO0;
CAN_FilterInitStructure.CAN_FilterActivation=ENABLE;
CAN_FilterInit(&CAN_FilterInitStructure);
/////////////////////////////////////////////////////////////////

CAN_ITConfig(CAN1,CAN_IT_FMP0,ENABLE);                      // FIFO0 允许中断
NVIC_InitStructure.NVIC_IRQChannel = USB_LP_CAN1_RX0_IRQn;  //中断通道
NVIC_InitStructure.NVIC_IRQChannelPreemptionPriority = 1;   //中断优先级
NVIC_InitStructure.NVIC_IRQChannelSubPriority = 0;
NVIC_InitStructure.NVIC_IRQChannelCmd = ENABLE;
NVIC_Init(&NVIC_InitStructure);

//查询法发送
CanTxMsg TxMessage;
TxMessage.StdId=0x12;     //标准标识符
TxMessage.ExtId=0x12;     //扩展标识符
TxMessage.IDE=0;          //使用扩展标识符
TxMessage.RTR=0;          //数据帧
TxMessage.DLC=len;        //数据长度
for(i=0;i<len;i++)
TxMessage.Data[i]=msg[i];
mbox= CAN_Transmit(CAN1, &TxMessage);                       //发送
while(CAN_TransmitStatus(CAN1, mbox)==CAN_TxStatus_Failed); //等待发送完毕
/////////////////////////////////////////////////////////////////

//中断法接收
#if CAN_RX0_INT_ENABLE //RX0 中断使能
void USB_LP_CAN1_RX0_IRQHandler(void)    //接收中断服务程序
{
CanRxMsg RxMessage;
int i=0;
CAN_Receive(CAN1, 0, &RxMessage);        //报文接收
for(i=0;i<8;i++)
printf("rxbuf[%d]:%d\r\n",i,RxMessage.Data[i]);
}
#endif
```

第6章 STM32 嵌入式系统开发实例

通过本书前几章的学习，相信读者已经掌握了以 STM32 为核心的嵌入式系统开发所需的主要知识和技能。既然被冠以"系统"二字，采用孤立或静态的观点来开发嵌入式系统显然是不可行的。本章中笔者将结合自己在科研和工作实践中遇到的几个实际项目，采用全局的和动态的观点来分析遇到的问题，并分享解决这些问题的思路。

本章的设计实例分别展示了 STM32 在测试/测量、工业控制和信号处理等热门嵌入式应用领域的使用方法。它们是笔者各自研究领域的专业知识与开发经验相结合的产物，初学嵌入式开发的部分读者读起来可能有些吃力，但请读者不必紧张，因为任何成功设计的"灵魂"都不是具体知识或方法，而是设计者的创意。作者团队只是希望这些实例能起到抛砖引玉的作用，启发读者的创造性思维。

6.1 工业控制领域的应用实例

STM32 除了具备性能优异的 ARM Cortex-M3 内核之外，还具备多种性能优异的片上外设，其中集成的 GPIO、ADC、DAC、TIM 等主要外设都远优于同档次的嵌入式处理器，因此 STM32 在工业控制等由传统单片机占据的细分领域被广泛使用。本节提供的实例展示了STM32 中为电机控制专门优化的高级定时器 TIM1 和 TIM8 在无刷直流电机控制中的应用。

传统直流电机一般由定子、转子和电刷组成，其中电刷是电机的连续转动的关键部件。也由于电刷的存在，高速传统直流电机存在以下缺陷。

(1)电刷的机械摩擦产生大量的热量，从而导致电刷甚至电机的损坏，工作寿命缩短。

(2)摩擦过程中产生大量的有害噪声。

(3)电刷换向过程中产生有害电火花，俗称"打火"。

无刷直流电机(以下简称 BLDC)正是为解决传统直流电机的这一问题而发展起来的。BLDC 通过电子换向代替传统的机械换向，极大地提高了直流电机的可靠性。它代表着未来直流电机的发展方向，在速度精度要求不高、高转速的中功率领域中表现优越。洗衣机主电机、直升机航模升力电机、水下电动推进器以及电动自行车等动力装置中大部分都使用 BLDC。

通常 BLDC 按照是否装有霍尔传感器(以下简写为 HALL)分为有霍尔 BLDC 和无霍尔BLDC，本节以有霍尔 BLDC 为例。

1. BLDC 驱动电路

BLDC 以电子换向器取代了机械换向器，所以无刷直流电机既具有直流电机良好的调速性能等特点，又具有交流电机结构简单、无换向火花、运行可靠和易于维护等优点。

BLDC 虽然结构简单、制造和维护成本较低，但 BLDC 不能自动换向(相)，只能通过电机控制器实现换向，一般采用 6 只 MOS 管组成的三个半桥来驱动三相 BLDC。

图 6.1.1 为 BLDC 的转动示意图，电机定子的线圈中心抽头接电机电源 POWER（常用 12V、24V、48V 等），各相的端点接 MOS 管的漏极（D）。位置传感器导通时使功率管的栅极（G）接 12V，当功率管导通，对应的相线圈被通电。由于三个位置传感器随着转子的转动会依次导通，使对应的相线圈也依次通电，定子产生的磁场方向会不断地变化，电机转子也跟着转动起来，这就是无刷直流电机的基本转动原理。即检测转子的位置，依次给各相通电，使定子产生的磁场方向连续均匀地变化。

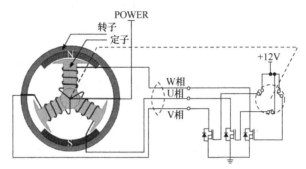

图 6.1.1　BLDC 的转动示意图

这里以方波驱动 BLDC 为例（也是最常用的一种驱动方式），在一个电周期中，电机只有六种状态，或者说定子电流有六种状态（三相桥臂有六种开关状态）。每一种电流状态都可看作合成一个方向的矢量力矩，六个矢量有规律地、一步接一步地转换，矢量旋转方向决定了电机旋转方向（顺时针或逆时针），电机转子会跟着同步旋转。在方波控制中，主要是对两个量进行控制，一个是电机转子位置对应的开关状态；另一个是 PWM 占空比的控制，通过控制占空比的大小来控制电流大小，从而控制转矩和转速。图 6.1.2 是 BLDC 常用的三半桥逆变电路示意图。

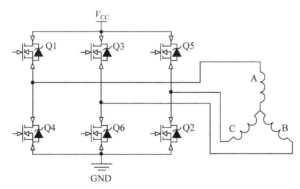

图 6.1.2　BLDC 驱动示意图

根据六步换向原则，每步三个绕组中，一个绕组流入电流，一个绕组流出电流，一个绕组不导通。确定通电顺序如下：

$$(B+C-) \rightarrow (B+A-) \rightarrow (C+A-) \rightarrow (C+B-) \rightarrow (A+B-) \rightarrow (A+C-)$$

每步磁场旋转 60°，每 6 步磁场旋转一周，每步仅一个绕组被换相。这样，在电机正转情况下，根据 HALL 值来确定导通相和驱动管导通情况如表 6.1.1 所示（注意：对 120° 旋转磁场的 BLDC，HALL 导通顺序和导通相序的关系和 60° 不一样，需要重新定义）。

表 6.1.1　HALL 信号值与导通相序

表 6.1.1　HALL 信号值与导通相序

HALL(A/B/C)	5	4	6	2	3	1
导通驱动管	Q3、Q2	Q3、Q4	Q4、Q5	Q5、Q6	Q6、Q1	Q1、Q2
导通相	B+C-	B+A-	C+A-	C+B-	A+B-	A+C-

2. STM32 控制 BLDC 的原理

从表 6.1.1 中可知，要想通过图 6.1.2 的 BLDC 驱动电路实现对无刷直流电机的控制和调速，控制器必须能够产生一定相序的 6 路 PWM 信号和 HALL 信号捕捉功能。STM32 的嵌入式控制器产品自带定时器，资源十分丰富，既有专门用于电机控制的高级定时器（TIM1/TIM8），又有仅定时用的基本定时器（TIM6/TIM7）和通用定时器（TIM2～5），还有两个看门狗定时器和一个 SysTick 定时器，其中 TIM1 和 TIM8 是专门针对电机控制而设计的，可以产生 3 对 6 路互补 PWM 输出，还带有死区时间设置和刹车功能。

使用高级控制定时器产生 PWM 信号驱动电机时，可以用另一个通用定时器作为接口定时器来连接 HALL。3 个定时器输入脚（CC1、CC2、CC3）通过一个"异或门"连接到 TIM1 输入通道（设置 TIMx_CR2 寄存器中的 TI1S 位来选择），用接口定时器捕获这个信号。把"从模式控制器"配置成复位模式，其输入是 TI1F_ED。每当 3 个输入之一变化时，计数器重新从 0 开始计数。这样产生一个由 HALL 输入的变化而触发的时间基准。接口定时器上的捕获/比较通道 1 配置为捕获模式，捕获信号为 TRC。捕获值反映了两个输入变化间的时间延迟，给出了电机速度的信息。接口定时器可以用来在输出模式产生脉冲，该脉冲被用于改变 TIM1 或 TIM8 各个通道的属性，继而产生 PWM 信号驱动电机。因此接口定时器通道必须配置为在指定的延时之后产生正脉冲，这个脉冲通过 TRGO 输出后，被送到高级控制定时器 TIM1 或 TIM8。HALL 输出被连接到 TIMx 定时器，在任一 HALL 输入上发生变化后改变 TIM1 或 TIM8 的 PWM 配置。图 6.1.3 所示为 HALL 接口与 COM 事件触发互补 PWM 信号。

无刷电机换向时，一般是三相同时换向。如果纯粹通过软件实现换向，会因为软件一次只能执行一条指令，导致无法三相同时换向。而 STM32 可以通过 COM 事件配合影子寄存器来实现这一功能。但 COM 事件是专门给电机控制使用的，它只出现在高级定时器中。当一个通道上需要互补输出时，采用的预装载位有 OCxM、CCxE 和 CCxNE。在发生 COM 换向事件时，这些预装载位被传送到影子寄存器。这样就可以预先设置好下一步骤的配置，并可在同一个时刻同时修改所有通道的配置。COM 可以通过设置 TIMx_EGR 寄存器的 COM 位，由软件产生，也可在 TRGI 上升沿由硬件产生。要想实现在 HALL 值出现时的驱动管导通相，6 路 PWM 管脚必须提前一相配置下一个导通相的状态，并将参数存储在定时器的影子寄存器中，再通过 COM 事件的产生同步更新定时器各个 PWM 管脚的配置。表 6.1.2 所示为针对定时器要实现的预配置通道及导通相配置。

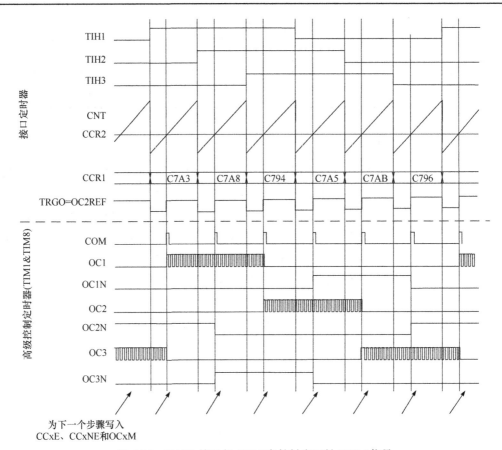

图 6.1.3　HALL 接口与 COM 事件触发互补 PWM 信号

表 6.1.2　针对定时器的 HALL 信号值与导通相序

HALL(A/B/C)	5	4	6	2	3	1
导通驱动管	Q3Q2	Q3Q4	Q4Q5	Q5Q6	Q6Q1	Q1Q2
导通相	B+C−	B+A−	C+A−	C+B−	A+B−	A+C−
PWM 预设通道	B+A−	C+A−	C+B−	A+B−	A+C−	B+C−
驱动管预设	Q3Q4	Q4Q5	Q5Q6	Q6Q1	Q1Q2	Q3Q2

为下一个步骤写入
CCxE、CCxNE和OCxM

3. STM32 控制 BLDC 的实现

BLDC 驱动电路由 STM32 控制器、半桥驱动器、三相半桥和 HALL 上拉电路组成。由于 N 沟道 MOS 管(NMOS)导通电阻和 G、S 之间的寄生电容较 P 沟道 MOS 管(PMOS)小很多，在开关电路中，NMOS 的开关损耗要少。因此，针对电机桥驱动的功率开关器件一般都选用 NMOS。但是因为 NMOS 的导通条件需要 G、S 之间的输入电压大于 V_{GS}门限，而电机绕组都是感性负载，有反向电动势，存在"浮动栅"现象。另外一般的嵌入式控制器 GPIO 的驱动能力有限(STM32 为 25mA)，而开关损耗很大程度上由 G、S 之间的寄生电容决定，为了降低开关损耗，可以增加 G、S 间寄生电容的充电电流。因此，BLDC 驱动的半桥电路一般都需要专门的半桥驱动器芯片。图 6.1.4 中采用了三路半桥的高压半桥驱动器 FD6228。

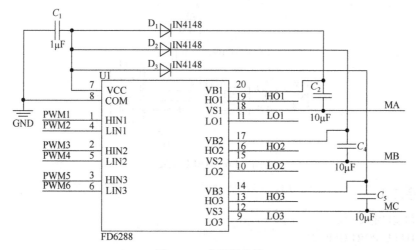

图 6.1.4　半桥驱动器

半桥电路及相电流检测电路如图 6.1.5 所示。其中 I_{OUT} 为电机相线电流，通过 RC 电路转换成电压信号，再通过运算放大器 LM358 将其转换成电压信号，然后进入 STM32 的模拟输入管脚，进行 A/D 转换，就可被后续控制所使用。

一般 BLDC 的 HALL 都是以集电极开路形式提供的，因此需要对其上拉后方可使用。图 6.1.6 中右侧方块代表 HALL（每路信号代表一个 HALL），左侧的 PC6、PC7、PC8 则代表 STM32 的输入管脚。

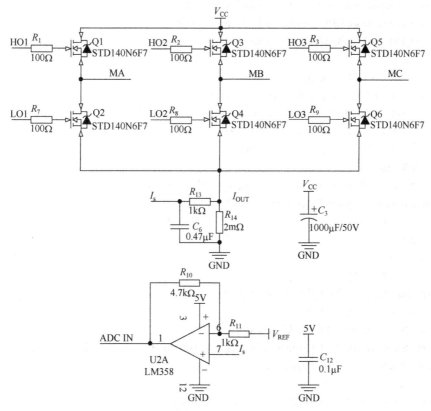

图 6.1.5　半桥电路及相电流检测电路

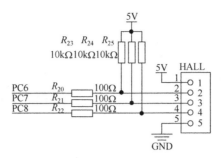

图 6.1.6　HALL 电路

4. 程序设计

```
////////霍尔端口定义////////
#define HALL_PORT GPIOC
#define HALL_CLK RCC_AHBPeriph_GPIOC
#define HALL_PORT GPIO_Pin_6| GPIO_Pin_7| GPIO_Pin_8
///////霍尔接口初始化///////
void HALL_GPIO_Init(void)
{
    GPIO_InitTypeDef   GPIO_InitStructure;
    RCC_AHBPeriphClockCmd(HALL_CLK, ENABLE);
    GPIO_InitStructure.GPIO_Pin = HALL_Pin;
    GPIO_InitStructure.GPIO_Mode = GPIO_Mode_IPU;
    GPIO_InitStructure.GPIO_Speed = GPIO_Speed_50MHz;
    GPIO_Init(HALL_PORT, &GPIO_InitStructure);
}
/////////高级定时器 TIM1 初始化代码实现//////////
TIM_TimeBaseInitTypeDef   TIM_TimeBaseStructure;
TIM_OCInitTypeDef   TIM_OCInitStructure;
TIM_BDTRInitTypeDef   TIM_BDTRInitStructure;
PWM_GPIO_Init();        //端口初始化 GPIO
HALL_GPIO_Init();
RCC_APB2PeriphClockCmd(RCC_APB2Periph_TIM1, ENABLE);
Pwm_period_num = (SystemCoreClock/20000)-1;    //默认 20kHz
CCR1_Val = 500;                                //占空比
CCR2_Val = 500;
CCR3_Val = 500;
/////////设置定时器参数//////////
TIM_TimeBaseStructure.TIM_Period = Pwm_period_num;
TIM_TimeBaseStructure.TIM_Prescaler =0;
TIM_TimeBaseStructure.TIM_ClockDivision = 0;
TIM_TimeBaseStructure.TIM_CounterMode = TIM_CounterMode_Up;    //定时器工作在增模式
TIM_TimeBaseStructure.TIM_RepetitionCounter = 0;
/////////PWM 模式设置//////////
TIM_OCInitStructure.TIM_OCMode = TIM_OCMode_Timing;
TIM_OCInitStructure.TIM_OutputState = TIM_OutputState_Enable;    //互补输出
```

```
TIM_OCInitStructure.TIM_OutputNState = TIM_OutputNState_Enable;
TIM_OCInitStructure.TIM_OCPolarity = TIM_OCPolarity_High;              //极性
TIM_OCInitStructure.TIM_OCNPolarity = TIM_OCNPolarity_High;
TIM_OCInitStructure.TIM_Pulse = CCR1_Val;                             //占空比
TIM_OCInitStructure.TIM_OCIdleState = TIM_OCIdleState_Set;           //死区后输出状态
TIM_OCInitStructure.TIM_OCNIdleState = TIM_OCNIdleState_Set;         //死区后互补输出状态
TIM_OC1Init(TIM1, &TIM_OCInitStructure);
TIM_OCInitStructure.TIM_Pulse = CCR2_Val;
TIM_OC2Init(TIM1, &TIM_OCInitStructure);
TIM_OCInitStructure.TIM_Pulse = CCR3_Val;
TIM_OC3Init(TIM1, &TIM_OCInitStructure);
//////////死区和刹车功能配置 //////////
TIM_BDTRInitStructure.TIM_OSSRState = TIM_OSSRState_Enable;
TIM_BDTRInitStructure.TIM_OSSIState = TIM_OSSIState_Enable;
TIM_BDTRInitStructure.TIM_LOCKLevel = TIM_LOCKLevel_OFF;
TIM_BDTRInitStructure.TIM_DeadTime = 0x01;
TIM_BDTRInitStructure.TIM_Break = TIM_Break_Disable;
TIM_BDTRInitStructure.TIM_BreakPolarity = TIM_BreakPolarity_High;
TIM_BDTRInitStructure.TIM_AutomaticOutput = TIM_AutomaticOutput_Disable;
TIM_BDTRConfig(TIM1,&TIM_BDTRInitStructure);
TIM_CCPreloadControl(TIM1, ENABLE);              //使能预装值
TIM_ITConfig(TIM1,TIM_IT_COM,ENABLE);   //开启 COM 事件
TIM_Cmd(TIM1, ENABLE);
TIM_CtrlPWMOutputs(TIM1, ENABLE);
```

值得注意的是，定时器初始化后工作在定时模式，不能立即输出 PWM，否则有容易引起 MOS 管短路的风险。

```
//////////换向函数实现//////////
HALL_Value = (unsigned char)((GPIOC->IDR&0x01C0)>>6);
if(HALL_flag == 1){
  switch(HALL_Value){
    case 0x05:{//根据霍尔值设置 PWM 输出通道
    TIM_SelectOCxM(TIM1,TIM_Channel_2,TIM_OCMode_PWM1);
    TIM_CCxCmd(TIM1,TIM_Channel_2,TIM_CCx_Enable);
    TIM_CCxNCmd(TIM1,TIM_Channel_2,TIM_CCxN_Disable);
    TIM_CCxCmd(TIM1,TIM_Channel_1,TIM_CCx_Disable);
    TIM_CCxNCmd(TIM1,TIM_Channel_1,TIM_CCxN_Enable);
    TIM_ForcedOC1Config(TIM1,TIM_ForcedAction_Active);
    TIM_CCxCmd(TIM1,TIM_Channel_3,TIM_CCx_Disable);
    TIM_CCxNCmd(TIM1,TIM_Channel_3,TIM_CCxN_Enable);
    TIM_ForcedOC1Config(TIM1,TIM_ForcedAction_InActive);
    TIM_GenerateEvent(TIM1,TIM_EventSource_COM);     //产生 COM 事件
    break;
    }
}
```

其他 HALL 的输出情况与上面类似，这里不再赘述。

```
//////////中断复位函数实现//////////
//在 COM 事件中断中，进行换向判定
NVIC_InitStructure.NVIC_IRQChannel = TIM1_TRG_COM_IRQn;    //COM 事件中断
NVIC_InitStructure.NVIC_IRQChannelPreemptionPriority = 0;
NVIC_InitStructure.NVIC_IRQChannelSubPriority = 3;
NVIC_InitStructure.NVIC_IRQChannelCmd = ENABLE;
NVIC_Init (&NVIC_InitStructure);
//COM 中断服务函数
void TIM1_TRG_COM_IRQHandler (void) {
    TIM_ClearITPendingBit (TIM1,TIM_IT_COM);
    BLDC_Hall_Convet ();          //换向
}
```

6.2　信号处理领域的应用实例

数字信号处理的核心运算是下式所示的乘加运算（MAC）：

$$y = \sum_{i=0}^{N-1} b_i x_i$$

传统意义上，只有数字信号处理器才拥有硬件乘加器，能够在单个时钟周期内实现一次乘法和加法运算的组合。但作为一种通用的嵌入式处理器内核，Cortex-M3 也具备硬件乘加器，使实现数字滤波、快速傅里叶变换等常见运算的时间缩短到原来的几分之一，性能直逼中低端的数字信号处理器。另外，STM32 嵌入式处理器的功耗、成本和体积都远远优于传统的数字信号处理器，为嵌入式应用打开了一扇崭新的大门。意法半导体官方还提供了针对 STM32 的高效率数字信号处理器库，进一步降低了开发的难度和时间。

6.2.1　心电信号采集和处理系统

心电信号（ECG）是人体电生理信号中最常见的，也最具备医疗诊断价值的一种电生理信号。便携式的心电信号采集和分析系统，已经成为最常见的可穿戴式医疗设备之一。图 6.2.1 所示为典型的心电信号采集和预处理系统硬件框图。

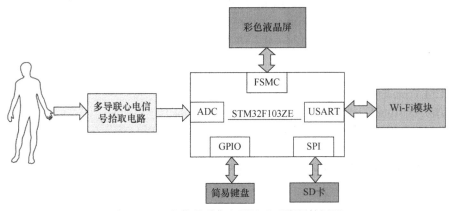

图 6.2.1　心电信号采集和预处理系统硬件框图

其中，多导联心电信号拾取电路主要负责心电信号的拾取和放大；彩色液晶屏用于显示心电信号；GPIO 控制的简易键盘实现人机交互功能；SD 卡则用于存储采集到的心电信号；系统还能通过 Wi-Fi 模块和云端服务器通信来实现数据的云存储和智能病例分析。上述心电信号采集和处理的难点是对微弱的心电信号的放大、采集，以及 50Hz 工频干扰的滤除。

1. 心电信号拾取电路

由于人体具有较高的阻抗和非线性，心电信号输出阻抗和共模干扰较大。通常采用仪表放大器构建最前级信号拾取电路，具体见图 6.2.2 左侧部分。

仪表放大器的输出信号基本去除了共模干扰，但仍然可能掺有较强的直流成分。直流成分是我们不需要的，且可能造成后级放大电路饱和。因此在仪表放大器的输出之后接有一个 R_{MA1} 和 C_{HPA1} 构成的高通滤波器来去除信号中的直流成分。

由于直流干扰成分的存在，仪表放大器的放大倍数不可能太大，否则会引起仪表放大器的饱和，其放大倍数一般为 5~10 倍。为达到 60dB 以上的信号增益，不足的增益要由随后的主放大级 OPAM2A 完成。心电信号带宽一般不会超过 200Hz，限制拾取电路带宽能够有效地抑制噪声总功率：电容 C_{MA1} 用于控制高频信号增益，R_{FA1} 和 C_{FA1} 构成的低通滤波器用于进一步滤除高频噪声。

值得注意的是，经过放大的心电信号需要被 STM32 的 ADC 模块采集，而 ADC 模块的输入电压是 0~3.3V。图 6.2.2 采用了不同于传统模拟电路的单极性电源电压设计，电路的工作点仅为电源电压范围的一半，图中标注为 $R_{EF}1.5$。$R_{EF}1.5$ 是由运放跟随器产生的低阻抗电压参考点，放大后的心电信号 AN0 将在 $R_{EF}1.5$ 上下波动变化。

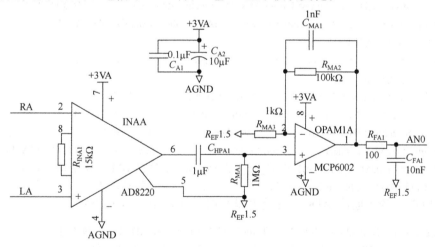

图 6.2.2　心电信号拾取电路

2. 多路心电信号的 A/D 转换

心电信号有多个导联，每个导联都需要图 6.2.2 所示的一路模拟信号拾取电路，随后在 A/D 转换后读取到嵌入式处理器中进行处理。由于心电信号的带宽一般在 200Hz 以下，为保证信号的平滑，可选择信号采样率为 1KSPS。完整的 12 导联心电信号采集系统共需采样率 12KSPS，只含有 3 个双极性肢导联的心电信号采集系统则共需采样率 3KSPS。这些采样率远远低于 STM32 ADC 的最高采样率，完全可以通过 STM32 ADC 轮流采样实现。

　　将 STM32 上的 ADC 配置为图 5.8.9 所示的单次扫描模式，然后在定时器中断时，由软件触发单次扫描。每个通道转换完成后 DMA 都会把数据转到 DMA 目的内存区中，并在扫描一轮后触发 DMA 中断，软件这时再从 DMA 内存中读走数据进行处理和转存。

　　(1) 由 TIM3 实现 1kHz 的简单定时中断。

```
TIM_TimeBaseInitTypeDef   TIM_TimeBaseStructure;
RCC_APB1PeriphClockCmd(RCC_APB1Periph_TIM3, ENABLE);      //使能 TIM3 时钟
////////时基单元配置////////////////
TIM_TimeBaseStructure.TIM_Period = 1000−1;//计数值 10000
TIM_TimeBaseStructure.TIM_Prescaler = 72−1;            //预分频，此值+1 为分频的除数
TIM_TimeBaseStructure.TIM_ClockDivision = 0x0;       //采样分频 TIM_CKD_DIV1
TIM_TimeBaseStructure.TIM_CounterMode = TIM_CounterMode_Up;   //向上计数
TIM_TimeBaseInit(TIM3, &TIM_TimeBaseStructure);
TIM_ITConfig(TIM3,TIM_IT_Update, ENABLE);
TIM_Cmd(TIM3, ENABLE);
```

　　(2) 配置 DMA1 通道 1，将单次扫描的各通道数据传输到 DMA 目的内存区中。

```
DMA_DeInit(DMA1_Channel1);
DMA_InitStructure.DMA_PeripheralBaseAddr = ADC1_DR_Address;             //传输的源头地址
DMA_InitStructure.DMA_MemoryBaseAddr = (uint32_t)&ADCConvertedValue;   //目标地址
DMA_InitStructure.DMA_DIR = DMA_DIR_PeripheralSRC;            //外设作为源头
DMA_InitStructure.DMA_BufferSize = 3;                        //数据长度为 3
DMA_InitStructure.DMA_PeripheralInc = DMA_PeripheralInc_Disable;   //外设地址寄存器不递增
DMA_InitStructure.DMA_MemoryInc = DMA_MemoryInc_Enable;          //内存地址递增
DMA_InitStructure.DMA_PeripheralDataSize = DMA_PeripheralDataSize_HalfWord;
//外设传输以字节为单位
DMA_InitStructure.DMA_MemoryDataSize = DMA_MemoryDataSize_HalfWord;
//内存以半字为单位
DMA_InitStructure.DMA_Mode = DMA_Mode_Circular;       //循环模式
DMA_InitStructure.DMA_Priority = DMA_Priority_High;   //4 优先级之一的(高优先)
DMA_InitStructure.DMA_M2M = DMA_M2M_Disable;          //非内存到内存
DMA_Init(DMA1_Channel1, &DMA_InitStructure);         //根据以上参数初始化 DMA_InitStructure
DMA_ITConfig(DMA1_Channel1, DMA_IT_TC, ENABLE);//配置 DMA1 通道 1 传输完成中断
DMA_Cmd(DMA1_Channel1, ENABLE);                      //使能 DMA1
```

　　其中 DMA 的源地址(ADC 结果寄存器)和目的内存区定义如下：

```
#define ADC1_DR_Address ((uint32_t)0x4001244C)//定义硬件 ADC1 的物理地址
    __IO uint16_t ADCConvertedValue[3];   //对三个通道模拟输入进行 A/D 转换
```

　　(3) 配置 ADC 为单次扫描模式。

```
//PA2,3,4,5,6,7 配置为模拟输入
GPIO_InitStructure.GPIO_Pin = GPIO_Pin_2|GPIO_Pin_3|GPIO_Pin_4;
GPIO_InitStructure.GPIO_Mode = GPIO_Mode_AIN;   //模拟输入
GPIO_Init(GPIOA, &GPIO_InitStructure);
RCC_ADCCLKConfig(RCC_PCLK2_Div8);
//设置 ADC 分频因子 8，72MHz/8=9MHz,ADC 最大时间不能超过 14MHz
```

```
ADC_InitStructure.ADC_Mode = ADC_Mode_Independent;   //ADC1 工作在单个 ADC 的独立模式
ADC_InitStructure.ADC_ScanConvMode = ENABLE;          //模数转换工作在扫描模式(多通道)
ADC_InitStructure.ADC_ContinuousConvMode = DISABLE;//模数转换工作在非连续模式
ADC_InitStructure.ADC_ExternalTrigConv = ADC_ExternalTrigConv_None;
//转换由软件而不是外部触发启动
ADC_InitStructure.ADC_DataAlign = ADC_DataAlign_Right;      //ADC 数据右对齐
ADC_InitStructure.ADC_NbrOfChannel = 3;            //转换的 ADC 通道的数目为 3
ADC_Init(ADC1, &ADC_InitStructure);                //按照上面的参数初始化 ADC_InitStructure
//设置 ADC1 的 3 个规则组通道, 设置它们的转换顺序和采样时间
//转换时间 Tconv=采样时间+12.5 个周期
ADC_RegularChannelConfig(ADC1, ADC_Channel_2, 1, ADC_SampleTime_7Cycles5);
//ADC1 通道 2(在 PA2 管脚)转换顺序为 1, 采样时间为 7.5 个周期
ADC_RegularChannelConfig(ADC1, ADC_Channel_3, 2, ADC_SampleTime_7Cycles5);
//ADC1 通道 3 转换顺序为 2, 采样时间为 7.5 个周期
ADC_RegularChannelConfig(ADC1, ADC_Channel_4, 3, ADC_SampleTime_7Cycles5);
//ADC1 通道 4 转换顺序为 3, 采样时间为 7.5 个周期
ADC_DMACmd(ADC1, ENABLE);                 //使能 ADC1 的 DMA 传输方式
ADC_Cmd(ADC1, ENABLE);                    //使能 ADC1
ADC_ResetCalibration(ADC1);               //重置 ADC1 的校准寄存器
while(ADC_GetResetCalibrationStatus(ADC1)); //获取 ADC 重置校准寄存器的状态
ADC_StartCalibration(ADC1);               //开始校准 ADC1
while(ADC_GetCalibrationStatus(ADC1));    //等待校准完成
```

(4)配置向量中断控制器。

```
NVIC_InitTypeDef NVIC_InitStructure;
NVIC_PriorityGroupConfig(NVIC_PriorityGroup_2);         //采用组别 2
///////DMA1 的通道 1 中断配置///////
NVIC_InitStructure.NVIC_IRQChannel = DMA1_Channel1_IRQn;
NVIC_InitStructure.NVIC_IRQChannelPreemptionPriority = 1; //抢占优先级设置为 0
NVIC_InitStructure.NVIC_IRQChannelSubPriority = 1;      //子优先级设置为 1
NVIC_InitStructure.NVIC_IRQChannelCmd = ENABLE;        //中断使能
NVIC_Init(&NVIC_InitStructure);                        //按指定参数初始化中断
////////定时器中断配置//////////
NVIC_InitStructure.NVIC_IRQChannel =TIM3_IRQn;         //TIM3 中断
NVIC_InitStructure.NVIC_IRQChannelPreemptionPriority = 0; //抢占优先级设置为 0
NVIC_InitStructure.NVIC_IRQChannelSubPriority = 0;     //子优先级设置为 0
NVIC_InitStructure.NVIC_IRQChannelCmd = ENABLE;       //中断使能
NVIC_Init(&NVIC_InitStructure);                       //中断初始化
```

(5)中断服务程序编写。

```
////////TIM3 中断服务程序//////////
void TIM3_IRQHandler(void)
{
    if (TIM_GetITStatus(TIM3, TIM_IT_Update) != RESET) {
        TIM_ClearITPendingBit(TIM3,TIM_IT_Update);       //清除更新中断标志位
```

```
                ADC_SoftwareStartConvCmd(ADC1, ENABLE);
//使能指定的 ADC1 的软件转换启动功能
    }
}
```

　　由于前面将 TIM3 配置为每 1ms 产生一次溢出，并自动更新中断。上面的定时中断服务程序每 1ms 将由软件引发一轮三通道 ADC 通道扫描。三个通道的 A/D 转换共花费 3×(7.5+12.5)=60 个 ADCCLK 的时间。由于 72MHz 系统时钟下 ADC 分频因子为 8，共需 150μs 时长，远小于 1ms，就保证了 ADC 规则通道扫描时序的正确性。

　　DMA1 在每一轮扫描完成后触发中断，转换结果需要在中断服务程序中被读走，以免被下一轮转换结果覆盖。

```
unsigned char do_flag = DISABLE;
//标志转换完成全局变量，有新数据时被设置为 ENABLE，平常为 DISABLE 用于向信号处理程序传
   递消息
unsigned short ECG0, ECG0, ECG0;              //暂存三个双极性肢导联信号的全局变量
//////////DMA1 中断服务程序//////////
void DMA1_Channel1_IRQHandler(void)
{
    if(DMA_GetITStatus(DMA1_IT_TC1)) {           //判断通道 1 是否传输完成
        DMA_ClearITPendingBit(DMA1_IT_TC1);       //清除通道 1 传输完成标志位
        //转换结果需要在中断服务程序中读走，以免被下一轮转换结果覆盖
        ECG0 = ADCConvertedValue[0];
        ECG1 = ADCConvertedValue[1];
        ECG2 = ADCConvertedValue[2];
        do_flag = ENABLE;
    }
}
```

3. 数字滤波器的设计和实现

　　ADC 采集得到的三个双极性肢导联的心电信号，需要分别经过数字滤波来提高信号的信噪比。数字滤波中最重要的步骤是通过陷波器去除 50Hz 的工频干扰。

　　1)设计滤波器并对系数进行调整

　　学过"数字信号处理"的读者应该熟悉，常见的数字滤波器分为有限冲激响应(FIR)滤波器和无限冲激响应(IIR)滤波器两种。FIR 滤波器不存在反馈，所以一定是稳定的，且具有线性相位。IIR 滤波器一般由模拟滤波器转换而来，由于存在信号的反馈，其计算效率较高，但 IIR 滤波器存在不稳定的风险。FIR 滤波器是大多数设计较理想的选择，但其缺点是计算量较大，一般需要 10 倍于 IIR 滤波器的阶数才能达到类似的过渡带宽度特性。由于 STM32 主频高，且一次处理 32 位数据，完全能够满足三个双极性肢导联心电信号同时进行 100 阶以上 FIR 滤波器的要求，我们选择 128 阶 FIR 作为 50Hz 工频信号陷波器的滤波器。该滤波器形式如下：

$$y = \sum_{i=0}^{128} b_i x_i \tag{6.2.1}$$

使用 MATLAB 的 FIR 滤波器设计函数 fir1 ()实现带阻滤波器的设计，代码如下：

```
Fs=1000;          //采样率
step=128;
                   //带通滤波器
wc=[37.5,62.5]; //50Hz 陷波器
Wn=wc/(Fs/2);
b=fir1(step,Wn,'stop');
freqz(b,1)
```

运行得到的滤波器的幅相/频率特性如图 6.2.3 所示，其中在 50Hz 处可获得约 40dB 噪声抑制比，满足了系统实际需要。

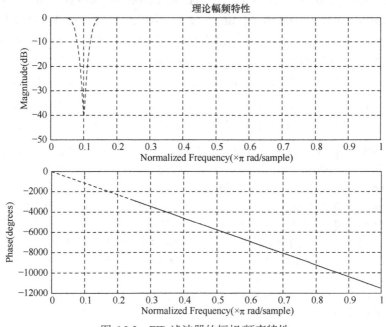

图 6.2.3　FIR 滤波器的幅相/频率特性

上面产生的系数都是浮点数，而 ARM Cortex-M3 内核不支持浮点运算，计算效率非常低。需要将上面得到的滤波器系数 b_i 转换为 ARM Cortex-M3 计算效率最高的 16 位的定点有符号数。具有线性相位的 FIR 滤波器可以理解为一个无源系统，其系数之和 $\sum b_i$ 为 1，b_i 中最大的系数也必定小于 1。所以可以将系数乘以 2^{15}=32768，然后用四舍五入的方法实现系数的定点转换，代码如下：

```
bn=round(b*32768);
title('理论幅频特性');
figure;
freqz(bn/32768,1)
title('定点化后的幅频特性');
```

上面的代码还重新绘制了转换完成后系数的幅相/频率特性，由于和图 6.2.3 几乎完全相同，这里不再给出。

2) FIR 滤波器的 C 语言实现

意法半导体公司提供了基于 STM32 的数字信号处理库 STM32F10x_DSP_Lib，目前最新的版本是 2.0，读者可以从其官网上下载并安装该库的源码和用户手册 (UM0585)。STM32F10x_DSP_Lib 采用汇编语言编写，执行效率极高，建议读者尽量采用。但该库的 FIR 函数不适合本系统。STM32F10x_DSP_Lib 提供的 FIR 滤波器原型为：

```
void fir_16by16_stm32(int *a, short *x, struct COEFS *p, unsigned int N);
```

其中，a 为指向滤波输出结果数组的指针，x 为指向输入的待滤波数组的指针，p 为指向滤波器系数结构体的指针，N 为滤波器输出点数。当滤波器系数个数为 M 时，要想产生 N 个点的滤波结果 a，就需要 M+N-1 点的输入数组[x]。

输入点数和输出点数不相同的原因是：每次调用函数 fir_16by16_stm32() 时，滤波器数据结构中的缓冲是空的，只有将输入[x]的前 M 个点填入滤波缓冲中才能获得稳定的输出数据。可以简单理解为，前 M-1 个点不会产生相应的输出。而本系统希望对输入信号进行实时且不间断的采样、滤波和显示，库函数 fir_16by16_stm32() 无法满足要求。

我们设计了单点滤波函数 short CH0_fir16_1by1(short a_in_data)，该函数将当前采样点之前的 N 个点的数据保存在全局变量构成的数据结构中，只要有数据不断输入，就能够和数据结构中以往输入的 N-1 个历史数据共同构成滤波器 (式 (6.2.1)) 的输入数据。

```
#define CH0_FIR_COEF_NUM 129    //FIR 滤波器的系数个数, 是滤波器阶数加一为提高速度, 自己写的
//FIR 滤波器, 注意必须和全局变量的缓冲、队列指针、滤波器系数等一起使用
short CH0_fir16_buf[CH0_FIR_COEF_NUM] = {0};    //滤波器缓冲队列
unsigned short CH0_fir_buf_ptr = 0;             //滤波器缓冲队列的首地址指针
short CH0_fir16_coef[CH0_FIR_COEF_NUM] = {      //滤波器系数, 注意需要经过初始化
//为获得最佳性能, 应该将这个滤波器系数表格放在 RAM 中, 而非 Flash ROM
8,15,22,27,31,31,29,22,13,0,-14,-29,-41,-50,-54,-52,-44,-31,-16,0,13,20,20,13,0,-15,-28,-33,-25,0,42,100,167,
233,287,315,306,251,148,0,-182,-380,-571,-728,-826,-844,-767,-593,-330,0,366,728,1045,1277,1389,1363,
1192,887,476,0,-492,-946,-1312,-1549,31005,-1549,-1312,-946,-492,0,476,887,1192,1363,1389,1277,1045,728,
366,0,-330,-593,-767,-844,-826,-728,-571,-380,-182,0,148,251,306,315,287,233,167,100,42,0,-25,-33,-28,-15,
0,13,20,20,13,0,-16,-31,-44,-52,-54,-50,-41,-29,-14,0,13,22,29,31,31,27,22,15,8 };
short CH0_fir16_1by1(short a_in_data) {
    unsigned short i;
    int fir_res32=0;            //乘加的结果
    short fir_res16=0;          //乘加的结果
    unsigned short fir_queue_ptr;   //用于在计算一个点的值时, 在缓冲区内循环寻址的指针
    //先刷新缓冲区及其指针内容
    CH0_fir16_buf[CH0_fir_buf_ptr] = a_in_data;    //将新数据放入缓冲
    CH0_fir_buf_ptr++;
    if(CH0_fir_buf_ptr == CH0_FIR_COEF_NUM)     //达到 CH0_FIR_COEF_NUM 阶滤波器边界
        CH0_fir_buf_ptr = 0;
    fir_queue_ptr = CH0_fir_buf_ptr;            //赋值本次滤波计算的指针 fir_queue_ptr 的初始地址
    for(i=0;i<CH0_FIR_COEF_NUM;i++) {   //完成乘加
    fir_res32 = fir_res32 + CH0_fir16_coef[i] * CH0_fir16_buf[fir_queue_ptr];
    fir_queue_ptr++;                        //修正指针
```

```
            fir_queue_ptr = fir_queue_ptr % CH0_FIR_COEF_NUM;
        }
        fir_res16 = fir_res32 >> 15;
        return(fir_res16);
    }
```

上面的代码和官方库 STM32F10x_DSP_Lib 中的函数 fir_16by16_stm32() 最大的不同在于, 这个函数采用全局变量数组 CH0_fir16_buf[ ] 缓冲了以往的输入数据。每次调用该函数只相当于在数组 CH0_fir16_buf[ ] 和头指针 CH0_fir_buf_ptr 构成的循环队列数据结构中添加了一个新的数据, 同时覆盖了最老的历史数据。图 6.2.4 所示为上述程序的数据结构, 式 (6.2.1) 定义的相关计算, 是在 for 循环中完成的。语句 "fir_res32 = fir_res32 + CH0_fir16_ coef[i] * CH0_fir16_buf[fir_q ueue_ptr];" 中的 CH0_fir16_coef[i] 从头开始读取系数数组中的系数。而 CH0_fir16_ buf[fir_queue_ptr] 则完成从前面维护的循环队列数据结构中读取历史数据的工作。值得注意的是, 与系数数组的读取顺序不同, CH0_fir16_buf[fir_queue_ptr] 采用从循环队列首地址开始读取的方式。每执行一遍函数 short CH0_fir16_1by1(short a_in_data), 指针 CH0_fir_buf_ptr 向后移动一个位置, 指针 fir_queue_ptr 和 i 在两个缓冲区轮转一遍。

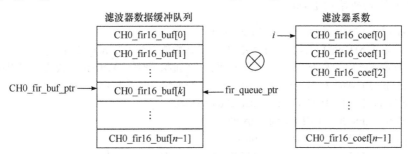

图 6.2.4　FIR 滤波器数据结构

由于滤波器系数进行了定点化转换, 系数之和从 1 变为 32768, 式 (6.2.1) 的计算结果最大可能是输入值的 32768 倍, 相当于左移了 15 位。因此上面代码中用于存放计算乘加和的变量 fir_res32 只需要 32 位就足够了。而计算结果 fir_res32 也由于系数被放大了 32768 倍, 同样被放大 32768 倍, 因此只需要对 fir_res32 右移 15 位就可以得到增益为 0dB 的滤波结果。

该函数实现了单点输入和单点滤波输出的功能, 非常适合完成本节的实时滤波。但使用中尤其要注意的是, 对三个双极性肢导联进行滤波时, 每个滤波函数都是和全局变量中存储的历史数据捆绑的, 三个导联的信号不能轮流调用一个滤波器——必须为每个信号通路单独编写一个函数以及与之配套的全局变量。对于这一切工作, 如果采用 C++ 的类将方法和数据封装在一起, 并用该类的不同实例来对不同型号滤波, 就会容易理解得多。但不幸的是, 意法半导体提供的标准外设库不支持使用 MDK 的 C++ 编译器进行编译。

3) 心电数据的显示、存储和传输功能

作为嵌入式的便携式医疗设备, 本系统需要简易的显示装置来实时显示心电数据, 并进行简单的人机交互。我们采用 ILI9320 驱动的彩色液晶屏作为系统的显示/监视设备, 该液晶屏的分辨率为 320 像素×240 像素, 对角线尺寸为 2.8in(lin=2.54cm)。通过 STM32 的 FSMC 接口连接到 ILI9320 的电路如图 6.2.5 所示。

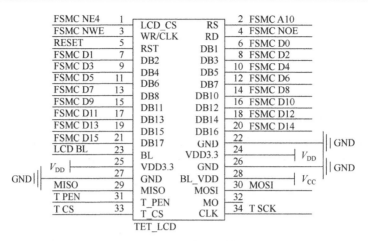

图 6.2.5　STM32 和液晶屏的接口电路图

本系统使用了图 5.7.1 所示 STM32 的 FSMC 地址空间中存储块 1 的区域 4 来扩展液晶控制器 ILI9320，该区域的片选控制信号为 NE4。ILI9320 的接口时序与 SRAM 基本相同，可以采用如下代码初始化 FSMC。

```
readWriteTiming.FSMC_AddressSetupTime=0x01;
//地址建立时间(ADDSET+1)=2 个 HCLK 周期, 具体数值为 2×1/72MHz=27ns
readWriteTiming.FSMC_AddressHoldTime = 0x00;   //地址保持时间(ADDHLD)模式 A 未用到
readWriteTiming.FSMC_DataSetupTime = 0x0f;     //数据保存时间为 16 个 HCLK
readWriteTiming.FSMC_BusTurnAroundDuration = 0x00;
readWriteTiming.FSMC_CLKDivision = 0x00;
readWriteTiming.FSMC_DataLatency = 0x00;
readWriteTiming.FSMC_AccessMode = FSMC_AccessMode_A;        //模式 A
writeTiming.FSMC_AddressSetupTime = 0x00;                   //地址建立时间
writeTiming.FSMC_AddressHoldTime = 0x00;                    //地址保持时间
writeTiming.FSMC_DataSetupTime = 0x03;                      //数据保存时间
writeTiming.FSMC_BusTurnAroundDuration = 0x00;
writeTiming.FSMC_CLKDivision = 0x00;
writeTiming.FSMC_DataLatency = 0x00;
writeTiming.FSMC_AccessMode = FSMC_AccessMode_A;           //模式 A
FSMC_NORSRAMInitStructure.FSMC_Bank = FSMC_Bank1_NORSRAM4;   //使用 NE4
FSMC_NORSRAMInitStructure.FSMC_DataAddressMux = FSMC_DataAddressMux_Disable;
//不复用数据地址
FSMC_NORSRAMInitStructure.FSMC_MemoryType =FSMC_MemoryType_SRAM;
FSMC_NORSRAMInitStructure.FSMC_MemoryDataWidth = FSMC_MemoryDataWidth_16b;
//存储器数据宽度为 16bit
FSMC_NORSRAMInitStructure.FSMC_BurstAccessMode=FSMC_BurstAccessMode_Disable;
FSMC_NORSRAMInitStructure.FSMC_WaitSignalPolarity = FSMC_WaitSignalPolarity_Low;
FSMC_NORSRAMInitStructure.FSMC_AsynchronousWait=FSMC_AsynchronousWait_Disable;
FSMC_NORSRAMInitStructure.FSMC_WrapMode = FSMC_WrapMode_Disable;
FSMC_NORSRAMInitStructure.FSMC_WaitSignalActive = FSMC_WaitSignalActive_BeforeWaitState;
FSMC_NORSRAMInitStructure.FSMC_WriteOperation = FSMC_WriteOperation_Enable;
```

```
FSMC_NORSRAMInitStructure.FSMC_WaitSignal = FSMC_WaitSignal_Disable;
FSMC_NORSRAMInitStructure.FSMC_ExtendedMode = FSMC_ExtendedMode_Enable;
FSMC_NORSRAMInitStructure.FSMC_WriteBurst = FSMC_WriteBurst_Disable;
FSMC_NORSRAMInitStructure.FSMC_ReadWriteTimingStruct = &readWriteTiming; //读时序
FSMC_NORSRAMInitStructure.FSMC_WriteTimingStruct = &writeTiming;          //写时序
FSMC_NORSRAMInit(&FSMC_NORSRAMInitStructure);                //初始化 FSMC 配置
FSMC_NORSRAMCmd(FSMC_Bank1_NORSRAM4, ENABLE);  //使能 FSMC 存储空间块 1
```

为实现心电数据的存储，本系统使用 SD/TF 卡作为数据存储介质，其电路连接图如图 6.2.6 所示。

要实现 SD 卡存储功能，必须先实现文件系统。在嵌入式系统中从零开始实现文件系统比较烦琐，幸运的是，读者能够在网络上找到 FATFS 等各种开源的 FAT 文件系统，以及这些文件系统在 STM32+MDK 环境下的移植代码和教程。限于篇幅，这里就不引用这些内容了。

可穿戴设备发展的趋势是使设备方便联网，以利用云端的算力和存储能力实现增值功能。本系统使用了 ESP8266-1 模块化的解决方案实现 Wi-Fi 联网，该

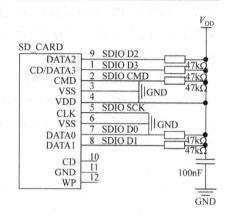

图 6.2.6　SD/TF 卡接口电路图

模块体积小、功耗低，最方便的是可以通过 USART 实现与 STM32 的连接。图 6.2.7 所示的是 ESP8266-1 的电路连接图。

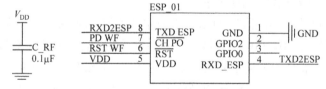

图 6.2.7　ESP8266-1 接口电路图

通过 ESP8266-1 的 USART 透传(透明传输)功能，实现数据的传输比较容易，网络上有详细的教程，读者可自行学习，本书也不引述了。

本节最终构建了图 6.2.8 所示的心电信号采集、存储及早搏分析系统。当然，具体的实现和调试过程中解决的问题，以及艰辛的努力不可能在这里完整介绍。

图 6.2.8　心电信号采集、存储及早搏分析系统

6.2.2　仪表总线主机数字解调器

STM32 具备的数字信号处理能力以及低功耗、小体积特性，使嵌入式系统的应用边界扩展到了过去难以想象的传统工业领域。例如，工作在复杂工业环境中的现场总线，往往采用调制技术来完成控制和状态信息的可靠传递。传统信息的调制/解调往往由专用集成电路来实现，投资大，风险也大。随着 STM32 的出现和普及，在现场总线领域也可借鉴软件无线电领域将 ADC 尽可能前置的思路，把原来需要由专用集成电路用模拟方式实现的调制/解调工作，改为由 STM32 软件来实现。下面介绍用数字信号处理方式实现仪表总线数字解调的方法。

仪表总线(Meter-Bus, M-Bus)是由德国 Paderborn 大学的 Horst Ziegler 博士与美国德州仪器公司的 Deutschland GmbH 和 Techem GmbH 共同提出的一种总线协议，主要应用于水表、气表和热工仪表等消耗测量仪表的组网。由于借鉴了 ISO/OSI 参考模型，M-Bus 对物理层、链路层、网络层、应用层都进行了定义，功能完整、可靠。M-Bus 为热表和水表等不方便供电的仪表提供了可行的解决方案，是应用最为广泛的远程抄表系统(Remote Meter Reading System)总线标准，已经成为 2 线制总线的欧洲标准。

M-Bus 的物理介质仅为一对无须区分极性的双绞线。通过特殊的调制方法，这一对双绞线既能实现数据的传输，又能够为仪表供电，极大地降低了系统组网和布线施工的难度。另外，为简化网络拓扑结构，M-Bus 的数据链路层和传输层采用"一主多从"的星形结构，由主机(集中器)发起所有通信，并在收集网内仪表的测量数据后，可通过其他高速数据链路，统一上传至数据服务器(主站)存储。

这里介绍的主机数字解调器是 M-Bus 上行电流调制/解调装置，属于 M-Bus 协议物理层。在数字域利用线性相位 FIR 滤波器群延迟为常数的特性，解决了总线电流基线波动带来的通信干扰问题。而且由于数字方法带来的灵活性，有效地解决了传统 M-Bus 专用集成电路无法解决的下行电压调制、消耗测量仪表工作电流变化等问题，提高了 M-Bus 系统的可靠性。

1. M-Bus 调制方式及常见主机解调方法

M-Bus 的双绞线除了要完成从机(消耗测量仪表)供电的任务，还承担了集中器(主机)和仪表之间通信的任务。通信信号被调制在这两根线上，M-Bus 系统基本硬件结构如图 6.2.9 所示。图 6.2.9(b)左下半部分电流的波动，是下行通信时总线电压的变化通过从机负载耦合至电流信道造成的。图 6.2.9(b)右上半部分的电压波动，则是当总线物理长度较长，电源内阻较大时，调制电流在电源内阻上引起的。通信过程中，主机向从机发送数据的调制称为下行调制，从机向主机应答数据的调制称为上行调制。

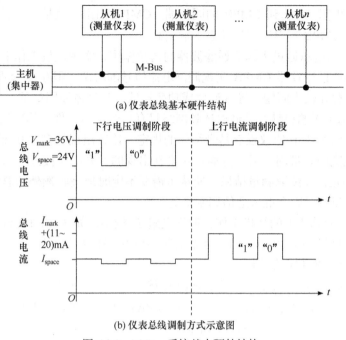

(a) 仪表总线基本硬件结构

(b) 仪表总线调制方式示意图

图6.2.9　M-Bus系统基本硬件结构

　　根据M-Bus标准,上行和下行通信各自分别占有一个调制信道,通过异步串行方式完成通信。其中,下行通信采用电压调制:输出信号0时,两线之间的电压以总线电压(一般为24~36V)为基础下跳12V;输出信号1时,两线之间的电压不变。上行通信采用电流调制:发送信号的从机发送信号0时,吸收11~20mA的通信电流;发送信号1时,不吸收通信电流。

　　M-Bus主机和从机解调电路需要在不干扰供电的前提下,解调出被对方调制的电流和电压信号。德州仪器公司提供了图6.2.10所示的M-Bus主机和从机解调电路的参考解决方案。

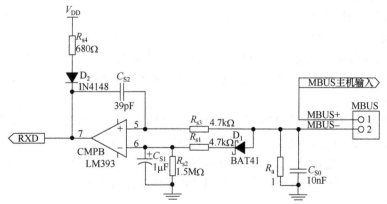

图6.2.10　TI给出的M-Bus主机电流解调电路

　　M-Bus双绞线连接在右侧网络标号为MBUS+和MBUS−的接线端子上。总线电流经过取样电阻R_a流回主机地,并在R_a上转化为一个可测量的电压信号。该信号中既包括总线上所有从机工作时消耗的电流,也包括从机发送的含有上行调制信息的电流。理论上讲,调制信号频率较高,无法通过由R_{s1}、R_{s2}和C_{s1}构成的无源低通网络到达比较器CMPB的反向端；却可以通过电阻 R_{s3} 达到 CMPB 的同相端。CMPB 输出的就是解调后的上行信号。而 R_{s1} 和 R_{s2} 则保证 CMPB 在总线安静状态下输出高电平。

图 6.2.10 所示电路通过无源低通滤波器的选频作用，实现从机工作电流与调制信号的划分，并进一步通过比较器 CMPB 实现调制电流信号的解调。但在实际部署中，图 6.2.10 所示的解调电路存在较大问题，导致通信成功率较低，其具体原因如下。

(1)由于采用了无源设计，其低通选频网络只有一个储能元件，其选频性能有限。而实际情况下，一方面 M-Bus 协议没有基带编码的规定，连续出现的多个 0 或 1 码元，会使调制信号出现在较宽的频带内。另一方面近年来新出现的"光电直读式"水、气仪表，需要不定时发送红外光，以读取测量结果，使从机需要不定时地吸收额外的总线电流，这些额外消耗的总线电流频谱则会混入通信调制带宽内。

(2)为避免影响总线上的从机工作，取样电阻 R_a 较小，如 R_a 以 1Ω 计，通信信号在其上引起的电压变化仅 $11\sim20\text{mV}$。但在复杂电磁环境下，外界干扰及上下行信道之间的信号耦合都有可能造成 CMPB 的误判。

(3)为减小低通滤波器的截止频率，R_{s3} 取值较大(可达 $1.5\text{M}\Omega$)。这种设计势必更加容易引入电磁干扰，造成解调失败；另外，较大的 R_{s3} 还将加剧比较器的偏置电流对电路工作点的影响，造成该电路批量生产成功率不高。

2. 基于 FIR 滤波器的解调方案及其实现

在频域选取并去除总线电流中的各种干扰，是从电流变化中提取被调制信息的主要方法。如果选择滤波器来实现，其理论最大归一化过渡带带宽为

$$\omega_\text{T} = \frac{f_\text{H} - f_\text{L}}{f_\text{W}} \cdot \pi \tag{6.2.2}$$

其中，f_L 为总线中各种干扰信号的频率下限，为去除工频及其谐波的干扰，f_L 应在 100Hz 以上；f_H 为调制信号的频率上限：以最常见的波特率 2400bit/s 计，M-Bus 发送一字节最少需要 11 个码元(包括 8bit 数据，1 个起始位码元，1 个结束位码元，以及 1 个奇偶校验位码元)，连续发送相同字节时调制信号频率最低，为 218.18Hz (2400/11，一字节内的数据全为 1 或 0 的情况)；f_W 为信号带宽，此处以 2400Hz 计。将上述参数代入式(6.2.2)，则理论过渡带归一化带宽约为 0.05π，采用图 6.2.10 所示的 1 阶电路模型显然很难提供足够的阻带抑制，致使通信成功率较低。

随着带硬件乘加器的 STM32 的普及，通过数字信号处理技术实现频域选取成为一种可行的方案。STM32 ADC 的最高采样率达到 1MSPS，足以满足 A/D 转换前移采样的任务。而数字滤波器优异的选频特性，可以轻松地区分调制信号和干扰因素造成的电流变化，从而提高解调算法的性能和稳定性。整个识别过程算法的流程图如图 6.2.11 所示。

1)模拟放大电路

由于采样电阻及其对应的电压较小，无法直接对其进行 A/D 转换，必须对信号实施交流放大。对应于图 6.2.11 所示虚线框外，左侧的两个方框中的工作步骤。

具体电路如图 6.2.12 所示，其中运放 OPAinA 为主放大器提供工作点电压 Ref，其大小约为 1/2 电源电压。总线电流经过取样电阻 R_a 后，转变为与之成正比的电压信号。随后 C_{s3} 和

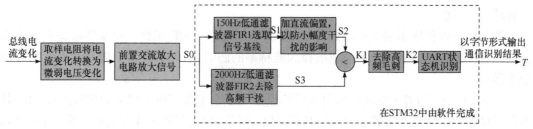

图 6.2.11　数字解调算法流程图

R_{s5} 构成的高通滤波器将该电压信号的直流均值调整到 Ref。由 OPAinB、R_{s3} 和 R_{s4} 构成的同相放大器则在工作点电压 Ref 的基础上，放大信号中的交流成分。图 6.2.12(b)将 20 只 PM98 光电直读式 M-Bus 水表连接到总线上，主机和其中任一水表通信时，从模拟放大电路输出。其中 A 段是主机发送指令的阶段，下行电压调制耦合的干扰形成毛刺；B 段的高电压则是由 PM98 中的红外光电电路工作造成的；C 段是需要解调的调制信号；而 D 段则是总线通信完成后的恢复期。另外，所有信号中都耦合有 50Hz 的工频干扰。

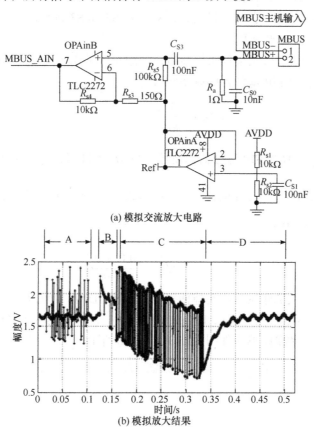

(a) 模拟交流放大电路

(b) 模拟放大结果

图 6.2.12　模拟放大电路及其结果

2) 线性相位滤波器的设计

经过滤波器选频后的信号，用来在时域内识别其所包含的被调制信息。被调制信息以方波形式混杂在时域波形中，而方波在其所有奇次谐波频点上均有能量分布，为了避免这类时域信号中最重要的方波失真，选频滤波器应具备线性相位。系数对称的 FIR 滤波器可以满足这一要求。

为方便后续程序识别被调制过的 USART 数字信息，A/D 采样率应采用波特率的整数倍。综合考虑各种因素后，采样率选择为波特率的四倍（f_s=9.6KSPS），即每个码元内有四个采样点。

图 6.2.11 中的 FIR1 滤波器从放大后的模拟信号中选取 150Hz 以下的低频信号 S1，其中包括仪表工作电流变化引起的低频电流变化，以及 50Hz 工频干扰等低频干扰。这些低频干扰叠加起来，就是图 6.2.12（b）所示信号的基线。理论上讲，用该基线信号和原始信号 S0 相减，就可以得到解调结果。但 N 阶线性相位 FIR 滤波将产生 $N/2$ 点的相位延迟，因此不能直接用滤波信号 S1 和原始信号 S0 相减。为了矫正相位差，加入图 6.2.11 下半部分的 FIR2 滤波器，作为一个 N 阶线性相位 FIR 滤波器，它同样会产生 $N/2$ 点的相位延迟，这使它的输出刚好与 FIR1 滤波器输出相位对齐。与此同时 FIR2 还能去除 2000Hz 以上的高频干扰。

相较于带宽较窄的信号 S1，信号 S3 的带宽较宽，信号 S3 中的高频部分会导致其波形在信号 S1 的上下波动，从而造成二者比较结果中存在高频干扰。因此在信号 S1 的基础上，加入直流偏置 V_{OS}，形成信号 S2。最后，再对信号 S2 和 S3 进行简单的数值比较，就可以产生 USART 所需的信号码流 K1 了。

为了获得可控的过渡带及最佳阻带衰减，使用频域采样法设计线性相位 FIR 滤波器。根据线性相位条件，设 FIR 滤波器的频率响应为

$$H(\omega)=\frac{1}{M}\sum_{n=0}^{M-1}h(n)\mathrm{e}^{-\mathrm{j}\omega n} \tag{6.2.3}$$

其中，ω 为常数 $\dfrac{2\pi}{M}$；M 为 FIR 滤波器的阶数。当 M 为 64 时，每个频域采样点所对应的频率间隔 $\Delta f=\dfrac{f_s}{2M}=75\mathrm{Hz}$。对于 FIR1，可以将幅频响应 $h(n)$ 的第一个点设为 1，第二个点设为最优过渡带参数 $T=0.39$。

$$H_{r1}(n)=\frac{1}{M}[1,T,\underbrace{0,0,\cdots,0}_{62个0}] \tag{6.2.4}$$

对式（6.2.4）所定义的频域响应实施傅里叶逆变换（IDFT），可以得到 FIR1 滤波器的系数，其幅频特性和阶跃响应如图 6.2.13（a）、（b）所示。同样采用频率采样法设计 FIR2 低通滤波器，其幅频特性和阶跃响应如图 6.2.13（c）、（d）所示。

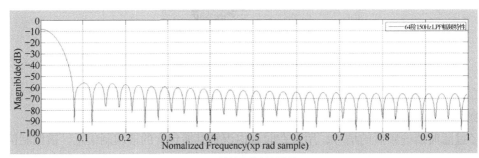

(a) FIR1 滤波器的幅频特性

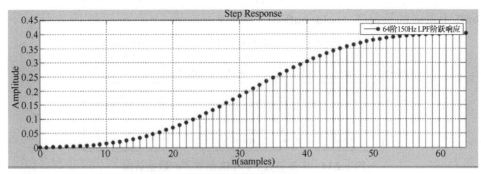

(b) FIR1 滤波器的阶跃响应

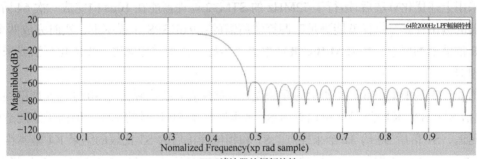

(c) FIR2 滤波器的幅频特性

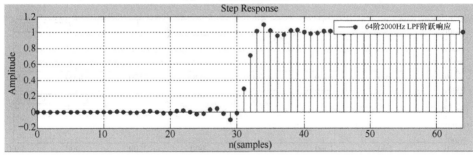

(d) FIR2 滤波器的阶跃响应

图 6.2.13　两个 FIR 滤波器的幅频特性

3）系数对称 FIR 滤波器在 STM32 上的实现

为了在 STM32F1 嵌入式处理器上不间断且实时地实现所有算法，需要在图 6.2.4 所示算法的基础上进一步优化滤波程序，利用线性滤波器系数对称规律 $a_i=a_{63-i}$，简化前面设计的两个 64 阶 FIR 滤波器算法，并采用图 6.2.14 所示的三个循环队列数据结构实现 FIR 滤波器。

$$y(n) = \sum_{i=0}^{63} a_i x(i) = \sum_{i=0}^{31} a_i [x(i) + x(63 - i)] \qquad (6.2.5)$$

其中，新缓冲区 new_buff 以从旧到新的顺序存放新采集得到的 32 个数据，指针 P1 指向队列中最新的数据；老缓冲区 old_buff 以从新到旧的顺序存放老的 32 个数据，指针 P2 指向队列中最老的数据；系数表采用循环队列数据结构管理，并存放在 STM32 的 RAM 中（而非 Flash 中），以提高计算速度。每输入一个新数据，则依次从 new_buff 和 old_buff 中取出最新和最老的数据相加后，再与相应的系数执行乘加操作，最后将

new_buff 中最老的数据移入 old_buff 中。

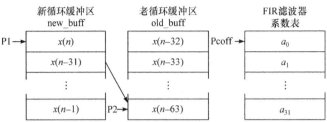

图 6.2.14　实现系数对称 FIR 滤波器的数据结构

采用上述优化算法后,运行于 72MHz 的 STM32 处理器能在 10μs 内完成一次 64 阶 FIR 滤波器的输出计算。这样就能满足解调算法所需的: 9.6KSPS 采样率下, 实时完成两个 64 阶 FIR 滤波器的要求。如果 M-Bus 波特率进一步提高, 则需考虑进一步优化算法或采用其他处理器。

图 6.2.15 是根据图 6.2.11 所示的算法流程, 对仪表总线实际信号 S0 进行处理得到的信号(包括 S1、S2、K1 信号)。可以看出 S1 基本恢复了 S0 信号的基线, 但由于滤波造成的相位延迟, S1 落后 S0 约 32 个采样点。S1 和相位校正后的 S3 比较的结果 K1 基本恢复了 USART 信号, 但 K1 保留了信号起始部分耦合到的高频噪声, 还需要通过下一个步骤去除。

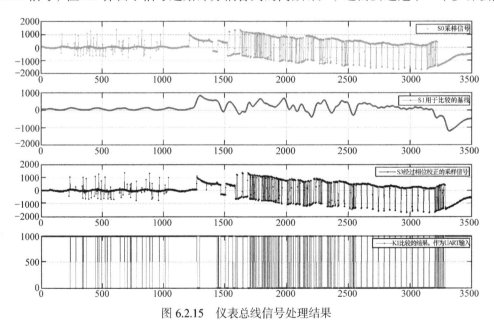

图 6.2.15　仪表总线信号处理结果

4) USART 信号的软件解读

M-Bus 采用异步串行机制发送信号, 其通信格式可参考第 5 章 USART 的介绍。一般应用中, 会使用 STM32 或 PC 集成的硬件 USART 直接读取硬件解调结果。但采用数字信号解调算法后, 结果将以码流的形式出现在滤波和比较计算之后, 采用软件识别信号就更为直接。此外, 软件识别还能通过算法进一步降低高频毛刺对通信的影响。接下来将软件识别算法分为"去除高频毛刺"和"USART 状态机识别"两个部分进行介绍。

　　系统在 2400bit/s 波特率下采用 9.6KSPS 采样率，每个码元占据 4 个采样点。可以认为，长度小于等于 2 个采样点的脉冲都是由信道间耦合或工频干扰等因素造成的——可以直接滤除。去除该毛刺的方法是：将前面算法产生的宽度为 1 位的数据流 K1 顺序压入深度为 4 的 FIFO（先进先出数据结构）中。如果此时 FIFO 中存储的数据流为 0110、0010、1101 或 1001 四种情形，说明存在一个长度为 1 个或 2 个采样点的高频脉冲干扰，可直接将 FIFO 中的数据流设置为 0000 或 1111，以去除干扰。最后，从 FIFO 的输出得到的信号，就形成数据流 K2。

　　经过去除高频毛刺处理的数据流 K2，就可以进行图 6.2.16 所示的状态机"四倍速采样 USART 识别"了，识别流程如下：识别程序初始化后处于空闲状态，并不断地检测码流中是否出现低电平，若出现低电平则认为进入起始位确认状态的 P1 时段。若在间隔 2 个采样周期的 P2 时段没能检测到电平，则认为这是一个干扰脉冲，程序退回空闲状态；若 P2 时段仍检测到低电平，则认为起始位低电平被确认进入数据接收状态。在数据确认状态每 1 个码元（4 个采样间隔）读取一位的数据，在读取到第 8 个数据位后状态机进入奇偶校验状态。奇偶校验状态中，程序在 1 个码元后读取奇偶校验位，校验不正确则认为读取失败，程序转到空闲状态；校验正确则进入停止位确认状态，该状态确认 USART 通信的停止位是否为高电平，如果停止位也正确，则返回接收完成的 1 字节，否则返回空闲状态继续等待。

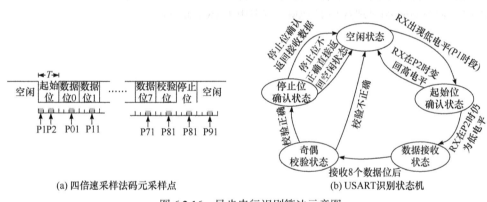

(a) 四倍速采样法码元采样点　　　　　　　　(b) USART 识别状态机

图 6.2.16　异步串行识别算法示意图

　　本章设计的仪表总线主机数字解调器，由于采用了数字解调方式，稳定性大大高于使用模拟解调方式的专用集成电路或离散模拟器件搭建的电路，在工业能耗管理和楼宇智能抄表领域获得了广泛的应用。

参 考 文 献

何乐生, 2011. PIC 单片机原理、开发方法及实践[M]. 北京: 高等教育出版社.

饶运涛, 邹继军, 王进宏, 等, 2007. 现场总线 CAN 原理与应用技术[M]. 2 版. 北京: 北京航空航天大学出版社.

王益涵, 孙宪坤, 史志才, 2016. 嵌入式系统原理及应用——基于 ARM Cortex-M3 内核的 STM32F103 系列微控制器[M]. 北京: 清华大学出版社.

吴国伟, 林驰, 任健康, 等, 2018. μC/OS-Ⅲ内核分析与应用开发[M]. 北京: 清华大学出版社.

意法半导体, 2009a. STM32F103xCDE 数据手册(2009, Rev 5) [EB]. www.st.com.

意法半导体, 2009b. STM32F10xxx 参考手册(RM0008, 2009, Rev 10) [EB]. www.st.com.

意法半导体, 2013. STM32F10x 标准外设库用户手册(UM0427, 2013, Rev 3. 5)[EB]. www.st.com.

YIU J, 2014. ARM Cortex-M3 权威指南[M]. 2 版. 吴常玉, 程凯, 译. 北京: 清华大学出版社.

张学武, 江冰, 张卓, 2013. 嵌入式系统原理与接口技术[M]. 北京: 电子工业出版社.

张洋, 刘军, 严汉宇, 等, 2015. 原子教你玩 STM32(库函数版)[M]. 2 版. 北京: 北京航空航天大学出版社.

周立功, 2005. ARM 微控制器基础与实战[M]. 2 版. 北京: 北京航空航天大学出版社.

Keil Company, 2018. μVision 用户指南(μVision V5. 26, 2018)[EB]. www.keil.com.

YIU J, 2017. ARM Cortex-M 处理器入门（ARM 白皮书）[R]. www.arm.com.